JN452598

소음공학개론

김재철

도서출판
디자인21

소음공학 개론

김 재 철

머리말

음향공학은 19세기말 이후 건축과 전기분야에서 시작되어, 전기 음향학과 건축 음향학으로 인간에게 좋은 음을 제공하기 위해 발전해서 전기공학과 건축공학 분야에서 중요한 학문이 되었다. 그러나 기계공학 분야의 음향학은 교통수단 및 기계장치 등에 의한 음이 인간에게 미치는 악영향을 저감시키기 위해서 소음발생의 원인분석 및 방지대책에 주로 관심이 집중되면서 급속하게 중요성이 인식되었다.

소음은 생활환경을 악화시키는 원인 중에 하나로서 현재에는 환경기준이 제정되어 기준값보다 낮은 소음의 크기가 절대적으로 요구되고 있다. 또한 자동차, 철도 및 항공기 등과 같은 교통수단의 실내소음은 품질적 측면에서 소음의 저감을 위한 많은 노력이 확대되고 있으며, 냉장고, 세탁기 및 복사기 등과 같은 가전제품과 사무용 기계의 소음에도 관심이 커지면서 소음은 상품가치면에서 중요한 요소가 되었다. 따라서 기계공학 분야에서도 매우 필요한 학문이 되어 본서는 기계공학의 학부, 대학원 학생 및 기술자에 소음에 대한 기본적 지식을 제공하는 것이 목적이다.

본서의 각 장은 다음과 같이 구성되어 있다. 제1장에서는 소음공학의 기본을 바탕으로 파동방정식을 유도하고 해석방법을 설명하며 제2장에서는 음의 전파 및 감소현상을 설명한다. 제3장에서는 구조물의 진동에 의해서 방사되는 소음에 대한 내용으로 기계소음에 중요한 부분을 차지하고 있다. 제4장에서는 관 내부에서 전파되는 음장 및 소음기에 대해서 설명한다. 제5장에서는 건축음향 및 교통수단에서 필요한 실내음장과 전파특성에 대해서 설명하고, 제6장에서는 음의 흡음 및 차음의 원리와 음의 투과현상에 대해서 설명한다. 제7장에서는 소음 및 진동을 동시에 해석할 수 있는 통계적에너지해석법에 대한 이론적 배경과 철도차량에 적용된 사례를 설명한다. 제8장에서는 소음의 분석방법 및 측정방법, 제9장에서는 최근 소음 및 진동 저감방안으로 각광을 받으면서 많은 연구가 진행되는 공명형 흡음판과 압전 분기회로의 원리에 대해서 설명한다.

근년에는 바이러스에 의한 비대면 수업 등으로 학생들이 혼자서 소음공학을 공부하는 경우가 많기 때문에 본서는 저자가 대학원에서 배운 소음공학의 강의내용과 30년간 소음 및 진동 분야에서 습득한 외국서적 및 자료 등을 바탕으로 소음공학을 손쉽게 접근할 수 있도록 개념 및 이론적 근거를 상세히 기술하였다.

본서가 기계공학도 및 기술자 등이 소음공학을 공부하거나 연구 수행 시 작은 도움이나 역할이 되고, 소음공학 분야 발전에 공헌할 수 있으면 저자로서 매우 기쁘게 생각한다.

저자
김 재 철

차례

제6장 흡음과 차음/230

제7장 통계적에너지해석법/286

제1장

음의 기본 및 해석방법

음은 공기와 같은 매질 내의 압력변동이 음의 전파방향으로 매질을 왕복 운동시켜 종파의 형태로 전파하게 된다. 음을 전파시키는 매질은 공기와 같은 기체 이외에도 액체 및 고체가 있으며 기체와 액체 내에서는 종파의 형태로 전파되지만, 고체 내에서는 다양한 파의 형태로 전파되기 때문에 해석이 매우 어렵다.

음에 대한 해석은 기본적으로 공기 중에 대한 종파를 기본으로 음의 파동방정식으로부터 다양한 조건에 대해서 수행된다.

음향현상을 정확하게 파악하기 위해서는 파동적 해석으로 해석해야만 하지만, 자유음장에서는 소리의 전파, 파장에 비해서 매우 커다란 물체에 의한 반사에 관한 문제를 설명할 경우 혹은 확산음장으로 가정한 실내음장을 설명할 경우에는 소리를 빛과 동일하게 기하학적으로 해석할 수도 있고 에너지의 흐름을 이용해서 해석할 수도 있다. 따라서 소리의 해석은 파동적 해석방법, 에너지적 해석방법 및 기하학적 해석방법 중에서 해석의 목적과 현상에 따라 적절한 방법을 선택해야 한다.

본 장에서는 음의 기본적인 사항 및 성질과 해석방법에 대해서 설명한다.

1.1 음의 기본 및 성질

1.1.1 음의 기본 제원

음은 그림 1.1과 같이 시간과 위치에 따른 주기운동에 의해서 전파된다. 음의 압력변화가 공기중의 입자를 가진하여 입자들의 수축과 팽창을 주기적인 반복하여 종파의 형태로 나타난다.

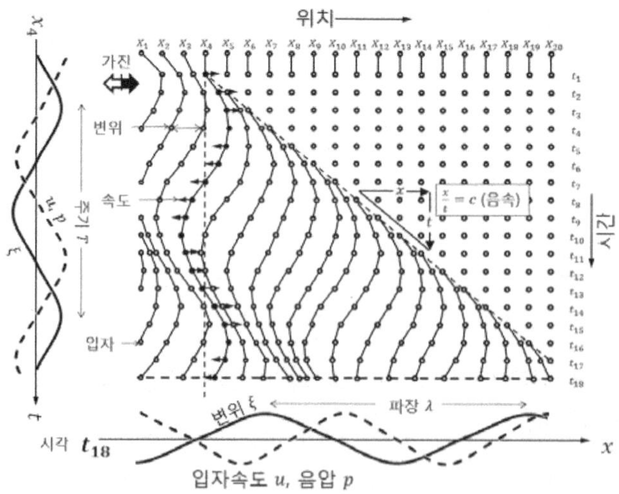

[그림 1.1] 음의 시간과 위치에 따른 주기운동

음을 해석하는 경우 음에 의한 압력 혹은 속도(변위, 가속도)는 시간과 위치의 함수에 대한 파동방정식으로 구해진다. 따라서, 음의 압력은 시간과 위치의 함수로서 1차원, 2차원 및 3차원 공간에 대해서 다음과 같이 표시한다.

$$p(\text{위치, 시간}) \rightarrow 1\text{차원} : p(x,t),\ 2\text{차원} : p(x,y,t),\ 3\text{차원}: p(x,y,z,t) \tag{1.1}$$

따라서, 음압의 주기운동은 시간 함수에 대해서 단위시간당 왕복운동의 횟수인 주파수 f 및 1왕복운동 동안의 시간인 주기 T와 위치 함수에 대해서 단위길이당 왕복운동의 횟수인 파수 K 및 1왕복운동 동안의 길이인 파장 λ 등과 같은 기본적인 제원으로 표시된다.

- 주파수 $f[Hz]$는 1초 동안 매질입자의 왕복운동 횟수이다.
- 각 주파수 $\omega[radian/sec]$는 1초 동안 원운동 횟수이며 주파수와 다음과 같은 관계

를 갖는다.

$$\omega = 2\pi f \qquad (1.2)$$

- 주기 T는 매질입자가 한번 왕복 운동하는데 소요되는 시간이며 주파수와 역수관계를 갖는다.
- 파장 λ은 음의 산과 산 혹은 골과 골사이의 거리를 나타낸다.

$$\lambda = Tc = \frac{c}{f} \qquad (1.3)$$

- 파수 k는 단위길이당 파장의 개수를 나타낸다. 파수와 주파수의 관계 및 파수와 파장의 관계는 식(1.4)와 같다.

$$k = \frac{\omega}{c} = \frac{2\pi f}{c} = \frac{2\pi}{\lambda} \qquad (1.4)$$

1.1.2 음의 성질

음은 파동적으로 전파하면서 거리가 증가하면 점차 감소한다. 또한 전파 도중에 음향학적 특성이 다른 매질에 도달하면 반사와 굴절을 통해서 투과하게 되며 매질 내부의 흡음 특성에 의해서 음이 감소하게 된다.

음의 파장은 빛보다 매우 크며 주위 환경의 물체의 크기와 거의 유사하기 때문에 회절을 통해서 장애물의 후면으로 전달된다.

가. 거리 감소

음원으로부터 자유 음장에서 방사되는 음의 에너지는 그림 1.2와 같이 공간에 확산되면 음원으로부터 멀어질수록 음의 강도는 약해진다. 음이 방사되는 면적은 거리에 제곱에 비례하지만, 음의 에너지는 반비례한다.

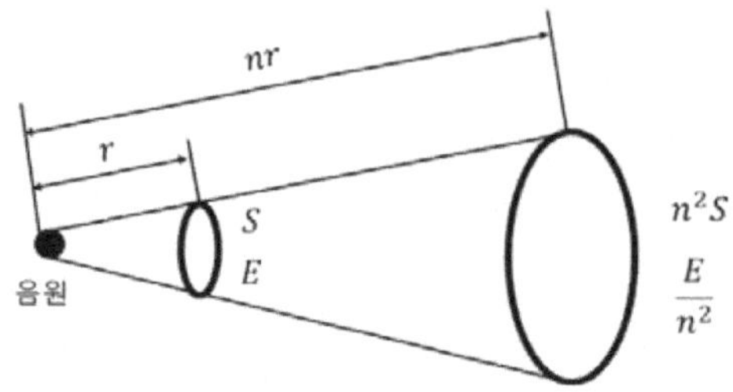

[그림 1.2] 음의 거리감소

나. 반사 및 흡음

음향학적으로 단단하고 매우 넓은 면에 소리가 입사하면 그림 1.3과 같이 입사각도와 동일한 각도로 반사된다. 이 경우 진폭과 위상은 변하지 않는다. 면이 완전히 단단하지 않으면 입사에너지의 일부가 흡수되어 진폭과 위상이 변화한다.

[그림 1.3] 음의 반사와 흡음

다. 중첩 및 간섭

그림 1.4과 같이 동일한 주파수의 두 개의 음파가 존재할 경우 전체 음압은 중첩의 원리에 의해서 각각의 음압이 합의 형태로 나타난다.

각각의 음압이 동위상일 경우 음의 진폭은 산과 산이 중첩되어 전체 음압이 두 개의 음압만큼 커지고 반대로 각각의 음압이 역위상일 경우에는 반파장만큼 벗어나서 두 개의 음압이 상쇄되어 음압이 작아진다. 이러한 현상을 간섭이라 하고 정재파는 간섭의 일종이다.

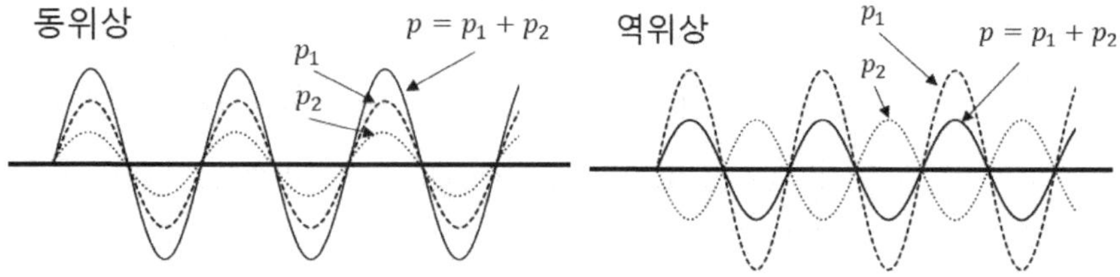

[그림 1.4] 음의 중첩 및 간섭

라. 회절

그림 1.5와 같이 음의 파동적인 성질을 고려하면 음은 회절로 인해서 장애물의 후면에 전달된다. 장애물의 크기가 파장에 비해서 매우 큰 경우에는 빛과 동일하게 장애물 뒤의 그림자처럼 고려해도 무방하다. 그러나 우리 주변의 대부분의 물체는 음의 파장과 동일한 크기를 갖기 때문에 회절현상을 무시할 수 없다.

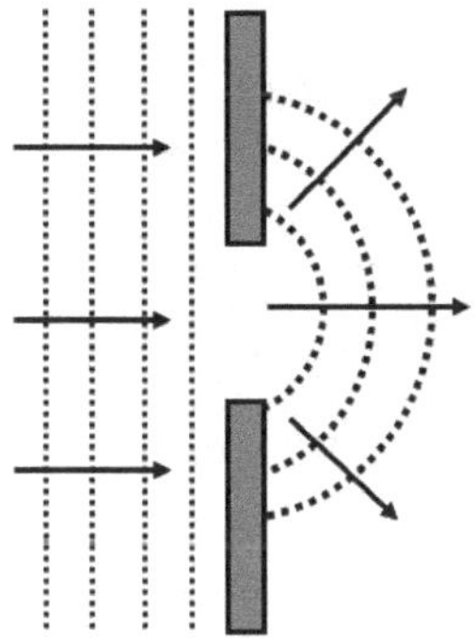

[그림 1.5] 음의 회절

마. 굴절

음의 굴절은 성질이 상이한 매질의 경계면에 음파가 입사하면 일부는 반사되고 일부는 투과한다. 이러한 경우 매질 1과 2에서의 음속이 c_1, c_2라고하면, 스넬의 법칙(Snell'law)에 의해서 $\frac{sin\theta_1}{sin\theta_2}=\frac{c_1}{c_2}$의 관계가 성립한다.

옥외에서 음의 전파가 대기중의 온도분포에 따라 변화하는 것은 연속적인 굴절이 발생하기 때문이다.

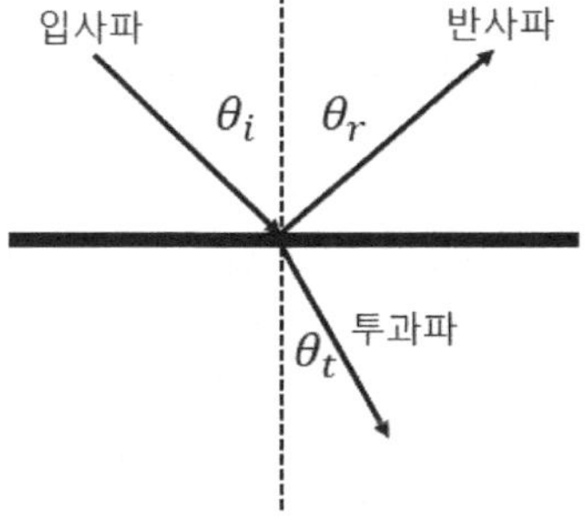

[그림 1.6] 음의 굴절

1.1.3 음향에너지

가. 음향에너지밀도

음은 공기와 같은 매질을 통해서 진동과 동일하게 음향에너지의 형태로 전파한다. 음향에너지 E는 매질입자의 강성에 의한 운동에너지 E_p와 압축과 팽창에 의한 포텐셜에너지 E_k로 분류된다.

$$E = E_p + E_k\,[Joule] \tag{1.5}$$

매질 내의 음향에너지가 전파되는 동안 매질이 존재하는 공간은 일정하지 않으며, 매질공간의 크기가 변하면 음향에너지의 크기도 변한다. 따라서 매질공간의 크기에 의존하지 않도록 단위체적 V_o당 음향에너지로 정의되는 음향에너지밀도를 사용한다.

$$\varepsilon = \frac{E}{V_o}\left[\frac{Joule}{m^3}\right] \tag{1.6}$$

음향에너지밀도는 음압과 매질입자의 속도에 대한 함수이다. 순간 음향에너지밀도 ε_i는 순간적인 입자속도와 음압에 대해서 위치와 시간에 따라 변하기 때문에 순간 음향에너지밀도는 모든 위치에 균일하지 않다. 따라서 음향에너지밀도는 시간에 대해서 다음과 같이 한 주기에 대한 시간평균 T을 계산한다.

$$\varepsilon = \langle \varepsilon_i \rangle_T = \frac{1}{T}\int_0^T \varepsilon_i\,dt \tag{1.7}$$

나. 음향강도

음향파워는 단위시간 T당 음향에너지로 정의된다.

$$W = \frac{E}{T}\left[\frac{Joule}{\sec}, Watt\right] \tag{1.8}$$

음향강도는 음이 전파하는 동안 단위시간 T 및 단위면적 S당 음의 에너지로 정의되며 음의 전파방향에 대해서 수직한 단위면적을 통과하는 음향에너지의 시간평균으로 나타낼 수 있다.

$$I = \frac{E}{S,T} = \frac{\varepsilon}{T} = \frac{W}{S} = pu \quad \left[\frac{Watt}{m^2}\right] \tag{1.9a}$$

$$I = \langle I(t) \rangle_T = \langle pu \rangle_T = \frac{1}{T}\int_0^T pu\, dt \tag{1.9b}$$

1.1.4 파의 분산

공기 내 음의 전파속도(위상속도) $c = \frac{\omega}{k}$는 주파수와 파장정수(파수)의 비로 정의되며 음속은 주파수에 의존하지 않는 일정한 상수이다. 만약 전파속도가 주파수에 따라 변하면 주파수에 따라 전파속도가 다르기 때문에 시간이 경과하면 공간 내 임의의 지점에 도달한 파(소음, 진동)의 형태가 왜곡되며 이 현상을 분산(dispersion)이라고 한다. 임의의 위치에서 여러 주파수의 음이 전파를 하면 비분산인 경우 모든 주파수는 일정한 속도로 전파하지만, 분산인 경우에는 주파수에 따라 전파속도가 다르기 때문에 시간이 경과하면 주파수가 합성하게 되어 군속도(group velocity)의 형태를 나타낸다. 따라서 분산현상을 파악하기 위해서 군속도를 이용한다. 군속도는 여러 주파수를 갖는 파를 하나의 파로 합성한 후 파의 최대 진폭을 선으로 연결하였을 때 선위의 속도를 나타낸다.

음의 진폭 A이 동일하고 각 진동수 ω와 파수 k가 미소량 $\Delta\omega$와 Δk만큼 다른 두 종류의 파 y_1, y_2를 생각하자.

$$y_1 = Acos\left[(\omega + \Delta\omega)t - (k + \Delta k)x\right] = Acos\left[(\omega t - kx) + (\Delta\omega t - \Delta kx)\right] \tag{1.10a}$$

$$y_2 = Acos\left[(\omega - \Delta\omega)t - (k - \Delta k)x\right] = Acos\left[(\omega t - kx) - (\Delta\omega t - \Delta kx)\right] \tag{1.10b}$$

식(1.10)에 삼각함수의 관계식$cos(a \pm b) = cosa \cdot cosb \pm sina \cdot sinb$을 적용하여 정리하면 다음과 같다.

$$y_1 = A\left[cos(\Delta\omega t - \Delta kx)cos(\omega t - kx) + sin(\Delta\omega t - \Delta kx)sin(\omega t - kx)\right] \tag{1.11a}$$

$$y_2 = A\left[cos(\Delta\omega t - \Delta kx)cos(\omega t - kx) - sin(\Delta\omega t - \Delta kx)sin(\omega t - kx)\right] \tag{1.11b}$$

식(1.11)의 두 파 y_1, y_2을 합성하면 다음과 같다.

$$y = y_1 + y_2 = 2A\,cos(\Delta\omega t - \Delta kx)cos(\omega t - kx) \tag{1.12}$$

식(1.12)에서부터 y_1과 y_2는 각 진동수 ω와 파수 k가 근접한 정현파이다. 그러나 합성한 파 y에서 두 번째 항$cos\,(\omega t - kx)$은 합성 전의 파 y_1과 y_2에 유사하지만 두번째 항$cos\,(\Delta\omega t - \Delta kx)$은 주기 $\dfrac{2\pi}{\Delta\omega}$ 및 파장 $\dfrac{2\pi}{\Delta k}$의 정현파를 나타낸다.

식(1.12)은 기본적으로 $cos(\omega t - kx)$의 파장과 주기로 전파하면서 진폭이 $2A\,cos(\Delta\omega t - \Delta kx)$로 주기적으로 변하는 파로서 진폭은 $\Delta\omega$, Δk가 미소량이므로 시간적으로 천천히 진행하면서 거리적으로는 긴 파장을 갖는다. 또한 합성한 파y의 전파속도(위상속도)는 두번째 항에서 $\omega t - kx =$상수라 놓고 시간에 대해서 미분을 하면 다음과 같이 위상속도 즉 전파속도 c_p를 구할 수 있다.

$$\frac{d}{dt}(\omega t - kx) = 0 \tag{1.13a}$$

$$c_p = \frac{dx}{dt} = \frac{\omega}{k} \tag{1.13b}$$

식(1.12)의 첫번째 항을 $\Delta\omega t - \Delta kx =$상수라 놓고 시간에 대해서 미분하고 주파수 변화량 $\Delta\omega$을 최소 $\Delta\omega \rightarrow 0$로 하면 군속도 c_g를 구할 수 있다.

$$\frac{d}{dt}(\Delta\omega t - \Delta kx) = 0 \tag{1.14a}$$

$$c_g = \frac{dx}{dt} = \frac{\Delta\omega}{\Delta k} = \frac{d\omega}{dk} \tag{1.14b}$$

식(1.14)에서 c_g는 주기$\dfrac{2\pi}{(\omega \pm \Delta\omega)}$와 파장$\dfrac{2\pi}{(k \pm \Delta k)}$을 갖는 2개의 파가 무리 형태로 전파하는 속도로서 군속도라고 한다.

한편, 두 파에 대한 각각의 위상속도는 식(1.10)으로부터 다음과 같다.

$$c_{p1,2} = \frac{(\omega \pm \Delta\omega)}{(k \pm \Delta k)} \tag{1.15}$$

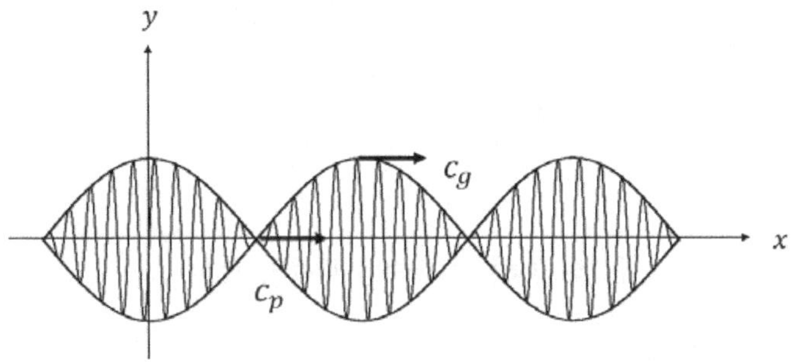

[그림 1.7] 두 파의 위상속도와 군속도

위의 현상을 맥놀이 현상이라고 하며, 군속도는 합성파의 에너지가 전파하는 속도로 생각할 수 있다.

식(1.14)로부터 군속도와 위상속도의 관계는 다음과 같다.

$$c_g = \frac{d\omega}{dk} = \frac{d(kc_p)}{dk} = c_p + k\frac{dc_p}{dk} \tag{1.16a}$$

$$c_g = c_p + k\frac{dc_p}{dk} = c_p + \frac{2\pi}{\lambda}\frac{dc_p}{d\lambda}\frac{d\lambda}{dk} = c_p - \lambda\frac{dc_p}{d\lambda} \tag{1.16b}$$

식(1.16)에서 파의 분산관계는 $\frac{dc_p}{d\lambda}$ 또는 $\frac{dc_p}{dk}$의 값에 따라 정해진다.

- $\frac{dc_p}{d\lambda} = 0$인 경우 위상속도와 군속도가 동일하기 때문에 $c_g = c_p$ 비분산이라고 한다.
- $\frac{dc_p}{d\lambda} > 0$인 경우 위상속도가 군속도보다 크며 $c_g < c_p$, 주파수의 증가에 따라 위상속도가 감소하는 현상으로 정상 분산이라고 한다.
- $\frac{dc_p}{d\lambda} < 0$인 경우 군속도가 위상속도보다 크며 $c_g > c_p$, 주파수의 증가에 따라 위상속도가 증가하는 현상으로 비정상 분산이라고 한다.

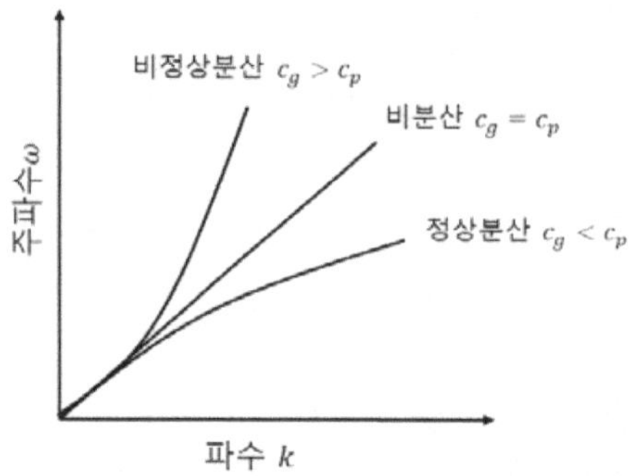

[그림 1.8] 주파수와 파수의 관계

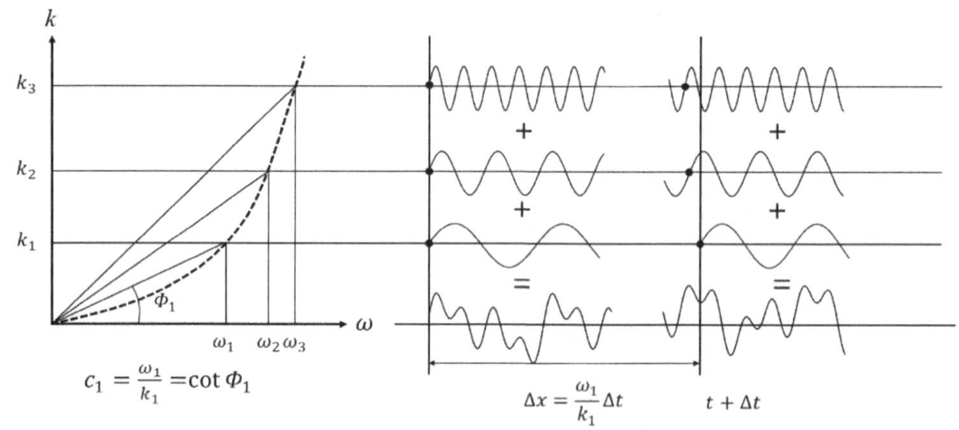

[그림 1.9] 분산에 의해서 음이 전파하는 동안의 변형

관내의 비 평면파 모드 혹은 보와 판의 굽힘파에 대한 위상속도는 주파수에 따라 변하는 분산이 발생한다. 분산의 의미는 임의의 지점에서 매우 짧은 충격파가 발생하여 다수의 주파수 성분이 전파하게 되며 각 주파수 성분의 전파속도가 다르게 전파하기 때문에 충격파의 형태가 변하게 되고 결국에는 감쇠 되거나 분산되어 사라진다.

그림 1.9과 같이 주파수에 따라 음의 전파속도가 다르기 $(c_1 < c_2 < c_3)$때문에 음이 전파하면서 점차 음의 형태가 변형된다.

1.1.5 음향임피던스

임피던스는 전기공학의 교류회로 이론을 기초로 기계진동 및 음향분야에서 이용되는 함수이다.

가. 기계임피던스

기계분야에서 사용되는 임피던스는 힘과 속도의 비로 정의되며 다른 분야의 임피던스와 구별하기 위해서 기계임피던스라고 부른다.

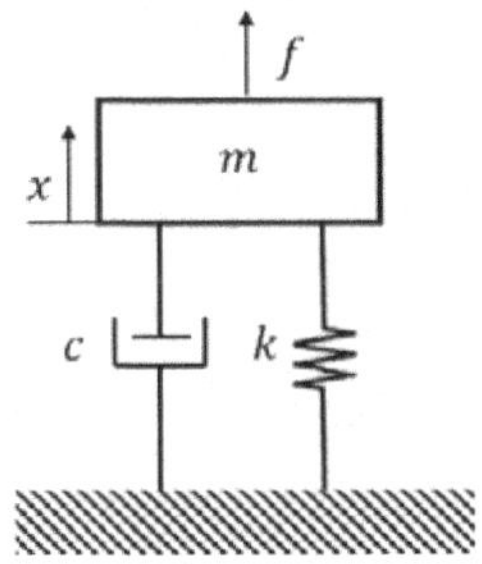

[그림 1.10] 1자유도 진동계의 기계임피던스

그림 1.10과 같이 질량에 감쇠기와 스프링이 부착된 1자유도 진동계에 정현파 가진력이 작용하면 질량의 속도와 가진력으로부터 기계임피던스 및 역수인 모빌리티를 간단히 계산할 수 있으며, 질량의 변위 및 가속도와 가진력의 관계에 대한 함수도 구할 수 있다. 이러한 함수를 전달함수라고 하며 기계임피던스를 포함하여 6종류의 전달함수로 정의되지만 기계분야에서는 기계임피던스(힘/속도)와 모빌리티(속도/힘)가 가장 많이 사용된다. 만약 다자유도계의 구조물에 가진력이 작용할 경우 동일한 지점의 가진력과 속도를 가진점 기계임피던스, 가진력과 속도가 다른 지점에 대해서는 전달 기계임피던스라고 한다.

그림 1.10의 1자유도 진동계에 대한 운동방정식으로부터 기계임피던스를 구할 수 있다.

$$m\ddot{x} + c\dot{x} + kx = f \tag{1.17}$$

가진력과 속도를 복소수형태 $f = Fe^{i\omega t}$, $v = Ve^{i\omega t}$로 나타내고 기계임피던스를 구하면 실수부와 허수부로 구분된다.

$$Z = \frac{F}{V} = c + j\left(\omega m - \frac{k}{\omega}\right) = R + jX \tag{1.18}$$

식(1.18)에서 실수부 R은 음향저항(resistance)이라고 하며 감쇠기에 의한 진동계내의 에너지 소비를 나타낸다. 그리고 허수부 X는 음향질량(reactance)이라고 하며 질량과 스프링에 의한 운동에너지와 탄성 에너지 상호간의 에너지 저장 및 방출을 나타내기 때문에 에너지 소비와는 관계가 없다.

나. 음향임피던스

진동분야의 기계임피던스와 동일하게 음향분야에서도 압력과 체적속도 v의 비로 정의되는 음향임피던스 Z와 체적속도를 입자속도로 대체하여 압력과 입자속도 u의 비로 정의되는 특성 음향임피던스 z를 이용한다.

$$Z = \frac{p}{Su} = \frac{p}{v} \tag{1.19a}$$

$$z = \frac{p}{u} \tag{1.19b}$$

식(1.19)에서 체적속도 $v = Su$는 단면적과 입자속도의 곱으로 표현되며, 음의 압력변동에 의해서 공기입자의 수축과 팽창으로 왕복 운동하는 체적이다. 따라서 음향분야에서는 단위면적당 체적속도를 나타내는 공기입자의 속도를 이용하기 때문에 특성 음향임피던스를 사용한다.

방사임피던스는 구조물의 면적 S에서 방사되는 음압이 공기에 작용하는 힘과 구조물위의 평균 입자속도의 비로 정의된다. 따라서, 방사임피던스 Z_r는 특성 음향임피던스와 구조물의 면적으로부터 계산된다.

$$Z_r = \frac{F}{u} = \frac{Sp}{u} = Sz \tag{1.20}$$

1.2 음의 파동해석

소리와 빛은 파동현상으로 설명이 가능하다. 그러나, 빛은 파장이 매우 짧기 때문에 일반적으로 광선의 형상으로 진행하는 것으로 설명할 수 있는 반면, 소리의 파장은 20Hz에서 17m, 20kHz에서 1.7cm로 우리들 주변의 물건의 크기와 비슷하다. 따라서, 음향현상을 정확하게 파악하기 위해서는 파동 음향학으로 해석해야만 한다.

1.2.1 파동방정식

그림 1.11과 같이 직사각형 좌표 위에 음의 변동이 없는 상태에서 공기입자의 집합체인 미소 직사각형 체적을 생각하면 직사각형의 체적은 $V_o = dx,\ dy,\ dz$이 된다.

만약 음의 변동량인 음압이 직사각형체에 입사하게 되면 직사각형내부의 입자가 이동하여 직사각형 체적이 변하게 된다.

직사각형 체적내 입자는 음의 파장에 비해서 매우 작은 길이를 갖는 매질의 작은 부분으로 정의되며 직사각형 체적내부의 압력과 밀도가 일정하다고 가정한다. 즉 직사각형 체적은 음의 파장에 비해서 작지만 공기입자보다는 충분히 큰 것으로 생각하자.

그림 1.11의 직사각형 체적에 음압이 존재하면, 직사각형 체적내부의 $x,\ y,\ z$ 공기입자가 축 방향으로 이동하여 $\xi,\ \eta,\ \zeta$의 변위가 발생하게 된다. 따라서, 공기입자의 최초 위치 $(x,\ y,\ z)$가 음압이 존재하면 $(x+\xi,\ y+\eta,\ z+\zeta)$의 위치로 변하게 된다. 즉 다음과 같이 공기입자의 위치가 변한다.

$$(x,\ y,\ z) \rightarrow (x+\xi,\ y+\eta,\ z+\zeta) \tag{1.21a}$$

$$(x+dx,\ y,\ z) \rightarrow \left(x+dx+\xi+\frac{\partial \xi}{\partial x}dx,\ y+\eta,\ z+\zeta\right) \tag{1.21b}$$

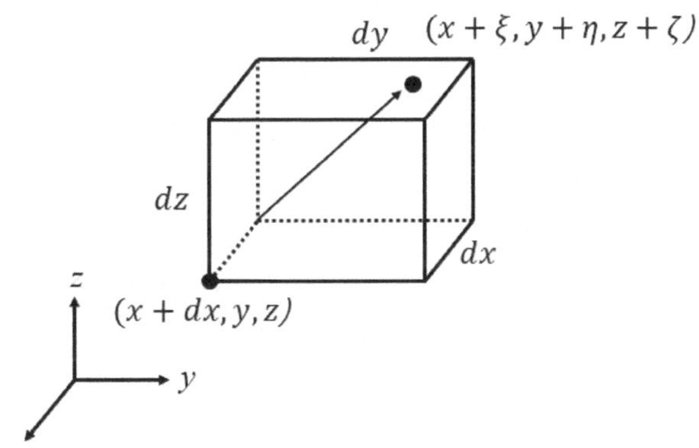

[그림 1.11] 공기입자의 직사각형 체적

x축방향의 dx에 대한 변위는 $\left(1+\frac{\partial \xi}{\partial x}\right)dx$, y축방향의 dy에 대한 변위는 $\left(1+\frac{\partial \eta}{\partial y}\right)dy$, z축방향의 dz에 대한 변위는 $\left(1+\frac{\partial \zeta}{\partial z}\right)dz$가 된다. 따라서, 음압이 존재하면 직사각형체의 체적은 다음과 같이 변형된다.

$$V=\left(1+\frac{\partial \xi}{\partial x}\right)\left(1+\frac{\partial \eta}{\partial y}\right)\left(1+\frac{\partial \zeta}{\partial z}\right)dxdydz \tag{1.22}$$

식(1.22)에서 미소변위에 대해서 1차 이상의 고차 미분항을 무시하여 정리할 수 있다.

$$V=\left(1+\frac{\partial \xi}{\partial x}+\frac{\partial \eta}{\partial y}+\frac{\partial \zeta}{\partial z}\right)V_o \tag{1.23a}$$

$$\frac{V-V_o}{V_o}=\frac{\Delta V}{V_o}=\frac{\partial \xi}{\partial x}+\frac{\partial \eta}{\partial y}+\frac{\partial \zeta}{\partial z} \tag{1.23b}$$

공기의 압력은 대기압 p_o이 음압 p에 의해서 p_o+p으로 변하고, 체적변화에 따라 밀도가 ρ_o에서 ρ로 변하지만, 질량은 변하지 않으므로 $(\rho_o V_o=\rho V)$ 식(1.23)으로부터 밀도의 변화를 계산할 수 있다.

$$\rho=\rho_o\left(1+\frac{\partial \xi}{\partial x}+\frac{\partial \eta}{\partial y}+\frac{\partial \zeta}{\partial z}\right)^{-1} \tag{1.24}$$

식(1.24)에서 $\frac{\partial \xi}{\partial x}+\frac{\partial \eta}{\partial y}+\frac{\partial \zeta}{\partial z}$은 매우 미소한 양이므로 공기의 밀도 변화는 무시할 수 있다$(\rho=\rho_o)$.

음은 공기의 압축과 팽창의 반복적 현상으로 속도가 빠른 경우에는 단열변화라고 생각 할 수 있다. 따라서, 압력과 체적의 관계는 다음과 같이 정의된다.

$$P_o V_o^{\gamma}=PV^{\gamma} \tag{1.25}$$

식(1.25)에서 γ은 단열비 (정압비열/정적비열)이며, 음압과 체적변화로 식(1.25)을 다음과 같이 변형시킬 수 있다.

$$PV^{\gamma} = (p_o + p)(V_o + V - V_o)^{\gamma} = p_o V_o^{\gamma}\left(1 + \frac{p}{p_o}\right)\left(1 + \frac{V - V_o}{V_o}\right)^{\gamma} \quad (1.26a)$$

$$1 = \left(1 + \frac{p}{p_o}\right)\left(1 + \frac{V - V_o}{V_o}\right)^{\gamma} = \left(1 + \frac{p}{p_o}\right)\left(1 + \frac{\Delta V}{V_o}\right)^{\gamma} \quad (1.26b)$$

일반적으로 음압 p은 대기압 p_o에 비해서 매우 작기 때문에 음에 의한 직사각형 체적의 변화 ΔV는 V_o보다 매우 작다. 따라서 식(1.26)의 우측의 두 번째 항에 식(1.23b)을 대입한 후 테일러 급수를 이용하여 전개하면 다음과 같이 쓸 수 있다.

$$\frac{V - V_o}{V_o} = \frac{\Delta V}{V_o} = \frac{\partial \xi}{\partial x} + \frac{\partial \eta}{\partial y} + \frac{\partial \zeta}{\partial z} \quad (1.27a)$$

$$1 + \frac{p}{p_o} = \left(1 + \frac{\Delta V}{V_o}\right)^{-\gamma} = \left(1 + \frac{\partial \xi}{\partial x} + \frac{\partial \eta}{\partial y} + \frac{\partial \zeta}{\partial z}\right)^{-\gamma} \quad (1.27b)$$

$$\left(1 + \frac{\Delta V}{V_o}\right)^{-\gamma} = 1 - \gamma\frac{\Delta V}{V_o} + \frac{\gamma(\gamma+1)}{2!}\left(\frac{\Delta V}{V_o}\right)^2 - \cdots \quad (1.27c)$$

식(1.27c)에서 2차이상의 고차항을 무시하여 간단히 정리한 후, 식(1.27b)에 대입한다.

$$p = -\gamma p_o\left(\frac{\partial \xi}{\partial x} + \frac{\partial \eta}{\partial y} + \frac{\partial \zeta}{\partial z}\right) \quad (1.28a)$$

$$p = -\gamma p_o \frac{\Delta V}{V_o} = -K\frac{\Delta V}{V_o} \quad (1.28b)$$

식(1.28)의 $\frac{\Delta V}{V_o}$은 체적 변화율이며 $\gamma p_o = K$는 체적 변화율과 압력변화에 대한 비례상수로서 체적 탄성률이라고 한다. 음의 부호는 음압에 의해서 체적이 수축하는 것을 의미한다. 따라서 이 식은 음압에 의한 공기입자의 체적변화 상태를 나타낸다.

그림 1.12와 같이 대기압 p_o상태에서 미소 직사각형 공기체적에 음압에 작용할 경우에 대한 운동방정식을 유도하자.

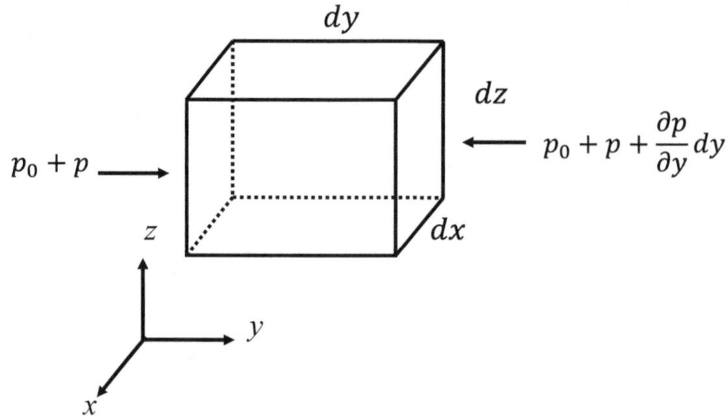

[그림 1.12] 직사각형 공기체적에 작용하는 음압

직사각형 체적의 y축 방향으로 음압이 수직한 면적 $dxdz$에 작용하면 힘의 미소 변화량 $-\frac{\partial p}{\partial y}dxdydz$이 발생하고 이때 x, y, z방향으로 공기입자가 u, v, w의 속도로 이동한다.

그림 1.12의 미소 직사각형 체적에 대해서 뉴우튼의 제2법칙을 적용하면 공기입자에 대한 운동방정식을 유도할 수 있다.

$$\left[(p_o + p) - \left(p_o + p + \frac{\partial p}{\partial y}dy\right)\right]dxdz = \rho dxdydz\frac{\partial v}{\partial t} \tag{1.29}$$

식(1.29)로부터 y방향에 대해서 음압과 속도 혹은 변위에 대해서 운동방정식을 얻을 수 있으며, 동일한 방법으로 x, z방향에 대해서도 운동방정식이 구해진다.

x, y, z방향에 대한 운동방정식은 다음과 같이 음압과 공기입자의 속도(변위)에 대한 관계식이 구해진다.

$$-\frac{\partial p}{\partial x} = \rho\frac{\partial u}{\partial t} = \rho\frac{\partial^2 \xi}{\partial t^2} \tag{1.30a}$$

$$-\frac{\partial p}{\partial y} = \rho\frac{\partial v}{\partial t} = \rho\frac{\partial^2 \eta}{\partial t^2} \tag{1.30b}$$

$$-\frac{\partial p}{\partial z} = \rho\frac{\partial w}{\partial t} = \rho\frac{\partial^2 \zeta}{\partial t^2} \tag{1.30c}$$

식(1.30)을 x, y, z 방향에 대해서 각각의 방정식을 미분하고 3개의 방정식을 더하면 위치에 대한 음압의 2차 미분과 공기입자의 속도에 대한 시간의 2차 미분에 대한 관계식이 구해진다.

$$\frac{\partial^2 p}{\partial x^2} = -\rho \frac{\partial^2}{\partial t^2}\left(\frac{\partial \xi}{\partial x}\right) \tag{1.31a}$$

$$\frac{\partial^2 p}{\partial y^2} = -\rho \frac{\partial^2}{\partial t^2}\left(\frac{\partial \eta}{\partial y}\right) \tag{1.31b}$$

$$\frac{\partial^2 p}{\partial z^2} = -\rho \frac{\partial^2}{\partial t^2}\left(\frac{\partial \zeta}{\partial y}\right) \tag{1.31c}$$

$$\left(\frac{\partial^2 p}{\partial x^2} + \frac{\partial^2 p}{\partial y^2} + \frac{\partial^2 p}{\partial z^2}\right) = -\rho \frac{\partial^2}{\partial t^2}\left(\frac{\partial \xi}{\partial x} + \frac{\partial \eta}{\partial y} + \frac{\partial \zeta}{\partial y}\right) \tag{1.31d}$$

직사각형 체적의 변화량에 대한 식(1.28a)를 식(1.31d)에 대입하면 음압에 대한 시간과 위치의 2차 상미분방정식, 즉 파동방정식을 구할 수 있다.

$$\frac{\partial^2 p}{\partial t^2} = \frac{\gamma p_o}{\rho}\left(\frac{\partial^2 p}{\partial x^2} + \frac{\partial^2 p}{\partial y^2} + \frac{\partial^2 p}{\partial z^2}\right) \tag{1.32}$$

식(1.32)에서 음속을 정의하고, 라플라스 연산자 ∇^2를 이용하여 정리한다.

$$c = \sqrt{\frac{\gamma p_o}{\rho}} = \sqrt{\frac{K}{\rho}} \tag{1.33a}$$

$$\frac{\partial^2 p}{\partial t^2} = c^2 \nabla^2 p \tag{1.33b}$$

위의 식에서 c는 음의 전파속도 즉, 음속을 나타낸다.

0℃, 1기압의 공기 중의 음속은 $\gamma = 1.41$, $P_o = 101,300 Pa$, $\rho = 1.293 kg/m^3$을 식(1.33a)에 대입하여 계산할 수 있다.

$$c = 331.5\,(m/sec) \tag{1.34}$$

식(1.33a)에서 기압의 변화는 거의 무시할 수 있지만, 온도변화에 따라 공기밀도가 변하기 때문에 온도 t℃에 대한 음속은 온도에 비례하여 증가한다.

$$c_t = c\sqrt{\frac{(273+t)}{273}} \approx 331.5 + 0.6t\,(m/sec) \tag{1.35}$$

식(1.35)으로부터 15℃의 실온에서 음속은 $340m/s$가 된다.

표 1.1 여러 매질내 음의 전파속도

매질	전파속도 (m/s)	밀도(kg/m^3)
공기	340	1.23
물	1430	1000
철강	6100	7.8×10^3
목재	3500～5000	$0.7\sim1.1\times10^3$

1.2.2 평면파

평면파는 파의 진행방향에 대해서 파면이 수직하며, 음압이 일정한 파동이므로 파의 진행방향과 수직한 방향에 대한 미분은 영이 된다. 따라서, x방향에 대한 평면파는 식(1.33)에서 x방향에 대한 1차원 파동방정식이 된다.

$$\frac{\partial^2 p}{\partial t^2} = c^2\frac{\partial^2 p}{\partial x^2} \tag{1.36}$$

식(1.36)의 1차원 파동방정식의 해는 달랑베르(D'Alembert)의 해법으로부터 구할 수 있다. 우선, 식(1.36)의 우변을 좌변으로 이항 시킨 후 미분연산자에 대해서 인수분해를 하면 두 개의 방정식을 얻을 수 있다.

$$\left(\frac{\partial}{\partial t} + c\frac{\partial}{\partial x}\right)\left(\frac{\partial}{\partial t} - c\frac{\partial}{\partial x}\right)p = 0 \tag{1.38a}$$

$$\frac{\partial p}{\partial t} + c\frac{\partial p}{\partial x} = 0 \tag{1.38b}$$

$$\frac{\partial p}{\partial t} - c\frac{\partial p}{\partial x} = 0 \tag{1.38c}$$

음압$p(x,\ t)$은 위치x와 시간t에 관한 함수로서 독립변수를 $k=ct-x$, $q=ct+x$로 치환하여 음압에 대입하면 k, q의 함수로 나타낼 수 있다.

1차원 파동방정식의 미분은 미분연쇄법칙에 따라 다음과 같이 표시할 수 있다.

$$p_x = p_k k_x + p_q q_x = p_k + p_q \tag{1.39a}$$

$$p_{xx} = p_{kk} + 2p_{kq} + p_{qq} \tag{1.39b}$$

$$p_{tt} = c^2(p_{kk} - 2p_{kq} + p_{qq}) \tag{1.39c}$$

식(1.39)에서 첨자는 미분변수를 나타내디. 따라서, p_x는 x의 1차미분, p_{xx}, p_{tt}는 x와 t의 2차미분을 나타낸다.

식(1.39)을 1차원 파동방정식에 대입하면 다음과 같은 항을 얻을 수 있다.

$$p_{kq} = \frac{\partial^2 p}{\partial k \partial q} = 0 \tag{1.40}$$

식(1.40)을 k, q에 대해서 적분하면 변수 k, q만의 함수$\frac{\partial p}{\partial k} = g(k)$, $\frac{\partial p}{\partial q} = h(q)$로 표현되며 이식을 다시 적분하면 $f_1(k) = \int g(k)dk$, $f_2(q) = \int h(q)dq$ 함수를 얻는다.

음압의 해는 중첩의 원리에 따라 두 함수의 합이 된다.

$$p(k,q) = f_1(k) + f_2(q) \tag{1.41}$$

식(1.41)에서 $p(k,\ q)$을 x와 t의 함수로 대치하면 식(1.42)과 같은 해를 얻을 수 있으며, 달랑베르(D'Alemert)의 해라 한다.

$$p(x,\ t) = f_1(ct-x) + f_2(ct+x) \tag{1.42}$$

식(1.42)의 음압은 시간 τ만큼 증가시키면 다음과 같이 된다.

$$p(x,\, t) = f_1[c(t_1+\tau) - (x_1 + c\tau)] + f_2[c(t_1+\tau) + (x_1 - c\tau)] \tag{1.43}$$

식(1.43)은 최초의 음압이 시간t_1과 위치x_1에서 시간 τ만큼 증가하면 음압의 첫번째 항 f_1은 시간이 $t_2 = t_1 + \tau$로 증가하는 방향으로 이동하고 위치도 $x_2 = x_1 + c\tau$로 증가하는 방향으로 이동하게 된다. 그러나 음압의 두번째 항 f_2은 시간의 증가 $t_2 = t_1 + \tau$에 따라 위치는 $x_2 = x_1 - c\tau$로 감소하는 방향으로 이동하게 된다. 따라서, 그림 1.13과 같이 1차원 파동 방정식 해의 첫번째 항은 x방향으로 음속 c로 진행하는 파, 두번째 항은 x방향으로 음속 c로 후퇴하는 파가 된다.

식(1.42)에 각 진동수 ω을 대입하면 $ct \pm x = \frac{c}{\omega}(\omega t \pm kx)$로 표현할 수 있다.

$$p(x,\, t) = f_1(\omega t - kx) + f_2(\omega t + kx) \tag{1.44}$$

식(1.44)에서 x축 방향의 평면파에 대한 음압의 해는 일반적으로 cos함수의 정현파로 표시한다.

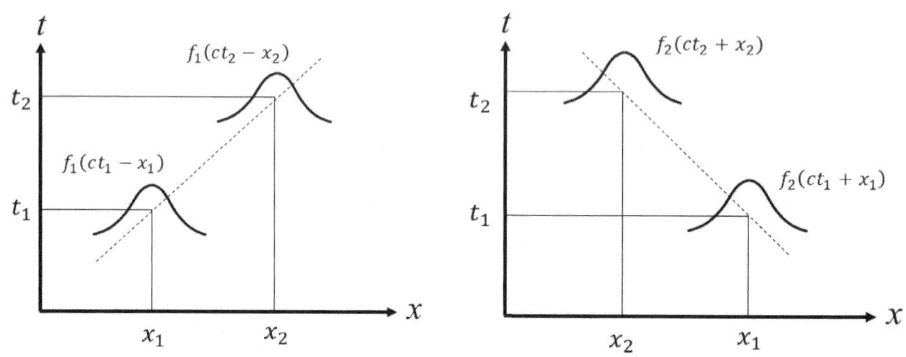

(a) 진행파 (b) 후퇴파

[그림 1.13] 1차원 파동방정식의 해에 대한 진행파와 후퇴파

$$p(x,\, t) = A cos(\omega t - kx) + B cos(\omega t + kx) \tag{1.45}$$

식(1.45)에서 A, B는 음압에 대한 진행파와 후퇴파의 진폭이다.

공기입자의 속도는 음압과 변위의 관계$\left(\frac{\partial p}{\partial x} = -\rho \frac{\partial u}{\partial t}\right)$로부터 구할 수 있다.

$$u(x,\ t) = \frac{1}{\rho c}\left[Acos(\omega t - kx) - Bcos(\omega t + kx)\right] \quad (1.46)$$

식(1.45)와 식(1.46)의 삼각함수를 오일러(Euler) 공식을 이용하여 지수함수로 표시하여 보자. 오일러 공식은 허수를 갖는 지수함수로서 지수 θ를 변수로 하는 $e^{j\theta}$에 대한 급수전개를 하면 다음과 같다.

$$e^{j\theta} = 1 + j\theta + \frac{1}{2!}(j\theta)^2 + \frac{1}{3!}(j\theta)^3 + \cdots = \left(1 - \frac{\theta^2}{2!} + \frac{\theta^4}{4!} + \cdots\right) + j\left(1 - \frac{\theta^3}{3!} + \cdots\right) \quad (1.47)$$

위의 급수전개식은 $cos\theta$, $sin\theta$의 삼각함수와 동일하므로 지수함수를 삼각함수로 표현할 수 있으며, 이 식을 오일러 공식이라고 한다.

$$cos\theta = 1 - \frac{\theta^2}{2!} + \frac{\theta^4}{4!} + \cdots,\ sin\theta = 1 - \frac{\theta^3}{3!} + \cdots \quad (1.48a)$$

$$e^{j\theta} = cos\theta + j\,sin\theta \quad (1.48b)$$

오일러 공식은 실수 $cos\theta$와 허수 $sin\theta$를 갖는 복소수 함수로서 그림 1.14와 같이 실수와 허수에 대한 복소수 평면위에서 실수축으로부터 θ의 각도를 갖고 원점으로부터 거리가 1인 점에 대한 식을 나타낸다.

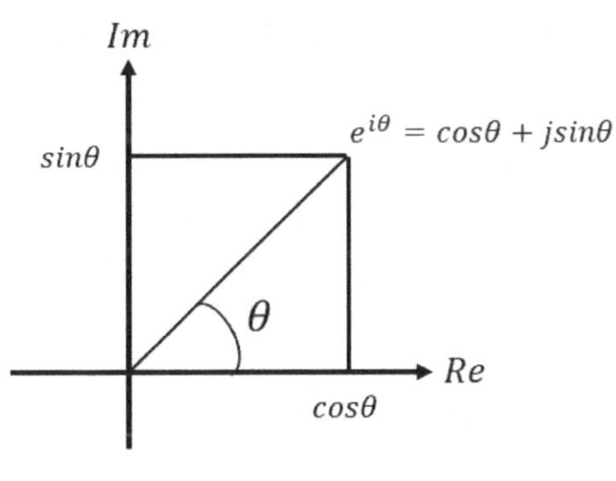

[그림 1.14] 오일러 공식

다음과 같은 진폭 A와 주파수 ω를 갖는 정현파 진동을 생각하자.

$$x = A\,cos\omega t \tag{1.49}$$

식(1.49)의 정현파 진동은 식(1.48b)의 오일러 공식으로부터 지수함수 z와 공액 복소수 z^*를 이용하여 표현할 수 있다.

$$z = Ae^{j\omega t} = A(cos\omega t + j\,sin\omega t) \tag{1.50a}$$

$$z^* = Ae^{-j\omega t} = A(cos\omega t - j\,sin\omega t) \tag{1.50b}$$

식(1.49)의 정현파 진동은 실수부이기 때문에 z와 공액 복소수 z^*의 합으로 표시 된다.

$$x = \frac{1}{2}(z + z^*) \tag{1.51}$$

위와 같이 음향분야의 해석에서는 삼각함수의 미적분 혹은 곱셈과 나눗셈의 연산이 필요하고 이러한 삼각함수의 연산은 까다롭고 복잡하다. 그러나 지수함수로 표현하면 미적분에 의해서 함수의 형태가 변하지 않기 때문에 곱셈과 나눗셈이 지수의 가감산으로 간단히 계산된다. 따라서 정현파 진동 및 소음에 대한 삼각함수 표현을 오일러 공식을 이용하여 지수함수로 표현하면 용이하게 계산을 할 수 있기 때문에 이후에는 정현파 소음 문제에 대해서 오일러 공식을 이용한 지수함수로 표현한다.

식(1.45)와 식(1.46)의 음압과 속도는 삼각함수보다 오일러 공식을 이용하면 미분과 적분의 수학적 연산이 간단하다.

$$p(x,\,t) = Ae^{j(\omega t - kx)} + Be^{j(\omega t + kx)} \tag{1.52a}$$

$$u(x,\,t) = \frac{1}{\rho c}\left[Ae^{j(\omega t - kx)} - Be^{j(\omega t + kx)}\right] \tag{1.52b}$$

오일러 공식을 이용한 복소수 표시에서 물리적인 실제 값은 실수부이며 진폭 A, B는 복소수로서 위상을 갖고 있다. 따라서, 복소수로 표시된 변수에서 실수가 임의의 시간에 대한 물리적 의미를 갖는 값이며 순간 값이라고 부른다.

$$A = |A|e^{j\phi_1},\ B = |B|e^{j\phi_2} \tag{1.53}$$

그러나 이 순간 값은 시간에 따라 크기가 변하기 때문에 실제 소음해석 시 실효값을 사용한다. 음의 실효값은 시간적으로 크기가 변화하는 값에 대한 2승평균의 제곱근 값으로 rms(root mean square)값 이라고도 하며 식(1.54)와 같이 계산한다.

$$p_{rms} = \sqrt{\frac{1}{T}\int_{o}^{T} p(t)^2 dt} \tag{1.54}$$

식(1.54)에서 정현파의 경우 실효값의 최대진폭은 음의 최대값에 $\sqrt{2}$배가 된다.

일반적으로 시간적으로 변동하는 값의 크기를 표시하기 위해서 평균값을 사용하지만, 진동 및 음향분야와 전기교류분야에서는 값이 시간적으로 양과 음으로 변동하는 양이기 때문에 단순히 시간평균을 하면 영이 되거나, 영에 가까운 값이 되어 변동의 크기를 표시할 수 없다. 그러나 2승값의 시간평균을 하여 제곱근 값을 취하면 변동량의 크기를 표시할 수 있다. 2승 시간평균값은 $\langle p^2 \rangle_t$로 간단히 표기한다.

1.2.3 구면파

구면파는 구면위의 음압 혹은 속도가 일정한 파동형태이다. 그림 1.15와 같이 구면의 중심을 원점으로부터 음이 전파되는 파동방정식을 계산하여 보자.

구면으로부터 음의 전파는 그림 1.15와 같이 극좌계로 표시할 수 있다.

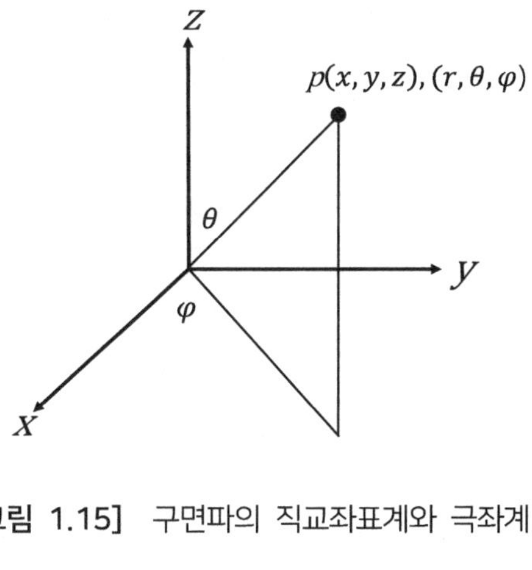

[그림 1.15] 구면파의 직교좌표계와 극좌계

직교좌표계$(x,\ y,\ z)$와 극좌계 $(r,\ \theta,\ \varphi)$의 관계는 다음과 같다.

$$x = rsin\theta cos\varphi \tag{1.55a}$$

$$y = rsin\theta sin\varphi \tag{1.55b}$$

$$z = rcos\theta \tag{1.55c}$$

극좌표계에 대한 라플라스연산자 ∇^2는 다음과 같다.

$$\nabla^2 = \frac{\partial^2}{\partial r^2} + \frac{2}{r}\frac{\partial}{\partial r} + \frac{1}{r^2 sin\theta}\frac{\partial}{\partial\theta}\left(sin\theta\frac{\partial}{\partial\theta}\right) + \frac{1}{r^2 sin^2\theta}\frac{\partial^2}{\partial\theta^2} \tag{1.56}$$

구면의 중심에서 방사되는 음압은 구면의 반경방향으로만 전파하고, $\theta,\ \varphi$방향에 대해서 음압은 일정하기 때문에 $\theta,\ \varphi$에 대한 미분은 영이 된다. 따라서 구면파의 파동방정식은 r방향에 대한 1차원 파동방정식으로 표현된다.

$$\frac{\partial^2 p}{\partial t^2} = c^2\left(\frac{\partial^2 p}{\partial r^2} + \frac{2}{r}\frac{\partial p}{\partial r}\right) = \frac{c^2}{r}\frac{\partial^2(rp)}{\partial r^2} \tag{1.57}$$

r과 t는 서로 독립변수이기 때문에 식(1.57)의 좌변을 rp에 대한 2차 미분형태로 표현할 수 있다.

$$\frac{\partial^2(rp)}{\partial t^2} = c^2\frac{\partial^2(rp)}{\partial r^2} \tag{1.58}$$

식(1.58)에서 rp에 대해서 평면파와 동일하게 달랑베르 (D'Alembert)의 해를 구하면 음압은 전파거리에 반비례한다.

$$rp(r,\ t) = f_1(ct - r) + f_2(ct + r) \tag{1.59a}$$

$$p(r,\ t) = \frac{1}{r}\left[f_1(ct - r) + f_2(ct + r)\right] \tag{1.59b}$$

식(1.59)는 평면파와 동일하게 우측의 첫번째 항이 진행파, 두번째 항은 후퇴파를 나타낸다. 따라서 $f_1(ct-r)$는 구면의 원점으로부터 반경방향으로 방사되는 음이고, $f_2(ct+r)$는 구면의 원점으로 향하는 음으로 현실적으로 발생하지 않는다.

식(1.59b)의 구면파에 대해서 구면의 원점으로 향하는 구면파의 음압$f_2(ct+r)$은 물리적으로 타당하지 않기 때문에 무시한다.

$$p(r,\, t)= \frac{A}{r}e^{j(\omega t-kr)} \tag{1.60}$$

$\dfrac{|A|}{r}$은 구면의 원점으로부터 공간상의 임의의 점까지의 거리 r에 대한 음압의 진폭이며, A는 경계조건으로부터 정해진다.

구면으로부터 반경방향으로 방사되는 공기입자의 속도는 반경방향의 음압과 속도의 관계식 $\left(-\dfrac{\partial p}{\partial x}=\rho\dfrac{\partial u}{\partial t}\right)$으로부터 계산할 수 있다.

$$u(r,\, t)= \frac{\partial \xi}{\partial t}=-\frac{1}{\rho}\int\frac{\partial p}{\partial t}dt=\left(\frac{1}{r}+jk\right)\frac{p}{j\omega\rho} \tag{1.61}$$

식(1.61)에서 음압과 속도의 비는 복소수형태로 나타나며 위상차를 갖는다.

$$\frac{p}{u}=\frac{j\omega\rho}{\frac{1}{r}+jk}=\frac{\rho ckr}{\sqrt{1+(kr)^2}}\left(\frac{kr}{\sqrt{1+(kr)^2}}+j\frac{1}{\sqrt{1+(kr)^2}}\right)=\frac{\rho ckr}{\sqrt{1+(kr)^2}}e^{j\phi} \tag{1.62}$$

식(1.62)에서 ϕ는 음압과 속도에 대한 위상차로 다음과 같다.

$$\frac{kr}{\sqrt{1+(kr)^2}}=cos\phi \tag{1.63a}$$

$$\frac{1}{\sqrt{1+(kr)^2}}=sin\phi \tag{1.63b}$$

$$\phi=tan^{-1}\left(\frac{1}{kr}\right) \tag{1.63c}$$

평면파의 경우 식(1.52)에서 진행방향의 음압과 속도의 비는 동위상이지만, 구면파의 경우에는 ϕ만큼의 위상차가 발생한다. 그러나 구면의 원점으로부터 충분하게 떨어진 거리, 즉 kr이 충분히 크면 위상차 ϕ가 영에 접근한다. 따라서 원점으로부터 충분히 떨어진 거리에서 음압은 속도와 동위상이 되어 구면파가 평면파에 접근한다.

1.2.4 충격파

음의 충격파는 음파가 진행하는 동안 비선형 효과에 의해서 변형이 발생하는 파의 일종이다. 일반적인 음의 진폭은 매우 작기 때문에 비선형 효과도 상대적으로 작아서 무시한다. 그러나 음압의 진폭이 매우 큰 경우에는 식(1.27c)에서 고차항을 무시할 수 없게 된다.

식(1.27c)를 1차원 평면파에 대해서 고려하자.

$$\frac{p}{p_o} = -\gamma\frac{\partial\xi}{\partial x} + \frac{\gamma(\gamma+1)}{2}\left(\frac{\partial\xi}{\partial x}\right)^2 - \frac{\gamma(\gamma+1)(\gamma+2)}{6}\left(\frac{\partial\xi}{\partial x}\right)^3 \cdots \tag{1.64a}$$

$$\frac{\partial p}{\partial x} = -\gamma P_o\left[1-(\gamma+1)\frac{\partial\xi}{\partial x} + \frac{(\gamma+1)(\gamma+2)}{3}\left(\frac{\partial\xi}{\partial x}\right)^2 \cdots\right]\frac{\partial^2\xi}{\partial x^2} \tag{1.64b}$$

식(1.64)를 식(1.30a)에 대입하고 2승이상의 고차항을 무시하자.

$$\frac{\partial^2\xi}{\partial t^2} = \frac{\gamma p_0}{\rho}\left[1-(\gamma+1)\frac{\partial\xi}{\partial x}\right]\frac{\partial^2\xi}{\partial x^2} \tag{1.65}$$

식(1.65)는 식(1.32)와 동일하게 입자변위에 대한 파동방정식이며 충격파의 음속은 고차항 $\frac{\gamma p_o}{\rho}\left[1-(\gamma+1)\frac{\partial\xi}{\partial x}\right]$의 영향이 포함되어있다.

$$v^2 = \frac{\gamma p_o}{\rho}\left[1-(\gamma+1)\frac{\partial\xi}{\partial x}\right] \tag{1.66a}$$

$$v = c\sqrt{1-(\gamma+1)\frac{\partial\xi}{\partial x}} \tag{1.66b}$$

식(1.66)를 식(1.27)과 같이 테일러 급수로 전개하고 고차항을 무시하면 간단히 표현된다.

$$v = c - \frac{c(\gamma+1)}{2}\frac{\partial \xi}{\partial x} \tag{1.67}$$

식(1.28a)로부터 음압이 $p > 0$인 압축의 경우에는 입자변위의 구배가 $\frac{\partial \xi}{\partial x} < 0$이 되어 음속은 $v > c$이 되며, 음압이 $p < 0$인 팽창의 경우에는 입자변위의 구배가 $\frac{\partial \xi}{\partial x} > 0$이 되어 음속은 $v < c$이 된다.

초기 음압의 진폭은 $p > 0$에서 $v > c$의 속도로 전파되며, $p < 0$에서 $v < c$의 속도로 전파되어 시간이 경과함에 따라 그림 1.16과 같이 충격파가 된다.

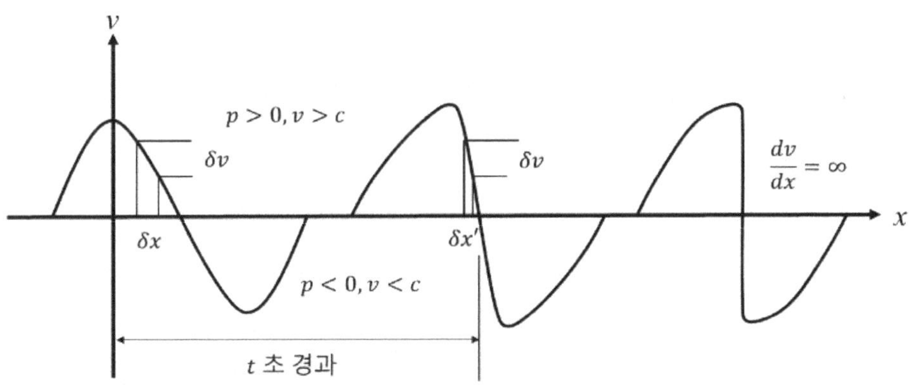

[그림 1.16] 충격파의 형성과정

그림 1.16에서 초기 파형의 미소거리 δx가 t초 경과 후 $\delta x'$로 변하게 되면 식(1.67)로부터 충격파를 형성하는 입자의 전파속도는 $-\frac{c(\gamma+1)}{2}\frac{\partial \xi}{\partial x}$만큼 차이가 발생한다. 따라서 미소거리의 차는 식(1.68)과 같이 된다.

$$\delta x - \delta x' = -\frac{c(\gamma+1)}{2}\frac{\partial \xi}{\partial x} t \tag{1.68}$$

충격파가 형성되어 점차 $\delta x' \rightarrow 0,\ \dfrac{\partial v}{\partial x} \rightarrow \infty$에 근접하면 충격파의 최대 진폭이 나타난다. 따라서, 식(1.68)에서 $\delta x' = 0$로 놓고, x로 미분하여 시간에 대해서 정리하자.

$$t = -\frac{2}{c(\gamma+1)\dfrac{\partial^2 \xi}{\partial x^2}} \tag{1.69}$$

식(1.28b)의 $p = -\gamma p_o \dfrac{\partial \xi}{\partial x}$을 x로 미분하여 식(1.69)에 대입하면, 최대 충격파를 형성하는데 걸리는 시간을 구할 수 있다.

$$t = \frac{2\gamma P_o}{c(\gamma+1)\left.\dfrac{dp}{dx}\right|_{\max}} \tag{1.70}$$

음압이 $p = P cos(kx - \omega t)$의 정현파일 경우 x에 대해서 미분하면 최대 진폭을 구할 수 있다.

$$\left.\frac{dp}{dx}\right|_{\max} = kp_{\max} = \frac{2\pi}{\lambda} p_{\max} \tag{1.71}$$

식 (1.71)를 식(1.70)에 대입하면 최대 충격파가 발생하는 시간과 거리를 구할 수 있다.

$$t = \frac{\gamma p_o}{c(\gamma+1)p_{\max}} \frac{\lambda}{\pi} \tag{1.72a}$$

$$ct = x = \frac{\gamma p_o}{(\gamma+1)p_{\max}} \frac{\lambda}{\pi} \tag{1.72b}$$

식(1.72)에서 p_o는 대기압, $p_{\max}$은 충격파의 최대 진폭이다.

1.3 음의 에너지해석

뉴우튼 역학에서는 벡터의 양인 힘과 속도로 정해지는 운동량을 기초로 역학계를 벡터량으로 해석한다. 역학계를 외력, 반력 및 구속력에 의한 운동방정식으로 해석하는 경우 해석의 복잡성으로 인해서 라그랑쥐 역학에서는 스칼량인 에너지를 이용하여 역학계를 해석한다.

음향공학에서도 공기중의 압력의 변동인 음압과 공기입자 속도를 이용한 벡터적 해석방법인 파동학적 해석을 한다. 그러나, 음압이 복잡하게 존재하는 실내음향 등과 같은 경우에 대한 해석은 음향에너지를 이용한다.

1.3.1 음향에너지밀도

공기 내 압력의 변동량인 음압과 공기입자 속도와 같은 벡터량 이외에도 음향에너지는 음향공학에서 매우 중요한 물리적인 스칼량으로 음의 해석을 간단하게 한다. 일반적으로 음이 전파하게 되면 진행방향으로 음의 에너지가 전달된다.

음장 내에 미소체적 V_o이 존재하면, 외부 압력에 의해서 미소체적 내에 운동에너지와 포텐셜에너지가 발생한다.

음의 운동에너지는 공기의 질량과 입자속도로부터 계산된다.

$$E_k = \frac{1}{2}\rho V_o u^2 \tag{1.73}$$

또한 음압에 의해서 체적은 수축에 의한 변화가 발생하므로 포텐셜에너지는 음압과 체적변화에 대한 적분으로부터 계산할 수 있다.

$$E_p = -\int p\,dV \tag{1.74}$$

체적 V_o에 작용하는 음압에 의한 체적변화는 식(1.23a)으로부터 x방향에 대해서 표시하면 다음과 같다.

$$V = \left(1 + \frac{\partial \xi}{\partial x}\right) V_o \tag{1.75}$$

식(1.29a)의 변위와 음압에 대한 관계 $\left(\frac{\partial \xi}{\partial x}=-\frac{p}{\gamma p_o}\right)$로부터 식(1.75)를 다음과 같이 쓸 수 있다.

$$V=\left(1-\frac{p}{\gamma p_o}\right)V_o \tag{1.76}$$

위의 식을 음압 p으로 미분하면 체적변화와 음압변화에 대한 관계식을 구할 수 있다.

$$dV=-\frac{V_o}{\gamma p_o}dp=-\frac{V_o}{\rho c^2}dp \tag{1.77}$$

식(1.77)를 식(1.74)에 대입하면 포텐셜에너지를 구할 수 있다.

$$E_p=\frac{V_o}{\rho c^2}\int_0^p p\,dV=\frac{1}{2}\frac{V_o}{\rho c^2}p^2 \tag{1.78}$$

따라서, 미소체적이 갖는 음향에너지는 식(1.73)과 식(1.78)의 합으로 구해진다.

$$E=E_k+E_p=\frac{1}{2}\left(\rho u^2+\frac{p^2}{\rho c^2}\right)V_o \tag{1.79}$$

공간 내 음향에너지는 식(1.79)와 같이 공간의 체적 V_o에 따라 변하므로 단위체적당 음향에너지, 즉 음향에너지밀도로 해석한다.

$$\varepsilon=\varepsilon_k+\varepsilon_p=\frac{1}{2}\left(\rho u^2+\frac{p^2}{\rho c^2}\right) \tag{1.80}$$

가. 평면파

평면파에 대한 음향에너지밀도는 공간상에서 진행하는 방향의 음압과 입자속도로 계산할 수 있다. 따라서 양의 방향에 대한 음압과 속도를 p_+, u_+, 음의 방향에 대한 음압과 속도를 p_-, u_-로 정의하고 평면파의 음압과 속도의 비 $p/u = \rho c$를 이용하면 양과 음의 방향에 대한 음향에너지는 다음과 같다.

평면파에 대한 음향에너지는 음압과 입자속도가 동위상이기 때문에 운동에너지와 포테셜 에너지가 동일하다.

$$p(x,\ t) = p_+ + p_- = Ae^{j(\omega t - kx)} + Be^{j(\omega t + kx)} \tag{1.81a}$$

$$\varepsilon_+(x,\ t) = \rho u_+^2 = \frac{p_+^2}{\rho c^2} \tag{1.81b}$$

$$\varepsilon_-(x,\ t) = \rho u_-^2 = \frac{p_-^2}{\rho c^2} \tag{1.81c}$$

평면파의 음향에너지는 시간과 위치의 함수로서 음향에너지의 시간과 공간에 대한 평균값은 시간에 대해서는 1주기 T의 평균, 공간에 대해서는 1파장 λ의 평균값을 구할 수 있다. 주기에 대한 평균값 계산 시 삼각함수의 적분은 $\int_0^{2\pi} cos^2\theta d\theta = \int_0^{2\pi}\left(\frac{1+cos2\pi}{2}\right)d\theta = \frac{(2\pi)}{2}$을 이용한다.

$$\langle \varepsilon \rangle_t = \frac{1}{T}\int_0^T \varepsilon\, dt,\ \langle \varepsilon \rangle_x = \frac{1}{\lambda}\int_0^\lambda \varepsilon\, dx \tag{1.82a}$$

$$\langle \varepsilon_+ \rangle_t = \langle \varepsilon_+ \rangle_x = \frac{A^2}{2\rho c^2} \tag{1.82b}$$

$$\langle \varepsilon_- \rangle_t = \langle \varepsilon_- \rangle_x = \frac{B^2}{2\rho c^2} \tag{1.82c}$$

식(1.82)로부터 주기적인 파의 음향에너지밀도에 대한 시간평균 및 공간평균 값은 동일한 것을 알 수 있다.

음향에너지밀도와 음압 및 입자속도에 대한 시간 및 공간에 대한 관계를 파악하기 위해서 식(1.52)의 정방향 진행에 대한 음압의 식을 식(1.81)에 대입하면 음향에너지밀도에 대한 식을 구할 수 있다. 또한 이 음향에너지밀도에 주파수와 파수 대신에 $\omega = \frac{2\pi}{T}$, $k = \frac{2\pi}{\lambda}$의 관계를 이용하여 주기와 파장으로 표현할 수 있다.

$$\varepsilon_+(x,\, t) = \frac{1}{T}\int_0^T \frac{p_+^2}{\rho c^2}\, dt = \frac{A^2}{\rho c^2}\frac{1}{T}\int_0^T cos^2(\omega t - kx)dt \tag{1.83a}$$

$$\varepsilon_+(x,t) = \frac{A^2}{2\rho c^2}\left[1 + cos(2\omega t - 2kx)\right] = \frac{A^2}{2\rho c^2}\left[1 + cos\left(\frac{4\pi}{T}t - \frac{4\pi}{\lambda}x\right)\right] \tag{1.83b}$$

식(1.83)으로부터 음향에너지밀도는 음압과 입자속도의 반주기 $\frac{T}{2}$ 및 반파장 $\frac{\lambda}{2}$으로 변하는 것을 알 수 있다.

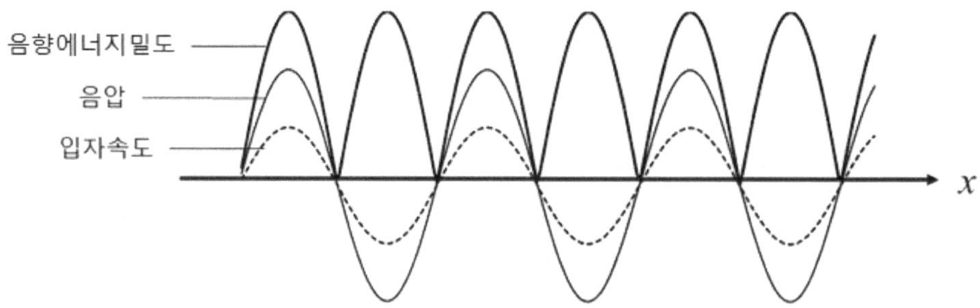

[그림 1.17] 평면파의 음향에너지밀도, 음압 및 입자속도의 관계

그림 1.17은 x방향으로 진행하는 평면파에 대한 음향에너지밀도, 음압 및 입자속도에 대한 진폭을 나타내고 있다. 음압과 입자속도는 음과 양으로 진폭이 변하지만, 음향에너지밀도의 진폭은 양의 값에서 변하는 것을 알 수 있다.

나. 구면파

구면파는 식(1.63)과 같이 음압과 공기입자의 위상차가 발생하여 평면파와 다르게 운동에너지와 포텐셜에너지가 동일하지 않다.

음원의 중심에서 방사되는 구면파에서 공간내 임의의 위치 r에 대한 음압의 순간값은 실수부이다.

$$p(r,\, t) = \frac{A}{r} cos(\omega t - kr) \tag{1.84}$$

공기입자의 속도는 식(1.61)에 식(1.84)를 대입하면 구할 수 있다.

$$u(r,\ t) = \frac{\sqrt{1+(kr)^2}}{\rho ckr}\frac{A}{r}cos(\omega t - kr - \phi) \qquad (1.85)$$

식(1.85)로부터 운동에너지와 포테셜 에너지 밀도의 시간 평균은 다음과 같다.

$$\langle \varepsilon_k \rangle_t = \frac{1}{T}\int_0^T \frac{1}{2}\rho u^2\, dt = \frac{(1+(kr)^2)A^2}{2T\rho(ckr^2)^2}\int_0^T cos^2(\omega t - kr - \phi)dt = \frac{(1+(kr)^2)A^2}{4\rho(ckr^2)^2} \qquad (1.86a)$$

$$\langle \varepsilon_p \rangle_t = \frac{1}{T}\int_0^T \frac{1}{2}\frac{p^2}{\rho c^2}\, dt = \frac{A^2}{2T\rho(cr)^2}\int_0^T cos^2(\omega t - kr)dt = \frac{A^2}{4\rho(cr)^2} \qquad (1.86b)$$

$$\langle \varepsilon \rangle_t = \frac{A^2}{2\rho(cr)^2}\left(1 + \frac{1}{2(kr)^2}\right) \qquad (1.86c)$$

식(1.86c)에서 음향에너지밀도의 크기는 거리에 2승에 반비례하여 감소하는 것을 알 수 있으며, 괄호는 음압과 입자속도의 위상차에 의해서 발생된 항이다.

1.3.2 음향강도 (Acoustic intensity)

음향강도는 그림 1.18과 같이 음의 진행방향에 수직한 단위면적을 통과하는 파워로 정의되며 임의의 공간내에 가상의 평면이 있다고 가정하면 가상평면 좌측의 음압이 우측에 수행한 단위시간당의 일이 된다.

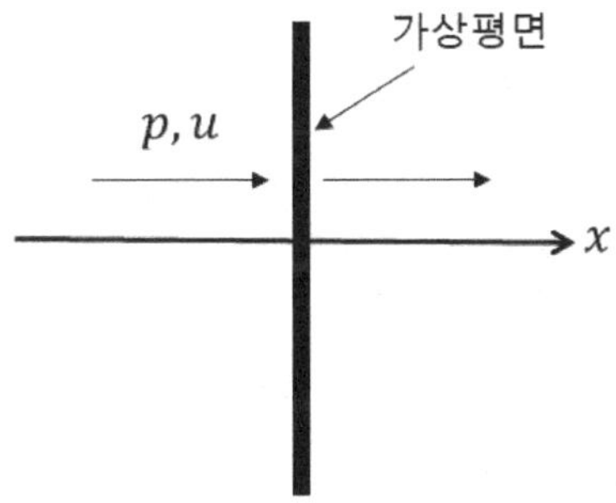

[그림 1.18] 가상평면에 작용하는 음압과 입자속도

가상평면 좌측의 음압과 입자속도를 p, u라 하면 단위면적의 가상평면을 통해서 우측공간

으로 전달되는 단위면적당 파워, 즉 음향강도는 음압과 입자속도로 계산된다.

$$I = \frac{1}{T}\int_0^T pu\ dt \tag{1.87}$$

식(1.87)에 식(1.52)을 대입하면 양과 음의 방향으로 진행하는 음향강도를 얻을 수 있다.

$$I = \frac{1}{\rho c}\frac{1}{T}\int_0^T \left[A^2 cos^2(\omega t - kt) - B^2 cos^2(\omega t + kt)\right] dt = \frac{1}{\rho c}(A^2 - B^2) \tag{1.88}$$

구면파의 경우에는 식(1.84)와 식(1.85)를 식(1.87)에 대입하여 음향강도를 구할 수 있다.

$$I = \frac{1}{T}\int_0^T pu\ dt = \frac{A}{r}\frac{\sqrt{1+(kr)^2}}{\rho ckr}\frac{A}{r}\frac{1}{T}\int_0^T cos(\omega t - kr)cos(\omega t - kr - \phi)\,dt \tag{1.89a}$$

$$I = \frac{A^2\sqrt{1+(kr)^2}}{\rho ckr^3} cos\phi \tag{1.89b}$$

구면파의 음향강도는 평면파와 비교하면 음압과 입자속도의 위상차에 의해서 차이가 발생하는 것을 알 수 있다.

식(1.89b)에 식(1.63a)의 위상차 $cos\phi = \dfrac{kr}{\sqrt{1+(kr)^2}}$를 대입하고, 진폭을 $\dfrac{A}{r} = P$라고 하면 음향강도와 음압의 관계식을 구할 수 있다.

$$I = \frac{A^2}{\rho c r^2} = \frac{P^2}{\rho c} \tag{1.90}$$

식(1.90)에서 구면파의 음향강도는 음원의 중심으로 향하는 방향, 즉 음의 진행방향으로 전파할 수 없기 때문에 식(1.88)의 평면파에 대한 양의 방향 음향강도와 동일하다.

1.4 음의 레벨 및 연산

1.4.1 음의 레벨

일반적으로 음은 음압에 의해서 전파되기 때문에 음압을 사용하여 표시하며 단위는 파스칼(Pa)을 사용한다. 그러나 일상적으로 소음을 측정하면 음압의 크기를 데시벨(decibel)이라는 단위를 사용하여 표시한다.

일상적인 생활에서 인간이 청취하는 음압 크기의 범위는 대략 $2\times10^{-5}\sim200$ $[pa]$정도로서 매우 넓다. 그러나 인간은 감각적으로 음의 크기를 대수적으로 느끼기 때문에 대수척도인 레벨을 사용하면 큰 범위의 수치가 작은 범위의 수치로 표현되어 음의 크기에 대한 인식이 인간의 감각과 유사해진다.

음의 레벨은 음향 파워 또는 음향 파워에 해당하는 양의 비를 나타내기 위해서 고려된 것으로서 임의의 기준값과 대상값의 비에 대한 상용대수 값을 10배하여 나타나기 때문에 단위는 무차원이다. 따라서 레벨의 단위를 사용하기 위해서 1/10을 표시하는 그리스어인 데시(deci)와 1876년 전화기 발명자 A.G.Bell의 이름을 빌려서 데시벨(decibel: dB)로 정의하고 사용한다.

$$L = 10log_{10}\frac{A}{A_0}\,[dB] \tag{1.91}$$

식 (1.91)에서 A는 대상값, A_0는 기준값을 나타낸다.

가. 음향파워레벨(sound power level, L_W)

음향파워는 단위 시간당 대상 음원으로부터 방사된 총 음향에너지로서 음향파워레벨로 나타내면 다음 식과 같다.

$$L_W = 10log_{10}\frac{W}{W_0} \tag{1.92}$$

식(1.92)에서 W는 대상 음원의 음향파워이며, W_0는 기준 음향파워로서 인간이 인식할 수 있는 최소의 음향파워로서 국제적으로 $10^{-12}W$로 규정하고 있다. 그리고 대상값 음향파워는 식(1.92)의 음향파워레벨로부터 다음과 같이 계산할 수 있다.

$$W = W_0 10^{L_W/10} \tag{1.93}$$

음향파워레벨은 L_W 대신에 PWL(power level)이라고도 쓴다.

나. 음향강도레벨(sound intensity level, L_I)

음향강도는 단위 면적을 단위 시간에 통과하는 음향에너지로 정의하며, 음향강도레벨은 다음과 같다.

$$L_I = 10log_{10}\frac{I}{I_0} \tag{1.94}$$

식 (1.94)에서 I는 대상 음원의 음향강도, I_0는 기준 음향강도로서 $10^{-12}\left[\frac{W}{m^2}\right]$로 정하고 있으며, 또한 음향강도레벨로부터 음향강도는 다음식으로부터 계산할 수 있다.

$$I = I_0 10^{L_I/10} \tag{1.95}$$

음향강도레벨은 L_I 대신에 IL(intensity level)이라고도 쓴다.

다. 음압레벨(sound pressure level, L_p)

음압레벨은 음향파워레벨과 동일하게 데시벨로 표현되며, 다음과 같이 정의하여 사용한다.

$$L_p = 10log_{10}\left(\frac{p_{rms}^2}{p_0^2}\right) = 20log_{10}\left(\frac{p_{rms}}{p_0}\right) \tag{1.96}$$

식(1.96)에서 p_{rms}는 대상 음원의 실효 음압값이며, p_0는 기준음압으로서 국제적으로 $20\times10^{-6}[Pa]$로 정하고 있다. 대상 음압은 음압레벨을 이용하여 다음과 같이 계산할 수 있다.

$$p_{rms} = p_0 10^{L_p/20} \tag{1.97}$$

음압레벨은 L_p 대신에 SPL(sound pressure level)이라고도 사용한다. 표 1.2는 음향강도, 음압 및 음압레벨의 관계를 비교를 보여주고 있다. 음압의 최소값과 최대값의 차이를 레벨로 표시하면 크기가 0~140dB가 되는 것을 알 수 있다.

[표 1.2] 음향강도, 음압 및 음압레벨의 비교

음향강도(W/㎡)	음압(Pa)	음압레벨(dB)
100	200	140
10	6.32×10	130
1	20	120
10^{-1}	6.32	110
10^{-2}	2	100
10^{-3}	6.32×10^{-1}	90
10^{-4}	0.2	80
10^{-5}	6.32×10^{-2}	70
10^{-6}	0.02	60
10^{-7}	6.32×10^{-3}	50
10^{-8}	0.002	40
10^{-9}	6.32×10^{-4}	30
10^{-10}	0.0002	20
10^{-11}	6.32×10^{-5}	10
10^{-12}	0.000002	0

1.4.2 음압레벨과 음향에너지레벨

가. 음압레벨과 음향강도레벨

음향강도는 반사가 없는 자유음장에서 진행파만 고려하면 평면파와 구면파에 대한 음압으로부터 다음과 같이 쓸 수 있다.

$$I = \frac{p_{rms}^2}{\rho c} \tag{1.98}$$

따라서 식(1.98)를 식(1.96)에 대입하여 나타내면 다음과 같다.

$$\begin{aligned} L_p &= 10log_{10}\left(\frac{p_{rms}^2}{p_0^2}\right) = 10log_{10}\left(\frac{\rho c I}{p_0^2}\right) \\ &= 10log_{10}\left(\frac{I_0 \rho c I}{I_0 p_0^2}\right) = L_I + 10log_{10}\left(\frac{I_0 \rho c}{p_0^2}\right) \end{aligned} \tag{1.99}$$

식(1.99)에 기준 음향강도레벨 $I_o = 10^{-12}$과 기준 음압레벨 $P_o = 2 \times 10^{-5}$을 대입하면 다음과 같이 음압레벨과 음향강도레벨의 관계를 구할 수 있다.

$$L_p = L_I + 10log_{10}\left(\frac{\rho c}{400}\right) \tag{1.100a}$$

$$L_p = L_I \tag{1.100b}$$

식(1.99)에 상온에 대한 공기 밀도 및 음속($\rho = 1.23kg/m^3$, $c = 340m/s$)의 값을 대입하면 ρc는 약 400이 되어 식(1.100b)과 같이 음압레벨과 음향강도레벨이 동일하게 된다. 또한 식(1.98)에 기준 음향강도레벨과 공기 밀도 및 음속의 값을 대입하여 음압을 계산하면 약 $2 \times 10^{-5}[Pa]$의 값을 얻을 수 있으며 이 음압의 값은 정상적인 귀의 청력상태에서 주파수 1000Hz의 최소 음압과 일치한다.

나. 음압레벨과 음향파워레벨

음원에서 방사된 음향파워는 음향강도와 통과 면적 S의 곱으로 표시된다.

$$W = IS = \frac{p_{rms}^2 S}{\rho c} \tag{1.101}$$

따라서 식(1.101)을 식(1.96)에 대입한 후, $W_o = 10^{-12}$, $p_o = 2 \times 10^{-5}$, $\rho c = 400$을 적용하면 음압레벨은 음향파워레벨과 면적에 대해서 간단히 표현된다.

$$L_p = 10log_{10}\left(\frac{p_{ms}^2}{p_0^2}\right) = 10log_{10}\left(\frac{\rho c W}{p_0^2 S}\right) = L_W - 10log_{10}\left(\frac{\rho c W_0}{p_0^2 S}\right) = L_W - 10log_{10}S \qquad (1.102)$$

음향에너지의 통과면적은 평면파와 구면파에 따라 다르기 때문에 음압레벨의 차이가 발생한다.

평면파의 경우 통과 면적을 단위면적(1㎡)으로 설정하면 음향파워레벨, 음향강도레벨 및 음압레벨이 모두 동일하게 된다. 그러나 무지향성 점음원으로부터 자유공간에 구면파로 방사되는 음향파워는 원의 면적 $4\pi r^2$을 통해서 전파된다.

$$L_p = L_W - 20log_{10}r - 11 \qquad (1.103)$$

또한 무지향성 음원이 음을 완전히 반사하는 평탄한 바닥위에 놓인 반자유음장의 경우 음향파워는 반구의 면적 $2\pi r^2$ 즉 반자유공간을 통과하기 때문에 음향파워레벨은 자유공간보다 2배 크다

$$L_p = L_W - 20log_{10}r - 8 \qquad (1.104)$$

1.4.3 음의 레벨 연산

일상적인 음은 여러 음원으로부터 방사되어 수음점에서 모든 음이 중첩된다. 이러한 경우 특정 소음원이 수음점에 미치는 영향을 파악하고자 할 경우, 즉 기계 등과 같은 소음원을 설치하는 경우 기존의 음압레벨에 대한 증가량을 분석하여 소음 예측을 할 필요가 발생한다.

이러한 경우 음압레벨의 합과 차를 구해서 음의 레벨을 계산한다. 그러나 단순히 음압레벨을 덧셈과 뺄셈 등과 같은 산술적인 계산에 의해서는 정확한 값을 얻을 수 없다. 일반적으로 소음 측정 시 데시벨을 단위로 하는 음압레벨를 사용하기 때문에 다음과 같이 대상 음압의 값은 실효값(rms 값)을 사용한다.

$$L_p = 10log_{10}\left(\frac{p_{rms}}{p_0}\right) \qquad (1.105)$$

음압의 2승 평균 $\overline{p^2}$은 음향강도 $I=\overline{p^2}/\rho c$와 같이 파워에 해당한다. 여러 개의 음원이 존재하는 경우 음압은 $p=\sum_i p_i$이 성립하며, 2승평균을 하면 $\overline{p^2}=\sum_i \overline{p_i^2}+\sum_{i,j}\overline{p_i}\overline{p_j}$가 된다. 그러나 일반적으로 음원은 서로 무상관 관계이기 때문에 $i \neq j$일 경우 $\overline{p_i}\overline{p_j}=0$가 된다. 따라서, $\overline{p^2}=\sum_i \overline{p_i^2}$가 성립하여 다수의 음원에 방사되는 음압레벨의 전체 합으로부터 계산할 수 있다. 따라서, 음향파워가 동일한 음원이 n개 있으면 레벨은 1개의 경우보다 $10log(n)$만큼 커진다.

$$L_{total}=10\log_{10}\sum_i \frac{\overline{p_i^2}}{p_o^2}=10\log_{10}\sum_i 10^{\frac{L_i}{10}} \qquad (1.106)$$

가. 음의 레벨 합

소음은 다수의 음원으로부터 방사되는 음이 중첩되어 수음점에 도달한다. 여기서 음원이 n개 존재할 때 임의의 수음점에서 각 소음원에 의한 음압을 알고 있다고 가정하면 전체 음압레벨을 계산하는 방법에 대해서 기술한다.

n개의 동일한 파워를 갖는 음원의 음압을 각각 $p_1, p_2, \cdots p_n$라고 하면, 임의의 수음점에서 전체 음압레벨은 식(1.107)로부터 계산할 수 있다.

$$L_{total}=10\log_{10}\left(\frac{p_1^2}{p_0^2}+\frac{p_2^2}{p_0^2}+\cdots+\frac{p_n^2}{p_0^2}\right) \qquad (1.107)$$

각각의 음압레벨을 측정할 수 있으면 식(108a)에 음압레벨을 대입하여 전체 음압을 계산할 수 있으며, 식(108b)로부터 전체 음압의 레벨을 구할 수 있다.

$$\sum_{i=1}^{n}\left(\frac{p_i^2}{p_0^2}\right)=10^{\left(\frac{L_{p_1}}{10}\right)}+10^{\left(\frac{L_{p_2}}{10}\right)}+\cdots+10^{\left(\frac{L_{p_n}}{10}\right)} \qquad (1.108a)$$

$$L_{total}=10log_{10}\left[10^{\left(\frac{L_{p_1}}{10}\right)}+10^{\left(\frac{L_{p_2}}{10}\right)}+\cdots+10^{\left(\frac{L_{p_n}}{10}\right)}\right] \qquad (1.108b)$$

두개의 음원에서 동일한 음압레벨이 방사하는 경우 음압이 2배가 되기 때문에 음압레벨은 $10log_{10}\left(\frac{2p^2}{p_0^2}\right) = L_p + 3\,[dB]$가 되어 약 3dB 증가하는 것을 알 수 있다. 또한, 3개의 동일한 음원이 존재하는 경우에는 약 4.8dB 증가하며, 10개의 동일한 음원이 존재하면 10dB 증가한다.

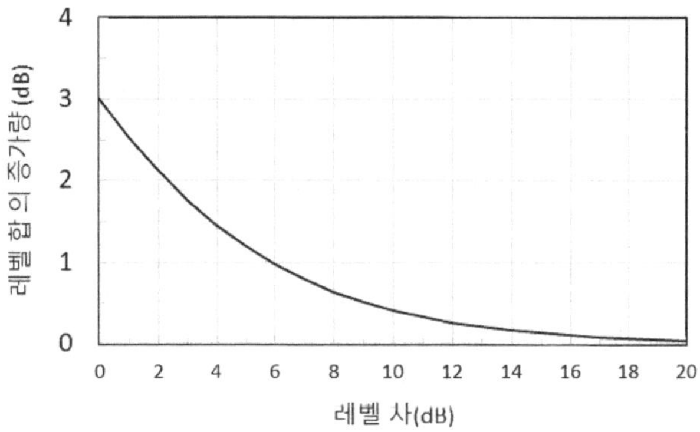

[그림 1.19] 두 음원의 레벨 차이에 대한 레벨 합의 증가량

그림 1.19는 두 음원을 합성할 경우 음압레벨의 증가량를 나타낸다. 두 음원의 레벨차이가 없으면 음압레벨은 약 3dB 증가하고, 두 음원의 레벨차이가 10dB이상이면 레벨의 증가량은 0.5dB이하가 된다. 따라서 음압 측정 시 암소음의 레벨과의 차이가 10dB이상이면 보정을 하지 않아도 된다.

나. 음의 레벨 차

특정 기계에 대한 소음을 평가할 경우 임의의 수음점에서 소음을 측정하면 특정 소음원과 타 소음원(암소음)에서 발생되는 음압에 의한 소음이 합성된 소음레벨이 측정된다. 따라서, 특정 소음원의 유무에 대한 소음을 측정하여 음압레벨의 차를 계산하여 특정 소음원에서 방사되는 음압레벨을 계산할 수 있다.

두 음원의 음압레벨의 차는 음압레벨의 합과 유사하게 계산할 수 있다.

$$L_p = 10log_{10}\left[\left(\frac{p_1^2}{p_0^2}\right) - \left(\frac{p_2^2}{p_0^2}\right)\right] \tag{1.109a}$$

$$\left[\left(\frac{p_1^2}{p_0^2}\right) - \left(\frac{p_2^2}{p_0^2}\right)\right] = 10^{\left(\frac{L_{p_1}}{10}\right)} - 10^{\left(\frac{L_{p_2}}{10}\right)} \tag{1.109b}$$

$$L_p = 10log_{10}\left[10^{\left(\frac{L_{p_1}}{10}\right)} - 10^{\left(\frac{L_{p_2}}{10}\right)}\right] \tag{1.109c}$$

식(1.109c)에서 암소음이 $n-1$개 존재할 경우 다음과 같이 계산한다.

$$L_{total} = 10log\ _{10}\left[10^{\left(\frac{L_{p_1}}{10}\right)} - 10^{\left(\frac{L_{p_2}}{10}\right)} - \cdots - 10^{\left(\frac{L_n}{10}\right)}\right] \tag{1.111}$$

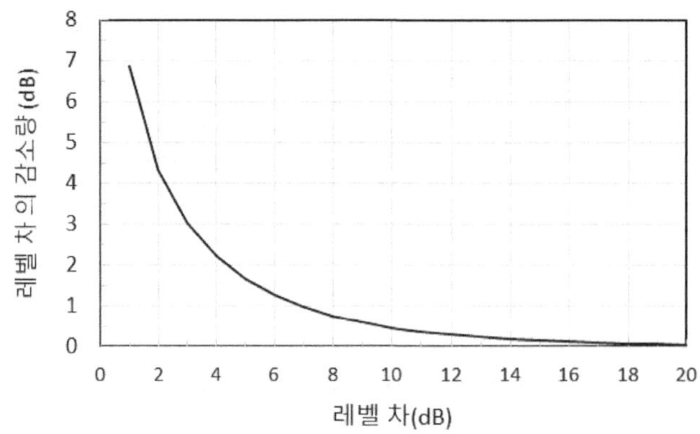

[그림 1.20] 두 음원의 레벨 차이에 대한 레벨 차의 감소량

그림 1.20은 두 음원의 레벨 차를 계산할 경우 두 음압레벨 차이에 대한 소음원에 대한 음압레벨의 감소량을 나타낸다. 두 음압레벨의 차이가 1dB인 경우에는 소음원의 레벨 감소량은 약7dB정도가 되며, 10dB인 경우에는 약 0.5dB정도 소음원의 레벨이 감소한다.

다. 음의 레벨 평균

시간 혹은 공간적으로 다른 시간 및 위치에서 복수로 측정한 음압레벨에 대한 평균을 계산할 경우 데시벨을 평균하기 위해서는 다음과 같은 데시벨 평균을 통해서 평균값을 계산한다.

n개의 소음원에 대한 음압레벨 평균 $\overline{L_p}$은 n개의 음압레벨에 대한 전체 합을 n으로 나눈 후, 상용대수를 취하여 평균 음압레벨을 구한다.

$$\overline{L_p} = 10log_{10}\left[\frac{1}{n}\left\{10^{\left(\frac{L_{p_1}}{10}\right)} - 10^{\left(\frac{L_{p_2}}{10}\right)} - \cdots - 10^{\left(\frac{L_n}{10}\right)}\right\}\right] \tag{1.112}$$

실제 현장에서는 측정점마다의 음압레벨의 변화가 10dB 이하인 경우가 많으며, 음압레벨의 최대값과 최소값의 차가 5dB보다 작으면 n개의 음압레벨을 산술평균하여 평균 음압레벨을 구한다.

$$\overline{L_p} = \frac{1}{n}\Sigma_{i=1}^{n} L_{p_i} \tag{1.113}$$

그러나, 식(1.113)을 이용하여 음압의 평균레벨을 계산할 경우 음압레벨의 최대변화가 5dB보다 크고 10dB 미만인 경우에는 산술평균 음압레벨에 1dB를 더하여 평균 음압레벨을 구한다.

$$\overline{L_p} = \frac{1}{n}\Sigma_{i=1}^{n} L_{p_i} + 1 \tag{1.114}$$

제2장

음의 전파 및 감소

일반적으로 음은 매질에 작용하는 음압의 변동에 의해서 종파의 형태로 전파하게 되며 다른 매질이 존재하면 음의 일부는 반사하고 일부는 투과하게 된다.

음이 전파하는 동안 음은 공기입자와 마찰 등에 의해서 감소하고 온도, 바람 등에 의한 환경요인에 의해서도 점차 감소하여 소멸된다.

본 장에서는 음이 전파하는 동안 다른 음향임피던스 특성을 갖는 매질에 의한 반사 및 투과와 음의 전파거리, 환경요인에 의한 음의 감소에 대해서 기술한다.

2.1 음의 전파

음이 전파하여 다른 매질과 접하게 되면 매질과 매질사이의 경계면에서 음의 일부는 반사하고, 나머지 일부는 다른 매질로 전달된다.

2.1.1 음의 반사 및 투과계수

그림 2.1과 같이 평면파가 다른 매질에 입사하면 음의 일부는 반사하고 일부는 다른 매질 속으로 투과하게 된다.

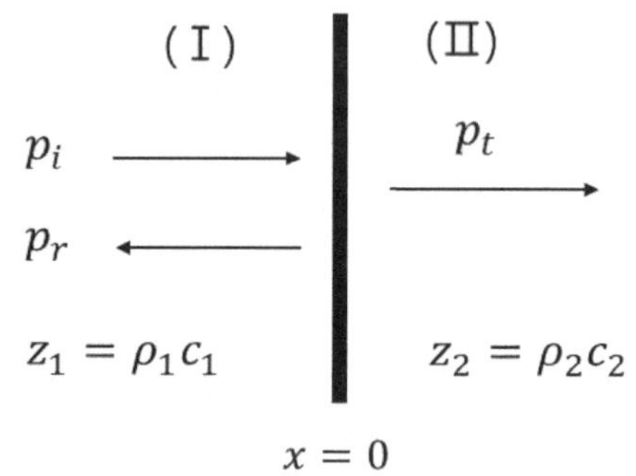

[그림 2.1] 평면파의 반사와 투과

음이 전파하는 동안 반사계수(Reflection Coefficient: R)와 투과계수(Transmission Coefficient: T)는 입사파의 음압 진폭 P_i과 반사파의 음압 진폭 P_r 및 투과파의 음압 진폭 P_t의 비로 정의된다.

$$R = \frac{P_r}{P_i} \tag{2.1a}$$

$$T = \frac{P_t}{P_i} \tag{2.1b}$$

또한 음향에너지에 대해서도 음의 반사계수 및 투과계수와 동일하게 입사에너지와 반사에너지 및 투과에너지로 정의되며, 반사율과 투과율이라고 한다.

평면 진행파에 대한 음향에너지의 강도 $I=\frac{P^2}{z}=\frac{P^2}{\rho c}$와 음향파워 $W=IA$의 관계를 이용하여 반사율과 투과율을 구할 수 있다.

음향강도에 대한 반사율은 반사계수, 투과율은 투과계수 및 매질의 음향임피던스를 이용하여 나타낼 수 있다.

$$R_I=\frac{I_r}{I_i}=\left|\frac{P_r}{P_i}\right|^2=|R|^2 \tag{2.2a}$$

$$T_I=\frac{I_t}{I_i}=\frac{z_1}{z_2}\left|\frac{P_t}{P_i}\right|^2=\frac{z_1}{z_2}|T|^2 \tag{2.2b}$$

음향파워에 대한 반사율은 음향강도와 동일하지만, 투과율은 투과계수, 매질의 임피던스와 입사면적 S_i 및 투과면적 S_t의 비로 계산된다.

$$R_W=R_I=|R|^2 \tag{2.3a}$$

$$T_W=\frac{S_t}{S_i}T_I=\frac{S_t}{S_i}\frac{z_1}{z_2}|T|^2 \tag{2.3b}$$

일반적으로 입사면적과 반사면적은 동일하고 음이 전파되는 음장은 대부분 매질이 공기이므로 음향강도와 음향파워의 반사율과 투과율은 동일하게 된다.

이러한 반사율과 투과율은 경계면에서 음의 손실이 없으면 에너지 보존의 법칙에 따라 반사율과 투과율의 합은 1이 된다.

$$R_W+T_W=1 \tag{2.4}$$

2.1.2 수직입사 평면파

가. 두 매질

그림 2.1과 같이 매질Ⅰ에서 매질Ⅱ로 수직으로 입사하는 평면파가 전파할 경우, 각각의 매질에 대한 경계층을 기준으로($x=0$) 설정하고 경계면에 입사하는 음압 p_i, 반사하는 음압

p_r 및 투과되는 음압 p_t을 식(1.52a)와 같이 복소수 지수함수로 표현한다.

$$p_i = P_i e^{j(\omega t - \kappa_1 x)} \tag{2.5a}$$

$$p_r = P_r e^{j(\omega t + \kappa_1 x)} \tag{2.5b}$$

$$p_t = P_t e^{j(\omega t - \kappa_2 x)} \tag{2.2c}$$

매질Ⅰ에서 매질Ⅱ로 투과되는 음은 입사파와 동일한 주파수를 갖고 있으나, 각각의 매질이 상이하면 전파속도가 다르기 때문에 서로 다른 파수를 갖는다. 그러나 매질Ⅰ과 매질Ⅱ가 접하는 경계층의 연속성에 의해서 경계층에서 양쪽 매질 내의 압력과 입자속도는 동일하다.

매질Ⅰ에서의 압력과 입자속도는 입사파와 반사파의 합이므로, 경계층($x = 0$)에서의 음압과 입자속도의 관계는 다음과 같이 쓸 수 있다.

$$p_i + p_r = p_t \tag{2.6a}$$

$$u_i + u_r = u_t \tag{2.6b}$$

식(2.6)에 각 매질의 음향임피던스 $z_1 = \dfrac{p_i}{u_i} = -\dfrac{p_r}{u_r}$, $z_2 = \dfrac{p_t}{u_t}$를 이용하여 음압과 입자속도의 관계식 $u_i + u_r = \dfrac{1}{z_1}(p_i - p_r)$을 대입하면 음압과 매질Ⅰ과 매질Ⅱ의 임피던스로 나타낼 수 있으며, 경계조건 $(x = 0)$을 대입하면 음압의 진폭으로 표현된다.

$$\frac{p_i + p_r}{u_i + u_r} = \frac{p_t}{u_t} \tag{2.7a}$$

$$z_1 \frac{P_i + P_r}{P_i - P_r} = z_2 \tag{2.7b}$$

식(2.7)은 매질Ⅰ과 매질Ⅱ에 대한 임피던스의 연속성을 나타낸다. 식(2.7b)의 좌측항에서 입사파의 진폭으로 나누면 반사계수를 구할 수 있다.

$$R = \left| \frac{z_2 - z_1}{z_1 + z_2} \right| = \left| \frac{1 - \frac{z_1}{z_2}}{1 + \frac{z_1}{z_2}} \right| \tag{2.8}$$

식(2.8)으로부터 얻어진 반사계수와 투과계수의 관계($1 + R = T$)를 이용하면 투과계수는 식(2.9)와 같다.

$$T = \left| \frac{2z_2}{z_1 + z_2} \right| = \left| \frac{2}{1 + \frac{z_1}{z_2}} \right| \tag{2.9}$$

또한 음의 강도 및 음의 파워에 대한 반사율과 투과율은 식(2.8)과 식(2.9)를 이용하여 구할 수 있으며, 투과율은 입사면적과 투과면적이 동일한 경우에 대해서 구하면 투과계수와 동일하게 매질의 임피던스로 나타낼 수 있다.

$$R_I = \left(\frac{z_2 - z_1}{z_1 + z_2} \right)^2 = \left(\frac{1 - \frac{z_1}{z_2}}{1 + \frac{z_1}{z_2}} \right)^2 \tag{2.10a}$$

$$T_I = \frac{4z_1 z_2}{(z_1 + z_2)^2} = \frac{4\frac{z_1}{z_2}}{\left(1 + \frac{z_1}{z_2}\right)^2} \tag{2.10b}$$

음향파워에 대한 반사율은 방향성을 갖고 있지 않으나, 음압에 대한 반사계수는 방향성을 갖는 실수 값이다.

반사계수는 매질 I 의 임피던스보다 매질II의 임피던스가 작은 경우($z_1 \langle z_2$)에는 양의 값을 갖지만, 매질 I 의 임피던스가 매질II의 임피던스보다 큰 경우($z_1 \rangle z_2$)에는 음의 값을 갖는다. 따라서 반사파는 입사파에 대해서 동일한 위상을 갖거나, 180°의 위상차를 갖는다.

예를 들면 공기에서 물로 파가 전파되는 경우 반사파의 위상차는 없으나, 물에서 공기로 파동이 전파하면 반사파는 180°의 위상차를 갖는다. 또한 두 매질의 임피던스가 동일한 경우에는 반사계수가 0이 되는 완전 투과로 투과계수는 양의 실수값을 갖으며 동위상이다.

나. 두 매질사이에 다른 매질

그림 2.2와 같이 두 매질사이에 음향학적 성질이 다른 매질이 존재할 경우 평면 수직파에 대한 음의 반사와 투과를 생각하자.

매질Ⅰ에서 수직으로 입사하는 음파는 매질Ⅰ과 Ⅱ사이의 경계면에 도달하면, 일부는 반사되고 일부는 매질Ⅱ에 투과된다. 그리고 투과된 음파는 매질Ⅱ 속을 전파하여 매질Ⅱ와 Ⅲ 사이의 경계면에 도달하면 다시 일부는 반사되고 일부는 투과한다. 또한 매질Ⅱ와 Ⅲ사이의 경계면에 반사된 음파는 매질Ⅰ과 Ⅱ사이의 경계면에 되돌아오며 이러한 현상은 연속적으로 발생한다.

만약 매질Ⅱ와 Ⅲ사이의 경계면에서 반사되는 음파보다 매질Ⅰ의 입사파가 빠른 경우에는 위와 같은 방법으로 해석이 가능하다.

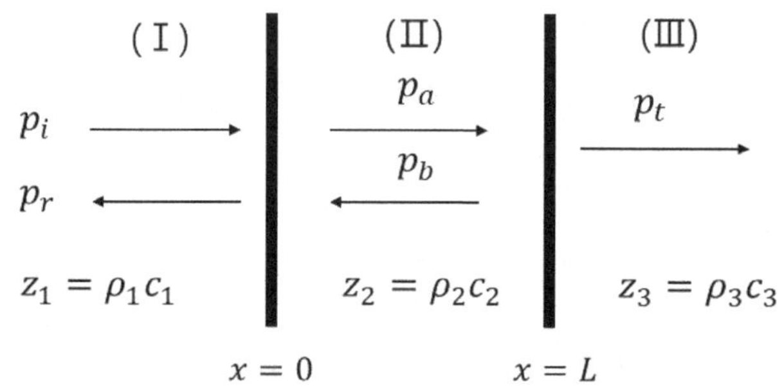

[그림 2.2] 매질사이에 매질이 존재하는 경우의 입사파, 반사파 및 투과파

매질Ⅰ과 매질Ⅱ 내에서 입사파와 반사파의 음압은 식(2.5)와 같이 동일하게 쓸 수 있다.

◎ 매질Ⅰ 내 입사파와 반사파의 음압

$$p_i = P_i e^{j(\omega t - \kappa_1 x)} \tag{2.11a}$$

$$p_r = P_r e^{j(\omega t + \kappa_1 x)} \tag{2.11b}$$

◎ 매질Ⅱ 내 입사파와 반사파의 음압

$$p_a = P_a \, e^{j(\omega t - \kappa_2 x)} \tag{2.12a}$$

$$p_b = P_b \, e^{j(\omega t + \kappa_2 x)} \tag{2.12b}$$

◎ 매질Ⅲ으로 투과되는 음압

$$p_t = P_t \ e^{j(\omega t - \kappa_3 x)} \tag{2.13}$$

매질Ⅰ, 매질Ⅱ 및 매질Ⅲ의 경계면 $x=0,\ L$에 대한 경계조건을 이용하여 음압과 입자속도에 대한 관계식으로부터 반사계수와 투과계수를 구하여 보자.

매질Ⅰ과 매질Ⅱ의 경계면 $(x=0)$에서 음압과 입자속도의 관계는 다음과 같다.

$$p_i + p_r = p_a + p_b \tag{2.14a}$$

$$u_i + u_r = u_a + u_b \tag{2.14b}$$

식(2.14)에 대해서 식(2.7)을 구하는 방법과 동일하게 풀면 음압과 매질의 임피던스의 관계식을 얻을 수 있으며, 경계조건 $(x=0)$을 대입하면 음압의 진폭과 임피던스에 대한 관계식을 얻을 수 있다.

$$\frac{p_i + p_r}{u_i + u_r} = \frac{p_a + p_b}{u_a + u_b} \tag{2.15a}$$

$$\frac{P_i + P_r}{P_i - P_r} = \frac{z_2}{z_1}\left(\frac{P_a + P_b}{P_a - P_b}\right) \tag{2.15b}$$

매질Ⅱ와 매질Ⅲ의 경계면 $(x=L)$에서 위와 동일하게 음압의 진폭과 임피던스에 대한 관계식을 얻을 수 있다.

$$p_a + p_b = p_t \tag{2.16a}$$

$$u_a + u_b = u_t \tag{2.16b}$$

$$z_2\left(\frac{p_a + p_b}{p_a - p_b}\right) = z_3 \tag{2.16c}$$

식(2.16c)에 경계면의 조건 $x=L$을 대입해서 정리하면 매질Ⅱ와 매질Ⅲ의 임피던스에 대한 비를 구할 수 있다.

$$\frac{z_3}{z_2}=\frac{P_a e^{-jk_{2L}}+P_b e^{jk_{2L}}}{P_a e^{-jk_{2L}}-P_b e^{jk_{2L}}}=\frac{(P_a+P_b)cosk_2L-j(P_a-P_b)sink_2L}{(P_a-P_b)cos\kappa_2L-j(P_a+P_b)sin\kappa_2L} \tag{2.17}$$

식(2.16b)에서 반사계수는 위와 동일하게 계산할 수 있다.

$$R=\frac{\left|z_2\left(\frac{P_a+P_b}{P_a-P_b}\right)-z_1\right|}{\left|z_2\left(\frac{P_a+P_b}{P_a-P_b}\right)+z_1\right|} \tag{2.18}$$

식(2.18)과 식(2.17)로부터 매질Ⅱ의 음압의 크기를 소거하면 투과계수를 매질의 임피던스로 표현할 수 있다. 따라서 매질의 임피던스를 알면 투과계수를 간단히 계산할 수 있다.

$$R=\frac{\left|\left(1-\frac{z_1}{z_3}\right)cos\kappa_2L+j\left(\frac{z_2}{z_3}-\frac{z_1}{z_2}\right)sin\kappa_2L\right|}{\left|\left(1+\frac{z_1}{z_3}\right)cos\kappa_2L+j\left(\frac{z_2}{z_3}+\frac{z_1}{z_2}\right)sin\kappa_2L\right|} \tag{2.19}$$

식(2.2b), 식(2.3b) 및 식(2.4)로부터 입사면적과 투과면적이 동일한 경우($S_i=S_t$)에 음향강도의 투과율은 다음과 같다.

$$T_I=1-|R|^2 \tag{2.20}$$

식(2.20)에 식(2.19)을 대입하면 투과율을 계산할 수 있다.

$$T_I=\frac{4}{2+\left(\frac{z_3}{z_1}+\frac{z_1}{z_3}\right)cos^2\kappa_2L+\left(\frac{z_2^2}{z_1z_3}+\frac{z_3z_1}{z_2^2}\right)sin^2\kappa_2L} \tag{2.21}$$

만약에 매질Ⅰ과 Ⅲ의 임피던스가 동일하면($z_1=z_3$) 간단히 정리된다.

$$T_I = \frac{4}{2+2cos^2\kappa_2 L + \left\{\left(\frac{z_2}{z_1}\right)^2 + \left(\frac{z_1}{z_2}\right)^2\right\} sin^2\kappa_2 L} = \frac{1}{1+\frac{1}{4}\left(\frac{z_2}{z_1} - \frac{z_1}{z_2}\right)^2 sin^2\kappa_2 L} \quad (2.22)$$

또한 매질II의 특성 임피던스가 매질I과 III의 특성 임피던스보다 매우 큰 경우($z_1 \ll z_2$)에는 식(2.23)과 같이 더욱 간단히 된다.

$$T_I = \frac{1}{1+\frac{1}{4}\left(\frac{z_2}{z_1}\right)^2 sin^2\kappa_2 L} \quad (2.23)$$

두 실내에 벽이 있거나 혹은 물속 내에 강철판이 존재하는 경우 음의 투과에 대해서 생각하면 벽 혹은 강철의 임피던스는 공기 또는 물의 임피던스보다 매우 크기 때문에 식(2.23)을 이용해서 투과계수를 계산할 수 있다.

식(2.23)에서 벽 혹은 강철의 임피던스가 공기 또는 물의 임피던스보다 매우 크기($z_1 \ll z_2$) 때문에 분모항은 $\frac{1}{4}\left(\frac{z_2}{z_1}\right)^2 sin^2\kappa_2 L \gg 1$이 되므로 식(2.23)은 더욱 간단히 된다.

$$T_I \approx \left(\frac{2z_1}{z_2 sin\kappa_2 L}\right)^2 \quad (2.24)$$

벽의 두께가 아주 두꺼운 경우와 음압의 고주파영역을 제외하면 $\kappa_2 L \ll 1$이 된다. 따라서 식(2.24)의 $sin\kappa_2 L \to \kappa_2 L$이 되므로 투과율은 매질I, 매질II의 임피던스와 벽의 두께로부터 계산할 수 있다.

$$T_I \approx \left(\frac{2}{\kappa_2 L}\frac{z_1}{z_2}\right)^2 \quad (2.25)$$

만약 매질의 임피던스보다 벽면의 임피던스가 매우 작으면 저주파영역에 대해서는 $\left(\frac{z_2}{z_1}\right) sin\kappa_2 L \ll 1$이 되기 때문에 식(2.23)의 투과율은 거의 1에 가깝다.

식(2.21)에서 매질II의 임피던스가 매질I과 매질III보다 크지만, 두께 L이 매우 얇으면

$z_2 sin\kappa_2 L \ll 1$, $cos\kappa_2 L \approx 1$가 되기 때문에 식(2.21)의 투과율은 매질Ⅰ과 매질Ⅲ의 임피던스로부터 계산할 수 있다.

$$T_I \approx \frac{4}{2+\left(\frac{z_1}{z_3}+\frac{z_3}{z_1}\right)} = \frac{4z_1 z_3}{(z_1+z_3)^2} \tag{2.26}$$

식(2.26)은 중간 매질이 없는 경우의 투과계수에 대한 식(2.10b)와 동일하다. 즉 중간 매질을 통하지 않고 매질Ⅰ에서 매질Ⅲ으로 전파되는 현상으로 생각할 수 있다. 이러한 현상은 얇은 강체의 판이 양측의 기체 혹은 유체가 섞이지 않도록 할 뿐 음의 전달을 방해하지 않는다.

만약 매질Ⅰ과 매질Ⅲ의 임피던스가 동일하면 $(z_1 = z_3)$식(2.26)로부터 $T_I \approx 1$이 되어서, 음이 매질Ⅰ에서 매질Ⅲ으로 모두 투과하게 된다.

식(2.21)에서 만약 $\kappa_2 L = n\pi$일 경우에는 $sin^2\kappa_2 L = 0$이 되어 투과율은 식(2.26)과 동일하며, 이 조건을 만족하는 주파수와 벽의 두께는 $\kappa_2 = \frac{2\pi f}{c_2} = \frac{2\pi}{\lambda_2}$을 이용하여 계산할 수 있다.

$$f = n\frac{c_2}{2L} \tag{2.27a}$$

$$L = n\frac{\lambda_2}{2} \tag{2.27b}$$

이러한 경우가 발생하기 위해서는 식(2.27b)로부터 매질Ⅱ의 두께는 음의 반파장에 정수배가 된다.

식(2.21)에서 만약 $\kappa_2 L = (2n-1)\frac{\pi}{2}$일 경우에는 $cos^2\kappa_2 L = 0$이 되어 투과율은 다음과 같이 된다.

$$T_I \approx \frac{4z_1 z_3}{\left(1+\frac{z_1 z_3}{z_2}\right)^2} \tag{2.28}$$

이러한 현상이 발생하는 주파수와 벽의 두께는 위와 동일한 방법으로 계산할 수 있다.

$$f = (2n-1)\frac{c_2}{4L} \tag{2.29a}$$

$$L = (2n-1)\frac{\lambda_2}{4} \tag{2.29b}$$

또한 위의 조건에서 매질II의 특성 임피던스가 $z_2 = \sqrt{z_1 z_3}$일 때 투과율은 1이 된다. 따라서, 위와 같은 주파수영역에서 매질II의 임피던스를 조절하면 투과율을 1이 되도록 할 수 있다.

2.1.3 경사입사 평면파

매질이 서로 다른 두 매질에서 임의의 각도 θ_i로 음이 입사하면 그림 2.3과 같이 매질 I 과 II의 경계면에서 일부의 음은 θ_r의 각도로 반사되고, 일부의 음은 θ_t의 각도로 투과하게 된다.

입사하는 음과 반사 및 투과하는 음을 해석하기 위해서 매질 I 과 매질II의 경계면을 $x=0$라고 하면 경계면에 대한 입사파 p_i, 반사파 p_r 및 투과파 p_t는 파수 k의 x, y방향에 대한 성분 $k_x = kcos\theta$, $k_y = ksin\theta$을 식(2.5)에 대입하여 표현된다.

$$p_i = P_i e^{j(\omega t - \kappa_1 x cos\theta_i - \kappa_1 y sin\theta_i)} \tag{2.30a}$$

$$p_r = P_r e^{j(\omega t + \kappa_1 x cos\theta_r - \kappa_1 y sin\theta_r)} \tag{2.30b}$$

$$p_t = P_t e^{j(\omega t - \kappa_2 x cos\theta_t - \kappa_2 y sin\theta_t)} \tag{2.30c}$$

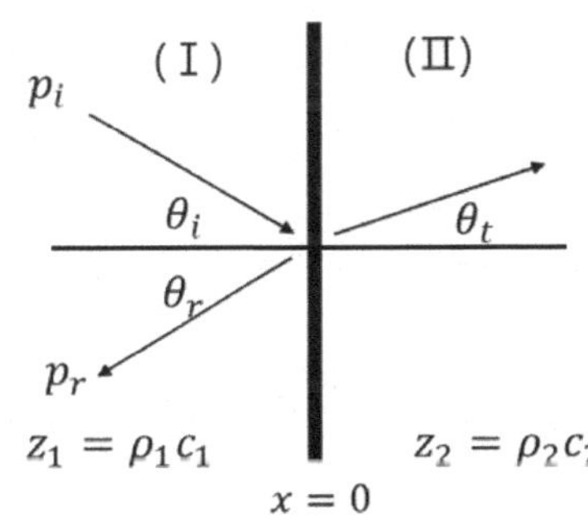

[그림 2.3] 경사 입사하는 입사파, 반사파 및 투과파

매질Ⅰ과 매질Ⅱ의 경계면에서 $(x=0)$ 매질Ⅰ 내의 입사파와 반사파의 합과 매질Ⅱ 내의 투과음이 동일하기 때문에 식(2.31)을 얻을 수 있다.

$$p_i + p_r = p_t \tag{2.31a}$$

$$P_i e^{-jk_1 y sin\vartheta_i} + P_r e^{-jk_1 y sin\vartheta_r} = P_t e^{-jk_2 y sin\vartheta_t} \tag{2.31b}$$

경계면에서 음의 감소가 없기 때문에 입사파, 반사파 및 투과파에 대한 음압의 위상차는 없다.

$$k_1 sin\theta_i = k_1 sin\theta_r = k_2 sin\theta_t \tag{2.32}$$

따라서, 음의 입사파와 반사파의 각도는 동일하다.

$$sin\theta_i = sin\theta_r \tag{2.33}$$

매질Ⅰ과 매질Ⅱ가 서로 상이하면 전파속도가 다르기 때문에 각 매질에 파수 $\left(k=\frac{\omega}{c}\right)$도 다르다. 따라서 투과되는 음의 각도는 각 매질의 전파속도와 입사음의 각도에 의해서 정해진다. 이것을 스넬(Snell)의 법칙이라고 한다.

$$\frac{sin\theta_i}{c_1} = \frac{sin\theta_t}{c_2} \tag{2.34}$$

식(2.31b)에서 지수항은 모두 동일하여 위상차가 없기 때문에 반사계수와 투과계수의 관계는 식(2.4)의 음향파워의 관계와 동일하게 된다.

$$1 + R = T \tag{2.35}$$

매질Ⅰ과 매질Ⅱ의 경계면에서 x방향의 입자속도의 성분은 매질Ⅰ내의 속도와 매질Ⅱ내의 속도가 동일하다.

$$u_i cos\theta_i + u_r cos\theta_r = u_t cos\theta_t \tag{2.36}$$

매질Ⅰ과 매질Ⅱ의 특성 임피던스 $z_1 = \frac{p_i}{u_i} = -\frac{p_r}{u_r}$, $z_2 = \frac{p_t}{u_t}$와 $\theta_i = \theta_r$을 식(2.36)에 대입하면 다음과 같이 반사계수와 투과계수에 대한 관계를 얻는다.

$$\frac{p_i}{z_1}cos\theta_i - \frac{p_r}{z_1}cos\theta_r = \frac{p_t}{z_2}cos\theta_t \tag{2.37a}$$

$$1 - R = \frac{z_1}{z_2}\frac{cos\theta_t}{cos\theta_i}T \tag{2.37b}$$

식(2.35)와 식(2.37b)로부터 반사계수와 투과계수를 구할 수 있다.

$$R = \frac{\left|\frac{z_2}{z_1} - \frac{cos\theta_t}{cos\theta_i}\right|}{\left|\frac{z_2}{z_1} + \frac{cos\theta_t}{cos\theta_i}\right|} \tag{2.38a}$$

$$T = \frac{\left|2\frac{z_2}{z_1}\right|}{\left|\frac{z_2}{z_1} + \frac{cos\theta_t}{cos\theta_i}\right|} \tag{2.38b}$$

식(2.34)의 스넬의 법칙을 이용하면 다음과 같이 음의 투과각도를 계산할 수 있다.

$$cos\theta_t = \sqrt{1 - sin^2\theta_t} = \sqrt{1 - \left(\frac{c_2}{c_1}\right)^2 sin^2\theta_i} \tag{2.39}$$

만약 식(2.39)에서 $cos\theta_t = 0$인 경우 $sin\theta_i = \frac{c_1}{c_2}$가 된다. 이러한 경우의 입사각을 임계각(critical angle : θ_c)이라고 하며 임계각에서 투과된 매질Ⅱ내에서 음은 x방향으로 전파하지 않는다.

$$sin\theta_c = \frac{c_1}{c_2} \tag{2.40}$$

투과하는 파의 각도는 다음과 같이 3개의 조건으로 구분할 수 있다.

(a) $c_2 < c_1$

투과파의 각도 θ_t는 실수이고 $\left(sin\theta_t = sin\theta_i \frac{c_2}{c_1}\right)$ 입사각보다 작다. 따라서 투과된 음파는 입사각보다 작은 투과각으로 매질II를 전파한다.

(b) $c_1 < c_2,\ \theta_i < \theta_c$

식(2.40)을 식(2.39)에 대입하면 투과각을 입사각과 임계각으로 나타낼 수 있다.

$$cos\theta_t = \sqrt{1 - \left(\frac{c_2}{c_1}\right)^2 sin^2\theta_i} = \sqrt{1 - \frac{sin^2\theta_i}{sin^2\theta_c}} \tag{2.41}$$

이러한 경우 투과각은 입사각보다 크며, 임계각보다 작은 각도로 입사되는 파에 대한 투과각은 실수가 되기 때문에 매질II를 전파한다.

(c) $c_1 > c_2,\ \theta_i > \theta_c$

이러한 경우 식(2.39)에서 $sin\theta_t$가 1보다 큰 실수이기 때문에 $cos\theta_t$는 허수가 된다. 따라서 식(2.30c)의 압력은 다음과 같이 된다.

$$p_t = P_t e^{-\gamma x} e^{j(\omega t - \kappa_2 y sin\theta_i)} \tag{2.42a}$$

$$\gamma = \kappa_2 \sqrt{\left(\frac{c_2}{c_1}\right)^2 sin^2\theta_i - 1} \tag{2.42b}$$

투과된 파는 y방향으로는 전파하지만, x방향으로는 음압의 진폭이 지수적으로 감소한다. 즉 이러한 경우는 입사파가 모두 반사되는 것을 의미한다.

음향파워에 대한 반사율과 투과율은 식(2.38)의 반사계수와 투과계수로부터 입사면적과 투과면적이 동일한 경우에 대한 식(2.3a)로부터 간단히 계산할 수 있다.

$$R_W = \frac{\left(\frac{z_2}{z_1} - \frac{cos\theta_t}{cos\theta_i}\right)^2}{\left(\frac{z_2}{z_1} + \frac{cos\theta_t}{cos\theta_i}\right)^2} \tag{2.43a}$$

$$T_W = \frac{4\left(\frac{z_2}{z_1}\right)^2}{\left(\frac{z_2}{z_1} + \frac{cos\theta_t}{cos\theta_i}\right)^2} \tag{2.43b}$$

식(2.43)에서 $\frac{z_2}{z_1} = \frac{cos\theta_t}{cos\theta_i}$인 경우에서는 $T_W = 1$이 되고 $R_W = 0$이 되기 때문에 입사파는 경계면을 전부 투과한다.

입사파가 전부 투과하는 각도는 $\frac{z_2}{z_1} = \frac{\sqrt{1 - \ sin^2\theta_t}}{\sqrt{1 - \left(\frac{c_1}{c_2}\right)^2 \ sin^2\theta_t}}$ 으로 부터 계산할 수 있다.

$$sin\theta_t = \sqrt{\frac{\left(\frac{z_1}{z_2}\right)^2 - 1}{\left(\frac{z_1}{z_2}\right)^2 - \left(\frac{c_1}{c_2}\right)^2}} = \sqrt{\frac{1 - \left(\frac{z_2}{z_1}\right)^2}{1 - \left(\frac{\rho_2}{\rho_1}\right)^2}} \tag{2.44}$$

식(2.44)에서 입사파가 전부 투과하는 각도 θ_t는 삽입각(angle of intromission) 이라고 하며, $z_1 > z_2$, $\rho_1 > \rho_2$ 혹은 $z_1 < z_2$, $\rho_1 < \rho_2$인 경우에만 존재한다.

2.2 음의 감소

일반적으로 음은 전파하면서 환경요건에 따라 감소를 한다. 음의 감소는 전파 거리에 따라 감소하며, 환경요건(온도, 바람, 지표면, 건물 등)에 의해서도 감소하기 때문에 일정한 거리에 도착하면 결국에는 소멸하게 된다. 여기서는 음의 감소에 대한 여러 요건에 대해서 기술한다.

2.2.1 음원 형상에 따른 거리 감소

음원으로부터 방사되는 음의 에너지는 기하학적으로 확산하기 때문에 음원에서 멀어질수록 음은 작아진다. 이러한 현상을 거리 감소라고 한다. 이러한 감소형태는 다음과 같이 음원의 형상과 크기에 따라 다르다.

가. 점음원

음원의 크기가 전파거리에 비해서 상당히 작을 때 점음원(Point source)라고 한다. 그림 2.4에서 무지향성 점음원에서부터 거리 r만큼 떨어진 지점에 대한 음향강도와 음향에너지밀도를 계산하여 보자.

음향강도는 반경 r의 구표면적 당 점음원의 파워이고 음향에너지밀도는 $\varepsilon = \frac{P^2}{\rho c^2}$, $I = \frac{P^2}{\rho c}$의 관계로부터 구할 수는 있다.

$$I = \frac{W}{4\pi r^2} \tag{2.45a}$$

$$\varepsilon = \frac{I}{c} = \frac{W}{4\pi r^2 c} \tag{2.45b}$$

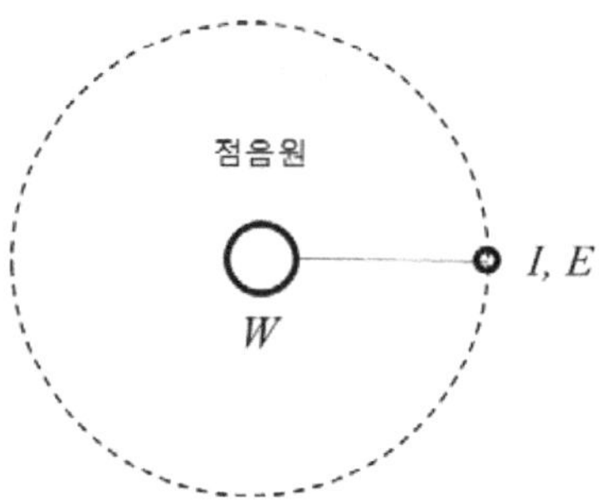

[그림 2.4] 점음원

식(2.45)로부터 음압레벨은 식(1.102)와 동일하다.

$$L_p = 10log_{10}\left(\frac{P_s^2}{P_0^2}\right) = L_W - 10log_{10}\left(\frac{\rho c\, W_0}{P_0^2\, 4\pi r^2}\right) = L_W - 20log_{10} r - 11 \tag{2.46}$$

식(2.46)에서 L_W는 음원의 파워레벨을 나타내며 거리의 2승에 반비례한다.

음원이 지향성을 갖고 있는 경우 혹은 반사성이 있는 지표면, 마루, 벽 등에서 음의 방사공간이 제한 되어있는 경우에는 전방향에 균등하게 방사되는 경우를 기준으로 각 방향에 대한 방사지향계수 Q를 식(2.45)에 곱한다.

$$I = \frac{QW}{4\pi r^2} \tag{2.47a}$$

$$L_p = L_W - 20log_{10}r + 10log_{10}Q - 11 \tag{2.47b}$$

방사지향계수는 제5장 실내음향에서 상세히 설명할 것이다. 예를 들면 반사성 지표면상에 무지향성 음원이 있을 경우 $Q = 2$이다.

식(2.46) 혹은 식(2.47b)로부터 음원으로부터 거리가 r_1, r_2인 두 점에 대한 레벨 L_{p1}, L_{p2}의 차는 다음과 같이 계산된다.

$$L_{p1} - L_{p2} = 10log_{10}\left(\frac{r_2}{r_1}\right)^2 \tag{2.48}$$

식(2.46)으로부터 거리가 2배(double distance: $d.d$)가 되면 6dB씩 감소($-6dB/d.d$)하는 것을 알 수 있다. 이것을 역2승법칙에 의한 감소라고 하며, 그림 2.5와 같은 거리 감소 특성을 나타낸다.

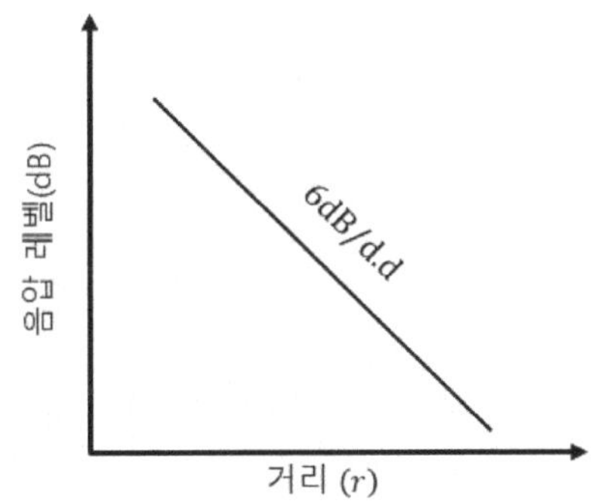

[그림 2.5] 점음원의 거리 감소

나. 이동 점음원

음원에서 방사된 음이 수음점에 도달한 경우 음원의 이동효과가 수음점에 미치는 영향을 고려해보자. 음원이 이동하면서 음을 방사하면 음원과 공기입자의 상대속도로 인하여 수음점의 음장에 영향을 미친다. 따라서 음원의 속도가 빠르면 수음점의 음장에 음원의 이동효과를 고려해야 한다.

음원의 이동효과는 음원과 수음점 위치에 대한 기하학적 관계로 계산할 수 있다. 음원과 수음점의 위치벡터를 $\boldsymbol{r}_s(x, y, z)$과 $\boldsymbol{r}(x, y, z)$라고 하면 x, y, z방향의 위치성분은 $x_s(t),\ y_s(t),\ z_s(t)$과 $x(t), y(t), z(t)$과 같이 시간의 함수가 된다.

수음점에서 관측된 음의 시간이 t일 경우 음이 방사된 음원위치의 시간은 음원에서 수음점까지 음이 이동하는 시간 $t_p = \dfrac{R}{c}$을 고려하여 $t_s = t - \dfrac{R}{c}$가 된다. 따라서 음원과 수음점까지의 거리를 위치벡터로 표시하면 $\boldsymbol{R} = \boldsymbol{r}(t) - \boldsymbol{r}_s(t_s)$이 되며, x, y, z방향에 대한 각 방향의 속도를 V, U, W라고 하면 음원과 수음점까지의 거리는 다음과 같다.

$$R^2 = \left[x - V\left(t - \frac{R}{c}\right)\right]^2 + \left[y - U\left(t - \frac{R}{c}\right)\right]^2 + \left[z - W\left(t - \frac{R}{c}\right)\right]^2 \tag{2.49}$$

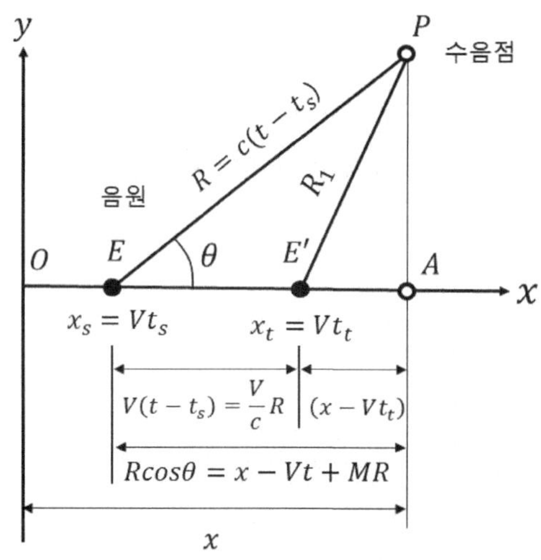

[그림 2.6] 이동 점음원과 수음점사이의 기하학적 관계

식(2.49)의 간단한 경우로 그림 2.6과 같이 음원이 x방향으로 V의 속도로 이동하는 평면에 대해서 음원 이동시 기하학적 관계를 이용하여 음원의 이동효과를 계산한다.

식(2.49)의 음원의 위치E와 수음점의 위치P사이의 거리R는 그림 2.6의 경우와 같이 x 방향만 고려하고 마하 수(Mach number) $M = \dfrac{V}{c}$를 적용하면 다음과 같다.

$$R^2 = \left[x - V\left(t - \frac{R}{c}\right)\right]^2 + y^2 = [(x - Vt) + MR]^2 + y^2 \tag{2.50}$$

식(2.50)에서 R에 대한 이차방정식의 해를 구하면 음원과 수음점까지의 거리를 구할 수 있다.

$$R = \frac{M(x - Vt) \pm \sqrt{(x - Vt)^2 + (1 - M^2)y^2}}{1 - M^2} \tag{2.51}$$

일상생활에서 대부분의 음원의 이동속도는 음속보다 작기 때문에 마하 수가 1보다 작은 경우 $M = \frac{V}{c} < 1$에 대해서 생각하자.

식(2.51)에서 음원과 수음점까지의 거리 R는 제곱근이 항상 양의 실수가 되어야 하기 때문에 양의 기호만 고려하면 된다. 또한 마하 수가 1보다 작기 때문에 식(2.51)에서 제곱근의 항은 음이 수음점에서 관측될 때 음원이 이동한 위치 E'에서 수음점 P까지의 거리 $R_1 = \sqrt{(x - Vt)^2 + y^2}$로 생각할 수 있다.

$$R_1 = \sqrt{(x - Vt)^2 + (1 - M^2)y^2}, \ (M^2 \ll 1) \tag{2.52}$$

식(2.52)을 식(2.51)에 대입하면 음원이동시 거리와의 관계를 나타낼 수 있다.

$$R = \frac{M(x - Vt) + R_1}{1 - M^2} \tag{2.53}$$

그림 2.6에서 R을 음원과 수음점사이의 각도θ로 표시하자. 음원의 위치E와 수음점과 수직이 되는 위치 A까지의 거리는 $x - x_s = x - Vt_s = R cos\theta$이 되며, $M(x - Vt) = M[x - Vt_s - V(t - t_s)] = MR(cos\theta - M)$이 되기 때문에 식(2.53)을 R에 대해서 정리하면 식(2.54)를 구할 수 있다.

$$R = \frac{R_1}{(1 - M cos\theta)} \tag{2.54}$$

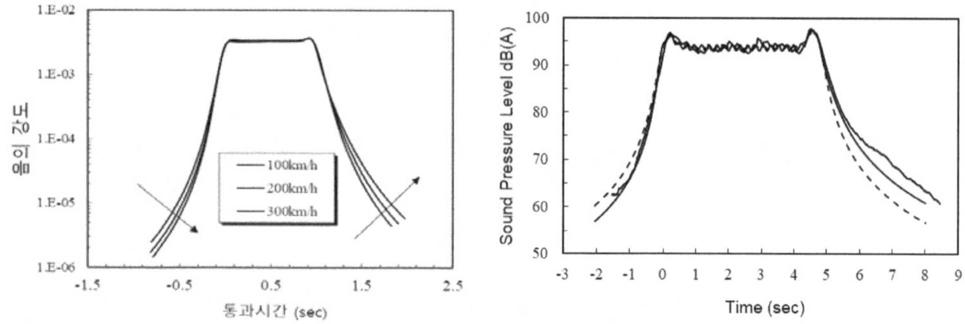

(굵은 실선: 측정결과, 점선: 이동효과 미포함 계산결과, 얇은 실선: 이동효과 포함 계산결과)

[그림 2.7] 고속철도 차량의 음원 이동효과 (레일로부터 25m지점에서 측정)

식(2.54)에서 R_1은 음원의 위치E에서 방사된 음이 수음점P에 도달 시 음원이 이동한 위치E'에서 수음점까지의 거리이며 음원에서 수음점까지는 식(2.54)을 이용해서 계산한다.

음원의 이동효과에 대한 사례로 고속철도(KTX)에 대해서 음원 이동효과를 분석한다.

그림 2.7는 300km/h로 주행하는 고속차량의 음원 이동효과를 나타낸 결과로서 음원의 속도가 증가하면 수음점의 음압이 차량의 이동방향으로 이동하는 것을 알 수 있다. 따라서 차량의 속도가 크면 수음점의 방사특성이 변하게 된다.

나. 선음원

선음원은 음향파워가 동일하고 위상이 서로 다른 무수히 많은 무지향성 점음원이 직선상에 조밀하게 위치한 형태로 생각할 수 있다. 선음원에 대한 예는 직선도로에서 일렬로 주행하는 자동차의 교통흐름 혹은 철도차량 등과 같은 음원을 해석하는데 많이 사용되고 있다.

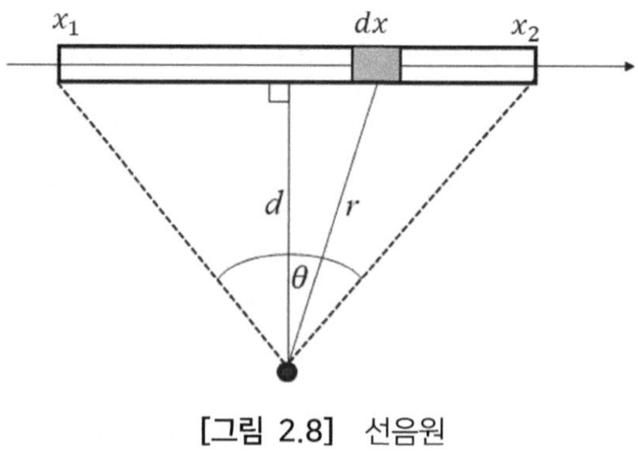

[그림 2.8] 선음원

그림 2.8과 같이 길이가 $x_1 \sim x_2$인 선음원에서 거리 d만큼 떨어진 점 P에서 음향강도를 생각해 보자.

우선 선음원의 미소길이 dx에서 음향파워 W가 방출되는 경우의 음향강도는 길이 $x_1 \sim x_2$에 대해서 적분을 하면 계산된다.

$$I = \int_{x_1}^{x_2} \frac{W}{4\pi r^2} dx = \int_{x_1}^{x_2} \frac{W}{4\pi(d^2 + x^2)} dx = \frac{W}{4\pi d}\left(tan^{-1}\frac{x_2}{d} - tan^{-1}\frac{x_1}{d}\right) = \frac{W\vartheta}{4\pi d} \qquad (2.55)$$

식(2.55)에서는 선음원의 단위길이당 음향파워를 나타내고 θ는 수음점 P에서 x_1과 x_2가 이루는 각을 나타낸다.

식(2.55)로부터 음압레벨은 음향파워레벨, 거리 및 θ에 대한 관계식으로 표현된다.

$$L_p = 10log_{10}\left(\frac{p_{rms}^2}{p_0^2}\right) = L_W - 10log_{10}\left(\frac{\rho c\, W_0 \theta}{p_0^2\ 4\pi d}\right) = L_W - 10log_{10}d + 10log_{10}\left(\frac{\theta}{4\pi}\right) \qquad (2.56)$$

만약 선음원의 길이가 무한히 길면 $\theta = \pi$가 되어 식(2.56)은 다음과 같이 된다.

$$L_p = L_W - 10log_{10}d - 6 \qquad (2.57)$$

식(2.57)로부터 선음원의 길이가 무한히 길면 거리증가에 따라 $3dB/d.d$ 감소하는 것을 알 수 있다.

선음원의 길이가 $x_2 -\ x_1 = l$ 인 유한한 경우에는 식(2.55)가 다음과 같이 된다.

$$I = \frac{W\vartheta}{4\pi d}\left[tan^{-1}\left(\frac{l}{d}\right)\right] \qquad (2.58)$$

식(2.58)을 이용해서 음압레벨를 구하면 다음과 같이 된다.

$$L_p = L_W - 10log_{10}d + 10log\left[tan^{-1}\left(\frac{l}{d}\right)\right] - 11 \qquad (2.59)$$

유한 길이의 선음원에서 방사되는 거리감소는 그림 2.9와 같이 선 음원의 길이 l에 대해서 $d \le l$가 되는 가까운 지점에서는 $3dB/d.d$ 감소하고 $d > l$}이 되는 먼 거리에서는

$6dB/d.d$ 감소한다.

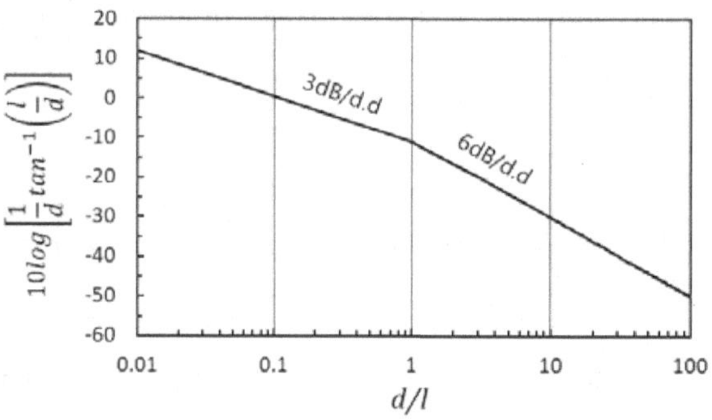

[그림 2.9] 유한 길이 선음원의 거리감소

다. 면음원

면음원은 무수히 많은 무지향성 점음원이 평면상에 평행하게 밀집된 상태이다. 그림 2.10과 같이 단위 면음원에서 음이 방사되어 거리 r만큼 떨어진 수음점P에서 음향에너지밀도는 면음원의 미소면적당 방사되는 음향파워 W를 이용하여 계산할 수 있다.

미소면적에서 수음점까지의 거리 $r^2 = d^2 + x^2 + y^2$에 대해서 적분을 하면 음향강도를 계산할 수 있다.

$$I = \int_{y_1}^{y_2}\int_{x_1}^{x_2}\frac{W}{2\pi r^2}dxdy = \frac{W}{2\pi}\int_{y_1}^{y_2}\int_{x_1}^{x_2}\frac{1}{(d^2+x^2+y^2)}dxdy \tag{2.60}$$

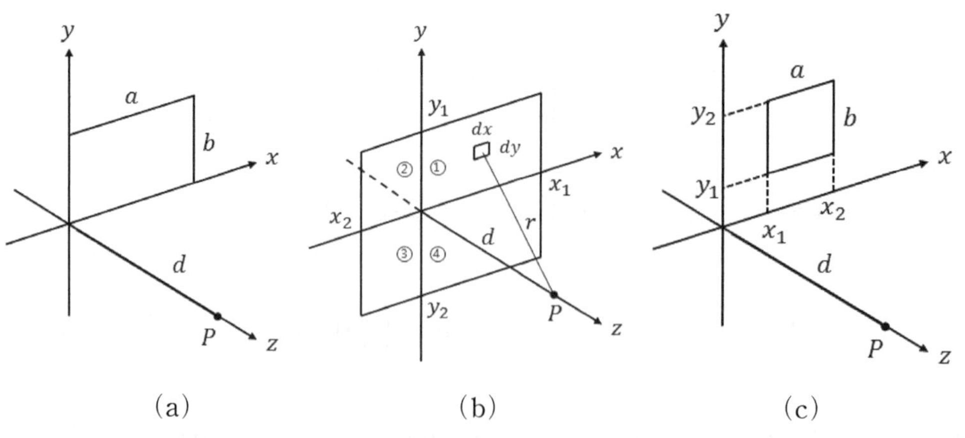

[그림 2.10] 면음원 (사각형)

면음원의 좌표를 그림 2.10(a)와 같이 x, y, z좌표의 원점을 직사각형($a \times b$) 끝단으로 설정하고 음원으로부터 수음점까지의 거리에 대해서 직사각형의 크기를 정규화하여, $\frac{a}{d} = A$, $\frac{b}{d} = B$ 라고 하면 식(2.60)은 다음과 같이 된다.

$$I = \frac{W}{2\pi}\int_0^A \int_0^B \frac{1}{(1+X^2+Y^2)} dX dY \tag{2.61a}$$

$$\Phi = \int_0^A \int_0^B \frac{1}{(1+X^2+Y^2)} dX dY \tag{2.61b}$$

식(2.61a)로부터 음압레벨은 다음과 같이 계산할 수 있다.

$$L_p = 10log_{10}\left(\frac{p_s^2}{p_0^2}\right) = L_W - 10log_{10}\left(\frac{\rho c}{p_0^2}\frac{W_0 \Phi}{2\pi}\right) = L_W + 10log(\Phi) - 8 \tag{2.62}$$

그러나, 식(2.61b)의 적분계산은 매우 어렵기 때문에 수치적분을 통해서 계산하거나, 다음과 같은 근사값을 이용하여 계산한다.

$$\Phi = \frac{\pi}{2} log_e \left\{ \frac{(X + \sqrt{1+X^2})(Y + \sqrt{1+Y^2})}{X + Y + \sqrt{1+X^2+Y^2+KXY}} \right\},\ K = 0.727 \tag{2.63}$$

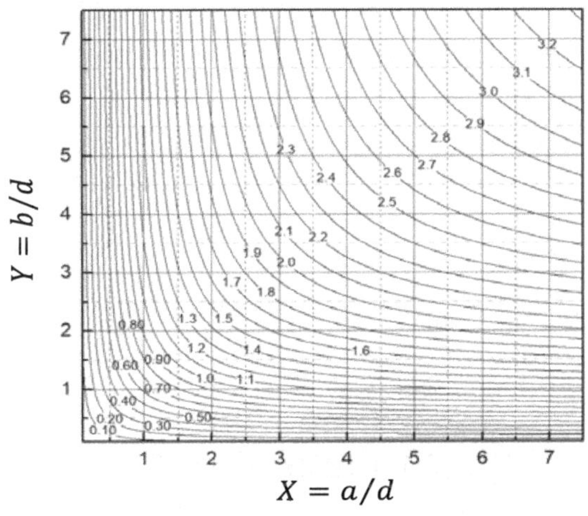

[그림 2.11] 면음원 크기에 대한 Φ의 계산결과

그림 2.11은 식(2.63)의 계산결과로서 이 결과로부터 면음원의 크기에 대한 Φ의 값을 구해서 식(2.61a)에 대입하여 음향강도를 계산한다.

면음원에서 방사되는 음향강도를 계산하기 위한 방법은 (i) 그림 2.10(b)와 같이 원점이 면음원내에 존재하는 경우 원점을 중심으로 하는 4개의 면적 ①, ②, ③, ④에 대해서 그림 2.11로부터 각각의 Φ값을 구한 후 합산을 하면 전체 Φ값을 계산할 수 있다. 또한 (ii) 그림 2.10(c)와 같은 경우에는 $(\Phi_1 : 1 \sim x_2, 1 \sim y_2)$, $(\Phi_2 : 1 \sim x_2, 1 \sim y_1)$, $(\Phi_3 : 1 \sim x_1, 1 \sim y_2)$ $(\Phi_4 : 1 \sim x_1, 1 \sim y_1)$, 의 각면적에 대한 Φ_1, Φ_2, Φ_3, Φ_4을 위와 동일하게 구한 후 면 음원에 대한 Φ을 다음과 같은 방법으로 계산하여 식(2.61a)에 대입하면 음향강도를 계산할 수 있다.

$$\Phi = \Phi_1 - \Phi_2 - \Phi_3 + \Phi_4 \tag{2.64}$$

면음원의 크기와 수음점까지의 거리가 $d > \frac{b}{2}, (b > a)$경우에는 $r \approx d$로 가정할 수 있기 때문에 식(2.60)의 적분을 면적의 크기 a, b에 대해서 간단히 계산할 수 있다. 따라서 음향강도와 음압레벨은 다음과 같이 된다.

$$I = \frac{W}{2\pi r^2} ab \tag{2.65a}$$

$$L_p = L_W - 10log_{10}\left(\frac{\rho c}{p_0^2} \frac{W_0 ab}{2\pi r^2}\right) = L_W + 10log(a \cdot b) - 20logr - 8\,[dB] \tag{2.65b}$$

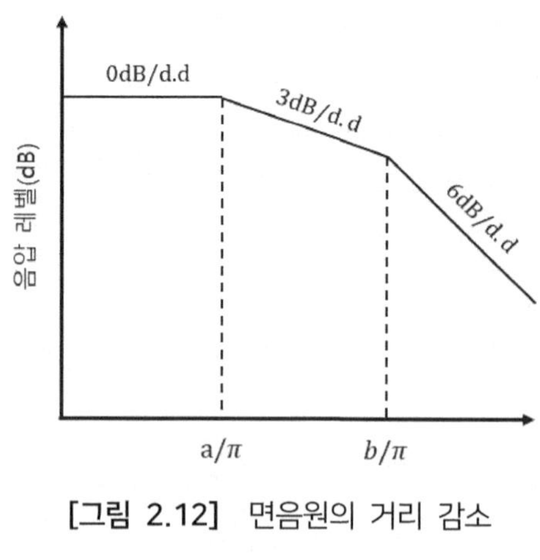

[그림 2.12] 면음원의 거리 감소

그림 2.12는 면 음원에 대한 거리 감소 특성을 나타내고 있다. 사각 단면에서 $b > a$의 경우 면 음원으로부터 수음점까지의 거리가 a/π보다 짧을 경우에는 거리가 증가하여도 음은

감소하지 않으며 $a/\pi < r < b/\pi$의 경우에는 $3dB/d.d$ 감소하고 $r > b/\pi$의 경우에는 점음원과 같은 감소특성을 나타낸다.

2.2.2 환경에 의한 음의 감소

가. 지표면

지표면에서 음의 전파특성은 지표면의 형상, 음향적 성질에 따라서 변화한다. 그림 2.13은 모형실험을 이용하여 점음원에 대한 다양한 지표면 변화의 전파특성을 측정한 결과이다. 반사성 지표면, 흡음성 지표면 및 반사성 요철 지표면의 경우에 대해서 음압레벨이 크게 변화하는 것을 나타내고 있다.

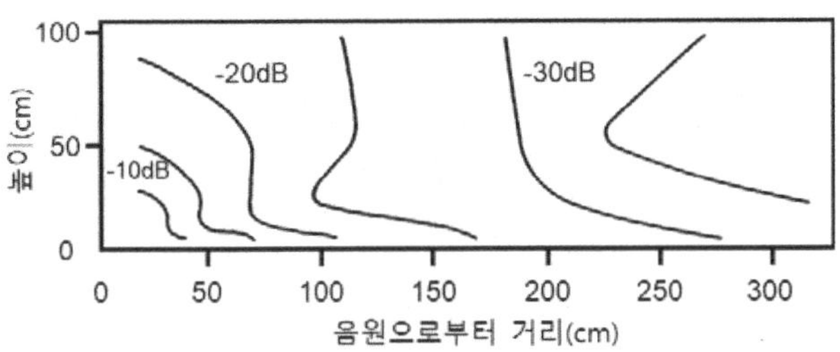

(a) 반사성 지표면

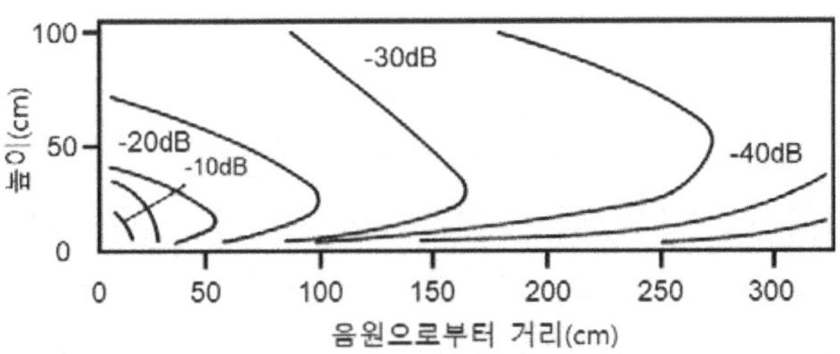

(b) 흡음성 지표면

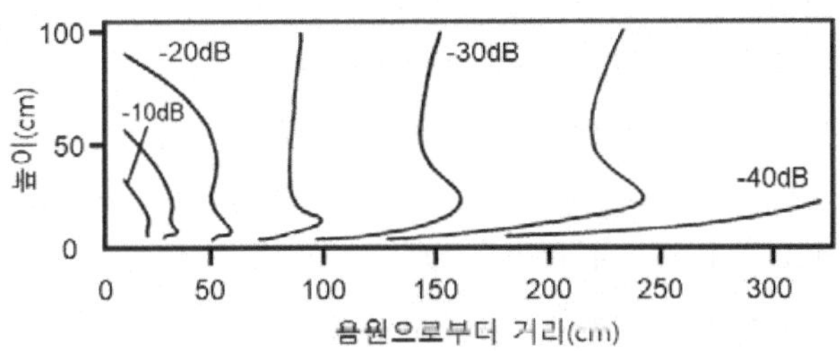

(c) 반사성 요철 지표면

[그림 2.13] 모형실험을 통한 지표면 위에서 점음원의 전파특성

이러한 현상은 파동이론에 의한 해석으로 설명할 수 있다. 일반적으로 평탄하고 일정한 음향특성을 갖는 지표면에 관한 전파특성은 계산할 수 있지만, 실제 지표면은 이러한 이상적인 조건이 거의 존재하지 않기 때문에 실용적인 측면에서는 여러가지 제한이 있다.

그림 2.14는 각각 다른 성질을 갖는 지표면에 대한 음의 전파특성의 변화를 정성적으로 표시한 결과이다. 반사성 성질을 갖는 표면에 대해서는 음원으로 전파되는 직접음과 지표면에서 반사되는 반사음의 간섭에 의해서 음원으로부터 가까운 지점에서 음압은 굴곡이 생기며, 초지, 논과 밭 등과 같은 흡음성 지표면에서는 지표면의 흡음에 의해서 2승법칙에 의한 감소보다 커다란 감소특성을 갖는다.

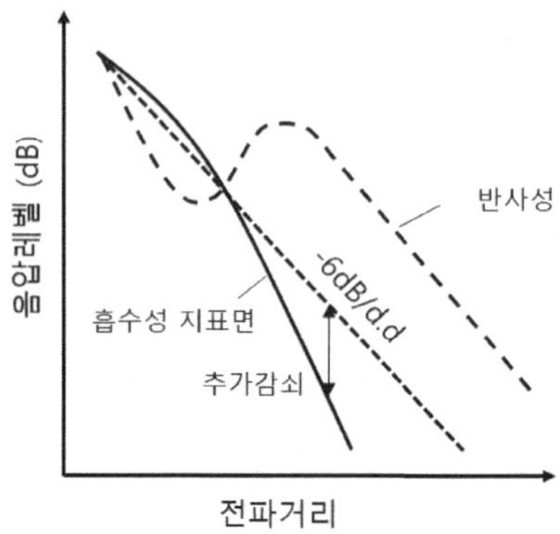

[그림 2.14] 지표면의 영향

나. 온도 및 바람

음이 대기중을 전파하는 경우에는 온도의 분포와 바람에 의한 기상조건에 크게 영향을 받는다. 거리에 따라 대기온도가 변화하는 경우 온도에 의존하는 음속은 장소에 따라서 변화하여, 연속적인 굴절효과가 발생한다. 그 결과 그림 2.15에 나타내는 것과 같이 온도분포가 상공으로 올라갈수록 낮아질 경우에는 음선이 상공으로 구부러지기 때문에 수평방향으로 멀리 전파하기가 어렵다. 그리고 야간에는 주간과 반대의 온도분포가 형성되기 때문에 음선이 지표면으로 구부러져서 먼 지점까지 음이 전파되는 조건이 된다.

한편, 바람은 지표면상에서 유체역학적인 저항의 영향을 받아서 평균풍속은 지표면에 접근할수록 작아지고 상공으로 올라갈수록 커지는 분포를 갖는다. 이러한 바람의 영향에 의해서 그림 2.16과 같이 풍속의 위쪽에서는 음선이 위로 구부러지고, 풍속의 아래쪽에서는 지표면 방향으로 구부러진다. 따라서 풍속의 위쪽에서는 음의 전파가 어렵고 아래쪽에서는 전파가 쉽다.

그림 2.17는 온도분포와 풍속분포의 영향에 의해서 전파하는 음압의 변화를 정성적으로 표시한 결과이다. 음의 전파거리가 증가할수록 온도와 바람의 영향이 점차 증가하는 것을

확인할 수 있으며 음은 야간에 순풍상태에서 가장 멀리 전파한다.

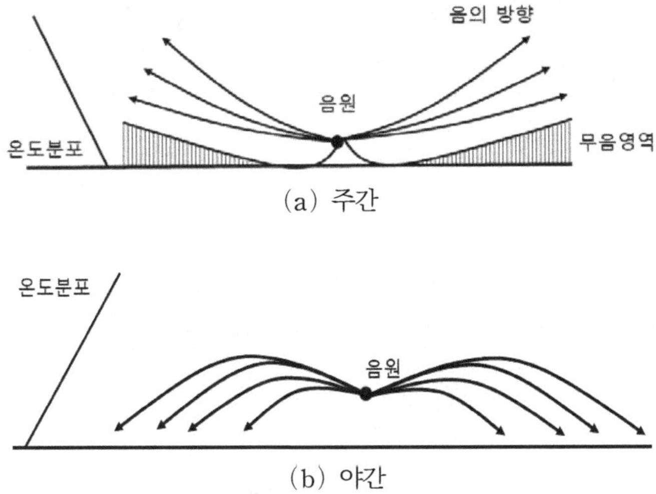

(a) 주간

(b) 야간

[그림 2.15] 온도분포에 따른 영향

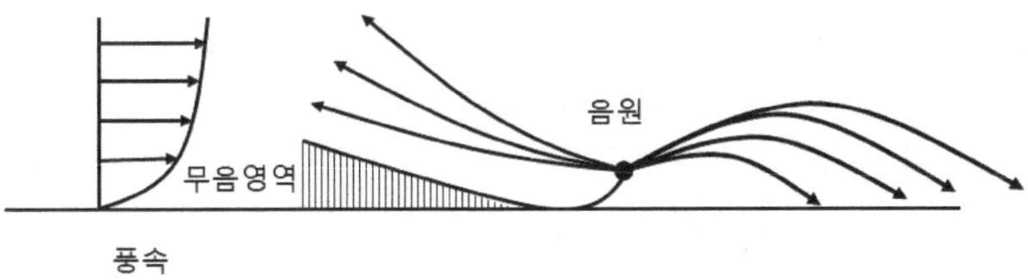

[그림 2.16] 풍속분포에 따른 영향

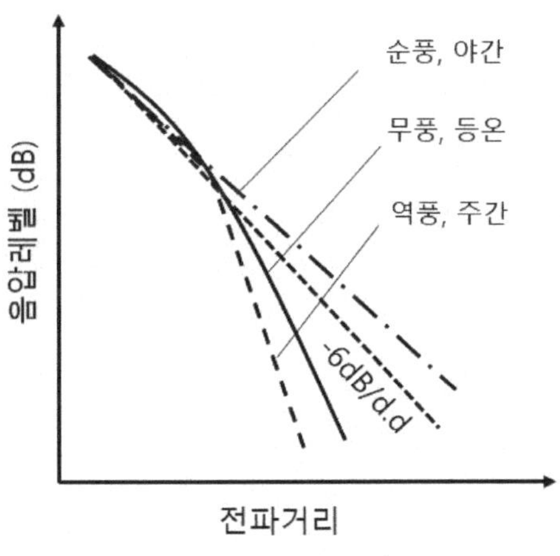

[그림 2.17] 온도분포 및 풍속분포의 영향

다. 공기 흡수

음이 공기 중을 전파하는 동안에는 음향에너지의 일부가 흡수되어 음향강도가 점차 감소한다. 임의의 점에서 음향강도 I_o의 평면파가 거리 r만큼 진행했을 때 음의 강도는 식(2.661a)과 같으며, 감소량은 식(2.66b)으로 표시된다.

$$I = I_o e^{-mx} \tag{2.66a}$$

$$\triangle L = -4.34 mx \, [dB] \tag{2.66b}$$

식(2.66)에서 m은 공기 흡수에 의한 음향강도의 감소계수이다.

공기에 의한 흡수 메커니즘은 매우 복잡하지만, 크게 두가지로 분류할 수 있다. 점성 및 열전도에 의한 흡수와 O_2분자 및 N_2분자의 완화현상에 따른 흡수로 생각할 수 있다.

감소계수는 위의 두 흡수의 합으로 계산되며, 온도와 습도 변화에 대해서 전자는 거의 일정한 값을 갖지만, 후자는 크게 변화하기 때문에 감소계수는 온도와 습도에 의존한다. 따라서 감소계수는 온도와 습도에 의존한다.

공기 흡수의 영향은 수백 미터 이하의 음의 전파를 해석할 경우에는 거의 무시해도 되지만, 항공기 소음 등과 같이 전파거리가 먼 경우에는 고음 영역에 커다란 영향을 미친다. 또한 커다란 실내공간에 1kHz이상의 주파수를 갖는 음의 잔향에 대해서는 공기의 음향흡수를 무시할 수 없기 때문에 잔향시간 계산 시 감소계수를 고려해야 한다.

제3장

음의 방사

음원으로부터 전파되는 음은 고체를 통해서 전파되는 경우 고체전파음(고체음)이라고 하며, 공기를 매질로 전파되는 경우 공기전파음(공기음)이라고 한다.

일반적으로 수음점의 소음은 음원에서 진동의 형태로 고체전파음이 구조물 내부를 전파하여 대기중에 소음으로 방사되는 2차적인 공기전파음과 음원으로부터 대기를 통해서 직접 전파되는 공기전파음으로 형성된다. 따라서, 대기 중 수음점에 대한 음을 제어하기위해서는 음원 혹은 2차적 공기전파음의 음원에 대한 방사특성의 분석이 필요하다.

본 장에서는 음원 혹은 구조물에서 방사되는 음향파워와 방사특성인 지향성 및 방사효율에 대해서 설명힌다.

3.1 방사효율 및 지향성

3.1.1 방사효율

구조물에서 방사되는 음향파워는 구조물 표면의 진동에 의해서 발생되기 때문에 소음저감을 위해서는 음향파워 혹은 음압과 구조물 진동의 관계를 분석하는 것이 매우 중요하다. 이러한 분석을 위해서 구조물 표면의 진동과 방사되는 음향파워의 비로 정의되는 방사효율(radiation efficiency : σ)을 이용하여 음이 방사되는 상대적 크기를 계산한다. 이 방사효율의 크기는 항상 $\sigma \le 1$이 된다.

구조물에서 방사되는 음향파워는 평면파의 음향강도 $I = \frac{p_{rms}^2}{\rho c} = \frac{P^2}{2\rho c}$와 구조물의 면적 S으로부터 계산할 수 있다. 구조물 표면 위에서 구조물의 진동속도와 대기중 매질의 입자속도는 동일하기 때문에 매질의 임피던스 $\frac{p_{rms}}{v_{rms}} = \rho c$를 대입하면 음향파워는 구조물 표면에 대한 진동속도의 2승 평균 실효값, 면적 및 매질의 임피던스로부터 계산할 수 있다.

$$W = I \cdot S = \frac{(\rho c \bar{v}_{rms})^2 S}{\rho c} = \rho c S\ \bar{v}_{rms}^2 \tag{3.1}$$

$\bar{v}_{rms}$는 구조물 표면에 대한 진동속도의 평균 실효값이며 방사효율은 구조물에서 방사되는 음향파워와 구조물 표면에 대한 진동속도의 2승 평균 실효값에 대한 비로 정의된다.

$$\sigma = \frac{W}{\rho c S\ \bar{v}_{rms}^2} \tag{3.2}$$

만약 대기의 파장보다 커다란 강체 피스톤이 임의의 주파수에서 진동을 하면 매질(공기) 입자는 피스톤의 표면에서 수평방향으로는 진행하지 않고, 방사표면에 수직방향으로만 운동한다. 즉 강체 피스톤의 표면 근처에서 매질입자의 속도와 표면의 속도가 동일하기 때문에 피스톤 표면의 진동에 의해서 발생된 음이 수직방향으로 방사하며, 매질입자의 음압은 피스톤 표면의 속도와 특성 임피던스로 계산할 수 있다.

$$p = \rho c v \tag{3.3}$$

그리고 방사파워는 식(3.1)과 같이 강체 피스톤 표면에 대한 진동속도의 2승 평균 실효값, 피스톤의 표면적 및 매질의 임피던스로부터 계산된다. 따라서 구조물이 강체 피스톤과 같이 진동을 하면 구조물의 방사효율은 $\sigma = 1$이 된다.

$$W = S\overline{p}_{rms}\overline{v}_{rms} = S\rho c\,\overline{v}_{rms}^{2} \tag{3.4}$$

위의 결과로부터 방사효율은 구조물이 동일한 표면을 갖는 피스톤보다 얼마나 적은 양의 음향파워가 방사되는 지를 나타낸다.

식(3.2)의 방사효율을 기준 방사효율 $\sigma = \dfrac{W_o}{\rho c S_o v_o^2} = 1$을 이용하여 레벨로 표시하면 다음과 같이 구조물에서 방사되는 음향파워, 면적 및 진동속도의 관계를 얻을 수 있다.

$$L_R = 10log\,\sigma = \left(10log\frac{W}{W_o} + 10log\frac{W_o}{\rho c S_o v_o^2} - 10log\frac{S}{S_o} - 10log\frac{\overline{v}_s^{2}}{{v_o}^2}\right)[dB] \tag{3.5}$$

식(3.5)에서 우변의 첫번째 항은 음향파워레벨이고 마지막 항은 진동속도레벨을 나타내며 기준 음향파워는 $W_o = 10^{-12}\,[Watts]$이며, 기준 진동속도는 $v_0 = 5\times10^{-8}\,[m/sec]$, 기준 단면은 $S_0 = 1\,[m^2]$이다. 이 값을 대입하면 방사효율은 음향파워레벨, 진동속도레벨 및 구조물의 방사면적으로 계산할 수 있다.

$$L_R = L_W - L_v - 10log(S)\,[dB] \tag{3.6}$$

만약 식(3.6)에서 방사면적이 기준 면적($S = 1\ m^2$)과 동일하면 음향파워레벨과 진동속도레벨의 차로 방사효율을 계산할 수 있다.

잔향실내에서 구조물의 방사파워를 측정할 경우에는 잔향실내 평균 음향파워레벨, 방사면적의 속도레벨 및 잔향실의 흡음면적으로부터 방사효율을 구할 수 있다.

$$L_R = L_W - L_v + 10log\left(\frac{A}{4S}\right)[dB] \tag{3.7}$$

3.1.2 지향성

구조물에서 방사되는 음은 구면파의 형태로 방사되며 구조물의 형태 등에 따라 각 방향에 방사되는 음의 크기가 동일한 경우도 있지만, 대부분의 구조물에서 방사되는 음은 구조물의 표면과 이루는 각도에 따라 다른 크기의 음이 방사된다.

전자는 무지향성 음원이라고 하며 후자는 지향성 음원이라고 한다. 소음원의 지향특성은 소음예측 등에 필요한 요소로서 방음벽 설계 등에 유용하게 활용된다.

가. 지향계수 및 지향지수

음원에서 방사되는 음향강도가 방향에 따라 변하는 특성을 지향성이라 하며, 지향계수(directivity factor : Q)는 대상 음원에서 임의의 방향으로 방사되는 음향강도와 전방향으로 동일한 음향 파워를 방사하는 음향강도에 대한 비로 정의된다. 즉 무지향성 음원이 방사하는 음향강도에 대한 상대량으로 정의된다. 따라서 지향계수의 단위는 무차원이다.

$$Q_\theta = \frac{p_\theta^2}{p_s^2} = \frac{I_\theta}{I_s} \tag{3.8}$$

식(3.8)에서 I_θ는 임의의 방향으로 방사되는 음향강도, I_s는 무지향성 음원에서 방사되는 음향강도를 나타낸다.

지향계수는 무지향성 음원에 대한 음향강도를 기준으로 대상 음원에 대한 임의의 방향각의 음향강도에 대한 비로 방향각에 따라 값이 변화한다.

식(3.8)의 지향계수 Q_θ에 상용대수 값을 10배하여 나타낸 것을 지향지수(directivity index : DI)라고 한다.

$$DI_\theta = 10log(Q_\theta) \tag{3.9}$$

음원의 지향지수 DI_θ는 식(3.8)에서 정의된 무지향성 음원 대신에 실제 측정 시 음원으로부터 거리 r만큼 떨어진 지점에서 임의의 방향에 대한 음향강도와 동일한 거리 r만큼 떨어진 가상의 표면에 대한 공간평균 음향강도의 비로 구할 수 있다.

$$DI_\theta = 10log\left(\frac{I_\theta}{\langle I_\theta \rangle_s}\right)_r = 10log\left(\frac{p_\theta^2}{\langle p_\theta^2 \rangle_s}\right)_r \tag{3.10}$$

식(3.10)에서 I_θ는 음원으로부터 거리 r만큼 떨어진 위치에서 임의의 방향에 대한 음향강도이고, $\langle I_\theta \rangle_s$는 반경 r로 둘러싸인 구표면 $S(=4\pi r^2)$에 대한 공간평균 음향강도이다.

나. 음향 축 및 지향성 계수

일반적으로 음원의 지향성은 거리에 따라 변하지 않기 때문에 음압의 크기는 음원으로부터의 거리 r와 방향각 θ에 대한 독립변수로 변수분리를 하여 r과 θ의 함수로 표현된다.

$$P(r,\ \theta)= P_{ax}(r)H(\theta) \tag{3.11}$$

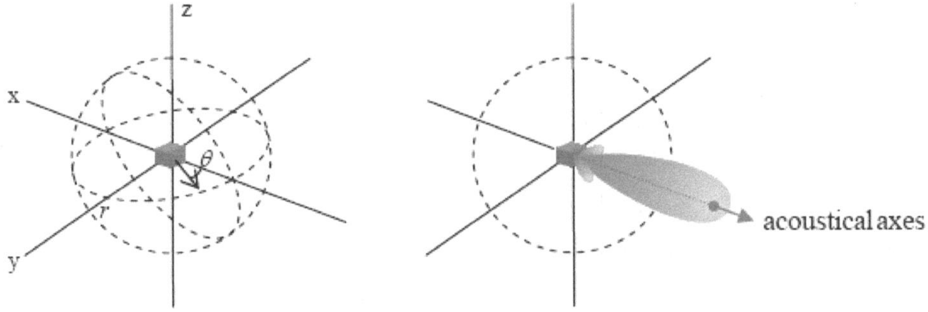

[그림 3.1] 음향축

식(3.11)에서 거리r의 함수 $P_{ax}(r)$을 축방향 음압(on-axis pressure)이라 하며, 임의의 방향에 대해서 최대음압이 방사된다. 그리고 최대음압의 크기와 일치하는 방향을 음향축(acoustical axes)이라고 한다.

식(3.11)에서 $H(\theta)$는 음원에서부터 최대음압이 방사되는 방향각을 나타내며 지향성 계수(directional factor)라고 한다. 또한 지향성 계수는 식(3.12)과 같이 음향 축의 최대음압과 임의의 방향각에 대한 음압의 비로 정의된다.

$$H(\theta)= \frac{p(r,\theta)}{p_{ax}(r)} \tag{3.12}$$

만약 임의의 방향각으로 모든 음압이 방사되면 이 방향이 축 방향 음압 $P_{ax}(r)$이 되고 이 축이 음향 축이 되며 이 방향에 대한 지향성 계수는 최대 값 1이 된다.

다. 지향지수의 측정방법

음원이 작은 경우에는 무향실에서 음원을 중심으로 가상의 구형 표면을 설정하여 측정이 가능하지만, 커다란 산업기기 혹은 장비에 경우에는 무향실에서 측정할 수 없기 때문에 평평한 반사면을 갖고 흡음재가 설치된 실내공간 혹은 음을 반사하는 장애물이 없는 외부공간에서 음원을 중심으로 가상의 반구를 설정하여 음압을 측정한다.

(a) 무향실

무향실에서 음의 지향지수를 측정하기 위해서는 그림 3.2와 같이 음원을 중심으로 하는 가상의 구에서 다면체를 설정한 후 각각의 면 중심에서 음압을 측정한다. 다면체의 형상은 8다면체, 12다면체 및 20다면체을 이용한다.

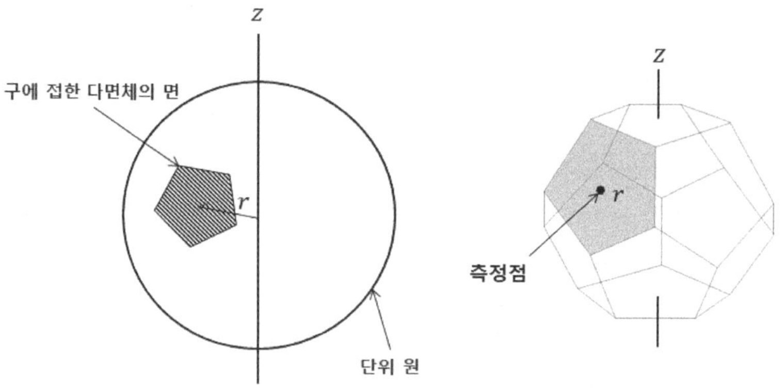

[그림 3.2] 구에 대한 12 다면체의 형상

다면체에서 각각의 면의 음압은 동일하다고 가정하여 면의 중심에서 음압을 측정한다. 따라서, 음압의 측정값은 다면체의 수가 증가할수록 측정값의 정도가 향상된다. 또한 음원에서 다면체의 면까지의 거리는 음원의 크기에 최소 2배이상이 되어야 유효한 값을 얻을 수 있다. 공간평균 음압레벨은 다음과 같이 측정한다.

① 다면체 면의 수와 음원까지의 거리를 정한다.

② 다면체 면의 중심좌표에서부터 음원까지의 거리를 곱한다.

③ 다면체 면의 중심에 음압을 측정한다.

④ 음의 레벨연산의 식(1.112)를 이용하여 공간평균 음압레벨을 계산한다.

(b) 반무향실

대형 산업기기 혹은 설비의 지향지수 측정은 커다란 반사면이 있고 주위에 흡음재가 설치된 실내공간(반무향실) 혹은 음을 반사하는 물체가 없는 외부공간에 측정할 수 있다. 우선 음원을 중심으로 가상의 반구를 정한 후 다면체의 형상을 결정하고 측정점의 중심좌표를 정한다. 음원에서 반구까지의 거리는 음원의 크기에 최소 2배이상이 되어야 한다. 만약 측정점이 지면과 접하는 경우에는 측정결과에서 3dB를 뺀다.

3.2 단순 음원

3.2.1 점음원

그림 3.3과 같이 공기 중에 반지름a의 구로부터 공기가 반경방향으로 동일한 위상의 속도 $u(t)$로 주기적으로 공기가 유출입하는 경우를 생각하자. 이러한 음원을 점음원이라고 하며 구의 표면이 주기적으로 수축과 팽창하기 때문에 맥동구라고도 한다.

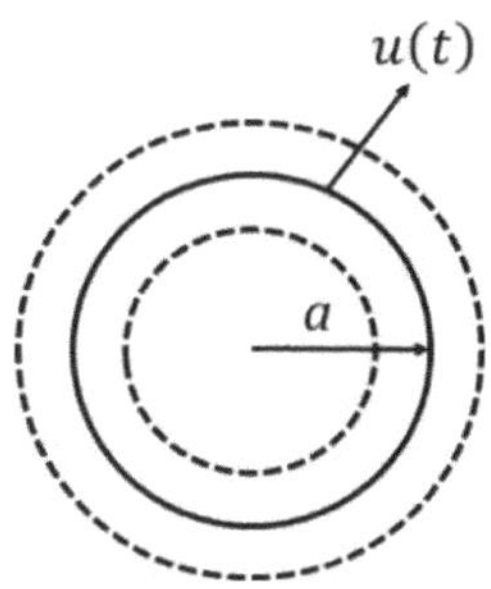

[그림 3.3] 점음원으로부터 음의 방사

점음원에서 방사되는 구면파의 음압은 제1장의 식(1.60)과 같이 구의 중심으로부터 거리 r과 시간 t 의 함수로 표현된다.

$$p = \frac{P}{r} e^{j(\omega t - kr)} \tag{3.13}$$

식(1.30)의 음압과 입자속도의 관계식으로부터 점음원에 대한 음압과 입자속도를 계산할 수 있다.

$$\rho \frac{\partial u}{\partial t} = -\frac{\partial p}{\partial r} \tag{3.14}$$

구면파의 음압은 식(3.13)을 r에 대해서 미분하고 속도 $u(t) = U_o e^{j\omega t}$를 시간에 대해서 미분하여 식(3.14)에 대입한다.

$$-\frac{\partial p}{\partial r} = \frac{P}{r^2}(1 + jkr)e^{j(\omega t - kr)} \tag{3.15a}$$

$$\rho \frac{\partial u}{\partial t} = j\omega\rho U_o e^{j\omega t} \tag{3.15b}$$

그리고, 음원의 반경 $r = a$일 경우에 대해서 계산하면 음압의 진폭을 계산할 수 있다.

$$\rho j\omega U_o e^{j\omega t} = \frac{P}{a^2}(1 + jka)e^{j(\omega t - ka)} \tag{3.16a}$$

$$P = \frac{j\rho\omega U_o a^2}{1 + jka} e^{jka} \tag{3.16b}$$

식(3.16b)를 식(3.13)에 대입한 후 주파수를 파수로 변환 $\omega = kc$하면 구면파의 음압을 계산할 수 있다.

$$p(r,t) = \rho c \frac{jka}{1 + jka} \frac{a}{r} U_o e^{j[\omega t - k(r-a)]} \tag{3.17}$$

식(3.17)에서 구의 표면($r = a$)에서의 음압은 식(3.18)이 된다.

$$p(a,t) = \rho c \frac{jka}{1 + jka} U_o e^{j\omega t} \tag{3.18}$$

그리고 식(3.14)으로부터 입자속도를 계산할 수 있고, 이 식에 식(3.17)를 대입한다.

$$u(r,t) = \frac{1}{r}(1 + jkr)\frac{p}{j\omega\rho} \tag{3.19a}$$

$$u(r,t) = \frac{1+jkr}{1+jka}\left(\frac{a}{r}\right)^2 U_o e^{j[\omega t - k(r-a)]} \tag{3.19b}$$

체적속도의 진폭 Q은 구표면을 출입하는 매질(공기)입자의 속도진폭과 구표면의 면적으로 정의된다$\left(Q = 4\pi a^2 U_o\right)$. 따라서, 체적속도의 진폭을 일정하게 유지하면서 반경을 무한히 작게 하면 점음원이 된다. 이 경우 체적속도의 진폭을 점음원의 강도라고 한다.

식(3.17)에 체적속도의 진폭을 사용하여 음압을 표현할 수 있다.

$$p(r,t) = \rho c \frac{jk}{1+jka}\frac{4\pi a^2 U_o}{4\pi r} e^{j[\omega t - k(r-a)]} = \rho c \frac{jk}{1+jka}\frac{Q}{4\pi r} e^{j[\omega t - k(r-a)]} \tag{3.20}$$

식(3.20)에서 $ka = \frac{2\pi a}{\lambda}$, $e^{jka} = coska + jsinka$를 고려하면 구의 반경 a이 파장에 비해서 충분히 작은 저주파수 영역에서는 $ka \to 0$되기 때문에 식(3.20)의 지수함수는 $e^{jka} \approx 1 + jka$이 된다.

$$p(r,t) = \frac{j\rho ck}{4\pi r} Q e^{j(\omega t - kr)} \tag{3.21}$$

음압의 순간값은 식(3.21)의 실수부로 $\rho ckQsin(\omega t - kr)/4\pi r$이며, 물체의 크기가 파장에 비해서 충분히 작으면 구형상 외에도 표면이 동일위상으로 팽창 수축하는 구면파가 방사된다.

물체표면의 미소면적 ds에서 표면에 대한 법선방향 속도진폭이 U_o로 진동하면 음원의 강도 Q는 표면 S에 대해서 적분하면 된다.

$$Q = \int_s U_o ds \tag{3.22}$$

음향강도는 음압과의 관계식에 식(3.21)의 진폭$P = \frac{\rho ck}{4\pi r}Q$을 대입하면 계산할 수 있다.

$$I = \frac{P^2}{2\rho c} = \frac{\rho ck^2}{32\pi^2 r^2} Q^2 \tag{3.23}$$

따라서, 구표면에서 방사되는 음향파워는 식(3.23)의 음향강도에 구의 표면적을 곱하면 구할 수 있다.

$$W = 4\pi r^2 I = \frac{\rho c k^2}{8\pi} Q^2 \tag{3.24}$$

식(3.24)을 이용하여 체적속도의 진폭으로부터 점음원의 음향파워를 계산할 수 있다.

3.2.2 이중음원

그림 3.4과 같이 음원의 체적속도 진폭이 Q이고, 위상이 반대인 2개의 점음원이 서로 마주보고 위치한 경우를 이중음원(dipole source)이라고 한다.

음원으로부터 일정한 거리만큼 떨어진 지점의 음압은 식(3.21)로부터 계산할 수 있다.

$$p_d(r,t) = \frac{j\rho c k Q}{4\pi r_1} e^{j(\omega t - k r_1)} - \frac{j\rho c k Q}{4\pi r_2} e^{j(\omega t - k r_2)} \tag{3.25a}$$

$$p_d(r,t) = \frac{j\rho c k Q}{4\pi} e^{j\omega t}\left(\frac{e^{-jkr_1}}{r_1} - \frac{e^{-jkr_2}}{r_2}\right) \tag{3.25b}$$

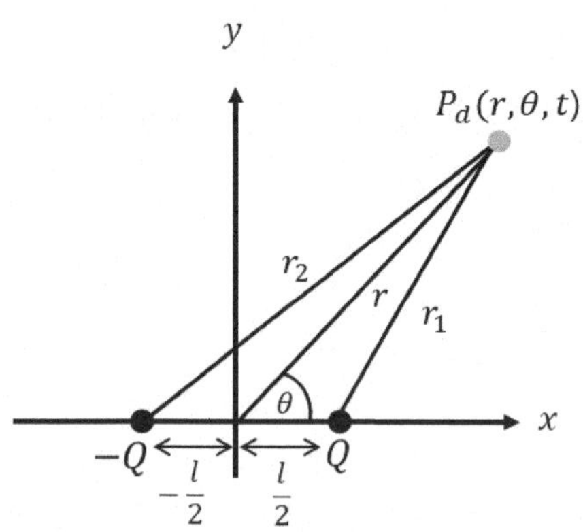

[그림 3.4] 이중음원으로부터 음의 방사

그림 3.4로부터 음원으로부터 수음점까지의 거리는 기하학적 관계로부터 계산할 수 있다.

◎ 음원의 중심에서 수음점까지의 거리

$$r = \sqrt{(rcos\theta)^2 + y^2} \tag{3.26}$$

◎ 각 음원에서 수음점까지의 거리

$$r_1^2 = y^2 + \left(rcos\theta - \frac{l}{2}\right)^2 \tag{3.27a}$$

$$r_2^2 = y^2 + \left(rcos\theta + \frac{l}{2}\right)^2 \tag{3.27b}$$

식(3.27)에 식(3.26)를 대입하면 각 음원에서 수음점까지의 거리를 계산할 수 있다.

$$r_1^2 = r^2 + \left(\frac{l}{2}\right)^2 - rlcos\theta = r^2\left\{1 - \frac{l}{r}cos\theta + \left(\frac{l}{2r}\right)^2\right\} \tag{3.28a}$$

$$r_2^2 = r^2 + \left(\frac{l}{2}\right)^2 + rlcos\theta = r^2\left\{1 + \frac{l}{r}cos\theta + \left(\frac{l}{2r}\right)^2\right\} \tag{3.28b}$$

만약, 수음점의 위치가 음원으로 멀리 떨어져 있으면($r \gg l$) 각 음원에서 수음점까지의 거리를 간단히 할 수 있다.

$$r_1 \approx r - \frac{lcos\theta}{2},\ r_1 \approx r + \frac{lcos\theta}{2} \tag{3.29}$$

식(3.29)를 식(3.25b)에 대입하면 음압을 구할 수 있다.

$$p_d(r,t) = \frac{j\rho ckQ}{4\pi r}e^{j(\omega t - kr)}\left(\frac{e^{jk\frac{lcos\theta}{2}}}{1 - \frac{lcos\theta}{2r}} - \frac{e^{jk\frac{-lcos\theta}{2}}}{1 + \frac{lcos\theta}{2r}}\right) \tag{3.30a}$$

$$p_d(r,t) = \frac{j\rho ckQ}{4\pi r}e^{j(\omega t - kr)}\frac{2jsin\left(\frac{klcos\theta}{2}\right) + \frac{lcos\theta}{r}cos\left(\frac{klcos\theta}{2}\right)}{1 - \frac{l^2cos^2\theta}{4\pi r^2}} \tag{3.30b}$$

음원의 간격이 음의 파장에 비해 매우 작고 ($l \ll \lambda$) 음의 파장에 비해 수음점까지의 거리가 매우 먼 경우($\lambda \ll r$)에는 다음과 같이 삼각함수에 대해서 근사적인 값으로 치환할 수 있다.

$$\frac{2\pi l}{\lambda} = kl \ll 1 \tag{3.31a}$$

$$sin\left(\frac{klcos\theta}{2}\right) = \frac{klcos\theta}{2} \tag{3.31b}$$

$$cos\left(\frac{klcos\theta}{2}\right) = 1 \tag{3.31c}$$

위와 같이 음원의 간격이 파장에 비해 매우 작고, 수음점의 위치가 매우 먼 거리에 위치한다면 다음과 같이 간단히 된다.

$$p_d(r,t) = \frac{j\rho ck}{4\pi r} Qe^{j(\omega t - kr)}\left(jkl + \frac{l}{r}\right)cos\theta \tag{3.32}$$

식(3.21)의 점음원의 음압을 대입하면 이중음원과 점음원을 비교 할 수 있다.

$$p_d(r,t) = p\left(jkl + \frac{l}{r}\right)cos\theta \tag{3.33}$$

식(3.33)에서 $\left(jkl + \frac{l}{r}\right)cos\theta$은 이중음원의 지향성을 나타내는 항이다.

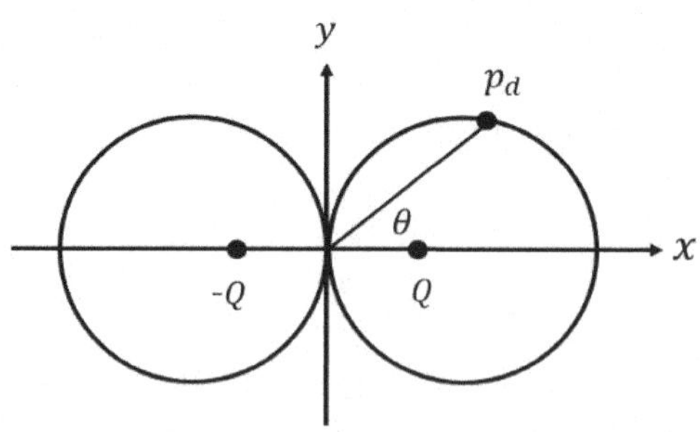

[그림 3.5] 이중음원에서 방사되는 음압의 진폭 형태($cos\theta$)

이중음원의 진폭은 절대치로서 음원으로부터 수음점까지의 거리와 음원사이의 거리로 표현된다.

$$P_d(r,t) = P\sqrt{(kl)^2 + \left(\frac{l}{r}\right)^2}\, cos\theta = P\sqrt{\left(\frac{2\pi l}{\lambda}\right)^2 + \left(\frac{l}{r}\right)^2}\, cos\theta \tag{3.34}$$

그림 3.5의 이중음원의 방사형태는 $P\sqrt{\left(\frac{2\pi l}{\lambda}\right)^2 + \left(\frac{l}{r}\right)^2}$ 진폭의 크기, $cos\theta$의 방사특성을 갖는다.

음의 간격보다 음원에서 수음점까지의 거리가 매우 먼 경우($r \gg l$)에 이중음원의 진폭은 식(3.34)에서 제곱근의 두 번째항을 무시 할 수 있다.

$$P_d(r,t) = Pklcos\theta = \frac{\rho c k^2 l}{4\pi r} Qcos\theta \tag{3.35}$$

또한, 원점으로부터 충분히 먼 거리에서 이중음원의 음향강도는 식(3.35)로부터 점음원의 음향강도를 이용하여 계산할 수 있다.

$$I_d = \frac{P_d^2}{2\rho c} = \frac{P^2}{2\rho}(klcos\theta)^2 = I\ (klcos\theta)^2 \tag{3.36}$$

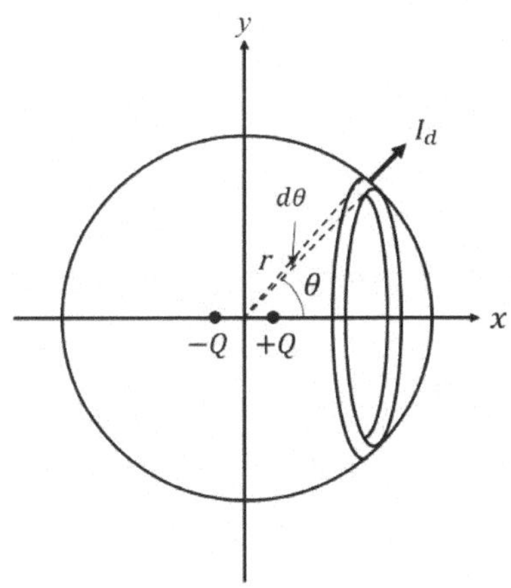

[그림 3.6] 이중음원에서 방사되는 음향파워

이중음원의 음압은 점음원의 진폭과 방향θ에 따라 그림 3.5와 같이 방사되며 음향강도는 그림 3.6과 같이 방사한다.

그림 3.6에서 각도 $d\theta$의 범위에서 x축을 반경 $rsin\theta$로 1회전하는 원형띠를 생각하면 원

형띠의 면적 $ds = 2\pi r^2 \sin\theta d\theta$과 음향강도로부터 음향파워를 계산할 수 있다.

$$W_d = I_d ds = \int_0^\pi I(klcos\theta)^2 2\pi r^2 sin\theta d\theta \tag{3.37a}$$

$$W_d = 4\pi r^2 I \frac{(kl)^2}{2} \int_o^\pi cos^2\theta\, sin\theta d\theta = W\frac{(kl)^2}{3} \tag{3.37b}$$

$$\frac{W_d}{W} = \frac{(kl)^2}{3} \tag{3.37c}$$

식(3.37c)에서 $kl < \sqrt{3}$ 인 경우에는 이중음원에서 방사되는 파워는 단음원의 음향파워 보다 작다. 위상이 180도 다른 점음원이 근접하게 위치한 경우 점음원 사이의 거리가 음의 반파장 보다 작으면 ($kl < 1$) 두 음원의 음향파워는 대부분 서로 상쇄되어 음이 방사되지 않는다. 그림 3.7은 이중음원과 점음원에서 방사되는 음향파워의 비에 대한 계산결과를 나타내고 있다.

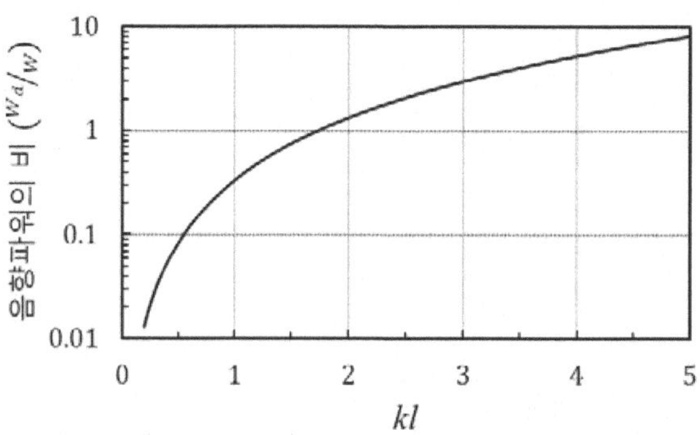

[그림 3.7] 이중음원과 점음원의 음향파워 비

결론적으로 이중음원은 각 음원의 위상이 반대이기 때문에 한쪽의 음원에서 유출된 공기를 반대편 음원이 흡입해서 전체적으로 대기 중으로 공기의 유출입이 어려워 음압의 방사가 억제된다.

3.2.3 가상음원

그림 3.8과 같이 무한 강벽 근처에 점음원이 존재할 경우 수음점의 음장은 음원으로부터 직접 수음점에 전달되는 음($S \rightarrow P$)과 음원에서 발생된 음이 강벽에 반사되어 수음점에 전달

되는 음($S \rightarrow R \rightarrow P$)이 중첩되어 형성된다.

점음원으로 부터 무한 강벽의 반사에 의해서 전파되는 간접음의 음원은 무한 강벽을 제거하고 강벽을 축으로 대칭되는 위치에 실제 점음원과 동일한 크기의 가상의 점음원을 설정할 수 있다. 이와 같이 점음원이 강벽 근처에 존재할 경우 수음점의 음은 음원과 가상음원에 의해서 형성 되기때문에 가상음원을 이용하여 벽면에서 반사되어 수음점에 도달하는 간접음을 고려할 수 있다.

가상음원의 강도와 위상은 벽면의 특성에 따라 변하지만, 강벽의 경우 벽면은 진동하지 않기 때문에 벽면에 대한 수직방향의 매질 입자속도는 변하지 않는다. 따라서, 음원과 가상음원의 강도와 위상은 동일하여 벽면에 입사하는 파와 반사파는 동위상이다. 그러나 벽면이 유연할 경우 벽면에 반사하는 음압의 위상이 변하기 때문에 벽면의 입사파와 반사파가 서로 상쇄되며 위상이 180도 변하면 벽면의 경계에서 음압은 존재하지 않는다.

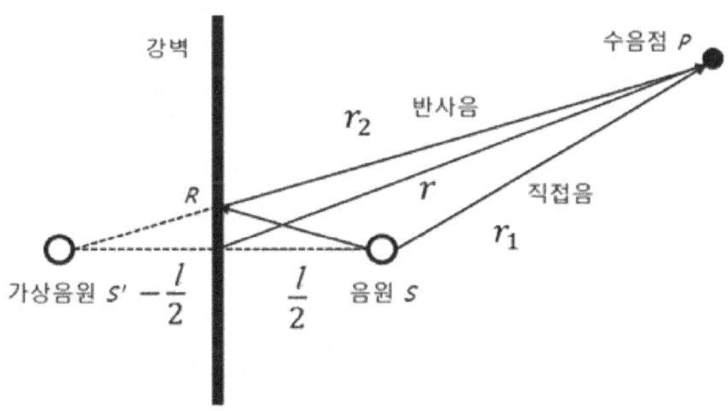

[그림 3.8] 가상음원

위와 같이 벽면 근처에 음원이 존재할 경우 가상원리에 따라 음장을 간단히 구할 수 있다. 그림 3.8과 같이 음원과 동일한 강도와 위상을 갖는 가상음원이 존재하면 직접음 p_d과 간접음 p_r의 음압은 음원과 수음점까지의 거리에 따라 계산된다.

$$p_d(r,t)= \frac{jk\rho c}{4\pi r_1} Qe^{j(\omega t - kr_1)} \tag{3.38a}$$

$$p_r(r,t)= \frac{jk\rho c}{4\pi r_2} Qe^{j(\omega t - kr_2)} \tag{3.38b}$$

따라서, 직접음과 간접음에 의한 음압 p_t은 다음과 같다.

$$p_t(r,t)=\frac{jk\rho c}{4\pi}Q\left(\frac{1}{r_1}e^{-jkr_1}+\frac{1}{r_2}e^{-jkr_2}\right)e^{j\omega t} \tag{3.39}$$

식(3.39)는 이중음원의 음압에 대한 식(3.25b)와 비교하면 두 점음원이 동위상을 갖는 이중음원이 된다. 이중음원에 대한 음원과 수음점까지의 거리는 식(3.29)과 동일하며, 이 식을 식(3.39)에 대입하면 식(3.40)을 구할 수 있다.

$$p_t(r,t)=\frac{j\rho ckQ}{4\pi}e^{j\omega t}\frac{e^{-jkr}}{r}\left(\frac{e^{jk\frac{lcos\theta}{2}}}{1-\frac{lcos\theta}{2r}}+\frac{e^{jk\frac{-lcos\theta}{2}}}{1+\frac{lcos\theta}{2r}}\right) \tag{3.40a}$$

$$p_t(r,t)=\frac{j\rho ckQ}{4\pi r}e^{j(\omega t-kr)}\frac{2cos\left(\frac{klcos\theta}{2}\right)+\frac{lcos\theta}{r}jsin\left(\frac{klcos\theta}{2}\right)}{1-\frac{l^2cos^2\theta}{4\pi r^2}} \tag{3.40b}$$

식(3.31)의 삼각함수 관계식을 식(3.40)에 대입하면 다음과 같이 간단히 된다.

$$p_t(r,t)=\frac{j\rho ckQ}{4\pi r}e^{j(\omega t-kr)}\left(2+\frac{kl^2}{4r}cos^2\theta\right) \tag{3.41}$$

음원이 벽면에 근접한 ($kl \ll 1$) 경우 식(3.41)의 괄호내 두번째 항을 무시할 수 있기 때문에 임의의 수음점에서의 음압은 점음원에 2배가 되고 음향파워는 4배가 된다.

$$p_t(r,t)=\frac{jk\rho c}{2\pi r}Qe^{j(\omega t-kr)} \tag{3.42a}$$

$$W_t=\frac{\rho ck^2}{2\pi}Q^2=4W \tag{3.42b}$$

3.2.4 선음원

선음원은 그림 3.9와 같이 얇고 긴 원통이 점음원과 동일하게 반경방향으로 진동하는 형태이다. 반경 a인 원통형 선음원으로부터 충분히 거리가 떨어진 위치에서의 음압을 생각하자.

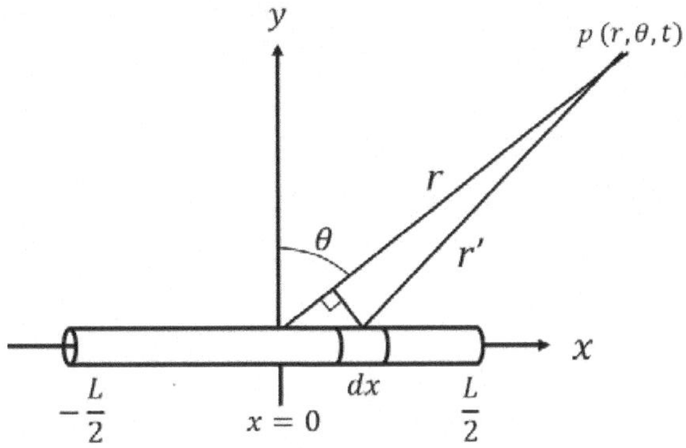

[그림 3.9] 원통형 선음원의 소음방사

원점으로부터 x방향으로 원통의 미소길이를 dx라 놓으면 미소길이 원통의 표면적은 $2\pi adx$가 되며 원통표면의 속도를 $u = U_o e^{j\omega t}$라 하면 미소면적의 체적속도의 진폭 dQ은 원통 표면의 속도진폭과 미소면적으로부터 계산된다.

$$dQ = U_o 2\pi adx \tag{3.43}$$

점음원의 음압에 대한 식(3.21)에 식(3.43)을 대입하면 원통의 미소면적 dx으로부터 방사되는 음압은 다음과 같다.

$$dp(r',\, t) = \frac{jk\rho c}{4\pi r'} U_o 2\pi adx e^{j(\omega t - kr')} \tag{3.44}$$

원통형 선음원에서 방사되는 전체 음압은 식(3.44)를 원통형 선음원의 길이에 대해서 적분을 하면 얻을 수 있다.

$$p(r',\, t) = \frac{1}{2} j\rho cka U_o \int_{-L/2}^{L/2} \frac{1}{r'} e^{j(\omega t - kr')} dx \tag{3.45}$$

원통형 선음원의 원점과 미소면적으로부터 수음점까지의 거리에 대한 관계식 $r' = r - sin\theta x$을 식(3.45)에 대입하면 변수 $r,\, \theta$에 대한 음압을 구할 수 있다. 그러나, 식(3.45)의 분모에 r'에 대한 이 관계식을 대입하면 매우 복잡하게 되기 때문에 원거리 음장 $(r \gg L)$이라고 가정하면 $r' \approx r$로 생각해도 계산결과에 대한 오차는 매우 작다. 그러나 지수항은 $kL \geq 1$인 경우에도 θ에 영향을 미치기 때문에 $r' = r - sin\theta x$의 관계식을 대입한다.

$$p(r, \theta, t) = \frac{1}{2} j\rho ck \frac{a}{r} U_o e^{j(\omega t - kr)} \int_{-L/2}^{L/2} e^{jksin\theta x} dx \tag{3.46a}$$

$$p(r,\theta,t) = \frac{1}{2} j\rho ckL \frac{a}{r} U_o \left[\frac{sin\left(\frac{kL}{2} sin\theta\right)}{\left(\frac{kL}{2} sin\theta\right)} \right] e^{j(\omega t - kr)} \tag{3.46b}$$

식(3.46)에서 음압에 대한 음의 지향성을 나타내는 축 방향 음압 $P_{ax}(r)$과 지향성 계수 $H(\theta)$를 이용하여 표현하면 다음과 같다.

$$P(r,\theta) = P_{ax}(r) H(\theta) \tag{3.47a}$$

$$P_{ax}(r) = \frac{1}{2} \rho c U_o \frac{a}{r} \kappa L \tag{3.47b}$$

$$H(\theta) = \left| \frac{sin\left(\frac{1}{2} \kappa L sin\theta\right)}{\left(\frac{1}{2} \kappa L sin\theta\right)} \right| \tag{3.47c}$$

식(3.47)에서 음압의 크기는 수음점까지의 거리와 각도에 의존하는 것을 알 수 있으며, 거리에 반비례한다.

그림 3.10은 지향성 계수와 $\left(\frac{1}{2}\kappa L sin\theta\right)$의 관계에 대한 계산결과이다. $\frac{1}{2}\kappa L sin\theta = 3.14$, $6.28, 9.42, 12.56, 15.7 \cdots$에서 식(3.47)의 지향성 계수가 0이 되기때문에 음압은 0이 된다. 그림 3.10으로부터 $\frac{1}{2}\kappa L sin\theta < 3.14$의 영역에서는 음압이 0이 되는 방향이 존재하지 않으며, $\frac{1}{2}\kappa L sin\theta > 3.14$의 영역에서는 음압이 0이 되는 방향이 다수 존재한다.

음압이 0가 되는 방향은 $sin\theta = \frac{2(3.14)}{\kappa L}, \frac{2(6.28)}{\kappa L}, \frac{2(9.42)}{\kappa L} \cdots$으로부터 정해지며, κL값에 따라 방향의 개수가 정해진다. $\frac{kL}{2} \langle 3.14$의 경우 $sin\theta = \frac{2(3.14)}{\kappa L} > 1$이 되어 음압이 0가 되는 방향이 존재하지 않는다. 그러나 $\frac{kL}{2} \gg 3.14$의 경우 $sin\theta = \frac{2(3.14)}{\kappa L}$,

$\frac{2(6.28)}{\kappa L}$, $\frac{2(9.42)}{\kappa L}$,$\cdots$ 〈 1을 만족하는 $\frac{1}{2}\kappa L sin\theta$의 값에 대해서 음압이 0가 되는 방향이 존재한다. 예를 들어 $\kappa L = 2\times 3.14$이면 한 개의 방향, $\kappa L = 2\times 15.7$이면 5개의 방향이 존재한다.

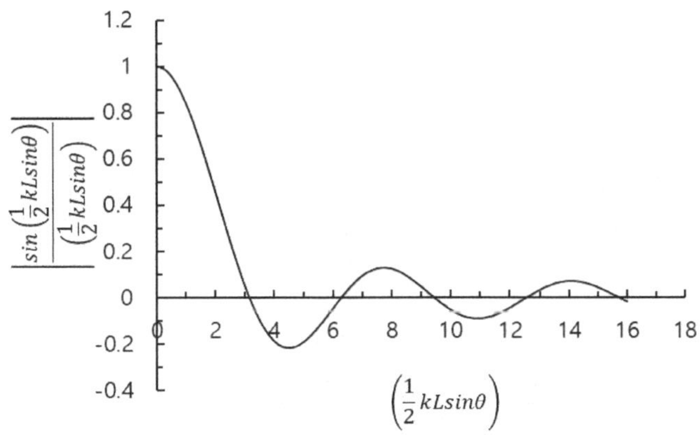

[그림 3.10] 지향성 계수

식(3.46)으로부터 $\theta = 0$일때 음압이 최대가 되며 $kL = \frac{2\pi f L}{c}$의 관계로부터 주파수가 증가할수록 음압의 진폭이 증가한다.

음향강도는 음압의 관계로부터 식(3.46)에 체적속도의 진폭 $Q = 2\pi a L U_o$을 대입하면 구할 수 있다.

$$I = \frac{P^2}{2\rho c} = \frac{\rho c k^2}{32\pi^2 r^2} Q^2 \left[\frac{sin\left(\frac{kL}{2} sin\theta\right)}{\left(\frac{kL}{2} sin\theta\right)} \right]^2 \qquad (3.48)$$

식(3.48)에 원통형 선음원의 표면을 곱하면 방사되는 음향파워를 구할 수 있다.

$$W = 2\pi a L \ I = \frac{\rho c k^2 a L}{16\pi r^2} Q^2 \left[\frac{sin\left(\frac{kL}{2} sin\theta\right)}{\left(\frac{kL}{2} sin\theta\right)} \right]^2 \qquad (3.49)$$

3.2.5 점음원 배열

직선 혹은 평면과 같은 면적에서 방사되는 음압은 여러 점음원이 일정하거나 혹은 불규칙적으로 배열된 형태로 해석할 수 있다. 즉 철도 차량은 점음원이 일정 간격으로 배열된 형태 또는 매우 커다란 벽 내에 수많은 점음원이 존재하는 형태로 생각할 수 있다.

[그림 3.11] 강벽 내 점음원에 대한 음의 방사형태

점음원은 구면파로 벽을 중심으로 대칭형태의 음이 방사되지만, 수음점은 점음원의 한쪽 면에 위치한 경우가 많다. 따라서 그림 3.11과 같이 점음원의 한쪽 면에서만 음압이 방사되는 것으로 생각하자.

음원에서부터 r만큼 떨어진 거리에서 한쪽 면에 대한 음압은 식(3.21)에서 다음과 같이 구해진다.

$$p(r,t) = j\omega\rho\frac{q}{2\pi r}e^{j(\omega t - kr)} \tag{3.50}$$

식(3.50)에서 $q = SU_0$는 체적속도의 진폭이고 음원의 강도를 나타내며 이 음원으로부터 방사되는 음향파워는 음압과 속도로부터 계산된다.

$$W = \frac{1}{2}\int_s pv^* ds = \frac{1}{2\rho c}\int_s pp^* ds = \frac{1}{2\rho c}\left(\omega\rho\frac{q}{2\pi r}\right)^2 2\pi r^2 = \rho c\frac{k^2q^2}{4\pi} \tag{3.51}$$

만약에 다수의 음원이 배열되어 있는 경우라면 임의의 수음점에서 각각의 음원으로부터 방사된 음압의 총 음압이 된다.

그림 3.12와 같이 각각의 음원이 $r_1, r_2, \cdots r_n$ 만큼 떨어져 있을 경우에 대한 각 음원의

음압은 식(3.52)으로부터 계산할 수 있다.

$$p(r,t) = \frac{j\omega\rho}{2\pi}e^{j\omega t}\left[\frac{q_1}{r_1}e^{-j\kappa r_1} + \frac{q_2}{r_2}e^{-j\kappa r_2} + \cdots + \frac{q_n}{r_n}e^{-j\kappa r_n} + \cdots\right]$$
$$= \frac{j\omega\rho}{2\pi}\sum_{i=1}^{n}\frac{q_i}{r_i}e^{j(\omega t - kr_i)} \quad (3.52)$$

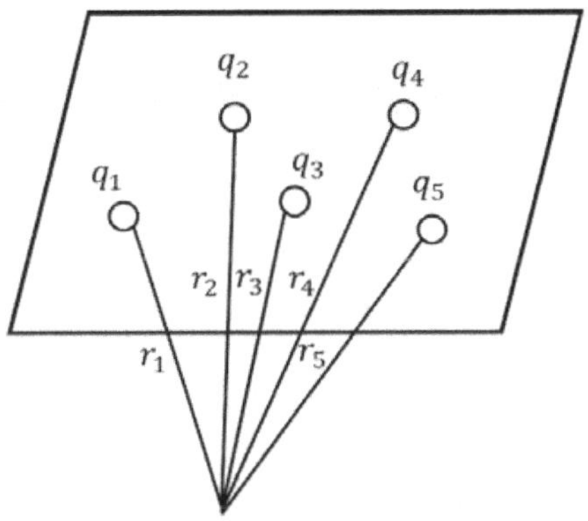

[그림 3.12] 다수의 점음원에서부터 수음점까지의 거리

식(3.52)을 이용해서 연속적인 음원 분포를 갖는 평면으로부터 방사되는 음압에 대해서 생각해 보자. 만약, 작은 요소면적 ds가 속도 $u = U_0 e^{i\omega t}$로 진동하면 음원의 강도는 $dq = U_0 ds$이다. 따라서, 전체의 음원의 표면 S에서 방사되는 음압은 ds에 대해서 적분하면 된다.

$$p(r,t) = \frac{j\omega\rho}{2\pi}\int_s \frac{U_0 e^{j(\omega t - kr)}}{r}ds \quad (3.53)$$

식(3.53)에서 음원의 표면 위에 대한 각각의 점에서부터 수음점까지의 거리r를 정확히 계산하는 것은 매우 복잡하기 때문에 r이 상당히 먼 거리에 있다고 가정하여 수음점에서부터 음원 표면의 중앙점까지의 거리 R를 대입하면 식(3.53)으로 간단히 표현할 수 있다.

$$p(r,t) = \frac{j\omega\rho}{2\pi R}\int_s U_0 e^{j(\omega t - kr)}ds \quad (3.54)$$

식(3.54)는 점음원의 합으로도 계산할 수도 있다.

$$p(r,t)=\frac{j\omega\rho}{2\pi R}\sum_{i=1}^{n} q_i e^{j(\omega t-kr_i)} \tag{3.55}$$

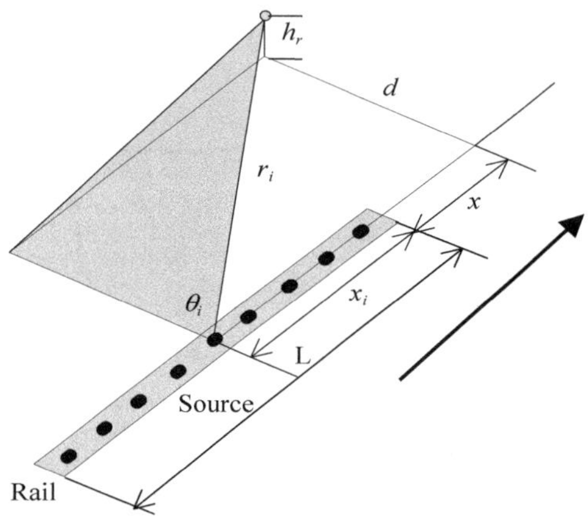

[그림 3.13] 철도차량 점음원 배열 모델

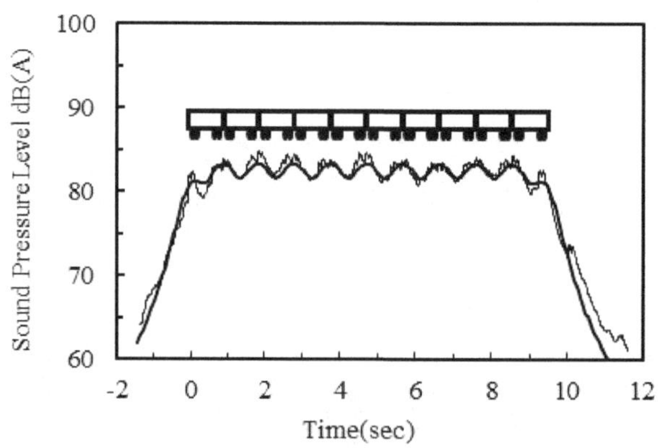

(굵은 실선 : 측정결과, 얇은 실선 : 계산결과)

[그림 3.14] 철도차량에서 방사되는 소음

점음원 배열에 대한 예로 그림 3.13과 같은 철도차량의 소음모델을 생각할 수 있다. 최고 속도 약100km/로 운행되는 전동차의 주 소음원은 차륜과 레일의 접촉에 의해서 발생되는 전동소음이다. 이 전동차를 그림 3.13과 같이 차륜의 위치를 소음원으로 설정하면, 규칙적으로 소음원이 배열된 상태로 모델링할 수 있다. 철도차량에서 일정한 거리만큼 떨어진 수음점의 음압은 식(3.52)로부터 계산할 수 있으며, 점음원의 강도를 측정치로부터 예측하여 대입한 후 점음원 지향성(전동소음의 지향성: $cos^2\theta$)을 곱하면 된다. 그림 3.14는 철도차량으로부터 약 13m떨어진 지점에 대한 소음의 측정 및 계산결과이다.

3.3 원형피스톤

3.3.1 음압과 음향파워

무한 강벽 내의 반경a의 원형판이 강벽에 수직한 방향으로 진동하는 경우 공간 내 임의의 수음점에 대한 음압을 계산한다.

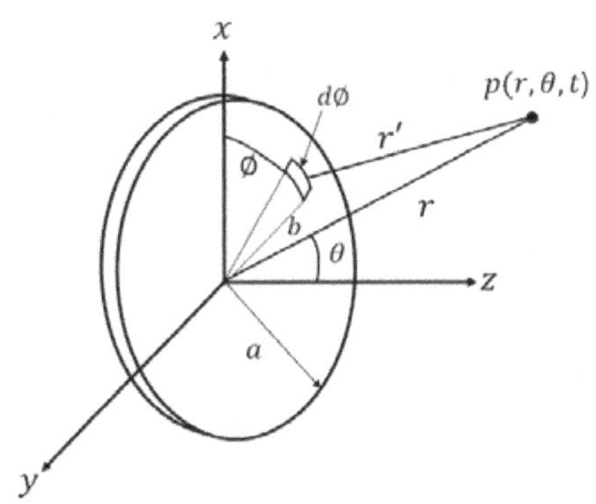

[그림 3.15] 원형피스톤에서 방사되는 음압

그림 3.15과 같이 원형피스톤의 진동에 의해서 음이 방사될 경우 공간 내 수음점의 음압을 $p(r,\theta,t)$, 원형피스톤의 속도을 $u(t)= U_o e^{j\omega t}$, 원형피스톤상의 미소면적을 $ds = bd\phi db$라고 하고, 미소면적 ds을 음원이라고 하면 체적속도의 진폭 dQ은 다음과 같다.

$$dQ = U_o ds = U_o bd\phi db \tag{3.56}$$

원형피스톤의 미소면적으로부터 방사되는 음압은 식(3.50)에 음원의 강도 dQ를 대입하면 구할 수 있다.

$$dp(r,t) = \frac{j\rho ck}{2\pi r'} dQ e^{j(\omega t - kr')} \tag{3.57}$$

일반적으로 원형피스톤의 크기보다 수음점까지의 거리가 매우 멀기 때문에 조건 $r, r' \gg a > b$을 만족한다.

미소음원 ds에서부터 수음점까지의 거리는 그림 3.15의 기하학적 관계로부터 식(3.58)과 같이 구할 수 있다.

$$r' = \sqrt{r^2 + b^2 - 2rbsin\theta cos\phi} \tag{3.58a}$$

$$r' \approx r - bsin\theta cos\phi \tag{3.58b}$$

일반적으로 원형피스톤에서부터 수음점까지의 거리가 매우 멀기 때문에 원형피스톤의 원점과 미소음원에서부터 수음점까지의 거리가 동일한 것으로 생각할 수 있다($r' \approx r$). 따라서 식(3.57)의 분모항에 이 조건을 적용할 수 있지만, 분자의 지수항은 $bsin\theta cos\phi \ll 1$조건 이외에는 음압의 위상차가 발생하기 때문에 분모항에서 $sin\theta cos\phi$를 무시할 수 없다.

$$dp(r,t) = \frac{j\rho ck}{2\pi r} U_o e^{j(\omega t - kr)} e^{jkbsin\theta cos\phi} ds \tag{3.59}$$

식(3.59)에 원형피스톤의 미소면적을 대입하고 표면에 대해서 적분을 한다.

$$p(r,t) = \frac{j\rho ck}{2\pi r} U_o e^{j(\omega t - kr)} \int_0^a bdb \int_0^{2\pi} e^{jkbsin\theta cos\phi} d\phi \tag{3.60}$$

식(3.60)의 마지막 항의 적분은 베셀함수를 이용하여 계산한다. 베셀함수는 다음과 같이 정의된다.

$$J_m(x) = \frac{(-1)^m}{2\pi} \int_0^{2\pi} e^{jxcos\phi} cosm\phi d\phi, \quad m = 0,\ x = kbsin\theta \tag{3.61}$$

따라서, 식(3.60)의 마지막 적분항은 식(3.61)을 이용하면 베셀함수로 표현된다.

$$\int_0^{2\pi} e^{jkbsin\theta cos\phi} d\phi = 2\pi J_o(kbsin\theta) \tag{3.62}$$

그리고 식(3.62)를 식(3.60)에 대입한 후 제1종 0차 베셀함수 J_o와 제1종 1차 베셀함수 J_1의 관계 $\int xJ_o(x) = xJ_1(x)$을 이용하면 제1종 1차 베셀함수로 나타낼 수 있다.

$$2\pi \int_0^a bJ_o(kbsin\theta)db = 2\pi a^2 \frac{J_1(kasin\theta)}{kasin\theta} \tag{3.63}$$

따라서, 원형피스톤에서 방사되는 음압은 제1종 1차 베셀함수 J_1로 표현된다.

$$p(r,\theta,t) = \frac{j\rho cka^2}{2r} U_o \frac{2J_1(kasin\theta)}{kasin\theta} e^{j(\omega t - kr)} \tag{3.64}$$

그림 3.15에서 전체의 원형피스톤을 점음원으로 생각하여 음원의 강도로 표현할 수 있다.

$$Q_p = \pi a^2 U_o \tag{3.65}$$

식(3.65)을 식(3.64)에 대입하여 원형피스톤으로부터 방사되는 음압을 음원의 강도로 표현할 수 있다.

$$p(r,\theta,t) = \frac{j\rho ck}{2\pi r} Q_p \frac{2J_1(kasin\theta)}{kasin\theta} e^{j(\omega t - kr)} \tag{3.66}$$

또한, 식(3.66)에서 음압의 진폭을 축 방향 음압 $P_{ax}(r)$과 지향성 계수$H(\theta)$를 이용하여 나타낼 수 있다.

$$P(r,\theta) = \frac{\rho ck}{2\pi r} Q_p \left| \frac{2J_1(kasin\theta)}{kasin\theta} \right| \tag{3.67a}$$

$$P(r,\theta) = P_{ax}(r)H(\theta) \tag{3.67b}$$

$$P_{ax}(r)=\frac{\rho ck}{2\pi r}Q_p,\ H(\theta)=\left|\frac{2J_1(kasin\theta)}{kasin\theta}\right| \tag{3.67c}$$

원형피스톤에 의한 음압은 점음원에서 방사되는 음압과 비교하면 각도 θ에 대해서 $2\frac{J_1(kasin\theta)}{kasin\theta}$만큼 다르다. 즉 음압은 중심축 z에 대한 각도 θ에 의존한다.

그림 3.16은 $kasin\theta$에 대한 지향성 계수의 계산결과이다. $kasin\theta=3.83, 7.02, 10.15, 13.31, 16.48\cdots$에서 음압이 0이 되며, $kasin\theta < 3.83$의 영역에서는 음압이 0가 되는 방향은 존재하지 않지만, $kasin\theta \gg 3.83$의 영역에서는 음압이 0가 되는 방향은 다수 존재한다.

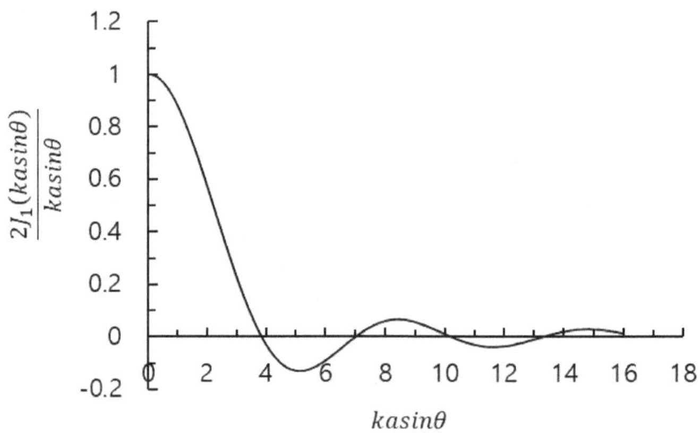

[그림 3.16] 함수 값

음압이 0가 되는 방향은 $sin\theta=\frac{3.83}{\kappa a},\frac{3.83}{\kappa a},\frac{7.02}{\kappa a},\cdots$이기 때문에 κa값에 따라 음압이 0가 되는 방향이 정해진다. 만약 $\kappa a < 3.83$의 경우에는 $sin\theta=\frac{3.83}{\kappa a}>1$ 이 되어 음압이 0가 되는 방향이 존재하지 않는다. 그러나 $\kappa a \gg 3.83$의 경우에는 $sin\theta=\frac{3.83}{\kappa a},\cdots<1$을 만족하는 $kasin\theta$의 값에 대해서 음압이 0가 되는 방향이 다수 존재한다. 예를 들어 $\kappa a=3.83$이면 한 개의 방향, $\kappa L=16.48$이면 5개의 방향이 존재한다.

만약 원형피스톤의 반경 a과 $Q_p=\pi a^2 U_o$가 일정하면 음압의 진폭은 식(3.66)으로부터 지향성 계수에 의해서 정해지며 $\theta=0$인 위치에서 최대음압이 방사되며, $ka=\frac{2\pi fa}{c}$의 관계로부터 ka가 증가할수록 주파수가 증가하기 때문에 최대음압의 진폭도 점차 증가한다.

음향강도는 음압과의 관계식에 식(3.67a)을 대입하면 구할 수 있다.

$$I=\frac{P^2}{2\rho c}=\frac{\rho c k^2}{8(\pi r)^2}Q_p{}^2\left|\frac{2J_1(kasin\theta)}{kasin\theta}\right|^2 \tag{3.68}$$

z축 $(\theta=0)$의 경우 $\frac{2J_1(kasin\theta)}{kasin\theta}=1$ 이므로 음압의 진폭 P_o과 음향강도 I_o는 다음과 같다.

$$P_o=\frac{\rho ck}{2\pi r}Q_p \tag{3.69a}$$

$$I_o=\frac{\rho ck^2}{8(\pi r)^2}Q_p{}^2 \tag{3.69b}$$

음향강도에 대한 방사면적은 그림 3.6와 같이 원형피스톤 위의 미소면적 $ds=2\pi r^2 sin\theta d\theta$에 대한 적분범위는 x에 대해서 양의 방향으로 음이 방사되기 때문에 $0 \le \theta \le \frac{\pi}{2}$이 된다. 따라서 식(3.68)을 이 구간에 대해서 적분하면 음향파워를 계산할 수 있다.

$$W=\int_0^{\frac{\pi}{2}} Ids=\int_0^{\frac{\pi}{2}}\frac{\rho ck^2}{8(\pi r)^2}Q_p{}^2\left|\frac{2J_1(kasin\theta)}{kasin\theta}\right|^2 2\pi r^2 sin\theta d\theta \tag{3.70a}$$

$$W=\frac{4\pi r^2 I_o}{(ka)^2}\left|1-\frac{2J_1(ka)}{2ka}\right| \tag{3.70b}$$

3.3.2 방사임피던스

구조물의 방사임피던스는 구조물 표면의 속도와 구조물이 매질입자로부터 받는 힘의 비로 정의된다. 힘의 원리에 의해서 매질입자가 구조물에 작용하는 힘은 구조물이 매질입자에 작용하는 힘과 동일하기 때문에 구조물에 의해서 매질입자에 작용하는 힘을 계산할 수 있으면, 원형피스톤의 방사임피던스를 계산할 수 있다.

가. 공기가 원형피스톤에 작용하는 힘

그림 3.15와 같이 원형피스톤의 운동에 의해서 표면에 음압이 발생하면 이 음압에 의해서 공기로부터 힘이 원형피스톤의 표면에 작용한다.

원형피스톤을 진동 시키기 위해서는 공기가 원형피스톤에 의한 일을 해야 하기 때문에 원형피스톤으로부터 식(3.70)과 같은 음향파워가 공기에 공급되어야 한다.

그림 3.17과 같이 원형피스톤의 표면 위에 2개의 미소면적 dS, dS'가 존재하고, 음의 파장보다 dS의 크기가 매우 작은 $ds \ll \lambda$, 미소면적 dS을 점음원으로 생각하자.

이 경우 dS는 음원 미소면적, dS'는 수음 미소면적으로 설정할 수 있다. 음원 미소면적이 체적속도 $uds = U_o e^{j\omega t} ds = dQ e^{j\omega t}$로 진동하면 음원 미소면적으로부터 r만큼 떨어진 지점의 수음 미소면적에 음압이 식(3.71)과 같이 발생한다.

$$dp(r,t) = \frac{j\rho\omega}{2\pi} U_o ds\, e^{j(\omega t - kr)} \tag{3.71}$$

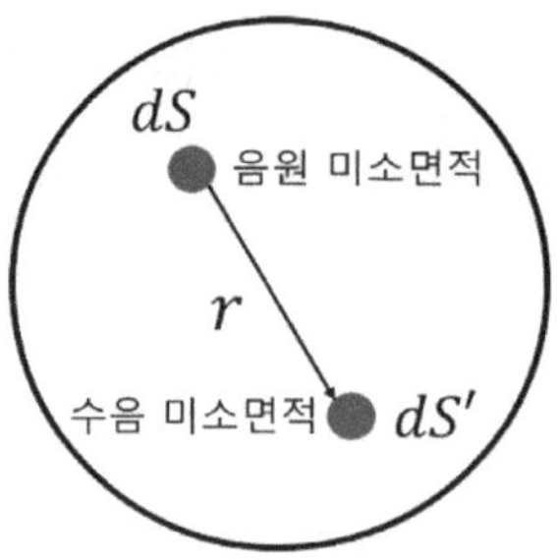

[그림 3.17] 원형피스톤위의 음원과 수음 미소면적

그리고 식(3.71)을 dS에 대해서 적분하면 원형피스톤으로부터 방사되는 음압을 구할 수 있다.

$$p(r,t) = \frac{j\rho\omega}{2\pi} U_o e^{j\omega t} \int_S \frac{1}{r} e^{-jkr} ds \tag{3.72}$$

원형피스톤 표면에서 방사되는 음압에 의해서 공기가 원형피스톤에 작용하는 힘은 식(3.72)에서 수음 미소면적 dS'를 원형피스톤 표면에 대해서 적분하면 된다.

$$F = \int pds' = \frac{j\rho\omega}{2\pi} U_o\ e^{j\omega t} \int ds' \int_S \frac{1}{r} e^{-jkr} ds \tag{3.73}$$

식(3.73)의 원형피스톤 표면에 작용하는 힘은 음원 미소면적과 수음 미소면적에 대한 원형피스톤 표면상의 이중적분으로부터 구해진다.

이 이중적분에서 음원 미소면적이 수음 미소면적에 작용하는 힘과 수음 미소면적이 음원 미소면적에 작용하는 힘의 합이 되며, 상반관계에 의해서 두 힘은 서로 동일하다.

이중적분의 계산은 매우 복잡하므로 음원 미소면적과 수음 미소면적사이의 힘을 한번만 계산한 후, 계산결과를 2배하면 이중적분 값과 동일하게 된다.

이 적분은 그림 3.18과 같이 원형피스톤의 중심에서 수음 미소면적까지의 반경b을 갖는 원내에 음원 미소면적이 존재하는 경우 음원 미소면적에 대한 적분을 하면 음원 미소면적이 수음 미소면적에 작용하는 힘을 계산할 수 있다.

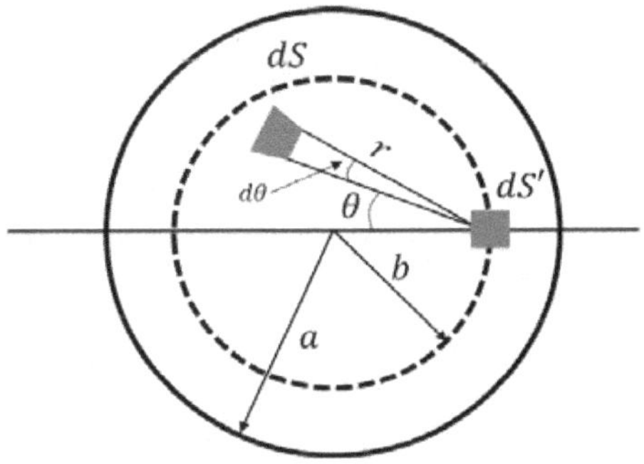

[그림 3.18] 음원과 수음 미소면적의 적분관계

그림 3.18에서 원통 피스톤 표면의 원내에서 수음 미소면적에서부터 음원 미소면적까지의 거리는 $0 \le r \le 2bcos\theta$가 되며, 음원 미소면적은 $ds = rd\theta dr$이 된다. 따라서 θ의 적분구간을 $-\frac{\pi}{2} \le \theta \le \frac{\pi}{2}$까지 설정하면 음원의 전체면적이 된다.

식(3.73)에서 음원의 미소면적에 대한 적분은 다음과 같다.

$$\int_S \frac{1}{r} e^{-jkr} ds = \int_{-\frac{\pi}{2}}^{\frac{\pi}{2}} d\theta \int_0^{2bcos\theta} e^{-jkr} dr \tag{3.74a}$$

$$\begin{aligned} 2\int_0^{\frac{\pi}{2}} d\theta \int_0^{2bcos\theta} e^{-jkr} dr &= -\frac{2}{jk}\int_0^{\frac{\pi}{2}} (e^{-2jkbcos\theta} \quad 1) d\theta \\ &= \frac{\pi}{jk} + \frac{2j}{k}\int_0^{\frac{\pi}{2}} e^{-2jkbcos\theta} d\theta \end{aligned} \tag{3.74b}$$

식(3.74b)의 적분항은 테일러 급수로 전개할 수 있다.

$$\int_0^{\frac{\pi}{2}} e^{-2jkbcos\theta} d\theta = \frac{\pi}{2}\left[1-\frac{(2kb)^2}{2^2}+\frac{(2kb)^4}{2^2 \cdot 4^2}-\frac{(2kb)^6}{2^2 \cdot 4^2 \cdot 6^2}+\cdots\right]$$
$$-j\left[2kb-\frac{(2kb)^3}{1^2 \cdot 3^2}+\frac{(2kb)^5}{1^2 \cdot 3^2 \cdot 5^2}-\cdots\right] \qquad (3.75)$$

식(3.75)의 첫번째 괄호는 제1종 0차 베셀함수 $J_0(2kb)$이고, 두번째 괄호는 0차 스트루브(Struve) $H_0(2kb)$함수를 나타낸다.

$$\frac{\pi}{2} H_0(2kb)=\left(2kb-\frac{(2kb)^3}{1^2 \cdot 3^2}+\frac{(2kb)^5}{1^2 \cdot 3^2 \cdot 5^2}-\cdots\right) \qquad (3.76)$$

따라서, 식(3.74b)와 식(3.75)은 베셀함수와 스트루브함수를 이용하여 표현할 수 있다.

$$\int_0^{\frac{\pi}{2}} e^{-2jkbcos\theta} d\theta = \frac{\pi}{2}\left[J_0(2kb)-jH_0(2kb)\right] \qquad (3.77a)$$

$$\frac{\pi}{jk}+\frac{2j}{k}\int_0^{\frac{\pi}{2}} e^{-2jkbcos\theta} d\theta = \frac{\pi}{k}\left[\ H_0(2kb)-j\ (1-J_0(2kb))\right] \qquad (3.77b)$$

식(3.73)의 첫번째 적분항에 식(3.74b)을 대입하고 두번째 적분항에 대해서는 음원 미소면적 $d\acute{s}=2\pi b db$을 대입한 후, 적분구간은 $0 \le b \le a$에 대해서 수행한다.

$$F=\frac{j\rho\omega}{\pi} U_o\ e^{j\omega t}\int_0^a 2\pi b \cdot \frac{\pi}{k}\left[\ H_0(2kb)-j\ (1-J_0(2kb))\right] db \qquad (3.78)$$

식(3.78)에서 베셀함수와 스트루브함수는 적분공식 $\int J_0(x)\,x dx = xJ_1(x)$, $\int H(x)\,x dx = H_1(x)$을 사용하면 제1종 1차 베셀함수 $J_1(x)$와 1차 스트루브함수 $H_1(x)$로 표현된다.

$$F=j\rho\omega\pi U_o e^{j\omega t}\left[\frac{1}{2k^3} H_1(2ka)-j\frac{a^2}{k}\left(1-\frac{J_1(2ka)}{ka}\right)\right] \qquad (3.79a)$$

$$F = U_o e^{j\omega t}\left[\rho c\pi a^2\left(1-\frac{J_1(2ka)}{ka}\right)+j\frac{\omega\rho\pi}{2k^3}H_1(2ka)\right] \tag{3.79b}$$

식(3.79)로 방사임피던스 Z_r을 계산할 수 있다.

$$Z_r = \frac{F}{U_o\ e^{j\omega t}} = \rho c\pi a^2\left(1-\frac{J_1(2ka)}{ka}\right)+\frac{j\omega\rho\pi}{2k^3}H_1(2ka) \tag{3.80a}$$

$$\begin{aligned} Z_r &= \rho c\pi a^2\left\{\left(1-\frac{J_1(2ka)}{ka}\right)+j\frac{2H_1(2ka)}{(2ka)^2}\right\} \\ &= \rho c\pi a^2\{R_1(2ka)+jX_1(2ka)\} = R_r + X_r \end{aligned} \tag{3.80b}$$

식(3.80b)의 방사임피던스에서 R_r은 방사저항(resistance), X_r은 방사질량(reactance) 이며, 그림 3.19는 방사저항의 베셀함수와 방사질량의 스트르브함수이다.

식(3.80a)의 제1종 1차 베셀함수와 1차 스트르브함수를 급수로 전개한 후, 파장과 원형피스톤의 크기에 따라 구분해서 정리하면 다음과 같다.

$$J_1(2ka) = \frac{1}{2}(2ka)\left[1-\frac{1}{2\cdot 2^2}(2ka)^2+\frac{1}{2\cdot 4^2\cdot 6}(2ka)^4-\cdots\right] \tag{3.81a}$$

$$1-\frac{J_1(2ka)}{ka} = \left[\frac{1}{2\cdot 2^2}(2ka)^2-\frac{1}{2\cdot 4^2\cdot 6}(2ka)^4+\frac{1}{2\cdot 4^2\cdot 6^2\cdot 8}(2ka)^6-\cdots\right] \tag{3.81b}$$

$$H_1(2ka) = \frac{2}{\pi}\left[\frac{1}{3}(2ka)^3-\frac{1}{3^2\cdot 5}(2ka)^5+\frac{1}{3^2\cdot 5^2\cdot 7}(2ka)^7-\cdots\right] \tag{3.81c}$$

$$\frac{2H_1(2ka)}{(2ka)^2} = \frac{4}{\pi}\left[\frac{1}{3}(2ka)-\frac{1}{3^2\cdot 5}(2ka)^3+\frac{1}{3^2\cdot 5^2\cdot 7}(2ka)^5-\cdots\right] \tag{3.81d}$$

식(3.81)에서 $2ka \gg 1$일 경우 베셀함수와 스트르브함수는 다음과 같이 된다.

$$\frac{J_1(2ka)}{ka} = 0 \tag{3.82a}$$

$$H_1(2ka) = \frac{2(2ka)}{\pi} \tag{3.82b}$$

그리고, $2ka\langle 1$일 경우에는 식(3.81)에서 고차항을 무시하면 된다. 따라서 원형피스톤의 크기와 파장정수에 따라 고주파수 영역과 저주파수 영역으로 구분하면 방사임피던스는 다음과 같이 근사적인 값을 갖는다.

$$2ka < 1,\, Z_r = \rho c \pi a^2 \left\{ \frac{(2ka)^2}{8} + j\frac{4(2ka)}{3\pi} \right\} \tag{3.83a}$$

$$2ka \gg 1,\, Z_r = \rho c \pi a^2 \left\{ 1 + j\frac{4}{\pi(2ka)} \right\} \tag{3.83b}$$

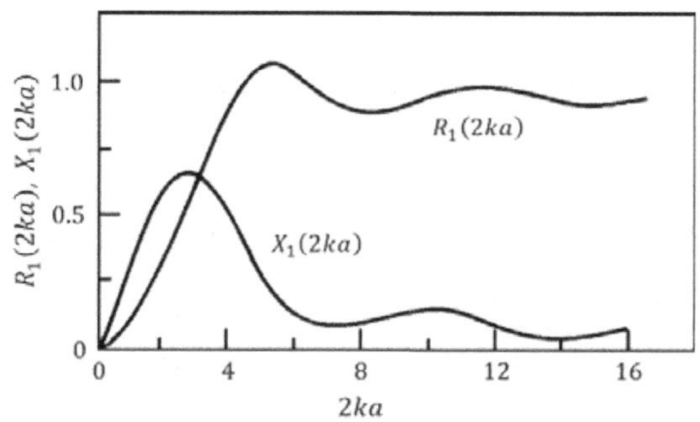

[그림 3.19] 방사임피던스의 $R_1(2ka)$, $X_1(2ka)$

나. 원형피스톤의 방사임피던스

강벽 내 원형피스톤은 공기저항을 받는 진동계로 생각할 수 있다. 따라서, 방사임피던스는 그림 3.20과 같이 원형피스톤에 스프링 k과 감쇠기C_v가 부착된 1차원 진동계로 모델화 하여 외력과 공기가 작용하는 힘에 대한 기계임피던스로부터 계산할 수 있다.

원형피스톤이 외력$F_o\, e^{j\omega t}$에 의해서 $u(t)= U_o e^{j\omega t}$ 속도로 진동을 하면, 그림 3.20의 진동계의 운동방정식은 다음과 같다.

$$m\ddot{\xi} + C_v\dot{\xi} + k\xi = F_o e^{j\omega t} - F \tag{3.84}$$

공기가 원형피스톤에 작용하는 힘$F= Z_r U_o\, e^{j\omega t}$을 방사임피던스와 원형피스톤의 속도로 표현한 후, 식(3.84)에 대입하면 원형피스톤의 속도를 구할 수 있다.

$$\left(j\omega m + C_v - j\frac{k}{\omega} + Z_r\right) U_o\, e^{j\omega t} = F_o\, e^{j\omega t} \tag{3.85a}$$

$$U_o = \frac{F_o}{C_v + j\left(\omega m - \frac{k}{\omega}\right) + Z_r} = \frac{F_o}{C_v + R_r + j\omega\left(m + \frac{X_r}{\omega} - \frac{k}{\omega^2}\right)} \tag{3.85b}$$

식(3.85b)에서 방사임피던스에 의해서 추가적인 저항 R_r과 질량 $\frac{X_r}{\omega}$이 발생하는 것을 알 수 있다.

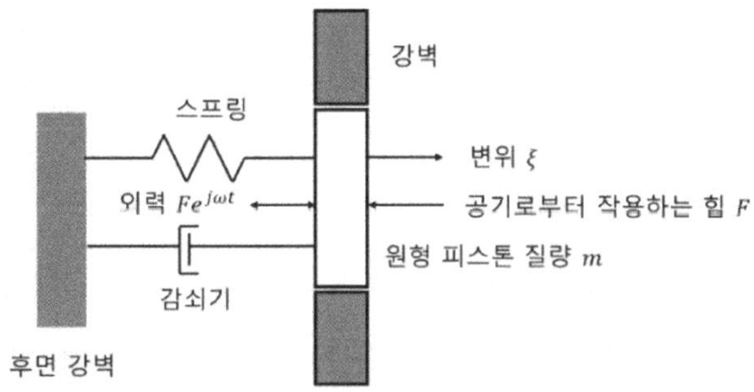

[그림 3.20] 공기저항에 의한 강벽 내의 진동계

만약 공기로부터 원형피스톤에 작용하는 힘이 작용하지 않으면 $F=0$, 방사임피던스는 $Z_r = R_r + X_r = 0$되어 방사임피던스에 의한 영향이 사라진다.

$$U_o = \frac{F_o}{C_v + j\left(\omega m - \frac{k}{\omega}\right)} \tag{3.86}$$

강벽 내에 원형 관과 같은 유공에서 음이 방사할 경우에도 식(3.85)와 같이 방사임피던스 Z_r에 의한 추가적인 감쇠 R_r와 추가적인 질량 $\frac{X_r}{\omega}$이 발생한다.

(a) 방사저항(resistance)

점성감쇠계수 C_v의 댐퍼를 포함하는 진동계가 변위 $x = x_o sin(\omega t - \beta)$로 정현파 진동하는 경우 감쇠에 의해서 1주기동안 소비되는 평균 에너지는 감쇠력 $C_v\dot{x} = \omega C_v x_o cos(\omega t - \beta)$에 의한 일, 즉 감쇠에너지 E_d로부터 1초당 감쇠에너지인 감쇠파워 W_d를 구할 수 있다.

$$E_d = \int C_v \dot{x} dx = \int C_v \dot{x}^2 dt = C_v x_o^2 \int_0^{2\pi/\omega} cos^2(\omega t - \beta) dt = \pi\omega C_v x_o^2 \tag{3.87a}$$

$$W_d = \frac{\pi\omega C_v x_o^2 \omega}{2\pi} = \frac{1}{2} C_v (\omega x_o)^2 \tag{3.87b}$$

따라서, 방사임피던스의 실수부 R_r에 의해서 소비된 파워 즉 원형피스톤의 운동에 의해서 반공간에 방사되는 음향파워는 식(3.87b)에서 감쇠계수를 R_r, 속도의 진폭을 U_o로 치환하면 다음과 같다.

$$W = \frac{1}{2} R_r U_o^2 \tag{3.88}$$

식(3.88)의 원형피스톤에서 방사되는 음향파워는 방사저항 R_r에 비례하는 것을 알 수 있다. 식(3.80)로부터 R_r는 $R_1(2ka)$에 비례하므로 $2ka = \frac{4\pi a}{\lambda} \langle 1$ 인 경우에는 R_r의 값이 작고, $2ka = \frac{4\pi a}{\lambda} \gg 1$인 경우에는 R_r은 1에 수렴한다. 따라서, 저주파수영역에서 음의 방사를 크게 하려면 즉 원형피스톤에 의해서 소비되는 파워를 크게 하려면, 원형피스톤의 반경 a이 커야 한다.

(b) 방사질량(reactance)

식(3.85b)에서 방사질량 $\frac{X_r}{\omega}$은 공기의 힘에 의한 추가질량에 해당하며 식(3.83a)에서 저주파 영역($2ka = \frac{4\pi a}{\lambda} \langle 1$)의 경우, 식(3.80)의 방사질량은 원형피스톤의 단면적 πa^2, 공기의 밀도 및 추가질량의 높이 $\frac{8a}{3\pi}$로 표시된다.

$$\frac{X_r}{\omega} = \frac{\rho c \pi a^2 X_1(2ka)}{\omega} = \rho \pi a^2 \frac{8a}{3\pi} \tag{3.89}$$

방사질량은 그림 3.21과 같이 높이 $\frac{8a}{3\pi}$의 공기가 추가질량으로 원형피스톤 위에 부착 되어있는 것을 의미한다. 따라서, 강벽 내에 원형피스톤에 의한 공기 중에 음의 방사를 고려할 경우 공기의 힘에 의한 추가질량을 고려해야 한다.

식(3.83b)의 고주파 영역($2ka \gg 1$)에서 방사질량은 파수에 반비례하기 때문에 주파수가 증가할수록 추가질량의 영향은 주파수에 2승에 반비례하여 작아지므로 고주파 영역에서는 무시할 수 있다.

$$\frac{X_r}{\omega} = \frac{\rho c \pi a^2 X_1(2ka)}{\omega} = \frac{2\rho a}{k^2} = \frac{2\rho a c^2}{\omega^2} \tag{3.90}$$

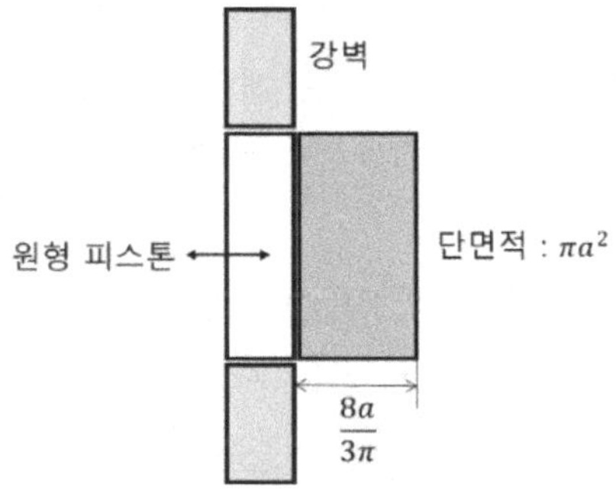

[그림 3.21] 방사 질량

다. 방사효율

원형피스톤에 의해서 공간내에 방사되는 음향파워는 식(3.88)에 식(3.80b)을 대입하면 방사저항의 항으로 표현된다.

$$W = \rho c \pi a^2 \frac{U_o^2}{2} R_1(2ka) \tag{3.91}$$

식(3.91)에서 $\pi a^2 = S$, $U_o = V_o$로 치환하고 식(3.2)에 식(3.91)를 대입하면 구조물 표면에 대한 진동속도의 실효값은 $v_s^2 = \frac{V_o^2}{2}$이므로 방사효율은 방사임피던스의 실수부가 된다.

$$\sigma = R_1(2ka) \tag{3.92}$$

식(3.83)로부터 저주파 영역($2ka \langle 1$)에서 방사효율은 $\sigma = \frac{(2ka)^2}{8}$이 되고, 고주파 영역($2ka \gg 1$)에서 방사효율은 1이 된다.

3.4 평판

평판에 외력이 작용하면 굽힘진동(면외진동)이 발생하고 평판의 진동에 의해서 공기가 압축 및 팽창을 하여 음이 공기 중에 전파된다.

평판에 외력이 정현파로 작용할 경우 평판의 고유진동수와 일치하면 평판은 공진이 발생하여 평판의 진폭이 증가하고 평판 상의 압력변화가 증가한다. 그러나 굽힘진동에 의한 방사음은 평판의 굽힘진동 파장과 음의 파장의 관계에 따라 음의 방사형태가 다르게 발생한다.

무한평판의 굽힘파는 분산성을 갖고 있기 때문에 굽힘진동의 파장보다 음의 파장이 큰 조건에는 음이 평면파를 형성하지 않고 타원형으로 방사되어 급격히 감소하기 때문에 음이 방사하지 않는다.

유한평판은 굽힘파에 의한 정재파가 형성되어 평판의 공진모드에 의해서 음이 방사되며, 공진모드의 파장보다 음의 파장이 큰 경우에는 근접한 공진모드사이에서 음이 상쇄되어 음이 방사하지 않는다. 이러한 음의 상쇄효과는 이중음원과 유사하게 생각할 수 있다. 따라서, 평판에서 음이 방사하는 조건은 평판의 파장보다 음의 파장이 작은 경우이다.

3.4.1 무한평판

가. 진동에 의한 음의 방사

그림 3.22와 같이 z방향으로 일정한 길이를 갖는 평판이 정현파 진동으로 가진 된 경우 평판의 굽힘파(Bending wave)의 전파속도를 C_B, 파수 및 파장을 $k_B = \frac{\omega}{c} = \frac{2\pi}{\lambda_B}$이라고 하면 평판의 전파속도(위상속도)는 평판의 강성과 질량에 의해서 결정된다.

$$C_B = \sqrt[4]{\frac{B\omega^2}{m}} \tag{3.93a}$$

$$k_B = \sqrt[4]{\frac{m\omega^2}{B}} \tag{3.93b}$$

식(3.93)에서, $B = \frac{Eh^3}{12(1-\nu^2)}$는 굽힘강성, $m = \rho_p h$은 평판의 단위면적당 질량이며, ρ_p

는 평판의 밀도, h는 평판의 두께, E는 평판의 탄성계수, ν는 포아송 비를 나타낸다.

식(3.93)에서 평판의 전파속도는 그림 3.23과 같이 파수가 주파수에 따라 변하기 때문에 분산성$\left(\dfrac{dk}{d\omega}\right)$를 갖고 있다. 따라서, 평판의 굽힘파로부터 방사되는 음의 형태는 주파수에 따라 다르게 나타난다. 즉 평판과 음의 파장에 크기에 따라 음의 방사형태가 다르게 나타난다.

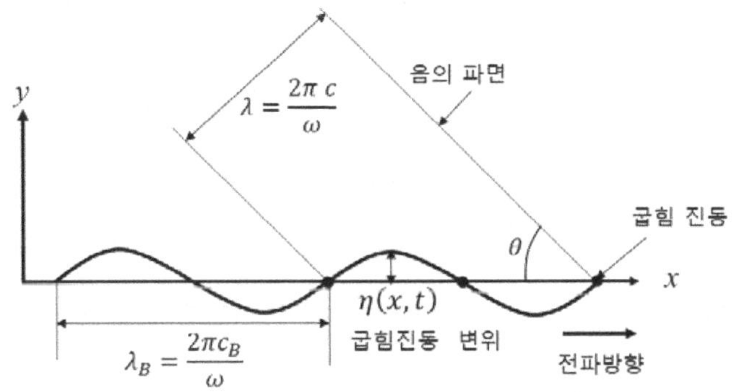

[그림 3.22] 무한평판내 굽힘파에 의한 음의 방사

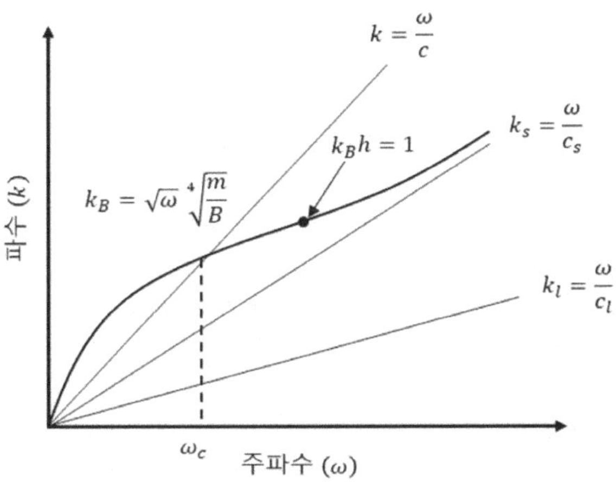

[그림 3.23] 평판의 굽힘파에 대한 분산관계

(a) 음의 파장보다 평판의 파장이 긴 경우$(\lambda_B \rangle \lambda,\ k_B \langle k)$

무한평판의 y축 방향의 굽힘진동에 의한 변위 $\eta(x,t) = \eta_o e^{j(\omega t - k_B x)}$가 발생하면 평판 표면의 공기입자 변위도 동일하게 진동을 한다.

무한평판 내를 전파하는 굽힘진동에 의해서 발생되는 음은 그림 3.22와 같이 평면의 굽힘진동에 의해서 음의 평면파가 일정한 각도로 대기중에 방사된다. 음의 평면파는 평판의 임의의 지점으로부터 굽힘진동이 전파하는 동안에 평판으로부터 방사되는 음의 파를 대기중의 각 위치에서 연결하면 평면파가 형성된다.

공간내 평면파의 파장에 대한 x방향의 파장λ_x은 굽힘파의 파장λ_B과 동일하고, y방향의 파장은 $\lambda_y = \lambda_B tan\theta$가 되어, y방향으로 전파하는 음의 파장은 x방향의 파장 및 평판의 굽힘파 파장보다 짧다.

평판의 굽힘파에 의해서 방사되는 음압은 x, y 방향의 파장 혹은 파수로 나타낼 수 있다.

$$p(x,y,t) = P_o e^{j(\omega t - k_B x - k_y y)} = P_o e^{j\left(\omega t - \frac{2\pi}{\lambda_B}x - \frac{2\pi}{\lambda_y}y\right)} \tag{3.94}$$

식(3.94)에서 음압의 진폭P_o과 y방향의 파수 k_y는 경계조건으로부터 구할 수 있다.

공간내 음의 파장에 대한 x, y 방향의 파장은 다음과 같은 관계를 갖는다.

$$k^2 = k_x^2 + k_y^2 = k_B^2 + k_y^2 \tag{3.95a}$$

$$k_y = \pm \sqrt{k^2 - k_B^2} \tag{3.95b}$$

앞에서 정의한 것같이 평판의 파장이 음의 파장보다 길기($k_B \langle k,\ \lambda_B \rangle \lambda$)때문에 식(3.95)의 k_y는 실수가 되고 y축 양의 방향으로 평편파가 전파한다.

식(3.94)에서 음압의 진폭은 평판의 표면($y = 0$)에 대한 음의 입자속도와 음압의 관계 $\left(\rho \frac{\partial^2 \eta}{\partial t^2} = -\frac{\partial p}{\partial y}\right)$로부터 계산할 수 있다.

$$-\omega^2 \rho \eta_o e^{j(\omega t - k_B x)} = j k_y P_o e^{j(\omega t - k_B x)} \tag{3.96a}$$

$$P_o = -\frac{\omega^2 \rho \eta_o}{j k_y} = \frac{j\omega^2 \rho \eta_o}{\sqrt{k^2 - k_B^2}} \tag{3.96b}$$

식(3.96b)를 식(3.94)에 대입하면 무한평판에서 방사되는 음압을 계산할 수 있다.

$$p(x,y,t) = \frac{j\omega^2 \rho \eta_o}{\sqrt{k^2 - k_B^2}} e^{j\left(\omega t - k_B x - \sqrt{k^2 - k_B^2}\ y\right)} \tag{3.97}$$

식(3.97)은 평판의 굽힘진동에 의해서 대기중에 x, y의 정방향으로 전파하는 평면파를 나타낸다. 무한평판의 굽힘진동 파장과 방사된 음의 파장이 동일한 경우에는 $k_B = k$식(3.95b)로부터 y방향의 파장이 0이 되어 $(k_y = 0,\ \lambda_y = 0)$ y방향으로 음이 전파하지 않고, x방향으로만 전파한다. 이 경우는 식(3.96b)으로부터 음의 진폭이 무한대로 커지기 때문에 현실적으로 이러한 현상은 물리적으로 타당하지 않다.

(b) 무한평판의 파장보다 음의 파장이 긴 경우$(\lambda_B \langle \lambda,\ k_B \rangle k)$

무한평판에 대한 굽힘진동의 파장보다 음의 파장이 긴 경우에 대해서 음의 파장은 식(3.95b)로부터 $k_y = \pm \sqrt{k^2 - k_B^2}$가 허수가 되며 y에 대한 지수항에 음의 허수가 곱해져서 y가 증가함에 따라 음압이 지수적 $e^{\sqrt{k_B^2 - k^2}y}$으로 증가하기 때문에 물리적으로 이 현상은 발생하지 않으므로 고려할 필요가 없다. 따라서 y방향에 관한 지수항에 양의 허수만 고려하면 된다.

$$p(x,y,t) = -\frac{j\omega^2 \rho \eta_o}{\sqrt{k_B^2 - k^2}} e^{j(\omega t - k_B x)} e^{-\sqrt{k_B^2 - k^2}y} \tag{3.98}$$

음압이 평판으로부터 y방향으로 거리가 증가함에 따라 지수적으로 감소하는 근거리 음장을 형성하여, 평판의 굽힘진동에 의해서 대기중에 원거리까지 음이 방사되지 않는다.

무한평판의 굽힘진동에 의해서 대기중에 근거리 음장에 대한 공기입자의 운동을 파악하여 음의 방사형태를 분석하여 보자.

공기입자의 x, y 방향의 입자속도를 ξ, η라 하고 음압과 입자속도의 관계식$\left(\rho \frac{\partial^2 \eta}{\partial t^2} = -\frac{\partial p}{\partial y}\right)$에 식(3.98)를 대입하면 x, y방향의 입자속도를 계산할 수 있다.

$$\xi = \frac{1}{\omega^2 \rho} \frac{\partial p}{\partial x} = \frac{jk_B \eta_o}{\sqrt{k_B^2 - k^2}} e^{j(\omega t - k_B x)} e^{-\sqrt{k_B^2 - k^2}y} \tag{3.99a}$$

$$\eta = \frac{1}{\omega^2 \rho} \frac{\partial p}{\partial y} = \eta_o e^{j(\omega t - k_B x)} e^{-\sqrt{k_B^2 - k^2}y} \tag{3.99b}$$

식(3.99)에서 x, y방향의 입자속도는 90도의 위상차를 갖으며, 식(3.99)으로부터 실수부를 구하면 위상차의 관계를 명확히 알 수 있다.

$$Re[\xi] = \xi_{Re} = -\frac{k_B \eta_o}{\sqrt{k^2 - k_B^2}} e^{-\sqrt{k_B^2 - k^2}y} sin(\omega t - k_B x) \tag{3.100a}$$

$$Re[\eta] = \eta_{Re} = \eta_o e^{-\sqrt{k_B^2 - k^2}y} cos(\omega t - k_B x) \tag{3.100b}$$

식(3.100)로부터 x, y방향 입자 속도성분의 실수부는 90도의 위상차를 갖으며 음의 파장보다 평판의 굽힘파 파장이 긴 경우 $\lambda_B \rangle \lambda$에는 위상차가 없는 동위상이다.

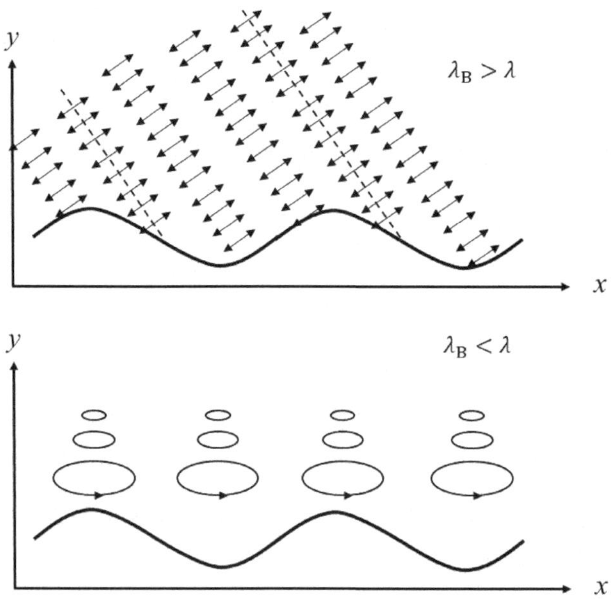

[그림 3.24] 무한평판으로부터 방사되는 음의 형태

식(3.100a)와 식(3.100b)을 제곱하여 더하면 식(3.101)과 같이 타원 방정식을 얻는다.

$$\frac{k^2 - k_B^2}{k_B^2} \xi_{Re}^2 + \eta_{Re}^2 = \eta_o e^{-2\sqrt{k_B^2 - k^2}y} \tag{3.101}$$

식(3.101)로부터 공기입자는 그림 3.24와 같이 타원운동을 하며, 타원의 크기는 평판으로부터 y방향으로 거리가 증가함에 따라 지수적으로 감소하고 임의의 위치에서 시간의 변화에 따라 공기입자는 반시계 방향으로 타원 운동을 한다. 따라서 음은 평판으로부터 근거리에서 음장이 형성되고 방사하지 않으므로 음의 해석 시 고려할 필요가 없다.

나. 무한평판의 임피던스

무한평판내 굽힘진동에 의해서 평판 상부에 음이 방사하는 경우 그림 3.25와 같이 평판에 가진력 $f(x,t)= Fe^{j(\omega t - kx)}$이 작용해서 굽힘진동이 발생하는 것으로 가정하여 무한평판에 대한 임피던스를 계산하여 보자.

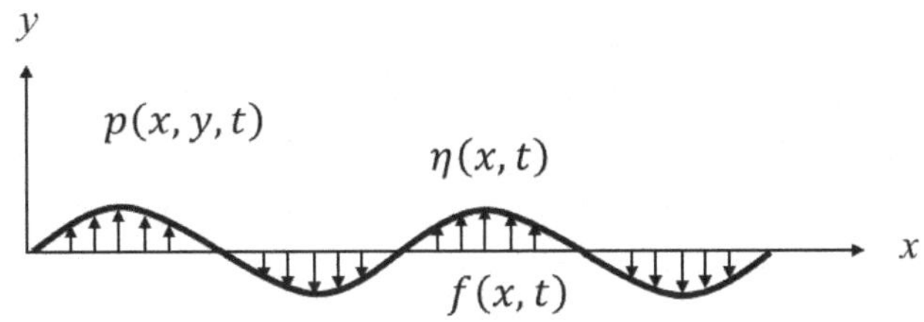

[그림 3.25] 무한평판의 굽힘파 및 분포하중

평판에 대한 운동방정식은 평판의 굽힘진동에 의한 변위 $\eta(x,t)$로 부터 평판 상부의 음압 $p(x, y, t)$과 평판에 작용하는 가진력 $f(x,t)$으로부터 구할 수 있다.

$$B\frac{\partial^4\eta}{\partial x^4} + m\frac{\partial^2\eta}{\partial t^2} = f(x,t) - p(x,y,t) \tag{3.102}$$

식(3.102)에서, $B = \dfrac{Eh^3}{12(1-\nu^2)}$는 평판의 굽힘강성, m은 평판의 단위면적당 질량, $p(x, y, t)$는 평판 표면에 작용하는 음압을 나타낸다.

식(3.102)는 강제진동이므로 평판의 굽힘진동의 변위와 속도는 가진력의 정현파로 나타난다.

$$\eta(x, t) = \eta_0 e^{j(\omega t - k_B x)} \tag{3.103a}$$

$$v(x, t) = V_0 e^{j(\omega t - k_B x)} = j\omega\eta \tag{3.103b}$$

식(3.102)에 식(3.103)을 대입하면 가진력 및 음압과 무한평판의 굽힘진동에 대한 관계를 계산할 수 있다.

$$\frac{1}{j\omega}\left(Bk_B^4 - m\omega^2\right)v = f(x,t) - p(x,y,t) \tag{3.104}$$

무한평판의 굽힘진동에 의해서 방사되는 음압은 평판의 굽힘진동 파장과 음의 파장에 따라 음의 방사가 다르기 때문에 위와 동일하게 파장의 조건에 대해서 생각하자.

(a) 음의 파장보다 굽힘진동의 파장이 긴 경우($\lambda_B \rangle \lambda,\ k_B \langle k$)

음의 파장보다 무한평판의 굽힘진동 파장이 긴 경우에는 무한평판의 굽힘진동에 의해서 공기 중에 평면파가 발생하며 음압은 식(3.97)이 된다.

식(3.97)에 평판 위의 조건($y=0$)과 식(3.103b)을 대입하면 무한평판 위의 음압을 계산할 수 있다.

$$p(x,0,t)=\frac{\rho c v}{\sqrt{1-\left(\dfrac{k_B^2}{k^2}\right)}} \tag{3.105}$$

식(3.105)를 식(3.104)에 대입하여 힘과 속도에 대한 관계식을 구하여 무한평판의 방사임피던스를 계산할 수 있다.

$$\left[\frac{1}{j\omega}\left(Bk_B^4-m\omega^2\right)+\frac{\rho c v}{\sqrt{1-\left(\dfrac{k_B^2}{k^2}\right)}}\right]v=f(x,t) \tag{3.106a}$$

$$Z=\frac{f}{v}=\frac{\rho c v}{\sqrt{1-\left(\dfrac{k_B^2}{k^2}\right)}}+\frac{1}{j\omega}\left(Bk_B^4-m\omega^2\right) \tag{3.106b}$$

식(3.106)에서 무한평판의 방사임피던스에 대한 실수부는 공기에 의한 힘에 해당하고, 허수부는 평판의 질량과 강성에 의한 항이다. 따라서, 무한평판에서부터 방사되는 음향에너지는 공기의 힘에 의해서 소비된다.

(b) 굽힘진동의 파장보다 음의 파장이 긴 경우($\lambda_B \langle \lambda,\ k_B \rangle k$)

무한평판의 파장보다 음의 파장이 긴 경우에는 음이 전파하지 못하고 공기입자가 타원운동을 한다.

평판($y=0$)위의 음압은 식(3.98)로부터 허수가 된다.

$$p(x,0,t)=\frac{j\rho cv}{\sqrt{\left(\frac{k_B^2}{k^2}\right)-1}} \tag{3.107}$$

식(3.107)를 식(3.104)에 대입하여 무한평판의 방사임피던스를 구할 수 있다.

$$Z=\frac{f}{v}=j\frac{1}{\omega}\left\{\left(m+\frac{\rho c}{\sqrt{k_B^2-k^2}}\right)\omega^2-Bk_B^4\right\} \tag{3.108}$$

무한평판에 대한 방사임피던스의 실수부가 존재하지 않기 때문에 공간 내 음향에너지의 손실이 없다. 따라서 대기중에 음향에너지가 방사하지 않는다.

식(3.108)으로부터 허수부내의 질량항에는 $\frac{\rho c}{\sqrt{k_B^2-k^2}}$ 만큼의 질량이 추가 되었으며, 이것은 공기의 높이가 $\frac{c}{\sqrt{k_B^2-k^2}}$ 인 추가적인 공기질량이 무한평판에 부착된 것으로 생각할 수 있다.

다. 방사효율

무한평판으로부터 음의 방사는 평판의 굽힘진동 파장이 음의 파장보다 긴 경우($\lambda_B>\lambda$, $k_B<k$)에 발생한다.

평판의 굽힘파에 의해서 평판의 단위 면적당 방사되는 음향파워는 식(3.97)의 음압과 식(3.103b)의 속도로부터 계산할 수 있다.

$$W=\frac{\omega}{2\pi}\int_0^{2\pi/\omega}Re\{p\}Re\{v\}dt=\frac{\rho c}{\sqrt{1-\left(\frac{k_B^2}{k^2}\right)^2}}\frac{V_o^2}{2} \tag{3.109}$$

식(3.109)을 식(3.2)에 대입하여 무한평판의 굽힘파에 의한 방사효율을 계산할 수 있다.

$$\sigma=\frac{1}{\sqrt{1-\left(\frac{k_B^2}{k^2}\right)^2}}\approx 1 \tag{3.110}$$

식(3.110)로부터 $k_B < k$의 경우에는 방사효율이 실수이지만 $k_B > k$의 경우에는 허수가 된다. 따라서 평판의 굽힘진동 파장보다 음의 파장이 긴 경우($\lambda_B < \lambda$, $k_B > k$)에는 음의 방사가 없고 방사효율은 영이 된다. 또한 평판의 굽힘진동 파장과 음의 파장이 동일한 경우($k_B = k$)에는 앞에서 기술한 것과 같이 음압의 진폭이 무한대이기 때문에 그림 3.26과 같이 급격히 방사효율이 증가하게 된다. 이 조건을 경계로 음의 방사가 결정되기 때문에 임계조건(critical condition)이라고 한다.

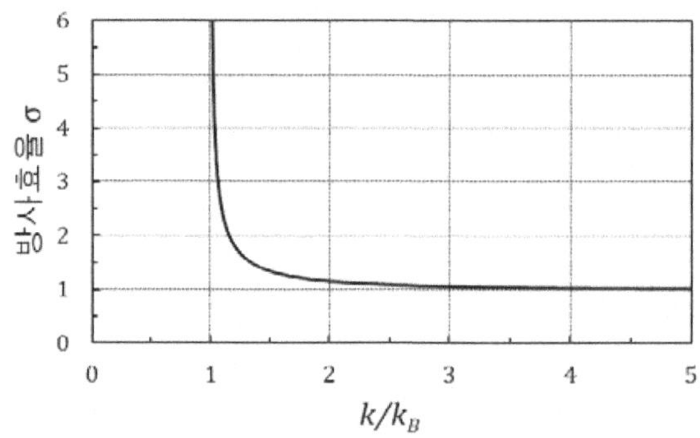

[그림 3.26] 무한평판의 방사효율($k_B < k$)

3.4.2 유한평판

유한평판은 무한평판과 다르게 평판의 경계조건에서 반사파가 발생하여 평판내에 공진이 발생하여 이 공진모드에 의해 커다란 음이 방사하게 된다. 따라서 유한평판에서는 공진모드에 대한 해석이 필요하다.

가. 직사각형 평판의 공진에 의한 음의 방사

무한 강벽 내에 단순 지지된 직사각형 평판이 굽힘진동에 의한 공진상태에서 그림 3.27과 같은 모드형태를 나타낸다고 하면, x, y방향에 공진모드의 개수가 각각 M, N이고 a, b는 모드사이의 간격이다. x, y방향에 대한 굽힘진동의 파장은 $\lambda_x = 2a$, $\lambda_y = 2b$이다. $a \times b$의 각 구간내의 z방향 평균 진동속도를 v라고 하고 각 구간을 음원으로 설정하고 음원의 강도를 q라고 하자.

$$q = abv \tag{3.111}$$

직사각형 평판내 각 구간(m, n)의 음원강도는 식(3.112)과 같이 부호는 오일러 등식 $e^{j\pi} = cos\pi + jsin\pi = -1$을 이용을 하여 표시할 수 있다.

$$q_{m,n} = q(-1)^m(-1)^n = qe^{j\pi(m+n)}, \; (m = 0 \sim M-1, \;\; n = 0 \sim N-1) \qquad (3.112)$$

각 음원에서부터 수음점까지의 거리는 다음과 같다.

$$r_{m,n} = \sqrt{(x-ma)^2 + (y-nb)^2 + z^2} \qquad (3.113a)$$

$$r_{m,n} = R\sqrt{1 - \frac{2ma}{R^2}x - \frac{2nb}{R^2}y + \left(\frac{ma}{R}\right)^2 + \left(\frac{nb}{R}\right)^2} \;\; , R = \sqrt{x^2 + y^2 + z^2} \qquad (3.113b)$$

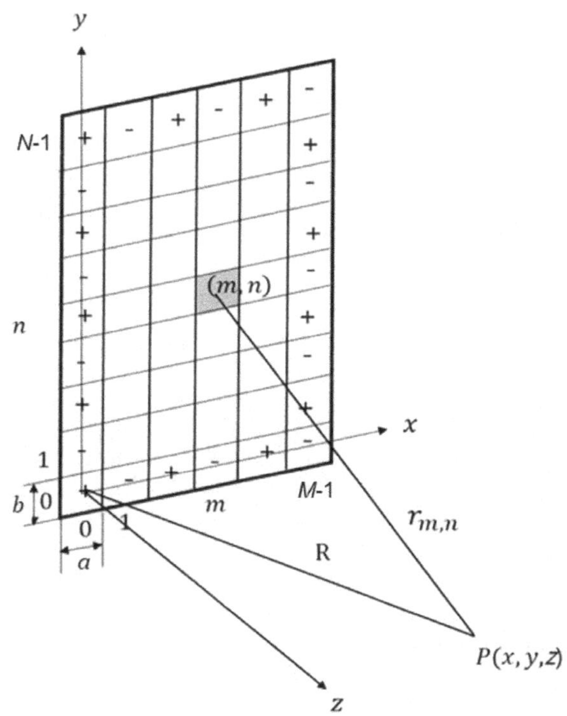

[그림 3.27] 직사각형 평판의 공진모드

직사각형 평판의 크기에 비해서 수음점까지의 거리가 멀면, $\frac{ma}{R} \ll 1$, $\frac{nb}{R} \ll 1$이기 때문에 2승항을 무시하면 식(3.113b)는 다음과 같이 간단히 된다.

$$\left[1-2\left(\frac{ma}{R^2}\right)x+\frac{nb}{R^2}y\right]\approx\left[1-\left(\frac{ma}{R^2}x+\frac{nb}{R^2}y\right)\right]^2 \tag{3.114a}$$

$$r_{m,n}\approx R-\left(\frac{ma}{R}\right)x-\left(\frac{nb}{R}\right)y \tag{3.114b}$$

각 구간을 점음원으로 생각하면, 직사각형 평판 전체에 의한 음압은 식(3.55)와 같이 각 점음원에서 방사되는 음압의 합이 된다.

$$p(x,y,z,t)=\sum_{m=0}^{M-1}\sum_{n=0}^{N-1}\frac{j\rho ck}{2\pi r_{m,n}}q_{m,n}e^{j(\omega t-kr_{m,n})} \tag{3.115}$$

사각평판으로부터 수음점까지의 거리가 매우 멀면 앞에서 기술한 것과 같이 식(3.115)의 분모항은 $r_{m,n}\approx R$이라고 하고, 지수항에는 식(3.114b)와 음원의 강도$q_{m,n}$에는 식(3.112)를 대입한다.

$$p(x,y,z,t)=\frac{j\rho ck}{2\pi R}qe^{j(\omega t-kR)}\sum_{m=0}^{M-1}e^{j\left(\frac{kax}{R}+\pi\right)m}\sum_{n=0}^{N-1}e^{j\left(\frac{kby}{R}+\pi\right)n} \tag{3.116}$$

식(3.116)은 등비급수의 합을 이용하면 식(3.117)과 같이 간단히 된다.

$$p(x,y,z,t)=\frac{j\rho ck}{2\pi R}qe^{j(\omega t-kR)}\frac{1-e^{j\left(\frac{kax}{R}+\pi\right)M}}{1-e^{j\left(\frac{kax}{R}+\pi\right)}}\frac{1-e^{j\left(\frac{kby}{R}+\pi\right)N}}{1-e^{j\left(\frac{kby}{R}+\pi\right)}} \tag{3.117}$$

음압의 진폭은 삼각함수 공식으로부터 $|1-e^{j\theta}|=\sqrt{1-2cos\theta+sin^2\theta+cos^2\theta}=\sqrt{2(1-cos\theta)}=\left|2sin\left(\frac{\theta}{2}\right)\right|$관계를 이용하면 간단히 정리 된다.

$$|p|=\frac{\rho\omega q}{2\pi R}\frac{\left|sin\frac{M}{2}\left(\frac{kax}{R}+\pi\right)\right|}{\left|sin\frac{1}{2}\left(\frac{kax}{R}+\pi\right)\right|}\frac{\left|sin\frac{N}{2}\left(\frac{kby}{R}+\pi\right)\right|}{\left|sin\frac{1}{2}\left(\frac{kby}{R}+\pi\right)\right|} \tag{3.118}$$

음원의 개수 즉 직사각형 평판에 대한 공진 모드의 개수에 따라 식(3.118)의 음압의 진폭을 정의할 수 있다.

$$-M=1,\ N=1(\text{점음원}): |p| = \frac{\rho\omega q}{2\pi R} \tag{3.119a}$$

$$-M=2,\ N=1(\text{이중음원}): |p| = \frac{\rho\omega q}{2\pi R}\left|sin\frac{\kappa ax}{2R}\right| \approx \frac{\rho\omega q}{2\pi R}\frac{\kappa ax}{R}\text{fo r}\kappa a \ll 1 \tag{3.119b}$$

$$-M=4,\ N=1: |p| = \frac{\rho\omega q}{2\pi R}4\left|sin\frac{\kappa ax}{2R}\right|\left(1-2cos^2\frac{\kappa ax}{2R}\right) \approx \frac{\rho\omega q}{2\pi R}\frac{\kappa ax}{R}\text{for }\kappa a \ll 1 \tag{3.119c}$$

$$-M=2,\ N=2: |p| = \frac{\rho\omega q}{2\pi R}4\left|sin\frac{\kappa ax}{2R}\right|\left|sin\frac{\kappa by}{2R}\right| \approx \frac{\rho\omega q}{2\pi R}\frac{\kappa ax}{R}\frac{\kappa by}{R}\ \text{for }\kappa a \ll 1, kb \ll 1 \tag{3.119d}$$

직사각형 평판으로부터 음의 방사형태는 무한평판과 유사하게 음의 파장과 굽힘진동의 파장(λ_x, λ_y)의 관계에 따라 다르게 나타난다.

(a) 음의 파장이 굽힘진동의 파장보다 짧은 경우$(\lambda_x > \lambda,\ \lambda_y > \lambda)$ $(ka \rangle \pi,\ kb \rangle \pi)$

음의 파장이 굽힘진동의 파장보다 짧은 경우 즉 음원사이의 간격이 음의 반파장보다 큰 경우에는 공진 모드사이의 음압이 서로 상쇄 되지 않고 음은 방사한다.

이러한 조건에서 만약 식(3.118)에서 $\frac{kax}{R} = \frac{2\pi}{\lambda}\frac{\lambda_x}{2}\frac{x}{R} = \pi$, $\frac{kbx}{R} = \frac{2\pi}{\lambda}\frac{\lambda_y}{2}\frac{y}{R} = \pi$이면 분모와 분자 값이 영이 되기 때문에 로피탈의 정리(Hospital' rule)을 이용하여 음압을 계산할 수 있다.

$$|p| = \frac{\rho ckq}{2\pi R}MN \tag{3.120}$$

식(3.120)은 $M \times N$개의 전구간에서 음이 상쇄되지 않고 모든 음이 방사되는 것을 의미한다. 이 경우에 음압은 특정 방향 즉 지향성을 갖는 최대값이 발생하며, 음원의 수, 공진모드가 증가함에 따라 음압의 최대 값이 증가하고 지향성도 더욱 커진다.

직사각형 평판으로부터 최대 음압이 발생하는 방향은 $\frac{x}{R} = \frac{\pi}{ka}$, $\frac{y}{R} = \frac{\pi}{kb}$로부터 x방향에 대해서는 $\frac{x}{R}$, y방향에 대해서는 $\frac{y}{R}$의 각도를 구하면 된다.

이 각도는 원점과 수음점사이의 거리 $\overline{OP}$와 x축사이의 각 θ_x그리고 $\overline{OP}$와 y축사이의 각 θ_y으로부터 구할 수 있다.

$$cos\theta_x = \frac{x}{R} = \frac{\pi}{ka} = \frac{\lambda}{\lambda_x} \tag{3.121a}$$

$$cos\theta_y = \frac{y}{R} = \frac{\pi}{kb} = \frac{\lambda}{\lambda_y} \tag{3.121b}$$

이 조건에서는 직사각형 평판의 각 공진모드에 의해서 방사되는 음이 서로 중첩되어 특정 방향으로 최대 음압이 존재하며 평판의 면적이 증가하면 방사되는 음이 커진다.

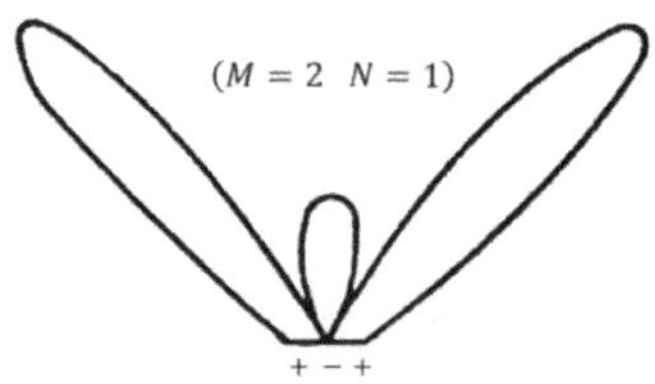

[그림 3.28] 공진모드에 의한 음의 방사 $(M=2, N=1)$

(b) 음의 파장이 굽힘진동의 파장보다 긴 경우$(\lambda_x < \lambda,\ \lambda_y < \lambda)$ $(ka \langle \pi,\ kb \langle \pi)$

음의 파장이 직사각형 평판의 방향의 파장보다 긴 경우 음원에서 수음점까지의 거리는 $R=\sqrt{x^2+y^2+z^2}$는 $x, y \langle R$조건 때문에 식(3.118)의 분모가 $sin\frac{1}{2}\left(\frac{kax}{R}+\pi\right) \approx sin\frac{\pi}{2}=1$ 되어 분모항이 사라진다.

$$|p| = \frac{\rho ckq}{2\pi R}\left|sin\frac{M}{2}\left(\frac{kax}{R}+\pi\right)\right|\left|sin\frac{N}{2}\left(\frac{kax}{R}+\pi\right)\right| \tag{3.122}$$

이러한 조건은 굽힘진동의 파장이 음의 파장보다 짧기 때문에 그림 3.29와 같이 두 구간의 음압이 양과 음이기 때문에 서로 상쇄되어 4곳의 모서리에서 1/4의 면적만 음을 방출한다. 이와 같은 음의 방사형태를 모서리 모드(corner mode)라고 한다. 이와 같은 점음원의 배열 형태는 이중음원과 동일하여 앞에서 설명한 것과 같이 점음원간의 거리가 음의 반파장보다 짧기 때문에 위상이 다른 점음원사이에서 음이 서로 상쇄되어 전파하지 않는다.

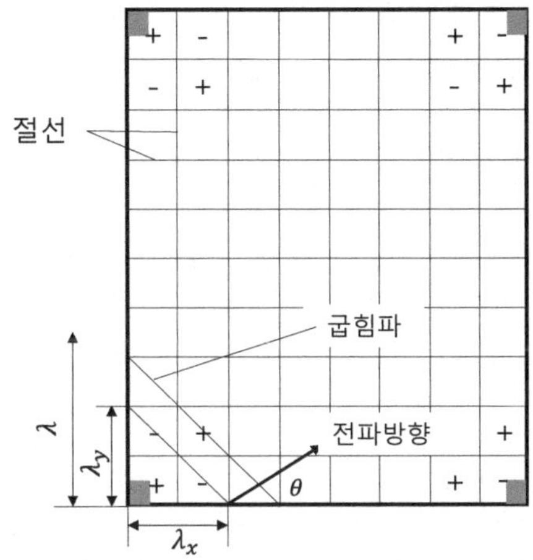

[그림 3.29] 평판의 모드에 의한 음의 방사

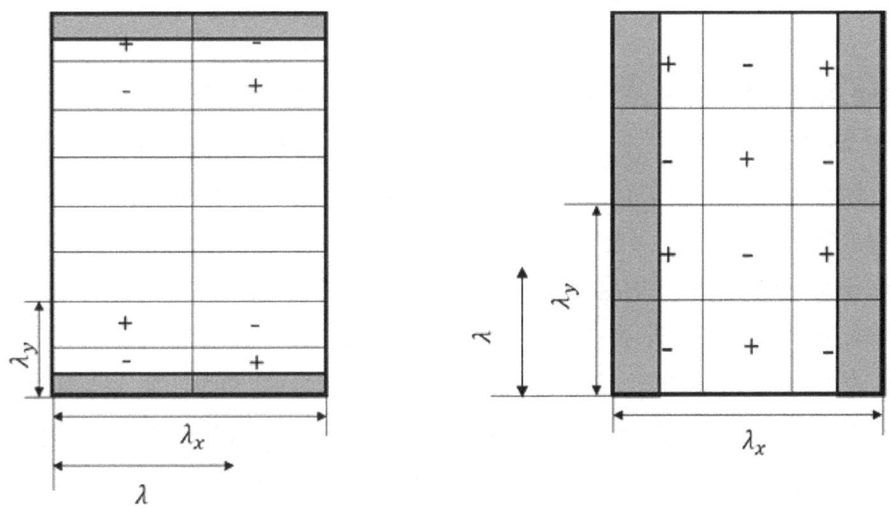

[그림 3.30] 평판의 양끝단에서 방사되는 소음 형태

그림 3.29와 같이 평판상의 절선은 평판의 파장 $k_B{}^2 = k_x{}^2 + k_y{}^2$이 x, y축에 대해서 양과 음의 4방향으로 전파하는 굽힘진동이 존재하기 때문에 각 파장의 간섭에 의해서 발생한다.

(c) 음의 파장이 한쪽 방향 굽힘진동의 파장보다 긴 경우

($\lambda_x > \lambda$과 $\lambda_y < \lambda$ 혹은 $\lambda_x < \lambda$과 $\lambda_y > \lambda$)

이러한 조건에는 그림 3.30과 같이 음의 파장보다 굽힘진동의 파장이 짧은 축의 방향에 대해서 근접한 구간은 음이 서로 상쇄되고, 음의 파장보다 굽힘진동의 파장이 긴 축에서는 끝단에서만 음이 방사되므로 전체 평면을 고려하면 평판에서 음의 방사가 없는 것으로 생각할 수 있다. 이러한 경우를 끝단 모드(edge mode)라고 한다.

나. 방사효율

그림 3.31과 같이 무한 강벽 내에 유한평판이 존재하는 경우 굽힘진동에 의한 음향방사에 대해서 생각해 보자.

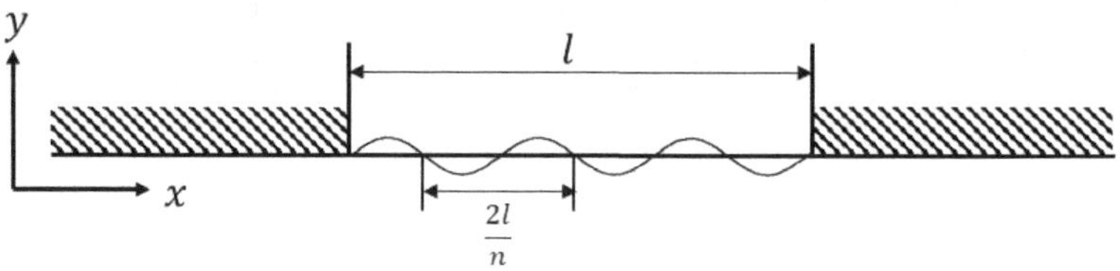

[그림 3.31] 강벽 내 유한평판의 굽힘진동

직사각형 유한평판에 대한 평판의 굽힘진동은 각 경계조건에서 반사되는 파에 의한 공진 모드가 형성되며 이 공진모드에 의해서 음이 방사된다. 이렇게 유한평판내 여러 파의 중첩에 의한 굽힘진동의 해석은 공간 푸리에 변환을 이용하며 위치와 파수(공간 주파수)를 적분 변수로 평판상의 진동분포를 계산한다.

평판의 굽힘진동에 의한 속도분포를 $v(x)$라고 하면 유한평판의 길이에 대한 경계조건 $x \leq 0,\ x \geq l$에서 굽힘진동의 속도는 $v(x)=0$가 된다.

평판 내에는 다양한 파장의 굽힘진동이 존재하며 이 진동의 합성파에 의해서 속도분포 $v(x)$가 형성되기 때문에 굽힘진동의 파수 k_B에 대한 합성이다. 따라서 파수에 대한 굽힘진동의 속도를 $v(k_B)$라고 하면 평판내 굽힘진동의 속도분포는 공간 푸리에 급수형태로 나타낼 수 있다.

$$v(x)=\frac{1}{2\pi}\int_{-\infty}^{\infty} v(k_B)e^{-jk_Bx}dk_B \tag{3.123}$$

또한 $v(k_B)$은 $v(x)$의 공간 푸리해 변환을 하면 구할 수 있다.

$$v(k_B)=\int_0^l v(x)e^{jk_Bx}dx \tag{3.124}$$

평판으로부터 방사되는 음압은 굽힘진동 $v(k_B)$에 의해서 형성되기 때문에 평판 위$(y=0)$의 음압은 식(3.105)을 다음과 같이 파수로 나타낼 수 있다.

$$p(k_B)=v(k_B)\frac{\rho ck}{\sqrt{k^2-k_B^2}} \qquad (3.125)$$

따라서 평판으로부터 임의의 공간의 점(x,y)에 방사되는 음압은 식(3.123)을 이용하여 다음과 같이 구할 수 있다.

$$p(x,y)=\frac{1}{2\pi}\int_{-\infty}^{\infty}\frac{\rho ck}{\sqrt{k^2-k_B^2}}v(k_B)e^{-jk_Bx}e^{-j\sqrt{k^2-k_B^2}\,y}dk_B \qquad (3.126)$$

평판의 단위폭당 방사되는 음향파워의 적분으로부터 유한평판에서 방사되는 음향파워를 다음과 같이 계산할 수 있다.

$$W=\frac{1}{2}Re\left\{\int_0^l p(x,o)v^*(x)dx\right\} \qquad (3.127)$$

식(3.127)에 식(3.123)과 식(3.126)을 대입한 후, 적분수행 시 음압의 파장과 구분하기 위해서 속도의 파장을 $k_B \to k'_B$로 표기한다.

$$W=\frac{1}{8\pi^2}Re\left\{\int_0^l\int_{-\infty}^{\infty}\int_{-\infty}^{\infty}\frac{\rho ck}{\sqrt{k^2-k_B^2}}\overset{l}{\underset{0}{v(k_B)e^{-jk_Bx}}}v^*(k'_B)e^{jk'_Bx}dk_Bdk'_Bdx\right\} \qquad (3.128)$$

식(3.123)의 파수를 k'_B로 치환하고 식(3.124)에 대입하면 다음과 같은 식을 구할 수 있다.

$$v^*(k_B)=\frac{1}{2\pi}\int_0^l\int_{-\infty}^{\infty}v^*(k'_B)e^{jk'_Bx}dk'_Be^{\;\;jk_Bx}dx \qquad (3.129)$$

식(3.129)를 다시 식(3.128)에 대입하고 음의 방사는 파수의 관계 $\sqrt{k^2-k_B^2}$가 실수이어야 하기 때문에 $-k < k_B < k$의 조건을 만족하도록 설정한다.

$$W = \frac{\rho ck}{4\pi} Re\left\{ \int_{-\infty}^{\infty} \frac{v(k_B)v^*(k_B)}{\sqrt{k^2 - k_B^2}} dk_B \right\} \tag{3.130a}$$

$$W = \frac{\rho ck}{4\pi} \int_{-k}^{k} \frac{|v(k_B)|^2}{\sqrt{k^2 - k_B^2}} dk_B \tag{3.130b}$$

식(3.130b)로부터 음향파워를 구하기 위해서는 평판의 속도분포$v(k_B)$가 필요하다.

평판의 속도분포$v(k_B)$는 경계조건에 의해서 결정된다. 그림 3.31과 같이 양단 단순지지에 대한 속도는 경계조건에 따라 다음과 같다.

$$v(x) = v_n sin\left(\frac{n\pi}{l}\right)x, \ (0 < x < l) \tag{3.131}$$

식(3.131)를 식(3.124)대입한 후, 적분을 하면 공간 주파수에 대한 속도분포와 진폭을 구할 수 있다.

$$v(k_B) = v_n \int_0^l \sin\left(\frac{n\pi}{l}\right) x e^{ik_B x} dx \Big|_0^l = v_n \frac{n\pi l\left[(-1)^2 e^{ik_B l} - 1\right]}{\left(k_B^2 l^2 - n^2\pi^2\right)} \tag{3.132a}$$

$$|v(k_B)|^2 = v_n^2 \left(\frac{2n\pi l}{\left(k_B^2 l^2 - n^2\pi^2\right)}\right)^2 sin^2\left(\frac{k_B l - n\pi}{2}\right) \tag{3.132b}$$

식(3.130b)에 식(3.132b)을 대입하면 음향파워를 계산할 수 있다.

$$W = \pi\rho ck v_n^2 \int_{-k}^{k} \frac{n^2 l^2}{\left(k_B^2 l^2 - n^2\pi^2\right)^2 \sqrt{k^2 - k_B^2}} sin^2 \frac{(k_B l - n\pi)}{2} dk_B \tag{3.133}$$

유한평판에서 방사되는 음향 파워는 식(3.133)에서 $k_B l - n\pi$의 조건에 따라 다음과 같이 3조건에 대해서 계산할 수 있다.

(a) $kl \ll n\pi$

이 조건은 평판에서 인접한 공진모드 사이의 거리가 음의 파장보다 매우 작은 경우로서 식(3.132b)의 속도 진폭에 이 조건을 대입하면 다음과 같다.

$$|v(k_B)|^2 = \frac{4v_n^2 l^2}{n^2 \pi^2} \tag{3.134}$$

식(3.134)을 식(3.130b)에 대입하면 단위면적당 음향파워를 계산할 수 있다.

$$W = \frac{\pi\rho c k v_n^2 l^2}{n^2 \pi^4} \int_{-k}^{k} \frac{dk_B}{\sqrt{k^2 - k_B^2}} = \rho c k v_n^2 \left(\frac{l}{n\pi}\right)^2 \tag{3.135}$$

식(3.135)의 음향파워에 대한 방사효율 계산은 평판의 구조물 표면에 대한 속도에 대한 $v_{rms}^2 = \dfrac{v_n^2}{2}$의 관계를 대입하여 계산한다.

$$\sigma_n = \frac{W}{\rho c k v_{rms}^2} = \frac{2k}{l}\left(\frac{l}{n\pi}\right)^2 \tag{3.136}$$

(b) $kl \gg n\pi$

이 조건은 평판의 모드 사이의 거리가 음의 파장보다 매우 큰 경우로서 식(3.133)의 적분을 간단히 하기 위해서 적분구간을 무한대로 하고, $k_B l \approx n\pi$부근에서 최대 속도 진폭이 발생하기 때문에 $\sqrt{k^2 - k_B^2}$을 적분구간 밖으로 이동하여 계산하면 근사적인 값을 구할 수 있다.

$$\int_{-\infty}^{\infty} \frac{n^2 l^2}{\left(k_B^2 l^2 - n^2 \pi^2\right)^2} sin^2 \frac{(k_B l - n\pi)}{2} dk_B = \pi l \tag{3.137a}$$

$$W \approx \frac{\rho c k l v_n^2}{2\sqrt{k^2 - \left(\frac{n\pi}{l}\right)^2}} = \frac{\rho c l v_n^2}{2} \tag{3.137b}$$

식(3.137b)로부터 방사효율은 다음과 같이 계산된다.

$$\sigma_n \approx \frac{1}{\sqrt{1-\left(\frac{n\pi}{kl}\right)^2}} \approx 1 \tag{3.138}$$

이러한 조건에서는 유한평판이 마치 피스톤과 같은 운동을 해서 평판의 진동이 모두 음으로 방사된다.

(c) $kl = n\pi$

이 조건에 대한 음향파워와 방사효율은 다음과 같이 근사적인 값을 갖는다.

$$W \approx \frac{\rho c l v_n^2 \sqrt{kl}}{6\ \sqrt{\pi}}$$

$$\sigma_n \approx \frac{2\sqrt{kl}}{3\sqrt{\pi}} \tag{3.139}$$

3.4.3 평판의 임계주파수

평판의 굽힘진동으로부터 음의 방사는 $\lambda_B = \lambda$, $(k_B = k)$을 경계로 정해진다. 따라서 이 주파수를 임계주파수라 하며, 임계주파수 이상의 주파수영역에서 음이 방사된다. 임계주파수는 평판의 굽힘진동에 대한 전파속도 $c_B = \sqrt[4]{\frac{B\omega^2}{m}}$ 로부터 계산할 수 있다.

$$k_B = \frac{\omega}{c_B} = \sqrt[4]{\frac{m\omega^2}{B}} \tag{3.140a}$$

$$\omega = c^2\sqrt{\frac{m}{B}}\ (k = k_B) \tag{3.140b}$$

식(3.140b)으로부터 임계주파수를 계산할 수 있으며, 평판의 단위면적당 질량 $m = \rho_p h$ 과 굽힘강성 $B = \frac{Eh^3}{12(1-v^2)}$ 을 대입하면 임계주파수는 다음과 같다.

$$f_c = \frac{c^2}{2\pi}\sqrt{\frac{m}{B}} \tag{3.141a}$$

$$f_c = \frac{c^2}{2\pi}\sqrt{\frac{12(1-\upsilon^2)\rho_p}{Eh^3}} \tag{3.141b}$$

식(3.141b)에서 평판의 임계주파수는 단위면적당 질량에 비례하여 증가하고 굽힘 강성에 반비례한다. 그리고 평판의 두께를 증가시키면 감소한다.

$f_c \rangle f \rightarrow \lambda_B \langle \lambda$의 경우에는 방사효율이 $\sigma = 0$ 되어서 음의 방사가 없다.

제4장

관내 음의 전파 및 소음기

대부분 음은 소음원으로부터 직접 자유공간 혹은 반자유공간내 방사되는 경우 일정한 통로를 거쳐서 전파된다. 자동차의 엔진 또는 건물의 송풍기와 같은 경우 소음원에서 발생한 음은 관을 통해서 전파된 후 실내 혹 실외 공간으로 방사된다.

일반적으로 음이 관을 통해서 전파되는 경우 외부로 방사되는 음을 저감 시키기 위해서 관 내부에 소음기를 설치한다. 이렇게 소음이 관 내부를 전파하여 반자유공간 혹은 폐공간에 방사되는 경우를 일상생활에서 많이 경험한다.

본 장에서는 관 내부를 통과하는 음의 전파특성 및 소음을 저감 시키는 소음기에 대한 이론을 간단히 설명한다.

4.1 음의 전파특성

관내를 전파하는 음은 평면파 이외에도 관 단면의 크기에 의존하는 공진모드를 갖고 전파하며, 단면 형상에 따라 해석결과가 다르다. 따라서 일반적으로 직사각형 및 원형 단면관으로 분류하여 음의 전파특성을 분석한다.

4.1.1 기본사항

가. 파동방정식

관 내부를 전파하는 음에 대한 파동방정식은 운동방정식과 연속방정식을 이용해서 제1장과 동일하게 구할 수 있다.

$$\text{운동방정식 : } \rho_o \frac{\partial u}{\partial t} + \nabla p = 0 \tag{4.1a}$$

$$\text{연속방정식 : } \frac{\partial \rho}{\partial t} + \rho_o \nabla u = 0 \tag{4.1b}$$

식(1.36)에 파수 $k = \dfrac{\omega}{c}$를 대입하여 표현하면 식(4.2)을 얻을 수 있으며 헬름홀쯔 방정식이라고 한다.

$$\nabla^2 p + k^2 p = 0 \tag{4.2}$$

식(4.2)에서 라플라스 연산자 ∇^2는 직사각형 단면관과 원형 단면관에 대한 좌표계를 이용하여 음압의 일반해를 구할 수 있다.

$$\text{직사각형 단면관 : } \nabla^2 = \frac{\partial^2}{\partial x^2} + \frac{\partial^2}{\partial y^2} + \frac{\partial^2}{\partial z^2} \tag{4.3a}$$

$$\text{원형 단면관 : } \nabla^2 = \frac{\partial^2}{\partial r^2} + \frac{1}{r}\frac{\partial}{\partial r} + \frac{1}{r^2}\frac{\partial^2}{\partial \theta^2} + \frac{\partial^2}{\partial z^2} \tag{4.3b}$$

나. 매질의 특성 임피던스

관내의 음을 해석하는 경우 공간 내에서 사용되는 매질의 입자속도 $u(x,t)$보다 유체역학에서 정의되는 체적속도(volume velocity) 혹은 질량속도(mass velocity)를 이용한다.

관내의 체적속도 $v(x,t)$는 매질의 단위길이에 대한 입자의 면적속도이고, 질량속도 $w(x,t)$는 매질의 단위길이당 입자의 질량에 대한 속도로서 매질의 입자속도와 체적속도 및 질량속도의 관계는 다음과 같다.

$$v(x,t) = Su(x,t) \tag{4.4a}$$

$$w(x,t) = \rho v(x,t) = \rho Su(x,t) \tag{4.4b}$$

관내에서 공기에 대한 특성 임피던스는 진행파의 음압과 체적속도 혹은 질량속도의 비로 정의되며, 각 속도에 대한 특성 임피던스도 다음과 같은 관계를 갖는다.

$$z_v = \frac{p}{v} = \frac{p}{uS} = \frac{\rho c}{S} = \frac{z}{S} \tag{4.5a}$$

$$z_w = \frac{p}{w} = \frac{p}{\rho uS} = \frac{z}{\rho S} \tag{4.5b}$$

다. 음향파워

관내를 통과하는 단위면적 및 단위시간에 대한 음향에너지 즉 음향강도는 입자속도와 음압의 시간평균으로부터 측정된다.

$$I = \overline{p(t)\ u(t)} \tag{4.6}$$

음원에서 방사된 음향파워는 음향강도와 음원을 둘러싼 표면적의 곱으로 계산된다.

$$W = S\,\overline{pu} = \overline{pv} = p_{rms} v_{rms} cos\theta \tag{4.7}$$

제1장에서 기술한 것과 같이 $p_{rms} = \frac{|p|}{\sqrt{2}}$, $v_{rms} = \frac{|v|}{\sqrt{2}}$ 이므로 식(4.7)은 다음과 같다.

$$W = \frac{1}{2}Re\,[pv] = \frac{1}{2}Re\left[\frac{1}{z_v}\right]|p|^2 = \frac{1}{2}\frac{S}{\rho c}|p|^2 \equiv \frac{1}{2}Re\,[z_v]\,|v|^2 \tag{4.8}$$

관내에 전파되는 음향파워는 진행파에 대한 음압의 진폭을 측정하면 단면적으로부터 계산할 수 있다.

4.1.2 직사각형 단면관

가. 전파특성 및 공진모드

직사각형 관내에서 전파되는 음압은 식(4.2)의 파동방정식을 이용해서 계산할 수 있으며, 이 파동방정식의 해는 제1장에서와 같이 복소수형태로 표시한다.

$$p(x, y, z, t) = P_x e^{j(\omega t \pm kx)} P_y e^{j(\omega t \pm ky)} P_z e^{j(\omega t \pm kx)} = P(x, y, z)e^{j\omega t} \tag{4.9}$$

식(4.9)의 파동방정식을 계산하기 위해서 음압의 진폭을 x, y, z방향에 대해서 변수분리형태로 표현한다.

$$P(x, y, z) = X(x)\,Y(y)Z(z) \tag{4.10}$$

식(4.10)의 음압 진폭에 대한 변수 분리형을 파동방정식에 대입하여 계산을 한다.

$$\frac{X(x)''}{X} + \frac{Y(y)''}{Y} + \frac{Z(z)''}{Z} + k^2 = 0 \tag{4.11}$$

식(4.11)로부터 x, y, z방향에 대한 각항은 음의 파장의 방향성분과 대응된다.

$$\frac{X(x)''}{X} = -k_x^2, \quad \frac{Y(y)''}{Y} = -k_y^2, \quad \frac{Z(z)''}{Z} = -k_z^2 \tag{4.12a}$$

$$k^2 = k_x^2 + k_y^2 + k_z^2 \tag{4.12b}$$

식(4.12a)에서 $\frac{X(x)''}{X} = -k_x^2$의 해는 $X(x) = A_x e^{-jk_x x} + B_x e^{jk_x x}$가 되며 y, z방향에 대해서도 동일하기 때문에 식(4.10)의 해는 x, y, z방향에 대한 근거리 음장과 원거리 음장의 합으로 표현된다.

$$P(x,y,z) = \left(A_x e^{-jk_x x} + B_x e^{jk_x x}\right)\left(A_y e^{-jk_y y} + B_y e^{jk_y y}\right)\left(A_z e^{-jk_z z} + B_z e^{jk_z z}\right) \qquad (4.13)$$

식(4.13)의 계수$A_i, B_i, k_i\,(i = x, y, z)$와 각 방향의 파수 성분은 경계조건으로부터 구할 수 있다.

그림 4.1에서 x, y방향에 대한 입자속도 u_x, u_y는 벽면의 경계조건으로부터 $x = 0, a$에서 $u_x = 0$이고 $y = 0, b$에서 $u_y = 0$가 된다.

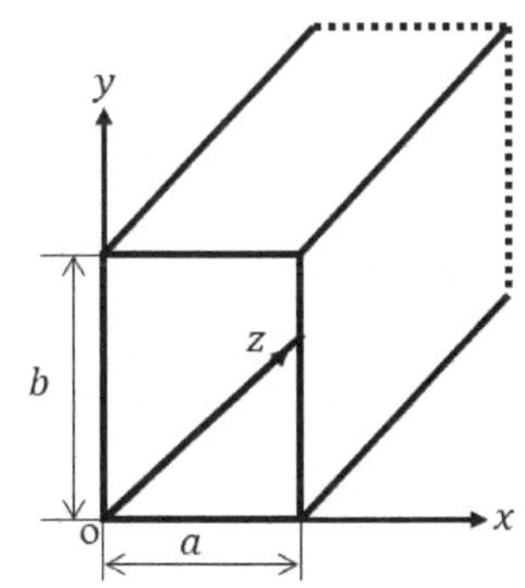

[그림 4.1] 직사각형 단면관

우선 x방향에 대한 벽면의 속도는 $u_x = 0$가 되기 때문에 식(4.1a)에서 $\frac{\partial p}{\partial x} = 0$가 된다. 이 조건을 식(4.13)에 대입하면 x방향에 대한 식을 구할 수 있다.

$$\frac{\partial p}{\partial x} = -jk_x\left(A_x e^{-jk_x x} - B_x e^{jk_x x}\right)e^{j\omega t} = 0 \qquad (4.14)$$

식(4.14)로부터 x의 경계조건에 따라 음압의 진폭과 파수를 구할 수 있다.

$x = 0$일 때 음압의 진행파와 반사파의 진폭은 동일하다($A_x = B_x$). 그리고 $x - a$일 경우에는 $sink_x a = 0$이 되어, x방향의 파수를 계산할 수 있다. 따라서, 위의 두 식으로부터 x방

향의 $X(x)$를 구할 수 있다.

$$k_x = \frac{m\pi}{a} \ (m = 0, 1, 2 \cdots) \tag{4.15a}$$

$$X(x) = A_{x,m} cos \frac{m\pi}{a} x \tag{4.15b}$$

식(4.15)에서 x방향의 변수를 구하는 방법과 동일하게 경계조건으로부터 y방향의 변수에 대해서도 구할 수 있다.

$$k_y = \frac{n\pi}{b} \ (n = 0, 1, 2 \cdots) \tag{4.16a}$$

$$Y(y) = A_{y,n} cos \frac{n\pi}{b} y \tag{4.16b}$$

식(4.15b)와 식(4.16b)의 계수$A_{x,m},\ A_{y,m}$는 경계조건 $x = 0,\ y = 0$에서 음압으로부터 정해지는 상수이다.

식(4.12b), 식(4.15a)와 식(4.16a)으로부터 z방향의 파수도 정해진다.

$$k_z = \pm \sqrt{k^2 - \left(\frac{m\pi}{a}\right)^2 - \left(\frac{n\pi}{b}\right)^2} = \pm k_{m,n} \tag{4.17}$$

위의 식에서 계산한 각 방향의 파수 성분과 상수를 이용하면 관내의 음압은 각 모드에 대한 중첩에 의해서 구해진다.

$$\begin{aligned} p(x, y, z, t) = {} & \Sigma_{m=0}^{\infty} \Sigma_{n=0}^{\infty} \left\{ cos\left(\frac{m\pi}{a}\right) x \cdot cos\left(\frac{n\pi}{b}\right) y \right\} \times \\ & \left\{ A_{m,n} e^{-j(\omega t - k_{m,n} z)} - B_{m,n} e^{j(\omega t + k_{m,n} z)} \right\} \end{aligned} \tag{4.18}$$

식(4.18)의 계수$A_{m,n}, B_{m,n}$는 z축방향의 경계조건으로부터 정해지는 상수이며, (m, n) 모드는 x, y, z방향으로 진행하는 음의 합성으로 x, y 평면 상에 음압이 $cos\,\frac{m\pi}{a}x \cdot cos\,\frac{n\pi}{b}y$의 분포로 형성된다.

식(4.13)의 음압은 x, y, z방향에 대해서 $e^{jk\left(\pm\frac{k_x}{k}x \pm \frac{k_y}{k}y \pm \frac{k_z}{k}z\right)}$으로 전파되는 8개 음파의 조합이다. 식(4.18)의 두번째 괄호항은 x, y평면내에서 z축방향으로 전파속도 $c_{m,n} = \frac{\omega}{k_{m,n}}$를 갖는 음압의 진행파와 반사파이며 m과 n은 x, y방향의 모드 수이다.

관내에서 z축방향에 대한 음의 전파속도는 (m, n)모드에 따라 변하면서 대기중의 음속보다 빠르게 전파된다. 따라서 관내에서 평면파를 제외하고 공진모드를 갖고 전파하는 음은 분산성을 갖는다.

$$c_{m,n} = \frac{\omega}{k_{m,n}} = \frac{\omega}{\sqrt{k^2 - \left(\frac{m\pi}{a}\right)^2 - \left(\frac{n\pi}{b}\right)^2}} > \frac{\omega}{k} = c \tag{4.19}$$

모드의 전파속도 $c_{m,n}$에 대한 예로서(1,0)모드에 대해서 z방향으로 전파하는 음압은 다음과 같다.

$$p(x, y, z, t) = A_{1,0}cos\frac{\pi}{a}x \cdot e^{j(\omega t - k_{1,0}z)} = \frac{A_{1,0}}{2}\left(e^{j\frac{\pi}{a}x} + e^{-j\frac{\pi}{a}x}\right)e^{j(\omega t - k_{1,0}z)} \tag{4.20a}$$

$$p(x, y, z, t) = \frac{A_{1,0}}{2}\left(e^{j\left(\omega t - \frac{\pi}{a}x - k_{1,0}z\right)} + e^{j\left(\omega t + \frac{\pi}{a}x - k_{1,0}z\right)}\right) \tag{4.20b}$$

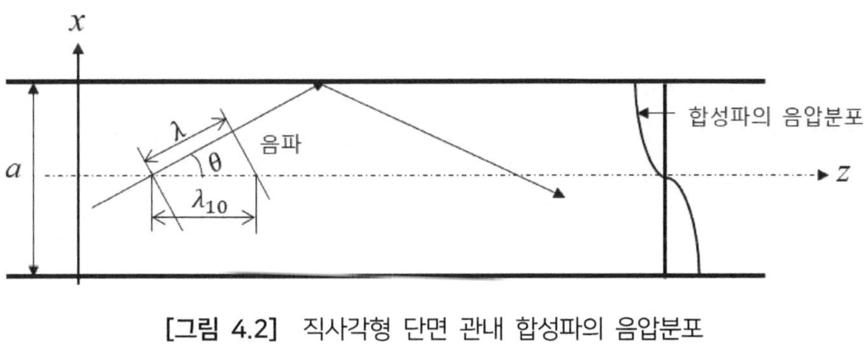

[그림 4.2] 직사각형 단면 관내 합성파의 음압분포

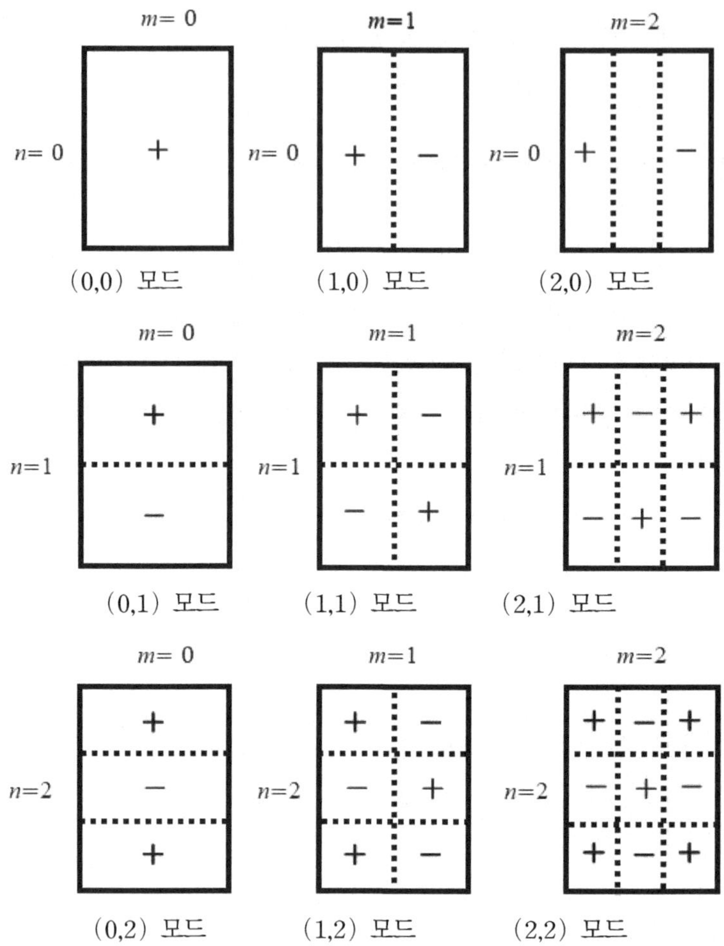

[그림 4.3] 직사각형 단면관의 모드형상

식(4.20)의 우측 첫번째 항은 그림 4.2에서 x의 진행방향으로 $\frac{\pi}{a}$만큼의 각도로 전파하는 평면파이고, 두번째 항은 음의 x방향으로 $\frac{\pi}{a}$만큼의 음의 경사방향으로 전파하는 평면파 즉 아래쪽 방향으로 전파하는 평면파이다.

두 평면파의 전파방향은 z축을 중심으로 $\pm\theta$의 각도를 갖고 이동하며 이 각도는 z축의 (1.0)모드의 파장으로부터 계산할 수 있다.

$$\lambda_{1.0} = \frac{\lambda}{cos\theta},\ c_{1.0} = \frac{f\lambda}{cos\theta} = \frac{c}{cos\theta} > 0 \tag{4.21a}$$

$$cos\theta = \frac{k_{1.0}}{k} \tag{4.21b}$$

식(4.21)에서 두 평면파의 z축에 대한 전파속도는 $c_{1.0} = \dfrac{c}{cos\theta} > c$로서 음속보다 빠르며, 각도 θ는 $cos\theta = \dfrac{c}{c_{1.0}} = \dfrac{k_{1.0}}{k}$ 의해서 정해진다. 그리고 z축에 정방향으로 전파하는 음압의 분포는 x, y평면에 $cos\left(\dfrac{m\pi}{a}\right)$형태이며, 그림 4.3에서 (1.0)모드로 형성된다.

나. 차단주파수

직사각형 단면 관내에서 모든 (m,n)모드의 음이 전파하지 않는다. 즉 식(4.17)에서 음의 파장이 허수가 되는 조건에서는 음이 전파되지 않는다.

$$k^2 < \left(\frac{m\pi}{a}\right)^2 + \left(\frac{n\pi}{b}\right)^2 \tag{4.22}$$

식(4.22)에서 x, y방향의 (m, n)모드가 음의 파수보다 크면 파수는 허수$k_{m,n} = \pm j|k_{m,n}|$가 되며, z축 방향으로 진행하는 음파는 $e^{j\omega t - |k_{m,n}|z}$가 되기 때문에 음압은 z가 증가함에 따라 지수적으로 급격히 감소하여 전파하지 않는다. 또한 반대방향으로 전파하는 음압도 $e^{j\omega t + |k_{m,n}|z}$에 따라 z가 음의 방향으로 증가하기 때문에 음이 지수적으로 급격히 감소한다. 따라서 식(4.22)에서 파장이 허수가 되는 (m, n)모드의 주파수를 차단주파수(cutoff-frequency : $f_{m,n}$)라고 한다.

$$f_{m,n} = \frac{\omega_{m,n}}{2\pi} = \frac{c}{2\pi}\sqrt{\left(\frac{m\pi}{a}\right)^2 + \left(\frac{n\pi}{b}\right)^2} = \frac{c}{2}\sqrt{\left(\frac{m}{a}\right)^2 + \left(\frac{n}{b}\right)^2} \tag{4.23}$$

식(4.23)의 차단주파수 이하 $f \langle f_{m,n}$에서는 $\dfrac{\omega}{c} < \dfrac{\omega_{m,n}}{c}$, $k^2 < \left(\dfrac{m\pi}{a}\right)^2 + \left(\dfrac{n\pi}{b}\right)^2$가 되기 때문에 (m, n)모드는 급격히 감소하여 (m, n)모드에 의한 음이 전파하지 않으며, 차단주파수 이상의 모드에서만 전파한다.

(0,0)모드 즉 평면파에서는 $\omega_{m,n} = 0$가 되어 평면파는 모든 주파수에서 전파한다. 그리

고 단면의 크기가 $a>b$인 조건에서 모드에 대한 주파수는 $\omega_{1,0}<\omega_{0,1}$가 되기 때문에 최소 차단 주파수는 $f_{1.0}=\dfrac{\omega_{1,0}}{2\pi}=\dfrac{c}{2a}$가 된다. 따라서 차단주파수 $f_{1.0}$이상에서 평면파이외의 음파가 전파되기 시작하고, $f_{1.0}$이하에서는 평면파만 전파된다.

4.1.3 원형 단면관

가. 전파특성 및 공진모드

그림 4.4와 같이 반경a의 원형 단면관은 원통 좌표계 $x=rcos\varphi$, $y=rsin\varphi$, $z=z$로 해석하며 식(4.3b)의 라플라스 연산자를 이용한다.

원통형 좌표계 r, φ, z에 대한 음압은 식(4.24)와 같이 설정할 수 있다.

$$p(r,\varphi,z,t)=P(r,\varphi,z)e^{j\omega t} \tag{4.24}$$

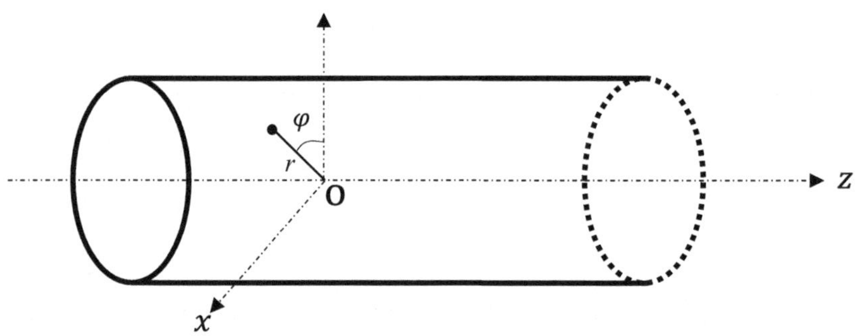

[그림 4.4] 원형 단면관

식(4.24)의 해는 직사각형 단면 관의 경우와 동일하게 식(4.14)의 변수분리법을 이용하여 음압을 표현할 수 있다.

$$P(r,\varphi,z)=R(r)\Phi(\varphi)Z(z) \tag{4.25}$$

식(4.25)를 식(4.2)에 대입하여 $\dfrac{1}{r}\dfrac{d}{dr}\left(r\dfrac{d}{dr}\right)=\dfrac{d^2}{dr^2}+\dfrac{1}{r}\dfrac{d}{dr}$의 관계를 이용하면 원통형

좌표계에 대한 방정식을 얻을 수 있다.

$$\frac{1}{rR}\frac{d}{dr}\left(r\frac{dR}{dr}\right)+\frac{1}{r^2\Phi}\frac{d^2\Phi}{d\varphi^2}+\frac{1}{Z}\frac{d^2Z}{dz^2}+k^2=0 \tag{4.26}$$

원형 단면관에서 φ방향으로는 음이 전파하지 않고 음의 분포형태만 결정하기 때문에 음의 파수는 r, z방향에 대해서 다음과 같은 관계를 갖는다.

$$k^2=k_r^2+k_z^2 \tag{4.27}$$

식(4.27)을 식(4.26)에 대입해서 정리하면 r, φ와 z방향에 대해서 2개의 파동방정식으로 분리할 수 있다.

$$\frac{d^2Z}{dz^2}+k_z^2Z=0 \tag{4.28a}$$

$$\frac{1}{rR}\frac{d}{dr}\left(r\frac{dR}{dr}\right)+\frac{1}{r^2\Phi}\frac{d^2\Phi}{d\varphi^2}+k_r^2=0 \tag{4.28b}$$

식(4.28a)에서 z축에 대한 해를 다음과 같이 구할 수 있다.

$$Z(z)=A_ze^{-jk_zz}+B_ze^{jk_zz} \tag{4.29}$$

식(4.28b)을 r, φ방향에 대해서 변수분리하여 정리하면 양쪽 식의 변수는 독립적이므로 임의의 상수m를 이용하여 해를 구할 수 있다.

$$\frac{r}{R}\frac{d}{dr}\left(r\frac{dR}{dr}\right)+(k_rr)^2=-\frac{1}{\Phi}\frac{d^2\Phi}{d\varphi^2}=m^2 \tag{4.30}$$

식(4.30)부터 φ방향에 대한 방정식은 다음과 같다.

$$\frac{d^2\Phi}{d\varphi^2}+m^2\Phi=0 \tag{4.31}$$

식(4.31)은 진동계에서 1자유도진동계의 방정식과 동일하므로 해는 다음과 같이 삼각함수로 표현된다.

$$\Phi(\varphi)=A_\varphi cosm\varphi+B_\phi sinm\varphi \tag{4.32}$$

$\Phi(\varphi)$는 원주방향에 대한 변수로서 $\Phi(\varphi)$와 $\Phi(\varphi+2\pi)$는 원형 단면관의 동일 위치이며 음압도 동일하다.

식(4.30)에서 r방향에 대한 방정식은 다음과 같다.

$$\frac{r}{R}\frac{d}{dr}\left(r\frac{dR}{dr}\right)+(k_r r)^2-m^2=0 \tag{4.33}$$

식(4.33)에서 $k_r r=\tau$라고 놓고 정리하면 베셀(Bessl) 미분방정식이 된다.

$$\frac{d^2R}{d\tau^2}+\frac{1}{\tau}\frac{dR}{d\tau}+\left(\tau-\frac{m^2}{\tau^2}\right)R=0 \tag{4.34}$$

식(4.34)는 m차 베셀 미분방정식으로 일반해는 베셀함수의 합으로 표현된다.

$$R(r)=A_rJ_m(k_rr)+B_rN_m(k_rr) \tag{4.35}$$

식(4.35)에서 $J_m(k_rr)$은 제1종 베셀함수이고, $N_m(k_rr)$은 제2종 베셀함수이다. 계수 A_r, B_r은 경계조건으로부터 정해지며, 제2종 베셀함수는 관의 중심 $(r=0)$에서 $N_m(k_rr)=\infty$이 되기 때문에 물리적으로 불합리하다. 따라서 두번째 항의 계수를 $B_r=0$으로 놓으면 식(4.35)의 해는 다음과 같이 된다.

$$R(r)=A_rJ_m(k_rr) \tag{4.36}$$

식(4.29), 식(4.32) 및 식(4.36)을 식(4.25)에 대입하면 음압의 해를 구할 수 있다.

$$P(r,\varphi,z) = A_r J_m(k_r r)\left(A_\varphi cosm\varphi + B_\varphi sinm\varphi\right)\left(A_z e^{-jk_z z} + B_z e^{jk_z z}\right), \quad (m = 0,1,2,\cdots) \tag{4.37}$$

반경방향r의 파수 k_r는 벽면에서 속도가 0이 되는 경계조건으로부터 정해진다. 따라서 $r = a$에서 $-\frac{\partial P}{\partial r} = 0$이 되기 때문에 식(4.37)이 다음 조건을 만족해야 한다.

$$\left.\frac{dJ_m(k_r r)}{dr}\right|_{r=a} = 0, \ (m = 0,1,2,\cdots) \tag{4.38}$$

식(4.38)을 만족하는 $k_r a$값은 $m = 0,1,2,\cdots$개로 무한히 많이 존재한다. 또한 위의 경계조건에 의해서 각 m값에 대해서 $n = 0,1,2,\cdots$ 개수만큼 식(4.38)을 만족하는 $k_r a$값이 존재한다. 따라서 반경방향 r의 파수 k_r는 원주방향의 모드 n를 고려하여 $k_{z,m.n}$로 표기한다. 표 4.1은 $m = 0 \sim 2$, $n = 0 \sim 2$에 대한 $k_{r,m.n}a$의 값이며 최소의 $k_{z,m.n}a$값은 (1.0)모드에서 $k_{r,1,0}a = 1.84$이다.

각각의 m, n에 대한 식(4.24)의 해를 (m,n)모드라고 하며 반경방향과 원주방향의 절선수를 나타낸다. 그림 4.4는 원통형 단면관의 저차모드를 나타내고 있다.

[표 4.1] 원형 단면관의 모드에 대한 해($k_{r,m.n}a$)

	$n=0$	$n=1$	$n=2$
$m=0$	0	3.83	7.02
$m=1$	1.84	5.83	8.53
$m=2$	3.05	6.71	9.97

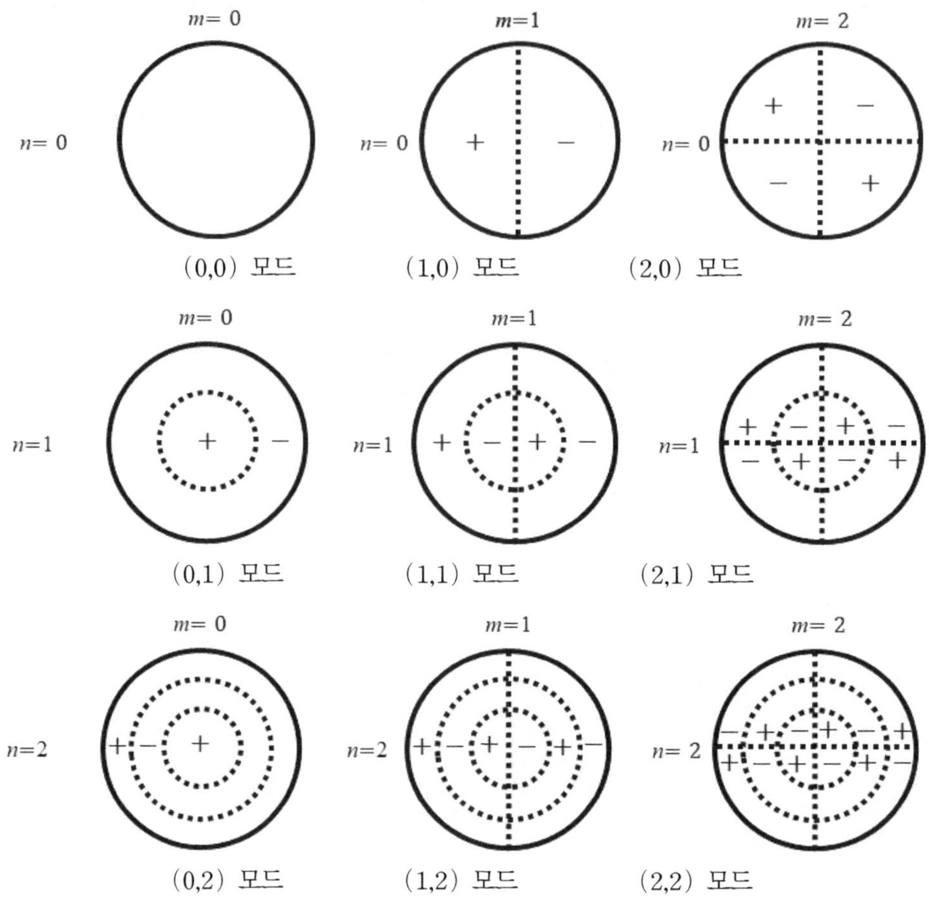

[그림 4.5] 원형 단면관의 모드형상

나. 차단주파수

원형 단면관에서 식(4.27)에서 $k_{z,m.n}^2 = k^2 - k_{r,m.m}^2 < 0$의 경우, 즉 반경방향의 전파속도가 음속보다 빠르면 z방향의 파수 $k_{z,m.n}$가 허수가 되어 식(4.37)로부터 음은 지수적으로 감소한다. 따라서 직사각형 단면관과 동일하게 $k = \frac{\omega}{c} < \frac{(k_{r,m.n}a)}{a}$의 조건을 만족하는 주파수에서 $(0,0)$모드 이외의 모든 (m,n)모드는 전파하지 않는다.

(m,n)모드가 전파할 수 있는 최소주파수 즉, (m,n)모드의 차단주파수는 다음식으로부터 계산할 수 있다.

$$f_{m,n} = \frac{\omega_{m,n}}{2\pi} = \frac{(k_{r,m.n}a)c}{2\pi a} \tag{4.39}$$

표 4.1에서 최소의 $k_{r,m.n}a$는 (1.0)모드에 대해서 $k_{r,1,0}a = 1.84$이기 때문에 최소차단주파수$f_{1.0}$는 식(4.39)로부터 $f_{1.0} = \frac{1.84c}{2\pi a} = \frac{0.293c}{a}$이 되며, 이 주파수 이하에서 평면파 $(m=0,\ n=0)$만 전파한다.

4.2 음향임피던스 및 방사임피던스

관내의 음향임피던스는 관의 길이에 따라 위상차가 변하며, 방사임피던스는 끝단의 경계조건에 따라 다르기 때문에 음의 방사특성이 다르다. 따라서 음향임피던스와 방사임피던스에 의해서 관내의 반사율과 투과율이 변한다.

4.2.1 음향임피던스와 반사계수

관내에서 공진모드가 발생하지 않고 평면파만 전파하는 차단주파수는 앞에서 기술한 것과 같이 관의 단면에 반비례하며 저주파수 영역에 존재한다. 그러나 관내에서 음은 평면파이외에도 x, y평면의 공진모드에 의해서 전파되며 공진모드에 의한 음의 전파는 주파수에 따라 음속이 변하는 분산성을 갖기 때문에 해석이 매우 어렵다. 따라서 관내의 음압 및 음향에너지의 해석은 평면파를 이용한다.

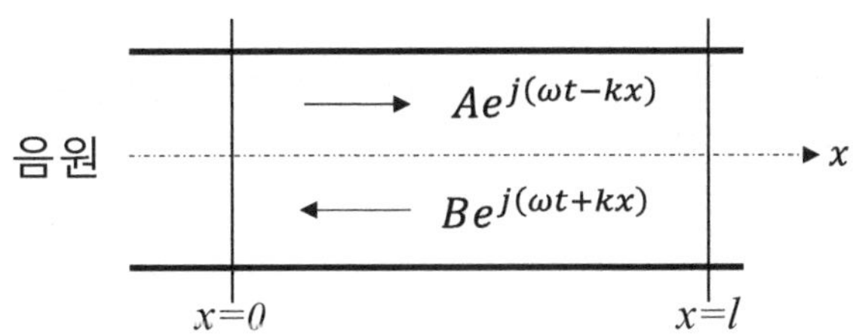

[그림 4.6] 관내에서 평면파의 전파

그림 4.6과 같이 음이 x의 정방향으로 전파할 경우 임의의 위치에 대한 음압은 x방향의 진행파와 반사파로 표현된다.

$$p(x,t)= Ae^{j(\omega t - kx)} + Be^{j(\omega t + kx)} \tag{4.40}$$

체적속도 $v = v_o e^{i\omega t}$는 식(1.30)의 음압과 입자속도에 대한 관계식에 식(4.40)을 대입하여 계산할 수 있다.

$$v(x,t)= \frac{S}{\rho c}\left(Ae^{j(\omega t - kx)} - Be^{j(\omega t + kx)}\right)= Su(x,t) \tag{4.41}$$

식(4.41)에서 대기중의 공기에 대한 특성 임피던스와 구분하기 위해서 관내의 체적속도의 특성 임피던스 Z_v를 다음과 같이 정의한다.

$$Z_v = \frac{\rho c}{S}= \frac{z}{S} \tag{4.42}$$

그리고 관내 임의의 위치x에서 음향임피던스는 식(4.40)과 식(4.41)으로부터 계산할 수 있다.

$$Z_x = \frac{p}{v}= \frac{\rho c}{s}\frac{Ae^{-jkx} + Be^{jkx}}{Ae^{-jkx} - Be^{jkx}}= \frac{\rho c}{s}\frac{1+\dfrac{Be^{jkx}}{Ae^{-jkx}}}{1-\dfrac{Be^{jkx}}{Ae^{-jkx}}}= R_x + jX_x \tag{4.43}$$

관내 음압의 진행파와 반사파에 대한 비의 반사계수 R는 다음과 같이 정의하면 식(4.43)으로부터 반사계수를 음향임피던스로 나타낼 수 있다.

$$R= \frac{Be^{jkx}}{Ae^{-jkx}}= \frac{B}{A}e^{j2kx} = |R|e^{j\phi} \tag{4.44a}$$

$$Z_x = Z_v \frac{1+R}{1-R} \tag{4.44b}$$

$$R = \frac{Z_x - Z_v}{Z_x + Z_v} \tag{4.44c}$$

식(4.44)는 진행파와 반사파 음압의 진폭 비 즉 반사계수R는 ϕ위상차를 갖으며 반사계수의 크기와 위상차를 이용하여 관내 임의의 위치에 대한 음향임피던스를 구할 수 있다.

$$Z_x = \frac{\rho c}{s} \frac{Ae^{-jkx} + Be^{jkx}}{Ae^{-jkx} - Be^{jkx}} = \frac{\rho c}{s} \frac{1 + \frac{B}{A}e^{j2kx}}{1 - \frac{B}{A}e^{j2kx}} = Z_v \frac{1 + |R|e^{j\phi}}{1 - |R|e^{j\phi}} \tag{4.45a}$$

$$Z_x = \frac{\rho c}{s} \frac{(1 + |R|cos\phi) + j|R|sin\phi}{(1 - |R|cos\phi) - j|R|sin\phi} = z_v \frac{(1 - |R|^2 + j2|R|sin\phi)}{1 + |R|^2 - 2cos\phi} = R_x + jX_x \tag{4.45b}$$

식(4.45b)에서 음향임피던스의 실수부와 허수부는 다음과 같다.

$$R_x = Z_v \frac{1 - |R|^2}{1 + |R|^2 - 2cos\phi} \tag{4.46a}$$

$$X_x = Z_v \frac{2|R|sin\phi}{1 + |R|^2 - 2cos\phi} \tag{4.46b}$$

또한 식(4.44c)에서 반사계수의 크기와 위상차는 음향임피던스로 나타낼 수 있다.

$$|R| = \sqrt{\frac{(R_x - Z_v)^2 + X_x^2}{(R_x + Z_v)^2 + X_x^2}} \tag{4.47a}$$

$$\phi = tan^{-1}\left[\frac{2X_x Z_v}{X_x^2 + R_x^2 - (Z_v)^2}\right] \tag{4.47b}$$

만약 길이l인 관에서 입구 측($x=0$)과 출구 측($x=l$)의 음향임피던스는 식(4.43)로부터 계산할 수 있다.

$$Z_{x=0} = Z_v \frac{A+B}{A-B} \tag{4.48a}$$

$$Z_{x=l} = Z_v \frac{Ae^{-jkl} + Be^{jkl}}{Ae^{-jkl} - Be^{jkl}} \tag{4.48b}$$

식(4.48)로부터 입구와 출구에 대한 음향임피던스의 관계를 계산할 수 있다.

$$Z_{x=0} = Z_v \frac{Z_{x=l} coskl + jZ_v sinkl}{j\frac{Z_{x=l}}{Z_v} sinkl + coskl} \tag{4.49}$$

출구가 강벽인 경우에는 음향임피던스가 $Z_{x=l} \to \infty$ 되므로 입구 측 음향임피던스는 다음과 같이 간단히 된다.

$$Z_{x=0} = -jZ_v cotkl \tag{4.50}$$

입구와 출구에 대한 반사계수는 음의 입사파와 반사파를 이용하여 계산할 수 있다.

$$R(0) = \frac{B}{A} \tag{4.51a}$$

$$R(l) = \frac{Be^{jkl}}{Ae^{-jkl}} = R(0)e^{2jkl} \tag{4.51b}$$

또한, 입구 측의 음향임피던스와 반사계수는 식(4.48a)로 부터 다음과 같은 관계를 갖는다.

$$Z_{x=0} = Z_v \left(\frac{1+R(0)}{1-R(0)} \right) \tag{4.52a}$$

$$R(0) = \frac{Z_{x=0} - Z_v}{Z_{x=0} + Z_v} \tag{4.52b}$$

출구가 강벽인 경우에는 체적속도가 $v \to 0$되기 때문에 반사계수는 $R \to 1$이 되어 모든 음은 반사되며 출구가 개방되어 있는 경우에는 반사계수가 $R \to 0$이 된다.

관내에서 음의 반사율과 투과율은 음향에너지의 비로 정의되며 식(4.44c)의 관내 음향임피던스를 이용하여 반사율을 계산할 수 있다.

$$\alpha_r = \left| \frac{\frac{Be^{jkx}}{2\rho c}}{\frac{Ae^{-jkx}}{2\rho c}} \right|^2 = \left| \frac{Z_x - Z_v}{Z_x + Z_v} \right|^2 = \frac{(R_x - Z_v)^2 + X_x^2}{(R_x + Z_v)^2 + X_x^2} \tag{4.53}$$

식(4.53)로부터 음향에너지 투과율은 다음과 같다.

$$\alpha_t = 1 - \alpha_r = \frac{|Ae^{-jkx}|^2 - |Be^{jkx}|^2}{|Ae^{-jkx}|^2} = \frac{4R_x Z_v}{(R_x + Z_v)^2 + X_x^2} \tag{4.54}$$

만약 끝단에 흡음재가 있으면 반사되지 않는 음향에너지가 흡수되는 음향에너지이므로 음의 투과율이 흡음율이 된다.

4.2.2 방사임피던스

관내에서 전파되어 출구단에 도착한 음은 피스톤과 같이 외부의 공기입자를 진동시켜 외부로 음이 방사되고, 일부는 관 내부로 반사된다. 이러한 출구단의 방사임피던스는 출구단의 평균음압과 체적속도 혹은 질량속도의 비로 정의된다.

$$\text{방사임피던스} = \frac{\text{출구단의 평균 음압}}{\text{출구단의 체적속도(질량속도)}} \tag{4.55}$$

반경 a의 원형 단면관의 경우에는 무한강벽 상의 원형피스톤이 가진 되어 음을 방사시키는 경우와 유사하게 방사임피던스를 계산할 수 있다. 따라서 제3장의 강벽 내 원형피스톤의 방사임피던스을 이용하여 원형 단면관에 대한 방사임피던스를 계산할 수 있다.

원형 단면관의 음향임피던스 Z_r는 식(4.55)의 정의와 같이 음압과 체적속도로부터 계산된다.

$$Z_r = \frac{p}{\pi a^2 u} \tag{4.56}$$

원형피스톤의 방사임피던스 Z_{rp}는 공기에 의해서 피스톤에 작용하는 힘과 입자속도의 비에 대한 정의를 이용하여 식(4.56)의 원형 단면관의 방사임피던스를 계산할 수 있다.

$$Z_{rp} = \frac{F}{u} = \frac{(\pi a^2)p}{u} = (\pi a^2)^2 Z_r = (\pi a^2)^2 (R_r + jX_r) \tag{4.57a}$$

$$Z_r = \frac{Z_{rp}}{(\pi a^2)^2} \tag{4.57b}$$

제3장에서 원형피스톤의 반경이 음의 파장보다 매우 작은 경우 $a \ll \lambda$, $2ka \ll a$에 대한 방사임피던스의 방사저항과 방사질량은 다음과 같다.

$$R_{rp}(2ka) = \frac{(2ka)^2}{8} \tag{4.58a}$$

$$X_{rp}(2ka) = \frac{4(2ka)}{3\pi} \tag{4.58b}$$

식(3.80b)을 식(4.57)에 대입하면 원형 단면과의 방사임피던스는 원형피스톤의 방사임피던스를 이용하여 계산할 수 있다.

$$R_r = \frac{1}{(\pi a^2)^2} \rho c \pi a^2 R_{rp}(2ka) = \frac{\rho c}{\pi a^2} R_{rp}(2ka) \tag{4.59a}$$

$$X_r = \frac{1}{(\pi a^2)^2}\rho c \pi a^2 \;\; X_{rp}(2ka) = \frac{\rho c}{\pi a^2} \;\; X_{rp}(2ka) \tag{4.59b}$$

$$Z_r = \frac{\rho c}{\pi a^2}\left[\left(1 - \frac{J_1(2ka)}{ka}\right) + j\frac{2H_1(2ka)}{(2ka)^2}\right] = Z_v\left[R_{rp}(2ka) + j \;\; X_{rp}(2ka)\right] \tag{4.59c}$$

저주파수 영역($ka < 0.5$)에 대한 원형 단면관에 대한 방사임피던스의 실수부와 허수부는 다음과 같이 계산할 수 있다.

$$Z_r = Z_v\left[\frac{(ka)^2}{2} + j(0.85\ ka)\right] = R_r + jX_r \tag{4.60}$$

그리고 무한강벽이 없는 원형 단면과의 방사임피던스는 방사저항과 방사질량이 식(4.60)보다 작아진다.

$$Z_r = Z_v\left[\frac{(ka)^2}{4} + j(0.6\ ka)\right] = R_r + jX_r \tag{4.61a}$$

$$R_r|_{open} = Z_v\frac{(ka)^2}{4} = \frac{1}{2}R_r|_{infinite\ flange} \tag{4.61b}$$

$$X_r|_{open} = z_v(0.6ka) < X_r|_{infinite\ flange} \tag{4.61c}$$

출구에서 반사계수는 식(4.52)와 같이 방사임피던스로부터 계산할 수 있다.

$$Z_r = Z_v\left(\frac{1+R}{1-R}\right) \tag{4.62a}$$

$$R = \frac{Z_r - Z_v}{Z_r + Z_v} \tag{4.62b}$$

무한강벽이 없는 개방관의 반사계수와 위상차는 식(4.62b)을 이용하여 계산할 수 있다. 방사임피던스는 식(4.61a)의 방사저항과 방사질량을 대입한다.

$$R = \frac{Z_r - Z_v}{Z_r + Z_v} = |R| e^{i\theta} = \frac{R_r + jX_r - Z_v}{R_r + jX_r + Z_v} = \frac{[0.25(ka)^2 - 1] + j[0.6(ka)]}{[0.25(ka)^2 + 1] + j[0.6(ka)]} \quad (4.63a)$$

$$|R| = \frac{\sqrt{(0.0625(ka)^4 + 0.36(ka)^2 - 1) + (1.2ka)^2}}{0.0625(ka)^4 + 0.86(ka)^2 + 1} \cong 1 - 0.5(ka)^2 \quad (4.63b)$$

$$\theta = tan^{-1}\frac{1.2ka}{0.0625(ka)^4 + 0.36(ka)^2 - 1} = tan^{-1}(-1.2ka) = \pi - tan^{-1}(1.2ka) \quad (4.63c)$$

무한강벽이 없는 개방관의 경우 음의 반사계수의 크기는 1에 접근하고, 위상차 $\theta \cong \pi$가 되기 때문에 출구단에 도착 한 음은 개방관 내부에서 외부로 방사하게 된다.

$$|R| \cong 1 \quad (4.64a)$$

$$\theta \cong \pi \quad (4.64b)$$

4.3 분기관 및 유공

관의 측면에 분기관 혹은 유공이 존재하면 이들의 음향임피던스에 의해서 관내의 반사율 및 투과율이 변하게 되어 음의 전파특성을 조절할 수 있다.

4.3.1 분기관

그림 4.7와 같이 관내의 측면에 분기관이 존재하는 경우, 음향에너지의 투과율에 대해서 생각하자. 관내에 전파하는 음압과 분기관에 전파하는 음압은 다음과 같이 쓸 수 있다.

$$p_1(x,t) = A_1 e^{j(\omega t - kx)} + B_1 e^{j(\omega t + kx)} = p_{i1} + p_{r1} \quad (4.65a)$$

$$p_2(x,t) = A_2 e^{j(\omega t - ky)} + B_2 e^{j(\omega t + ky)} = p_{i2} + p_{r2} \quad (4.65b)$$

$$p_3(x,t)= A_3e^{j(\omega t - kx)} + B_3e^{j(\omega t + kx)} = p_{i3} + p_{r3} \tag{4.65c}$$

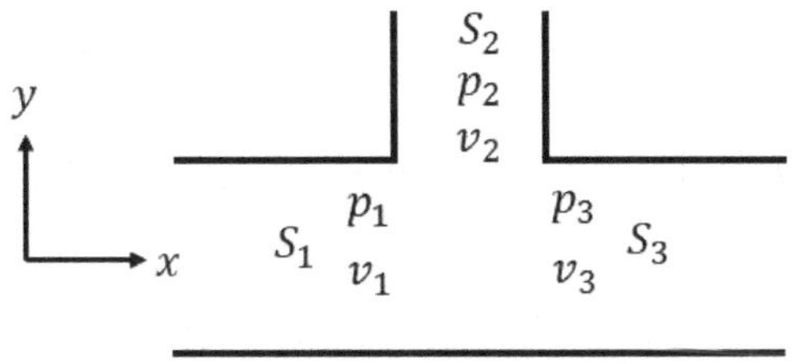

[그림 4.7] 관 측면의 분기관

관과 분기관에 대한 음압과 체적속도는 경계조건에 따라 다음과 같다.

$$p_1 = p_2 = p_3 \tag{4.66a}$$

$$v_1 = v_2 + v_3 \tag{4.66b}$$

식(4.66)으로부터 체적속도에 대한 음압의 비로 음향임피던스를 계산할 수 있다.

$$\frac{v_1}{p_1} = \frac{v_2}{p_2} + \frac{v_3}{p_3} \tag{4.67a}$$

$$\frac{1}{Z_1} = \frac{1}{Z_2} + \frac{1}{Z_3} \tag{4.67b}$$

식(4.67)에서 Z_1는 음원에서 음의 진행방향에 대한 음향임피던스, Z_3는 분기관의 끝단에서 관의 음향임피던스, Z_2는 분기관에서 관의 방향에 대한 음향임피던스를 나타낸다.

식(4.67)로부터 관의 음향임피던스를 구한 후, 음압의 입사파와 반사파의 진폭에 대한 비를 계산하여 분기관에 대한 음향임피던스 관계식(4.67b)을 적용한다.

$$Z_1 = \frac{p_1}{S_1u_1} = \frac{\rho c}{S_1}\frac{p_{i1} + p_{r1}}{p_{i1} - p_{r1}} \tag{4.68a}$$

$$\frac{p_{r1}}{p_{i1}} = \frac{Z_1 - \dfrac{\rho c}{S_1}}{Z_1 + \dfrac{\rho c}{S_1}} = \frac{Z_3 Z_2 - \dfrac{\rho c}{S_1}(Z_2 + Z_3)}{Z_3 Z_2 + \dfrac{\rho c}{S_1}(Z_2 + Z_3)} \tag{4.68b}$$

음향임피던스 Z_3는 정의에 따라 관3의 입사파와 반사파로 표현할 수 있다.

$$Z_3 = \frac{p_3}{S_3 u_3} = \frac{\rho c}{S_3} \frac{p_{i3} + p_{r3}}{p_{i3} - p_{r3}} \tag{4.69}$$

만약, 관1과 관3의 단면적의 크기가 동일하고 $(S_1 = S_3)$, 관3의 끝단으로부터 반사가 없으면 $(p_{r3} = 0)$ 음향임피던스는 $Z_3 = \dfrac{\rho c}{S_3}$이 된다. 이 음향임피던스를 식(4.68)에 대입하고 분기관2의 음향임피던스를 허수부와 실수부로 $Z_2 = R_2 + jX_2$ 표시하면 다음과 같다.

$$\frac{p_{r1}}{p_{i1}} = \frac{-\dfrac{\rho c}{2S_1}}{Z_2 + \dfrac{\rho c}{2S_1}} = \frac{-\dfrac{\rho c}{2S_1}}{R_2 + jX_2 + \dfrac{\rho c}{2S_1}} \tag{4.70}$$

그리고 관3이 개방되어 있으면 반사파가 없기 때문에 분기부에서 음압의 관계는 관1의 입사파 및 반사파와 관3으로 투과되는 파가 동일하다.

$$p_{i3} = p_{i1} + p_{r1} \tag{4.71}$$

식(4.71)으로부터 관1의 입사파와 관3의 투과파의 비를 계산할 수 있다.

$$\frac{p_{i3}}{p_{i1}} = 1 + \frac{p_{r1}}{p_{i1}} = \frac{Z_2}{\dfrac{\rho c}{2S_1} + Z_2} = \frac{R_2 + jX_2}{R_2 + jX_2 + \dfrac{\rho c}{2S_1}} \tag{4.72}$$

따라서 분기부에 대한 음원측 음향에너지 반사율α_r은 식(4.70)로부터 계산할 수 있으며 분기부에 대한 끝단측 음향에너지의 투과율α_t은 식(4.72)로부터 계산할 수 있다.

$$\alpha_r = \left| \frac{P_{r1}}{P_{i1}} \right|^2 = \frac{\left(\frac{\rho c}{2S_1}\right)^2}{\left(R_2 + \frac{\rho c}{2S_1}\right)^2 + X_2^2} \tag{4.73a}$$

$$\alpha_t = \left| \frac{P_{r3}}{P_{i1}} \right|^2 = \frac{{R_2}^2 + {X_2}^2}{\left(R_2 + \frac{\rho c}{2S_1}\right)^2 + {X_2}^2} \tag{4.73b}$$

분기관의 음향에너지 투과율은 에너지 보존법칙에 따라 관의 반사율과 관의 투과율로부터 계산할 수 있다.

$$\alpha_2 = 1 - \alpha_r - \alpha_t = \frac{\frac{\rho c}{2S_1} R_2}{\left(R_2 + \frac{\rho c}{2S_1}\right)^2 + X_2^2} \tag{4.74}$$

가. 개방 분기관 혹은 끝단 분기

관의 측면에 개방된 분기관이 부착되거나, 끝단이 분기된 경우에는 반사파가 존재하지 않는다 $p_{r2} = 0$. 따라서, 분기관2의 음향임피던스 Z_2는 관3의 음향임피던스와 동일하게 표현된다.

$$Z_2 = \frac{p_2}{S_2 u_2} = \frac{\rho c}{S_2} \tag{4.75}$$

식(4.75)를 식(4.68b)에 대입하면 음압의 진폭 비는 관의 단면적의 크기로 표현된다.

$$\frac{p_{r1}}{p_i 1} = \frac{Z_1 - \frac{\rho c}{S_1}}{Z_1 + \frac{\rho c}{S_1}} = \frac{Z_3 Z_2 - \frac{\rho c}{S_1}(Z_2 + Z_3)}{Z_3 Z_2 + \frac{\rho c}{S_1}(Z_2 + Z_3)} = \frac{S_1 - (S_2 + S_3)}{S_1 + (S_2 + S_3)} \tag{4.76}$$

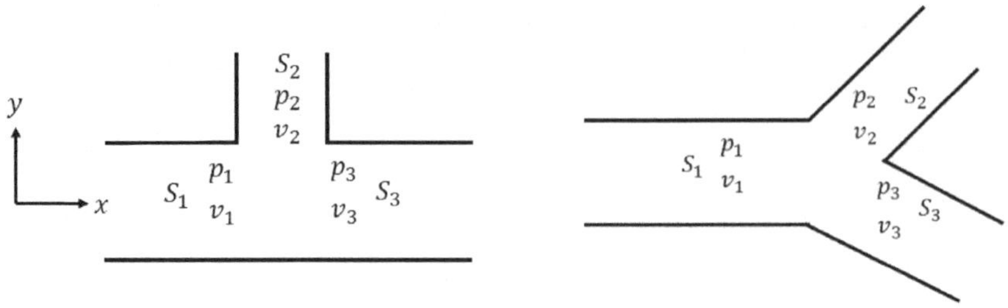

[그림 4.8] 개방 분기관과 끝단 분기

식(4.76)로부터 관1의 반사율과 관3의 투과율을 구할 수 있다.

$$\alpha_r = \left| \frac{p_{r1}}{p_i 1} \right|^2 = \left| \frac{S_1 - (S_2 + S_3)}{S_1 + (S_2 + S_3)} \right|^2 \tag{4.77a}$$

$$\alpha_t = 1 - \alpha_r = 1 - \left| \frac{S_1 - (S_2 + S_3)}{S_1 + (S_2 + S_3)} \right|^2 \tag{4.77b}$$

또한 관내에서 에너지 보존법칙에 따라 관2의 투과율을 구할 수 있다.

$$\alpha_2 = 1 - \alpha_r - \alpha_t \tag{4.78}$$

나. 폐분기관

그림 4.9와 같이 관의 측면에 폐분기관이 부착된 경우, 폐분기관에 의해서 관내 공기의 운동이 영향을 받는다. 이 경우 음의 투과율과 반사율은 폐분기관의 음향임피던스를 알게 되면 식(4.68)로부터 계산할 수 있다.

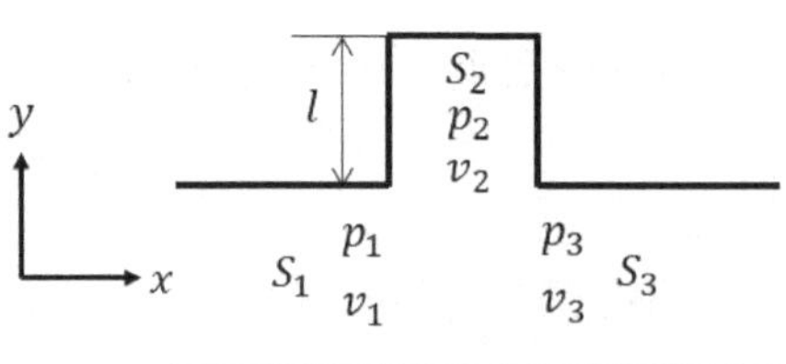

[그림 4.9] 폐분기관

폐분기관의 길이를 l이라 하고 폐분기관의 음향임피던스를 계산한다.

분기관내에 평면파가 전파하므로 음향임피던스는 식(4.52)에 $x=-l$라고 놓고 계산한다.

$$Z_2 = Z_{-l} = \frac{p_2}{S_2 u_2} = \frac{\rho c}{s_2}\frac{e^{jkl}+e^{-jkl}}{e^{jkl}-e^{-jkl}} = -j\frac{\rho c}{s_2}cot(kl) = R_2 + jX_2 \tag{4.79a}$$

$$R_2 = 0,\ X_2 = -j\frac{\rho c}{s_2}cot(kl) \tag{4.79b}$$

그림 4.8에서 대부분 관1과 관3의 단면적의 크기는 동일한 경우가 많으므로 관내 흡음율과 투과율은 식(4.79)을 식(4.73)에 대입하면 계산할 수 있다.

$$\alpha_r = \frac{\left(\frac{\rho c}{2S_1}\right)^2}{\left(\frac{\rho c}{2S_1}\right)^2 + \left(\frac{\rho c}{S_2}cot(kl)\right)^2} \tag{4.80a}$$

$$\alpha_t = \frac{\left(\frac{\rho c}{S_2}cot(kl)\right)^2}{\left(\frac{\rho c}{2S_1}\right)^2 + \left(\frac{\rho c}{S_2}cot(kl)\right)^2} \tag{4.80b}$$

그리고 폐분기관내의 음이 입사하면 모든 음이 반사되기 때문에 폐분기관내의 투과율은 없다.

$$\alpha_2 = 1 - \alpha_r - \alpha_t = 0 \tag{4.81}$$

식(4.81)에서 폐분기관에 대한 음향임피던스의 실수부는 $R_2=0$이므로 폐관내의 음향에너지 손실이 없는 것을 의미한다. 따라서 $\alpha_2=0$는 당연한 결과이다.

식(4.80b)에서 $cot(kl)=0$일 때, $\alpha_r=1$, $\alpha_t=0$가 되어 모든 음은 반사되어 음원에서부터 끝단으로 음향에너지의 투과가 없게 된다. 이 경우에 대한 주파수는 다음과 같이 계산할 수 있다.

$$kl = \frac{(2n-1)\pi}{2},\ n = 1,2,3 \tag{4.82a}$$

$$f = \frac{(2n-1)c}{4l},\ n = 1,2,3 \tag{4.82b}$$

관의 측면에 길이 l을 갖는 폐분기관을 부착하면 식(4.82b)의 주파수에서 음의 전파가 차단되어 소음기와 같은 역할을 한다.

4.3.2 측면 유공

원형 단면관내에 그림 4.10과 같이 측면에 원형 유공이 있는 경우는 피리 등과 같은 관악기에서 볼 수 있다. 원형 유공의 반경을 a라고 하고, 반경은 관의 직경에 비해서 작으며, 측면 원형 유공내 공기는 반경a의 원판으로 생각할 수 있다. 따라서, 원형 유공의 음향임피던스는 무한강벽 내 원형피스톤의 방사임피던스와 동일하게 계산할 수 있다.

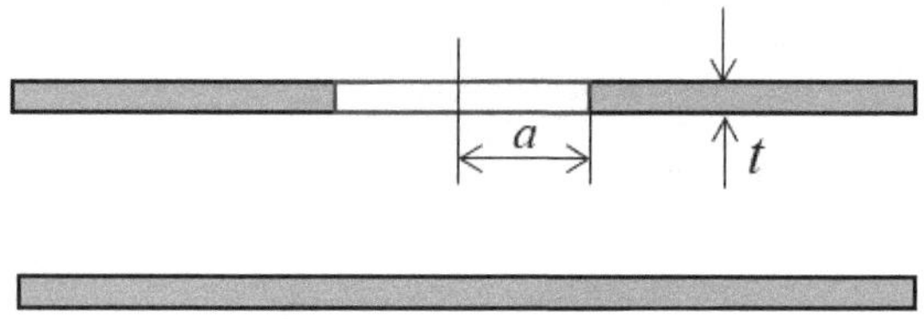

[그림 4.10] 원형 유공

원형 유공의 음향임피던스 Z_2는 원형 유공의 음압과 체적속도로부터 계산된다.

$$Z_2 = \frac{p}{\pi a^2 u} \tag{4.83}$$

식(4.83)은 원형 유공의 음향임피던스이며 원형피스톤에 작용하는 힘과 입자속도로 정의되는 원형피스톤의 방사임피던스와의 관계로 나타낼 수 있다.

$$Z_{rp} = \frac{F}{u} = \frac{(\pi a^2)p}{u} = (\pi a^2)^2 Z_2 = (\pi a^2)^2 (R_2 + jX_2) \tag{4.84}$$

관의 측면에 부착된 원형 유공의 경우에는 공기가 유공을 왕복운동하기때문에 벽 양측에 추가질량이 부착되어 있는 것으로 생각할 수 있으므로 식(4.84)의 방사질량 (허수부)이 2배가 된다.

$$X_2(2ka) \rightarrow 2X_2(2ka) \tag{4.85}$$

식(4.58)과 식(4.84)로부터 원형 유공에 대한 음향임피던스의 방사저항과 방사질량을 계산할 수 있다.

$$R_2 = \frac{1}{(\pi a^2)^2}\rho c \pi a^2 R_{rp}(2ka) = \frac{\rho c k^2}{2\pi} \tag{4.86a}$$

$$X_2 = \frac{1}{(\pi a^2)^2}\rho c \pi a^2 2\, X_{rp}(2ka) = \frac{\rho k c}{\pi a^2}\left(2\frac{8a}{3\pi}\right) = \frac{16}{3}\frac{\rho\omega}{a\pi^2} \tag{4.86b}$$

식(4.86b)의 괄호는 원형 유공 내 공기의 추가질량 길이가 $2\frac{8a}{3\pi}$이며 유공의 음향임피던스에 대한 허수부의 길이는 추가질량의 길이에 원형 유공 벽의 두께 t를 고려해야 한다.

$$t' = t + \frac{16a}{3\pi} \tag{4.87a}$$

$$X_2 = \frac{\rho\omega}{\pi a^2}t' = \frac{\rho c k}{\pi a^2}t' \tag{4.87b}$$

관의 측면에 원형 유공이 부착된 경우 관내 흡음율과 투과율은 식(4.73)로부터 계산할 수 있다.

$$\alpha_r = \frac{\left(\frac{\rho c}{2s}\right)^2}{\left(\frac{\rho c}{2s} + \frac{\rho c k^2}{2\pi}\right)^2 + \left(\frac{\rho c k}{\pi a^2}t'\right)^2} \tag{4.88a}$$

$$\alpha_t = \frac{\left(\frac{\rho c k^2}{2\pi}\right)^2 + \left(\frac{\rho c k}{\pi a^2} t'\right)^2}{\left(\frac{\rho c}{2s} + \frac{\rho c k^2}{2\pi}\right)^2 + \left(\frac{\rho c k}{\pi a^2} t'\right)^2} \tag{4.88b}$$

저주파의 경우 즉 $k = \dfrac{2\pi f}{c}$가 작은 경우에 음향에너지는 $\alpha_t \approx 0$ 가 되어 측면유공 위치로부터 끝단으로 음향에너지의 전파는 거의 없으며 $\alpha_r \approx 1$이므로 측면유공 위치에서 음향에너지가 음원으로 반사되는 것을 알 수 있다. 그러나 고주파의 경우에는 측면유공 위치에서 반사가 감소하여 투과율이 $\alpha_t \to 1$에 접근한다.

4.4 소음기

자동차 등과 같은 내연기관의 배기관 혹은 환기장치의 관 등으로부터 배기가스와 함께 소음이 외부로 배출된다. 이렇게 외부로 배출되는 음을 저감 시키기 위해서 관 내부에 소음기를 설치한다. 소음기는 주로 자동차의 배기음 혹은 건물내 환기장치의 관내에서 소음에너지 전파를 차단하는 장치로 자동차의 머플러와 송풍장치의 소음기 등이 있다.

소음기는 음을 저감시키는 원리에 따라서 크게 흡음형 소음기, 간섭형 소음기 및 공명형 소음기로 분류된다. 본 절에서는 소음기의 원리, 특징 및 해석방법에 대해서 기술한다. 소음기에 대한 음의 해석은 앞에서 기술한 것과 같이 평면파를 이용한다.

4.4.1 소음기의 종류 및 평가인자

소음기는 음의 저감방법에 따라 흡음형, 간섭형 및 공명형으로 분류된다. 간섭형은 관 내부의 요소에 의해서 음향에너지가 반사하도록 하여 음원에서 발생된 음이 끝단에서 방사되지 않도록 하는 방법이다.

흡음형은 관 내부에 흡음재를 설치하여 음향에너지를 흡수하여 끝단까지 음이 전파되지 않도록 하는 소음기이며, 공명형은 음의 공진을 이용하여 관내를 전파하는 음향에너지를 저감 시킨다.

가. 소음기의 종류

(a) 흡음형 소음기

흡음형 소음기(absorption silencer)는 다공질 흡음재와 같은 다공성 조직을 갖는 재료를 관 내부에 부착하여 마찰저항에 의한 음향에너지를 흡수하는 소음기이다.

일반적으로 흡음형 소음기의 특징은 흡음재를 삽입하는 양에 따라 소음 저감효과가 결정되며 고주파 영역에서 저감성능이 우수하다.

흡음형 소음기의 저감효과는 이론 및 실험을 토대로 제안되었으며, 가장 실용적인 저감효과를 파악하기 위한 식은 식(4.89)와 같다. 소음 저감량 R은 관 내부의 원주길이 P와 관의 길이 L에 비례하고, 관의 단면적에 반비례한다.

$$R[dB] = K\frac{P}{S}L \tag{4.89}$$

일반적으로 흡음형 소음기의 설계는 식(4.89)를 이용하며 정수 K는 다공질 재료의 흡음율α에 의존하며 새빈(Sabine)은 다음과 같이 실험적으로 K값을 제안하였다.

$$K = 1.05\alpha^{1.4} \tag{4.90}$$

(b) 간섭형 소음기

관의 단면을 급격하게 변화시키면 관내의 음향임피던스가 변해서 음의 반사가 발생하기 때문에 관의 단면 변화를 다층으로 설계하거나 음향임피던스가 다른 구성요소를 설치하여 관 내부에서 음의 반사가 발생하도록 하여 소음기 출구에서 음의 방사를 저감 시키는 형태를 간섭형 소음기(reactance silencer)라고 한다.

간섭형 소음기의 특성은 공동의 체적, 공동의 길이 및 공동 전후의 관의 길이에 따라 변한다. 자동차의 머플러 등에서는 다수의 간섭형 소음기를 조합하여 넓은 주파수 영역에서 소음이 저감되도록 설계한다.

(C) 공명형 소음기

관의 측면에 작은 유공 혹은 체적요소를 설치하여 체적요소내의 공진에 의한 소음기를 공명형 소음기라 한다. 가장 대표적인 공명형 소음기는 헬름홀쯔 공명기를 이용한 것으로 특정 주파수에서 음향에너지를 흡수하기 때문에 1개의 공동만으로는 충분한 흡음성능을 얻을 수 없다. 그러나 다수의 공동을 일정한 간경으로 설치하면 소음기의 흡음성능을 향상시킬 수 있다.

나. 소음기의 성능 평가인자

소음기의 성능을 표시하는 인자는 삽입손실(Insertion loss), 투과손실(Transmission loss) 및 음압레벨 차(Level difference)가 있다.

(a) 삽입손실(IL)

삽입손실은 소음기 유무에 대한 관의 출구 끝단에서 측정한 음향파워의 차를 나타낸다.

$$IL = L_w - L_{ws} = 10log\left(\frac{L_w}{L_{ws}}\right) \tag{4.91}$$

식(4.91)에서 L_w는 소음기가 설치되지 않는 경우의 음향파워 레벨이고, L_{ws}는 소음기가 설치된 경우의 음향파워 레벨이다.

(b) 투과손실(TL)

투과손실은 소음기에 입사하는 음향에너지와 소음기를 통과하는 음향에너지의 차를 나타낸다.

$$TL = L_{wi} - L_{wt} = 10log\left(\frac{W_i}{W_t}\right) \tag{4.92}$$

식(4.92)에서 L_{wi}는 소음기에 입사하는 음향파워 레벨, L_{wt}는 소음기로부터 방사되는 음향파워 레벨이다.

(c) 음압레벨 차(LD)

음압레벨 차는 소음기 전후에 임의의 위치에서 측정한 소음레벨의 차이다.

$$LD = 20log\left|\frac{P_n}{P_1}\right| \tag{4.93}$$

식(4.93)에서 P_1는 소음기에 입사하는 소음레벨, P_n는 소음기로부터 방사하는 소음레벨이다.

삽입손실은 소음원에서 수음점까지의 방사파워의 손실을 나타내기 때문에 전체 관에 대한 소음저감 성능인자이다. 따라서, 소음원의 내부 임피던스와 방사임피던스가 필요하다. 그러나 실제 소음원에 대한 내부 임피던스의 측정은 쉽지 않다.

투과손실은 소음기에 입사 및 투과되는 음향에너지의 차를 나타내는 인자로서 소음원의 내부 임피던스와 방사임피던스가 포함되어 있지 않다. 따라서 소음기 자체의 소음저감 성능 파악에 매우 유리하다.

음압레벨 차는 소음기에 입사파와 투과파에 대한 음압의 차로부터 소음저감을 나타내는 성능 인자이다. 투과손실과 동일하게 소음원의 내부 임피던스와 방사임피던스가 필요하지 않기 때문에 소음기에 대한 측정 및 해석이 가장 용이하여 실험 및 계산결과의 비교 검토에 많이 사용되고 있다. 그러나 소음측정 시 소음의 측정위치 및 주위환경 소음에 의한 영향을 많이 받는다.

4.4.2 소음기의 구성 요소

간십형 소음기의 구성요소는 관의 단면적 변화 및 공명기 등을 설치하여 음향임피던스의 부정합에 의해서 음이 반사하도록 한다.

가. 관의 단면 변화

그림 4.11과 같이 관의 단면적이 변하는 경우 경계면($x=0$)에서 입사파와 반사파 그리고 투과파가 존재한다.

$$p_i(x,t)= P_i e^{j(\omega t - kx)} \tag{4.94a}$$

$$p_r(x,t)= P_r e^{j(\omega t + kx)} \tag{4.94b}$$

$$p_t(x,t)= P_t e^{j(\omega t - kx)} \tag{4.94c}$$

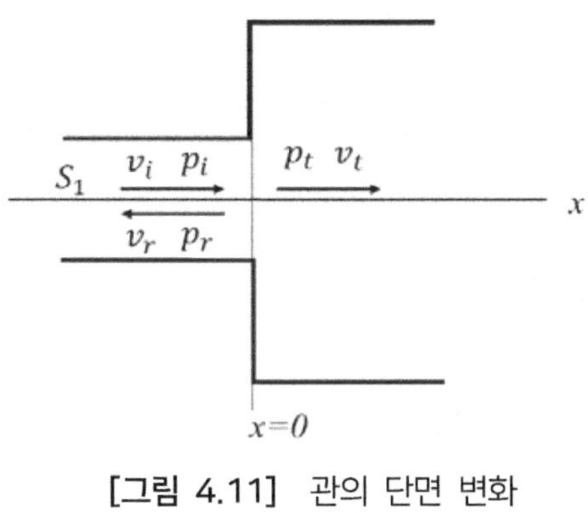

[그림 4.11] 관의 단면 변화

관의 단면이 변화하는 경계면에서 음압과 체적속도의 연속성에 의한 경계조건으로부터 다음과 같은 식을 얻을 수 있다.

$$p_i + p_r = p_t \tag{4.95a}$$

$$v_i + v_r = v_t \tag{4.95b}$$

$$\frac{p_i + p_r}{v_i + v_r} = \frac{p_t}{v_t} \tag{4.95c}$$

식(4.95)에서 관내의 음향임피던스는 다음과 같이 정의된다.

$$Z_v = \frac{p_i + p_r}{v_i + v_r} = \frac{\rho c}{S_1}\frac{P_i e^{-jkx} + P_r e^{jkx}}{P_i e^{-jkx} - P_r e^{jkx}} = \frac{\rho c}{S_2} \tag{4.96}$$

식(4.96)에서 경계면에 대한 조건 $(x = 0)$을 대입하면 입사파와 반사파의 진폭 비를 계산할 수 있다.

$$\frac{\rho c}{S_1}\frac{P_i + P_r}{P_i - P_r} = \frac{\rho c}{S_2} \tag{4.97a}$$

$$\frac{P_r}{P_i} = \frac{S_1 - S_2}{S_1 + S_2} \tag{4.97b}$$

식(4.97b)으로부터 음의 에너지에 대한 반사율과 투과율은 관의 단면적으로 표현된다.

$$\alpha_r = \frac{|P_r|^2}{|P_i|^2} = \frac{|S_1 - S_2|^2}{|S_1 + S_2|^2} = R^2 \tag{4.98a}$$

$$\alpha_t = 1 - \alpha_r = \frac{4S_1 S_2}{(S_1 + S_2)^2} \tag{4.98b}$$

$$TL = 10log\left|\frac{(S_1+S_2)^2}{4S_1S_2}\right| \qquad (4.98c)$$

나. 집중관성 및 집중강성

관내에 임의의 중간위치에 관보다 작은 단면적의 관을 연결하거나, 헬름홀쯔 공명기와 같이 커다란 부피의 체적요소가 연결된 경우에 음향임피던스의 부정합에 의해서 음이 감소한다.

(a) 집중관성(lumped inertance)

관의 중간에 그림 4.12와 같이 관보다 작은 직경의 관이 연결된 경우에 대한 음향임피던스를 계산하자.

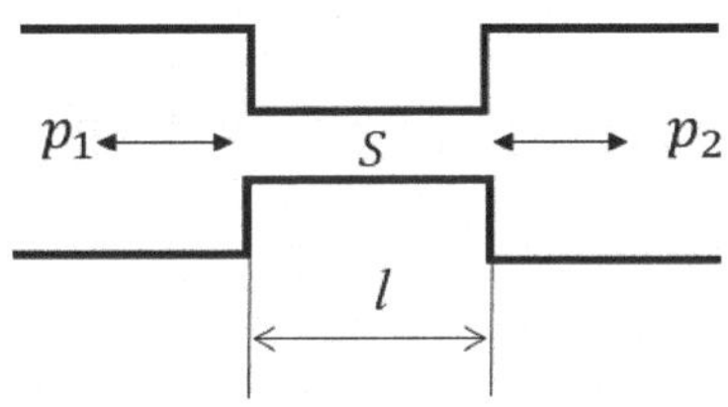

[그림 4.12] 집중관성 요소

그림 4.11의 연결관 내에서 음압과 입자속도 $u = u_0 e^{-i\omega t}$로부터 운동방정식을 세울 수 있다.

$$S(p_1 - p_2) = (\rho Sl)\frac{du}{dt} \qquad (4.99a)$$

$$\triangle p = \rho lj\omega u \qquad (4.99b)$$

연결관에 작용하는 음압과 체적속도 u로부터 음향임피던스를 계산할 수 있다.

$$Z_M = \frac{\triangle p}{v} = \frac{\rho lj\omega u}{Su} = j\omega\frac{\rho l}{S} \qquad (4.100)$$

식(4.100)의 연결관의 음향임피던스는 전체관에 질량의 항이 추가된 것과 동일하다.

(b) 집중강성(lumped compliance)

관의 중간에 그림 4.13과 같이 체적요소가 부착된 경우 목에서 공기 수축에 의한 운동이 발생하기 때문에 단면적 S의 목에 음압이 작용한다.

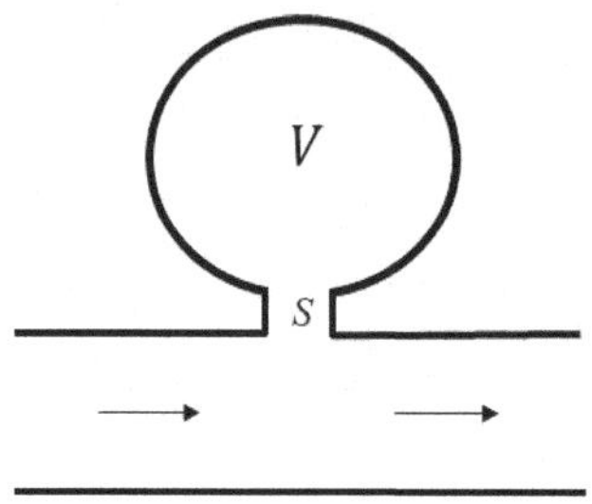

[그림 4.13] 집중강성 요소

목의 음압에 의한 체적감소는 단열과정으로 생각할 수 있기 때문에 식(1.28)과 같이 음압과 체적변화에 대한 식을 유도할 수 있다.

$$\frac{p}{p_o} + \gamma \frac{\Delta V}{V} = 0 \qquad (4.101a)$$

$$p = -\gamma \frac{p_o \Delta V}{V} \qquad (4.101b)$$

식(4.101)의 체적변화 ΔV는 목의 단면적과 입자변위에 의한 목의 체적변화와 동일하다.

$$\Delta V = -S\xi = -\frac{Su}{j\omega} \qquad (4.102)$$

식(4.102)를 식(4.101b)에 대입하여 음압과 목부분의 음향임피던스를 계산할 수 있다.

$$p = \gamma \frac{p_o}{V} \frac{Su}{j\omega} \qquad (4.103a)$$

$$Z_C = \frac{p}{v} = \frac{p}{Su} = \gamma \frac{p_o}{j\omega V} = \frac{\rho}{j\omega\left(\frac{V}{c^2}\right)}, \left(c = \sqrt{\gamma \frac{p_0}{\rho}}\right) \tag{4.103b}$$

식(4.103b)에서 $\frac{V}{c^2}$항은 체적에 의한 강성을 나타내며, 관내에 체적요소가 존재할 경우 강성이 추가되는 것이라고 생각할 수 있다.

다. 공명형 요소

(a) 확장형 공명기

그림 4.14와 같이 입구와 출구 측 관의 길이가 확장된 경우 수축 혹은 확장관의 경계면에서 모든 음압은 동일하고 입사하는 체적속도는 관내에 대한 체적속도의 합과 동일하다.

$$p_3 = p_2 = p_1 \tag{4.104a}$$

$$v_3 = v_2 + v_1 \tag{4.104b}$$

그리고, 영역2의 음향임피던스는 식(4.49)와 동일하게 계산할 수 있다.

$$Z_2 = \frac{p_2}{v_2} = \frac{Z_{end} coskl_2 + jZ_{v,2} sinkl_2}{j\frac{Z_{end}}{Z_{v,2}} sinkl_2 + coskl_2} \tag{4.105}$$

일반적으로 영역2는 강벽의 폐관인 경우가 대부분이므로 강벽의 음향임피던스는 $Z_{end} = \infty$이 되므로 식(4.50)과 동일하다.

$$Z_2 = -jZ_{v,2} cotkl_2 \tag{4.106}$$

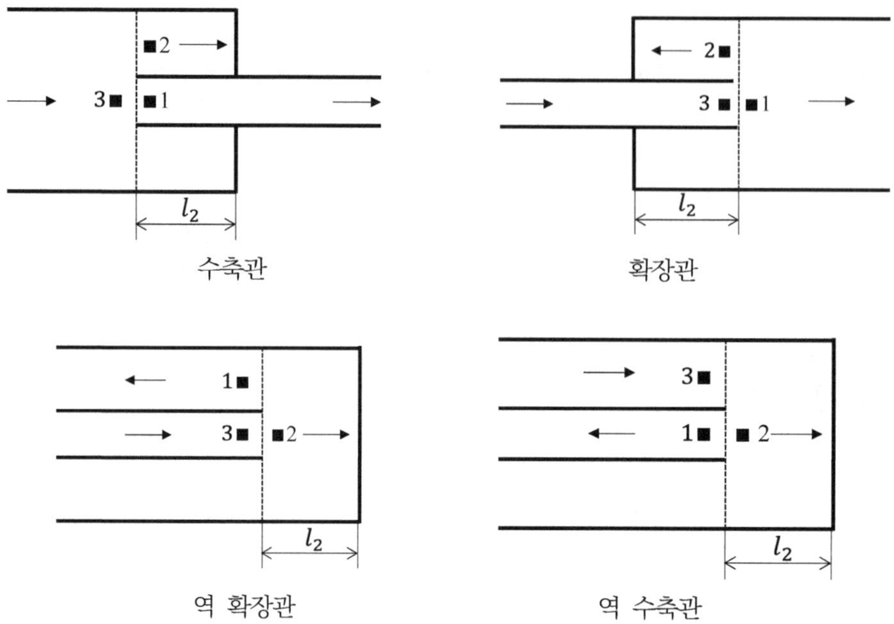

[그림 4.14] 확장형 공명기 요소

식(4.104)로부터 관내 1, 2, 3위치에 대한 음향임피던스의 관계를 얻을 수 있다.

$$\frac{v_3}{p_3} = \frac{v_2}{p_2} + \frac{v_1}{p_1} \tag{4.107a}$$

$$\frac{1}{Z_3} = \frac{1}{Z_2} + \frac{1}{Z_1} \tag{4.107b}$$

식(4.107b)으로부터 수축형 관에 의한 음향임피던스는 관내의 음향임피던스와 병렬로 연결되어 있으며, 이러한 형태의 관은 공명기가 부착된 형태로 생각할 수 있다. 따라서 관에 분기관이 부착된 경우와 동일하게 $z_2 = 0$이되는 주파수 영역에서 음은 전파되지 않고, 모두 반사된다. 이러한 조건은 식(4.106)으로부터 구할 수 있다.

$$cot\frac{(2n+1)\pi}{2} = 0,\ n = 0,1,2\cdots \tag{4.108a}$$

$$kl_2 = \frac{(2n+1)\pi}{2},\ \frac{l_2}{\lambda} = \frac{(2n+1)}{4} \tag{4.108b}$$

확장길이가 음의 1/4파장에서 공명기의 역할을 하기 때문에 1/4파장 공명기라고 한다. 만약 공명기의 벽이 강벽이 아니면, 고유진동수에 의한 강한 진동에 의해서 음이 투과되어 외부로 방사되기 때문에 반사계수는 $R_{end} \cong 0.95$가 된다.

(b) 헬름홀쯔 공명기

그림 4.15와 같이 관의 측면에 헬름홀쯔 공명기가 부착된 경우 공명기의 체적은 V_o 관과 공명기를 연결하는 유효 길이를 l_{eq} 목부의 단면적을 $S_b = \pi r^2$라고 하자.

목부분의 유효길이는 제3장의 추가질량의 길이$\left(\dfrac{8}{3\pi}d\right)$를 고려하면 된다.

$$l_{end\ correction} = l + 0.85d \tag{4.109a}$$

$$l_{cq} = l + t_w + 1.7r \tag{4.109b}$$

식(4.109b)에서 t_w는 벽의 두께, $d = 2r$은 관의 직경이다.

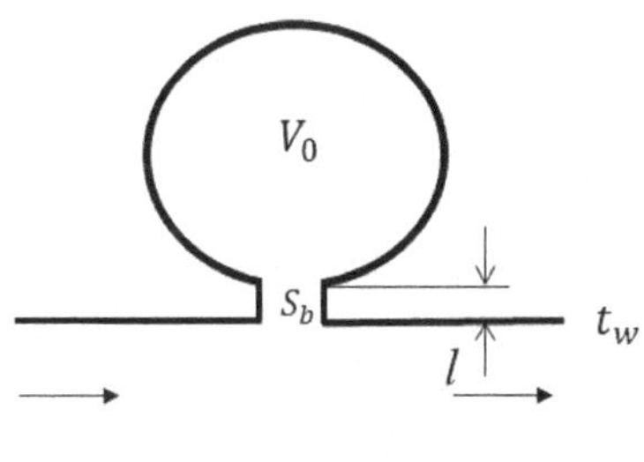

[그림 4.15] 헬름홀쯔 공명기

관과 공명기를 연결하는 목부분의 공기는 일체로 운동한다고 가정하고 운동방정식을 유도하자. 공명기의 내부 측을 정방향으로 설정하면 공명기 내부의 공기 체적은 목부분의 압력에 대해서 체적이 수축하여 변화한다. 따라서 공명기의 체적변화는 목의 체적변화와 동일하다.

$$\Delta V = - S_b \xi \tag{4.110}$$

식(4.110)에서 ξ는 공명기 목부의 공기 변위이고 음의 부호는 체적의 수축을 의미한다.

공명기의 체적변화율 $\frac{\Delta V}{V_o} = \frac{-S_b\xi}{V_o}$ 에 대한 공명기 내부에서 음압 상승은 식(4.103a)와 동일하게 구할 수 있다.

$$p_i = -\gamma p_o \frac{\Delta V}{V_o} = \rho c^2 \frac{S_b \xi}{V_o} \tag{4.111}$$

공명기 내부의 압력상승은 목부분내 공기에 작용하는 힘은 관내의 음압p과 공명기 내부의 음압p_i의 차 $S_b(p-p_i)$와 공기의 질량으로부터 운동방정식은 다음과 같다.

$$S_b(p-p_i) = \rho l_{eq} S_b \ddot{\xi} \tag{4.112a}$$

$$\rho l_{eq} S_b \ddot{\xi} + \frac{\rho c^2 S_b^2}{V_o}\xi = S_b p \tag{4.112b}$$

$$\left(j\omega \rho l_{eq} S_b + \frac{1}{j\omega}\frac{\rho c^2 S_b^2}{V_o} \right) u = S_b p \tag{4.112c}$$

관과 공명기 목부분의 대한 음향임피던스는 식(4.112c)로부터 계산할 수 있다. 헬름홀쯔 공명기의 음향임피던스는 공명기 목의 관성과 공동의 강성이 직렬로 연결된 형태이다. 이 음향임피던스에 공명기 목부분에 대한 양측의 방사임피던스를 더하면 전체 음향임피던스를 구할 수 있다.

식(4.60)에서 방사임피던스의 허수부는 식(4.109)에 포함되어있기 때문에 실수부에 $Z_v \frac{(kr)^2}{2}$만 고려하면 된다.

$$Z_h = \frac{p}{S_b u} = j\rho c \left(\frac{k l_{eq}}{S_b} - \frac{c}{\omega V_o} \right) \tag{4.113a}$$

$$Z_b = Z_h + 2Z_v \frac{(kr)^2}{2} = 2Z_v \frac{(kr)^2}{2} + j\rho c \left(\frac{k l_{eq}}{S_b} - \frac{c}{\omega V_o} \right) = R_b + jX_b \tag{4.113b}$$

식(4.113b)로부터 공명기 내부에서 음향에너지 손실은 목부분의 방사임피던스에 의해서 발생한다. 식(4.113b)에서 목 내부의 음향임피던스 $Z_v = \frac{\rho c}{S_b} = \frac{\rho c}{\pi r^2}$을 대입하면 방사임피던스의 방사저항을 구할 수 있다.

$$Z_b = \frac{\rho\omega^2}{\pi c} + j\rho c\left(\frac{kl_{eq}}{S_b} - \frac{c}{\omega V_o}\right) \tag{4.114a}$$

$$R_b = \frac{\rho\omega^2}{\pi c} \tag{4.114b}$$

$$X_b = \rho c\left(\frac{kl_{eq}}{S_b} - \frac{c}{\omega V_o}\right) \tag{4.114c}$$

식(4.114)에서 공명기의 공진주파수는 질량과 강성의 항으로 구성된 음향임피던스의 허수부를 $X_b = 0$으로 놓으면 계산할 수 있다.

$$f = \frac{\omega}{2\pi} = \frac{c}{2\pi}\sqrt{\frac{S_b}{l_{eq} V_o}} \tag{4.115}$$

관의 끝단에서 음향에너지 투과율은 식(4.73b)로부터 계산할 수 있다.

$$\alpha_t = \frac{R_b^2 + X_b^2}{b\left(R_b + \frac{\rho c}{2S_b}\right)^2 + X_b^2} = \frac{\left(\rho\frac{\omega^2}{\pi c}\right)^2 + \left[\rho c\left(\frac{kl_{eq}}{S_b} - \frac{c}{\omega V_o}\right)\right]^2}{\left(\rho\frac{\omega^2}{\pi c} + \frac{\rho c}{2S_b}\right)^2 + \left[\rho c\left(\frac{kl_{eq}}{S_b} - \frac{c}{\omega V_o}\right)\right]^2} \tag{4.116}$$

식(4.116)으로부터 공진주파수 $\omega = c\sqrt{\frac{S_b}{l_{eq} V_o}}$에서 음의 투과율은 목의 반경과 파수에 의해서 결정된다.

$$\alpha_t = \frac{1}{1 + \left(\frac{1}{2r^2k^2}\right)} = \frac{2r^2k^2}{2r^2k^2 + 1} \tag{4.117}$$

식(4.117)에서 일반적으로 $r^2k^2 \ll 1$이므로 투과율은 최소가 되며 음향에너지는 대부분 음원의 방향으로 반사된다.

(c) 동심형 유공관 공명기

그림 4.16과 같은 동심형 유공관 공명기는 음이 전파하는 관에 수많은 유공이 존재하는 원통형 관과 공동으로 구성되어 있다. 이와 같이 동심형 유공관 공명기는 동일한 직경의 목을 갖는 수많은 헬름홀쯔 공명기와 양측의 확장형 공명관이 결합된 형태로 생각할 수 있으며 원통형 공동의 관내에 좌우 두개의 확장형 관은 서로 병렬로 연결된다. 따라서 동심형 유공관 공명기는 동일한 직경의 목을 갖는 다수의 헬름홀쯔 공명기와 병렬로 연결된 두개의 확장형 공명관이 연결된 형태이다.

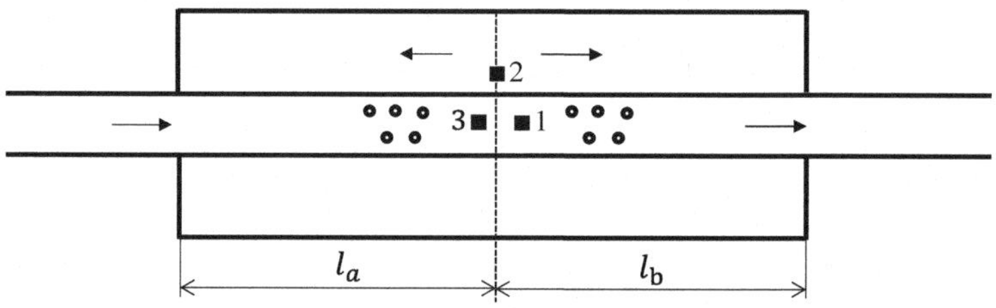

[그림 4.16] 동심형 유공관 소음기

동심형 유공관 공명기의 음향임피던스는 식(4.105)로부터 l_a와 l_b에 대한 확장형 공명관의 음향임피던스와 식(4.114)에서 공동을 제외한 목부분의 음향임피던스를 이용해서 구할 수 있다.

$$Z_c = \frac{1}{n_h}\left[j\rho c\frac{kl_{eq}}{S_b} + \rho\frac{\omega^2}{\pi c}\right] + \frac{(-jZ_{v,c}cotkl_a)(-jZ_{v,c}cotkl_b)}{(-jZ_{v,c}cotkl_a)+(-jZ_{v,c}cotkl_b)} \tag{4.118a}$$

$$Z_c = \frac{1}{n_h}\frac{\rho\omega^2}{\pi c} - j\left[\frac{1}{n_h}\frac{\rho ckl_{eq}}{S_b} - Z_{v,c}\frac{1}{tankl_a + tankl_b}\right] \tag{4.118b}$$

식(4.118)에서 n_h는 유공의 수, S_b는 유공의 단면적, $l_{eq} = t_w + 0.85d$, t_w는 벽의 두께를 나타낸다. 만약 $tankl_a \cong kl_a$, $tankl_b \cong kl_b$ 일 경우, 식(4.118)는 식(4.114a)의 헬름홀쯔 공명기와 유사하게 된다.

식(4.118)으로부터 동심형 유공관 공명기의 공진주파수는 허수부를 0로 놓으면 계산할 수 있다.

$$f = \frac{\omega}{2\pi} = \frac{n_h S_b}{2\pi\rho l_{eq}} \frac{Z_{v,c}}{tankl_a + tankl_b} \tag{4.119}$$

4.4.3 소음기의 해석방법

가. 일반적 해석방법

일반적으로 간단한 구조의 소음기 해석은 용이하지만, 여러 요소가 조합된 복잡한 구조의 소음기는 해석이 매우 어려울 뿐만 아니라 해석결과도 충분한 정도를 갖지 못한다. 따라서 여기서는 간단한 구조의 소음기를 이용해서 해석방법을 소개한다.

일반적인 소음기의 해석방법은 입사파와 빈사파로 구분하여 진체 소음기를 하나로 취급한다. 그림 4.17과 같이 관 내부에 팽창형 단면구조를 갖는 소음기의 경우 소음기의 소음저감 성능해석은 다음과 같다.

그림 4.17에서 관내에 전파하는 음압의 일반적 표현은 앞에서 기술한 것같이 간단히 쓸 수 있다. 관3은 개방되어 있기 때문에 반사파가 없다.

$$p_1 = A_1 e^{-jkx} + B_1 e^{jkx} \tag{4.120a}$$

$$p_2 = A_2 e^{-jkx} + B_2 e^{jkx} \tag{4.120b}$$

$$p_3 = A_3 e^{-jkx} \tag{4.120c}$$

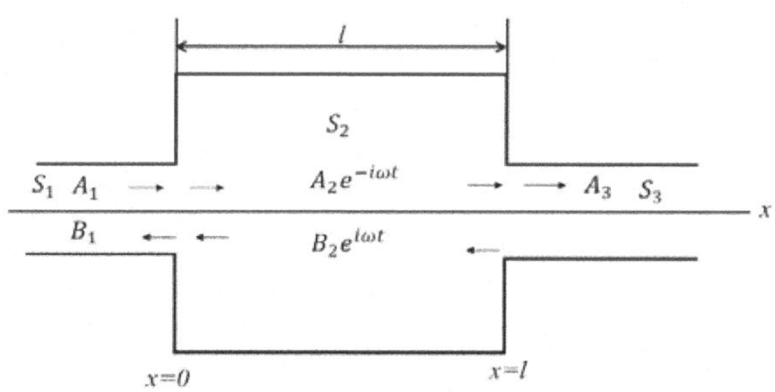

[그림 4.17] 단면 확장형 소음기

경계면 $x=0, l$에서 음압과 체적속도는 동일하다. 따라서, 경계면 $x=0$에서의 압력 및 체적속도의 진폭에 대한 관계는 다음과 같다.

$$A_1 + B_1 = A_2 + B_2 \tag{4.121a}$$

$$\frac{S_1}{\rho c}(A_1 - B_1) = \frac{S_2}{\rho c}(A_2 - B_2) \tag{4.121b}$$

또한 관2와 관3의 경계면에서 관2의 음압과 체적속도에는 $x=l$을 대입하고, 관3의 음압과 체적속도에는 $x=0$을 대입한다.

$$A_2 e^{-jkl} + B_2 e^{jkl} = A_3 \tag{4.122a}$$

$$\frac{S_2}{\rho c}\left(A_2 e^{-jkl} - B_2 e^{jkl}\right) = \frac{S_3}{\rho c} A_3 \tag{4.122b}$$

식(4.121)과 식(4.122)에서 A_2, B_2를 소거하면 관1의 입사파와 관3의 투과파에 대한 진폭 비로부터 투과율을 계산할 수 있다.

$$\alpha_t = \left|\frac{A_3}{A_1}\right|^2 = \frac{4}{\frac{S_1}{S_3}\left(1+\frac{S_2}{S_3}\frac{S_1}{S_2}\right)^2 cos^2 kl + \frac{S_1}{S_3}\left(\frac{S_2}{S_3}+\frac{S_1}{S_2}\right)^2 sin^2 kl} \tag{4.123}$$

식(4.123)로부터 투과손실은 다음과 같다.

$$TL = 10log\left(\frac{1}{\alpha_t}\right) = 10log\left\{\frac{1}{4}\frac{S_1}{S_3}\left(1+\frac{S_2}{S_3}\frac{S_1}{S_2}\right)^2 cos^2 kl + \frac{1}{4}\frac{S_1}{S_3}\left(\frac{S_2}{S_3}+\frac{S_1}{S_2}\right)^2 sin^2 kl\right\} \tag{4.124}$$

일반적으로 입구와 출구의 단면적이 동일한 경우 $S_1 = S_3$가 많기 때문에 투과손실은 다음과 같이 간단히 된다.

$$\alpha_t = \frac{4}{4cos^2kl + \left(\frac{S_2}{S_3} + \frac{S_1}{S_2}\right)sin^2kl} \tag{4.125}$$

식(4.125)에서 삼각함수의 정의를 이용하면 간단히 된다.

$$\alpha_t = \frac{1}{1 + \frac{1}{4}\left(\frac{S_2}{S_3} - \frac{S_1}{S_2}\right)^2 sin^2kl} \tag{4.126}$$

식(4.126)으로부터 투과손실은 다음과 같이 구할 수 있다.

$$TL = 10log\left\{1 + \frac{1}{4}\left(\frac{S_2}{S_3} - \frac{S_1}{S_2}\right)^2 sin^2kl\right\} \tag{4.127}$$

식(4.127)에서 확장관의 단면적과 입구와 출구의 단면적이 동일한 경우 $\frac{S_2}{S_1} = 1$ 투과손실은 $TL = 0$이 된다. 따라서 이러한 경우는 입구와 출구사이에 확장관이 없는 경우와 동일하다. 또한 관의 길이에 의한 특성이 $sinkl = 0$ 일 경우에도 $TL = 0$이 되며, 투과손실이 최소가 되는 확장관의 길이는 다음과 같으며 음의 반파장의 정수배일 때 발생한다.

$$l = \frac{n\pi}{k} = \frac{n}{2}\lambda \ (n = 1, 2, \cdots) \tag{4.128}$$

식(4.127)에서 $\sin\ kl = 1$일 때 투과손실이 최대가 되며, 확장관의 길이는 다음과 같다.

$$l = \frac{(2n+1)\pi}{k} = \frac{(2n+1)\pi}{4}\lambda \ (n = 0, 1, \cdots) \tag{4.129}$$

식(4.129)로부터 확장관의 길이가 음에 1/4파장의 홀수배인 경우에 최대 투과손실이 발생한다.

나. 전달행렬법(Transfer matrix method)

일반적인 해석방법은 관내에 입사파와 반사파로 구분한 후 각 소음기 요소의 경계면에서 음압과 속도의 연립방정식으로부터 소음기 입출구에 대한 음압과 속도를 계산한다. 그러나 소음기의 요소가 증가할수록 연립방정식의 수가 증가하여 매우 복잡해진다. 이러한 문제를 해결하기 위해서 위의 방법보다 간단히 계산을 할 수 있는 전달행렬법이 제안되었다.

전달행렬법은 소음기를 각 요소로 구분하여 요소마다 경계조건을 설정한 후, 입출구의 음압과 체적속도를 식(4.130a)와 같이 (2×2)의 전달행렬을 구한다. 이렇게 구한 소음기의 각 요소에 대한 전달행렬를 연결하면 소음기 전체요소의 입출구에 대한 음압과 체적속도를 전달행렬로 구할 수 있다.

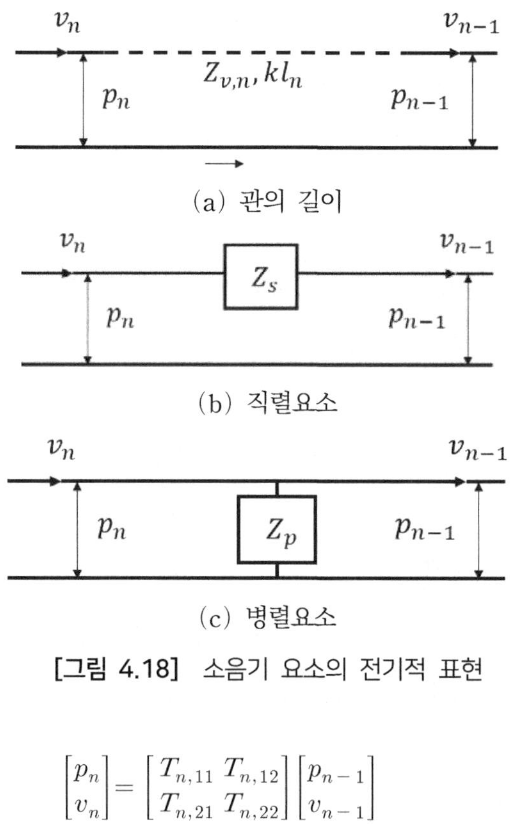

[그림 4.18] 소음기 요소의 전기적 표현

$$\begin{bmatrix} p_n \\ v_n \end{bmatrix} = \begin{bmatrix} T_{n,11} & T_{n,12} \\ T_{n,21} & T_{n,22} \end{bmatrix} \begin{bmatrix} p_{n-1} \\ v_{n-1} \end{bmatrix}$$

$$\begin{bmatrix} p_{n-1} \\ v_{n-1} \end{bmatrix} = \begin{bmatrix} T_{n-1,11} & T_{n-1,12} \\ T_{n-1,21} & T_{n-1,22} \end{bmatrix} \begin{bmatrix} p_{n-2} \\ v_{n-2} \end{bmatrix} \quad (4.130a)$$

$$\vdots$$

$$\begin{bmatrix} p_2 \\ v_2 \end{bmatrix} = \begin{bmatrix} T_{2,11} & T_{2,12} \\ T_{2,21} & T_{2,22} \end{bmatrix} \begin{bmatrix} p_1 \\ v_1 \end{bmatrix}$$
$$\begin{bmatrix} p_n \\ v_n \end{bmatrix} = [\,T_n\,][\,T_{n-1}\,]\cdots[\,T_1\,] \begin{bmatrix} p_1 \\ v_1 \end{bmatrix} \tag{4.130b}$$

앞에서 설명한 것과 같이 관내에 존재하는 소음기 요소는 관의 길이, 관내의 직렬요소 및 병렬요소에 대해서 전달행렬을 만들 수 있다. 전달행렬법은 그림 4.18과 같이 3가지 요소에 대해서 음압과 체적속도를 이용한 전기회로로 표현할 수 있다.

(a) 관의 길이

관내에 소음기의 요소가 설치되어져 있지 않고 단지 관의 길이만 존재하는 경우 관내의 특성 임피던스는 관의 길이에 대한 음향임피던스를 갖으며, 음압과 체적속도의 변화는 없다. 관내에 입사하는 음압과 체적속도를 p_n, v_n라고 하고 관의 출구에서 음압과 체적속도를 p_{n-1}, v_{n-1}라고 하자.

$$p_n = A_n + B_n,\ v_n = \frac{1}{Z_{v,n}}(A_n - B_n) \tag{4.131a}$$

$$\begin{aligned} p_{n-1} &= A_n e^{-jkl} + B_n e^{jkl} = (A_n + B_n)coskl - j(A_n - B_n)sinkl \\ &= P_n coskl - jZ_{v,n} v_n sinkl \end{aligned} \tag{4.131b}$$

$$\begin{aligned} v_{n-1} &= \frac{1}{Z_{v,n}}\left(A_n e^{-jkl} - B_n e^{jkl}\right) \\ &= \frac{1}{Z_{v,n}}(A_n - B_n)coskl - j\frac{1}{Z_{v,n}}(A_n + B_n)sinkl \\ &= v_n coskl - j\frac{p_n}{Z_{v,n}}sinkl \end{aligned} \tag{4.131c}$$

식(4.131)을 행렬로 표시하면 관의 입구 측 압력과 체적속도와 출구 측 압력과 체적속도에 대한 (2×2)의 전달행렬로 표시할 수 있다.

$$\begin{bmatrix} p_{n-1} \\ v_{n-1} \end{bmatrix} = \begin{bmatrix} coskl & -jZ_{v,n}sinkl \\ -j\dfrac{1}{Z_{v,n}}sinkl & coskl \end{bmatrix} \begin{bmatrix} p_n \\ v_n \end{bmatrix} \tag{4.132a}$$

$$\begin{bmatrix} p_n \\ v_n \end{bmatrix} = \begin{bmatrix} coskl & jZ_{v,n} sinkl \\ j\frac{1}{Z_{v,n}} sinkl & coskl \end{bmatrix} \begin{bmatrix} p_{n-1} \\ v_{n-1} \end{bmatrix} \quad (4.132b)$$

(b) 직렬요소

그림 4.18b과 같이 관내에 직렬로 연결되는 소음기 요소 즉 집중관성 요소 혹은 방사임피던스가 연결된 경우 입출구의 경계조건은 입출구에 대한 체적속도가 동일하지만, 입구와 출구에서 음압의 차가 발생하기 때문에 입구와 출구의 전달행렬은 식(4.132a)와 같이 된다.

$$p_n = p_{n-1} + Z_s \; v_{n-1} \quad (4.133a)$$

$$v_n = v_{n-1} \quad (4.133b)$$

$$\begin{bmatrix} p_n \\ v_n \end{bmatrix} = \begin{bmatrix} 1 & Z_s \\ 0 & 1 \end{bmatrix} \begin{bmatrix} p_{n-1} \\ v_{n-1} \end{bmatrix} \quad (4.133c)$$

식(4.132)에서 Z_s는 소음기의 직렬요소에 대한 음향임피던스이다.

(c) 병렬요소

그림 4.18c과 같이 관내에 병렬로 연결되는 소음기 요소 즉 집중강성 요소, 확장관 요소 및 헬름홀쯔 공명기가 연결된 경우 입출구의 경계조건은 각 관내의 음압은 동일하지만 입구 측의 체적속도는 소음기와 출구 측의 체적속도의 합과 동일하다. 따라서 입구와 출구에 대한 음압과 체적속도의 관계는 다음과 같다.

$$p_n = p_{n-1}, \; v_n = \frac{p_{n-1}}{Z_p} + v_{n-1} \quad (4.134a)$$

$$\begin{bmatrix} p_n \\ v_n \end{bmatrix} = \begin{bmatrix} 1 & 0 \\ \frac{1}{Z_p} & 1 \end{bmatrix} \begin{bmatrix} p_{n-1} \\ v_{n-1} \end{bmatrix} \quad (4.134b)$$

식(4.134)에서 Z_p는 소음기의 직렬요소에 대한 음향임피던스이다.

(d) n개의 소음기 요소로 구성된 소음기

관내에 n개의 소음기 요소로 구성된 소음기는 각 요소의 전달행렬로 구성된다.

$$\begin{bmatrix} p_n \\ v_n \end{bmatrix} = T_n T_{n-1} \dots T_1 \begin{bmatrix} 0 \\ v_o \end{bmatrix} \tag{4.135}$$

식(4.135)의 마지막 전달행렬 T_1은 방사임피던스 Z_r가 직렬로 연결되며 전달행렬은 다음과 같다.

$$\frac{p_o}{v_o} = Z_r \tag{4.136a}$$

$$\begin{bmatrix} p_o \\ v_o \end{bmatrix} = \begin{bmatrix} 1 & Z_r \\ 0 & 1 \end{bmatrix} \begin{bmatrix} 0 \\ v_o \end{bmatrix} \tag{4.136b}$$

4.4.4 소음기의 성능인자

가. 투과손실

그림 4.19과 같이 관내에 소음기 요소($n-1 \sim 2$)가 설치된 경우 소음기에 의한 투과손실을 계산하자. 관의 끝단에서 음은 반사하지 않고 모두 방사된다고 가정하자.

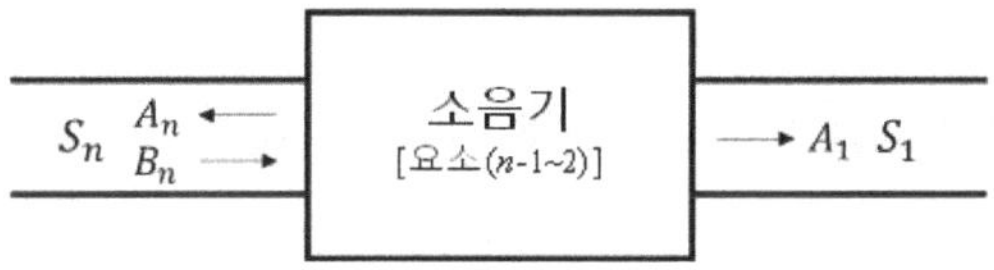

[그림 4.19] 소음기 요소($n-1 \sim 2$)가 설치된 관

관의 끝단에서 음의 반사가 없기 때문에 반사파가 발생하지 않는다($B_1 = 0$). 소음기에 의한 음향파워의 투과손실은 식(4.8)에 진행파의 진폭을 대입하여 소음기 전후의 음향파워를 구하면 입사하는 음향파워 $W_i = \frac{1}{2\rho c} S_n A_n^2$와 투과되는 음향파워 $W_t = \frac{1}{2\rho c} S_1 A_1^2$의 레벨 차로 계산할 수 있다.

$$TL = L_{wi} - L_{wt} = 10log\left|\frac{S_n A_n^2}{S_1 A_1^2}\right| \tag{4.137}$$

식(4.137)에서 S_n, S_1는 소음기 입구와 출구의 단면적이다.

일반적으로 소음기 전후 관의 단면적이 동일한 경우($S_n = S_1$)가 대부분이므로 이러한 경우에는 음압의 진폭으로부터 투과손실을 계산할 수 있다.

$$TL = 20log\left|\frac{A_n}{A_1}\right| \tag{4.138}$$

식(4.138)에서 소음기를 투과하는 음압의 진행파 A_1는 관의 끝단에서 반사파 B_1가 없기 때문에 측정이 가능하다. 그러나 소음기에 입사하는 음압의 진행파 A_n는 반사파 B_n 때문에 직접측정이 매우 어렵지만, 소음기 입구 측 정재파의 음압은 측정이 용이하기 때문에 식(4.138)을 음압 p_n으로 표현하자.

소음기 입출구의 음압과 체적속도는 경계조건 $x = 0$을 적용하여 구할 수 있다.

$$\text{소음기 출구 : } p_1 = A_1 + B_1,\ v_1 = \frac{1}{Z_{v,1}}(A_1 - B_1) \tag{4.139a}$$

$$\text{소음기 입구 : } p_n = A_n + B_n,\ v_n = \frac{1}{Z_{v,n}}(A_n - B_n) \tag{4.139b}$$

일반적으로 소음기의 출구는 개방되어 있기 때문에 출구에서 반사파가 존재하지 않으며 $(B_1 = 0)$ 출구의 음향임피던스와 방사임피던스는 동일하다.

$$A_1 = p_1 = Z_{v,1}v_1 \tag{4.140a}$$

$$Z_r = Z_{v,1} \tag{4.140b}$$

또한, 식(4.139b)로부터 소음기 입구 측 진행파의 진폭 A_n을 구할 수 있다.

$$A_n = \frac{p_n + Z_{v,n}v_n}{2} \tag{4.141}$$

식(4.140)과 식(4.141)을 식(4.138)에 대입하면 투과손실을 구할 수 있다.

$$TL = 20log\left|\frac{A_n}{A_1}\right| = 20log\left|\frac{p_n + Z_{v,n}v_n}{2Z_{v,1}v_1}\right| (S_n = S_1) \tag{4.142}$$

그림 4.17의 소음기에 대한 투과손실을 전달행렬로 계산하자.

소음기 입구 측과 출구 측에 대한 전달행렬식은 식(4.143)으로 표현된다.

$$\begin{bmatrix} p_n \\ v_n \end{bmatrix} = \begin{bmatrix} T_{11} & T_{12} \\ T_{21} & T_{22} \end{bmatrix} \begin{bmatrix} p_1 \\ v_1 \end{bmatrix} \tag{4.143}$$

식(4.143)에 식(4.140)을 대입하면 소음기의 입구에 대한 음압과 체적속도를 전달행렬 요소로 표현할 수 있다.

$$p_n = T_{11}A_1 + T_{12}\left(\frac{A_1}{Z_{v,1}}\right) \tag{4.144a}$$

$$v_n = T_{21}A_1 + T_{22}\left(\frac{A_1}{Z_{v,1}}\right) \tag{4.144b}$$

식(4.144)을 식(4.141)에 대입하면 입구에 대한 음압의 진폭은 전달행렬과 관의 특성 임피던스로 표현할 수 있다.

$$A_n = \frac{1}{2}\left[\left(T_{11}A_1 + T_{12}\frac{A_1}{Z_{v,1}}\right) + Z_{v,n}\left(T_{21}A_1 + T_{22}\frac{A_1}{Z_{v,1}}\right)\right] \tag{4.145a}$$

$$\frac{A_n}{A_1} = \frac{1}{2}\left[T_{11} + \frac{T_{12}}{Z_{v,1}} + Z_{v,n}T_{21} + \frac{Z_{v,n}}{Z_{v,1}}T_{22}\right] \tag{4.145b}$$

식(4.137)에 $Z_{v,1} = \frac{\rho c}{S_1}, Z_{v,n} = \frac{\rho c}{S_n}$ 을 대입하여 특성 임피던스의 항으로 표현한 후, (4.145b)을 대입하면 투과손실계수에 대한 계산식을 얻을 수 있다.

$$TL = 10log\left|\frac{S_n A_n^2}{S_1 A_1^2}\right| = 20log\left|\frac{A_n}{A_1}\right|\sqrt{\frac{S_n}{S_1}} = 20log\left(\left|\frac{A_n}{A_1}\right|\sqrt{\frac{Z_{v,1}}{Z_{v,n}}}\right) \tag{4.146a}$$

$$TL = 20log\left[\frac{1}{2}\sqrt{\frac{Z_{v,1}}{Z_{v,n}}}\left(T_{11} + \frac{T_{12}}{Z_{v,1}} + Z_{v,n}T_{21} + \frac{Z_{v,n}}{Z_{v,1}}T_{22}\right)\right] \qquad (4.146b)$$

소음기의 투과손실은 전달행렬의 요소와 입구와 출구의 특성 임피던스로부터 계산할 수 있다.

나. 삽입손실

앞에서 기술한 것과 같이 삽입손실은 소음기 설치 전후에 음의 출구에서 음향파워 레벨의 차로 정의되기 때문에 음원에서 발생되는 음압을 고려하여 음향파워를 계산한다.

$$IL = 10log\left(\frac{W}{W_s}\right) \qquad (4.147)$$

식(4.147)에서 W_s는 소음기 설치 시 음향파워이다.

음원을 음압으로 표현할 경우에는 그림 4.20과 같이 음원의 내부 음향임피던스 Z_{n+1}와 관의 방사임피던스 Z_r는 직렬로 연결되어 있으며, 음원과 관내의 체적속도는 다음과 같다.

$$v_{n+1} = \frac{p_{n+1}}{Z_{n+1}} \qquad (4.148a)$$

$$v_o = \frac{p_{n+1}}{Z_{n+1} + Z_r} \qquad (4.148b)$$

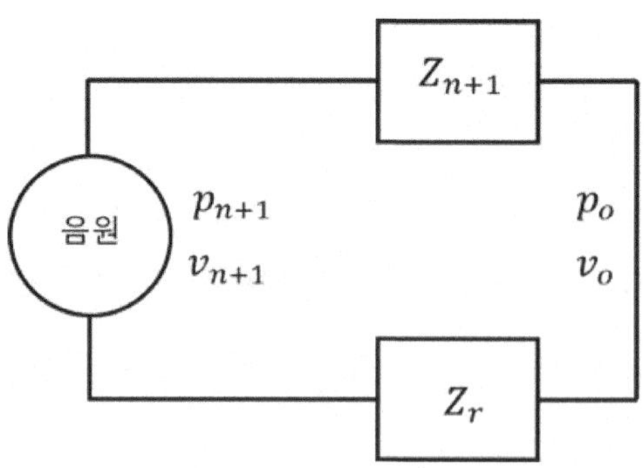

[그림 4.20] 소음기 설치 전 음원과 방사임피던스의 관계

관내에 소음기가 설치되기 전 관의 출구 측 음향파워는 식(4.8)로부터 관내의 체적속도 v_o와 방사임피던스 Z_r로 계산할 수 있고, 소음기가 설치되면 관의 출구 측 체적속도 $v_{0,s}$와 방사임피던스 $Z_{r,s}$로 계산한다.

$$W = \frac{1}{2}|v_0|^2 Re(Z_r) = \frac{1}{2}\left|\frac{p_{n+1}}{Z_{n+1}+Z_r}\right|^2 Re(Z_r) \tag{4.149a}$$

$$W_s = \frac{1}{2}|v_{0,s}|^2 Re(Z_{r,s}) \tag{4.149b}$$

따라서, 소음기에 의한 삽입손실은 식(4.149)을 식(4.147)에 대입하면 된다.

$$\begin{aligned} IL &= 10log\left[\frac{Re(\ Z_r)}{Re(Z_{r,s})}\left|\frac{p_{n+1}}{(Z_{n+1}+Z_r)v_{0,s}}\right|^2\right] \\ &= 20log\left[\sqrt{\frac{Re(\ Z_r)}{Re(Z_{r,s})}}\left|\frac{Z_{n+1}}{Z_{n+1}+Z_r}\right|\left|\frac{v_{n+1}}{v_{0,s}}\right|\right] \end{aligned} \tag{4.150}$$

소음기의 삽입손실도 전달행렬식을 이용하여 계산하여 보자.

관의 방사임피던스가 출구 측 특성 임피던스와 동일하고 음원의 내부 임피던스가 관의 입구 측 특성 임피던스와 동일하다고 가정하면 다음과 같다.

$$Z_r = \ Z_{r,s} = Z_{v,1} \tag{4.151a}$$

$$Z_{n+1} = Z_{v,n} \tag{4.151b}$$

식(4.151)를 식(4.150)에 대입하면 삽입손실은 관의 출입구 측의 특성 임피던스로 표현할 수 있다.

$$IL = 20log\left[\left|\frac{Z_{v,n}}{Z_{v,n}+Z_{v,1}}\right|\left|\frac{v_{n+1}}{v_{0,s}}\right|\right] \tag{4.152}$$

관의 음압과 체적속도에 대한 전달행렬식으로 표현할 수 있다.

$$\begin{bmatrix} p_{n+1} \\ v_{n+1} \end{bmatrix} = \begin{bmatrix} 1 & 0 \\ \dfrac{1}{Z_{n+1}} & 1 \end{bmatrix} \begin{bmatrix} T_{11} & T_{12} \\ T_{21} & T_{22} \end{bmatrix} \begin{bmatrix} p_{0,s} \\ v_{0,s} \end{bmatrix} = \begin{bmatrix} 1 & 0 \\ \dfrac{1}{Z_{v,n}} & 1 \end{bmatrix} \begin{bmatrix} T_{11} & T_{12} \\ T_{21} & T_{22} \end{bmatrix} \begin{bmatrix} Z_{v,1} v_{0,s} \\ v_{0,s} \end{bmatrix} \tag{4.153}$$

식(4.153)로부터 음원과 출구에 대한 체적속도의 비를 계산할 수 있다.

$$\left| \frac{v_{n+1}}{v_{0,s}} \right| = \left| \frac{Z_{v,1}}{Z_{v,n}} T_{11} + \frac{T_{12}}{Z_{v,n}} + Z_{v,1} T_{21} + T_{22} \right| \tag{4.154}$$

식(4.154)을 식(4.152)에 대입하면 삽입손실을 계산할 수 있다.

$$IL = 20log\left[\frac{Z_{v,1}}{Z_{v,n} + Z_{v,1}} \left(T_{11} + \frac{T_{12}}{Z_{v,1}} + Z_{v,n} T_{21} + \frac{Z_{v,n}}{Z_{v,1}} T_{22} \right) \right] \tag{4.155}$$

식(4.155)의 삽입손실은 소음기 입구 측 관의 음향임피던스와 출구 측 관의 음향임피던스 및 소음기의 전달행렬로 계산할 수 있다. 만약 소음원측 단면과 출구 측 단면이 동일한 경우에는 투과손실과 삽입손실의 계산식이 동일하게 된다.

다. 음압레벨 차

소음기의 성능을 평가하는 음압레벨 차는 소음기 전후에서 측정한 소음레벨의 차이다.

$$LD = 20log\left| \frac{p_n}{p_1} \right| \tag{4.156}$$

식(4.156)에서 소음기에 입사하는 소음레벨 p_n은 소음기 설치전에 측정 가능하지만, 소음기를 설치한 후 투과되는 소음레벨 p_1은 측정이 쉽지 않다. 따라서, 소음기에 입사하는 소음레벨과 관의 출구에서 방사되는 소음레벨로 식(4.156)을 표현하자.

소음기 출구의 임의의 지점부터 음이 방사되는 출구까지의 거리를 l_1이라고 하면 두 음압은 다음과 같다.

$$p_1 = A_1 + B_1 \tag{4.157a}$$

$$p_0 = A_1 e^{-jkl_1} + B_1 e^{jkl_1} \tag{4.157b}$$

$$v_0 = \frac{1}{Z_{v,1}}\left(A_1 e^{-jkl_1} - B_1 e^{jkl_1}\right) \tag{4.157c}$$

식(4.157)으로부터 입사파와 반사파의 계수를 계산한다.

$$A_1 = \frac{p_0 + vZ_{v,1}}{2} e^{jkl_1} \tag{4.158a}$$

$$B_1 = \frac{p_0 - vZ_{v,1}}{2} e^{-jkl_1} \tag{4.158b}$$

식(4.158)의 입사파와 빈사파의 계수를 식(4.157a)에 대입하여 음압의 비를 계산한다.

$$p_1 = p_0 coskl_1 + jZ_{v,1} v_0 sinkl_1 \tag{4.159a}$$

$$\frac{p_1}{p_0} = coskl_1 + \frac{jZ_{v,1}}{Z_r} sinkl_1 \tag{4.159b}$$

식(4.159)을 식(4.156)에 대입하면 관의 입구와 관의 끝단에 대한 음압레벨 차를 계산할 수 있다.

$$LD = 20log\left|\frac{p_n}{p_0}\frac{p_0}{p_1}\right| = 20log\left|\frac{p_n}{p_0} \quad \frac{1}{coskl_1 + \frac{jZ_{v,1}}{z_0} sinkl_1}\right| \tag{4.160}$$

만약 식(4.160)에서 소음기 출구의 소음레벨 위치를 음의 출구위치로 설정하면 $l_1 \rightarrow 0$, $p_1 \rightarrow p_0$레벨 차는 관의 출구와 끝단의 음압레벨로 계산된다.

$$LD = 20log\left|\frac{P_n}{P_0}\right| \tag{4.161}$$

4.4.5 소음기의 투과손실

가. 단면 확장형 소음기

그림 4.21의 단면 확장형 소음기에 대한 투과손실을 전달행렬법을 이용하여 계산하여 보자. 그림 4.21에서 경계구간을 1과 2로 구분한 후 음압과 체적속도의 관계를 구한다. 각 경계구간에서 음압과 체적속도는 식(4.132b)를 이용하여 확장관에 대한 전달행렬을 구할 수 있다.

$$\text{경계구간1 : } \begin{bmatrix} p_1 \\ v_1 \end{bmatrix} = \begin{bmatrix} 1 & 0 \\ 0 & 1 \end{bmatrix} \begin{bmatrix} p_2 \\ v_2 \end{bmatrix} \tag{4.162a}$$

$$\text{확장관 : } \begin{bmatrix} p_2 \\ v_2 \end{bmatrix} = \begin{bmatrix} coskl & jZ_{v,2} sinkl \\ j\dfrac{1}{Z_{v,2}} sinkl & coskl \end{bmatrix} \begin{bmatrix} p_3 \\ v_3 \end{bmatrix} \tag{4.162b}$$

$$\text{경계구간2 : } \begin{bmatrix} p_3 \\ v_3 \end{bmatrix} = \begin{bmatrix} 1 & 0 \\ 0 & 1 \end{bmatrix} \begin{bmatrix} p_4 \\ v_4 \end{bmatrix} \tag{4.162c}$$

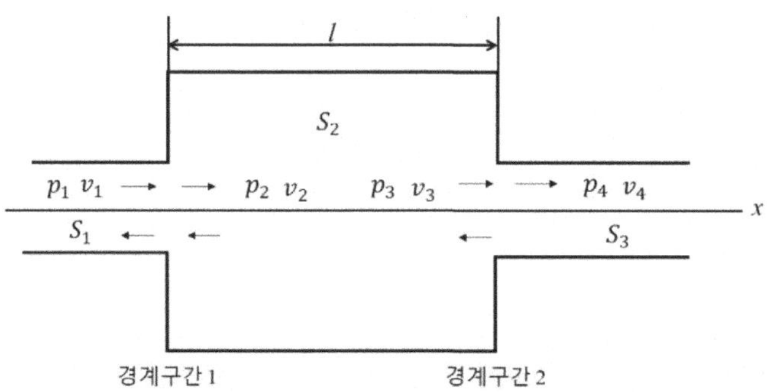

[그림 4.21] 단면 확장형 소음기의 경계구간

식(4.162)로부터 소음기의 입구와 출구 측의 음압과 체적속도에 대한 전달행렬을 구할 수 있다.

$$\begin{bmatrix} p_1 \\ v_1 \end{bmatrix} = \begin{bmatrix} 1 & 0 \\ 0 & 1 \end{bmatrix} \begin{bmatrix} coskl & jZ_{v,2} sinkl \\ j\dfrac{1}{Z_{v,2}} sinkl & coskl \end{bmatrix} \begin{bmatrix} 1 & 0 \\ 0 & 1 \end{bmatrix} \begin{bmatrix} p_4 \\ v_4 \end{bmatrix} = \begin{bmatrix} coskl & jZ_{v,2} sinkl \\ j\dfrac{1}{Z_{v,2}} sinkl & coskl \end{bmatrix} \begin{bmatrix} p_4 \\ v_4 \end{bmatrix} \tag{4.163}$$

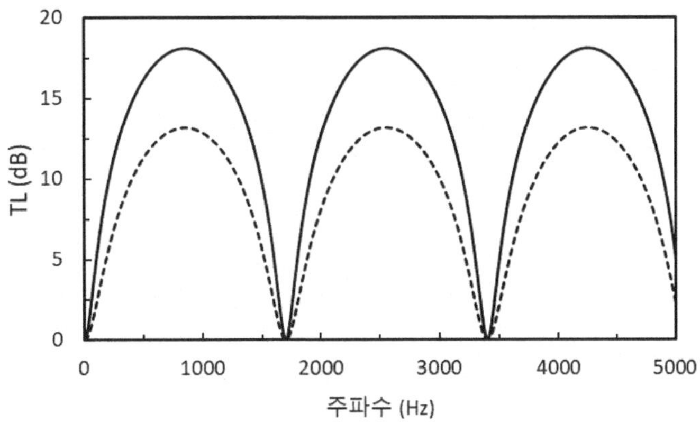

$\left(\text{실선} : l = 0.1m,\ S_1 = 0.126m^2,\ S_2 = 2.011m^2,\ S_3 = 0.126m^2\right)$
$\left(\text{점선} : l = 0.1m,\ S_1 = 0.126m^2,\ S_2 = 1.131m^2,\ S_3 = 0.126m^2\right)$

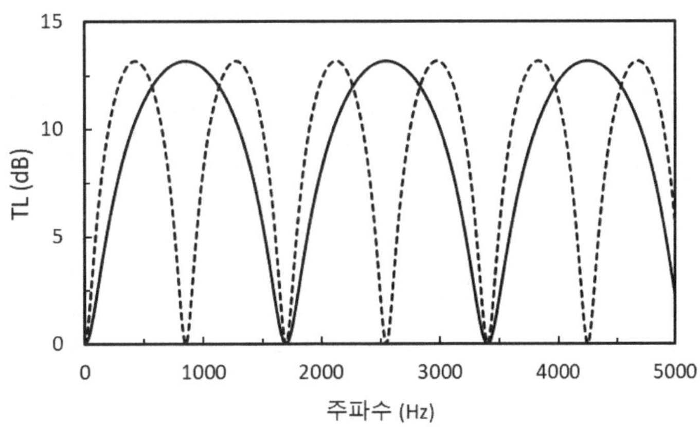

$\left(l = 0.1m,\ S_1 = 0.126m^2,\ S_2 = 1.131m^2, S_3 = 0.126m^2\right)$
(실선:1단, 점선:2단)

[그림 4.22] 단면 확장형 소음기의 투과손실 계산결과

식(4.163)의 전달행렬 요소를 식(4.146b)에 대입하면 다음과 같이 투과손실을 구할 수 있다.

$$TL = 20log\left[\left|\frac{1}{2}\left(coskl + j\frac{Z_{v,2}}{Z_{v,1}}sinkl + j\frac{Z_{v,3}}{Z_{v,2}}sinkl + \frac{Z_{v,3}}{Z_{v,1}}coskl\right)\right|\right] \tag{4.164}$$

식(4.164)에서 일반적으로 입구와 출구의 단면적은 동일하고 관의 중간에 설치된 단면 확장형 소음기의 단면적이 입출구 관의 단면적보다 크다.

$$\frac{S_2}{S_3}=\frac{S_2}{S_1}>1,\ \frac{Z_{v,2}}{Z_{v,1}}=\frac{S_1}{S_2},\ \frac{Z_{v,3}}{Z_{v,2}}=\frac{S_2}{S_3},\ \frac{Z_{v,3}}{Z_{v,1}}=\frac{S_1}{S_3}=1 \tag{4.165}$$

식(4.165)을 식(4.164)에 대입하면 단순 확장형 소음기의 투과손실을 간단히 계산할 수 있다.

$$\begin{aligned} TL &= 10log\left[cos^2kl+\frac{1}{4}\left(\frac{S_2}{S_3}+\frac{S_1}{S_2}\right)^2 sin^2kl\right] \\ &= 10log\left[1+\frac{1}{4}\left(\frac{S_2}{S_3}-\frac{S_1}{S_2}\right)^2 sin^2kl\right] \end{aligned} \tag{4.166}$$

나. 동심형 유공관 및 확장관 공명형 소음기

그림 4.23과 같이 동심형 유공관 및 확장관 공명기가 결합된 소음기에 대한 투과손실을 계산한다. 단면 확장형 소음기와 동일하게 소음기 요소에 대해서 각각 경계조건을 설정한 후 식(4.162)와 동일하게 각 요소에 대해서 음압과 체적속도의 전달행렬을 구하여 연결하면 된다. 또한 동심형 유공관 및 확장관 공명기는 병렬로 연결된다.

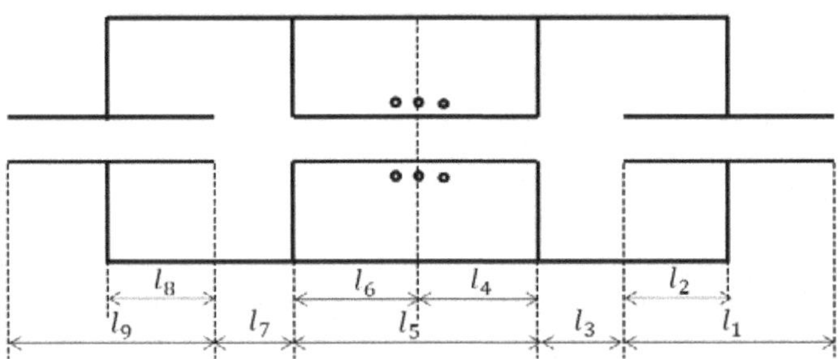

[그림 4.23] 동심형 유공관 및 확장관 공명형 소음기

$$\begin{aligned} \begin{bmatrix} p_9 \\ v_9 \end{bmatrix} &= \begin{bmatrix} coskl_9 & jZ_{v,9}sinkl_9 \\ j\frac{1}{Z_{v,9}}\sin kl_9 & coskl_9 \end{bmatrix} \begin{bmatrix} 1 & 0 \\ \frac{1}{Z_8} & 1 \end{bmatrix} \begin{bmatrix} coskl_7 & jZ_{v,7}sinkl_7 \\ j\frac{1}{Z_{v,7}}sinkl_7 & coskl_7 \end{bmatrix} \\ &\times \begin{bmatrix} coskl_6 & jZ_{v,6}sinkl_6 \\ j\frac{1}{Z_{v,6}}sinkl_6 & coskl_6 \end{bmatrix} \begin{bmatrix} 1 & 0 \\ \frac{1}{Z_5} & 1 \end{bmatrix} \begin{bmatrix} coskl_4 & jZ_{v,4}sinkl_4 \\ j\frac{1}{Z_{v,4}}sinkl_4 & coskl_4 \end{bmatrix} \\ &\times \begin{bmatrix} coskl_3 & jZ_{v,3}sinkl_3 \\ j\frac{1}{Z_{v,3}}sinkl_3 & coskl_3 \end{bmatrix} \begin{bmatrix} 1 & 0 \\ \frac{1}{Z_2} & 1 \end{bmatrix} \begin{bmatrix} coskl_1 & jZ_{v,1}sinkl_1 \\ j\frac{1}{Z_{v,1}}sinkl_1 & coskl_1 \end{bmatrix} \begin{bmatrix} p_1 \\ v_1 \end{bmatrix} \end{aligned} \tag{4.167a}$$

$$\begin{bmatrix} p_9 \\ v_9 \end{bmatrix} = \begin{bmatrix} T_{11} & T_{12} \\ T_{21} & T_{22} \end{bmatrix} \begin{bmatrix} p_1 \\ v_1 \end{bmatrix} \quad (4.167b)$$

식(4.167a)에서 Z_2와 Z_8은 확장관 공명기의 음향임피던스로서 식(4.105)을 이용하여 계산할 수 있으며, Z_5는 동심형 유공관 공명기의 음향임피던스로서 식(4.118)을 이용하여 계산된다.

소음기의 투과손실은 식(4.167b)을 식(4.168)에 대입하여 계산한다.

$$TL = 20log\left[\frac{1}{2}\sqrt{\frac{Z_{v,1}}{Z_{v,n}}}\left(T_{11} + \frac{T_{12}}{Z_{v,1}} + Z_{v,n}T_{21} + \frac{Z_{v,n}}{Z_{v,1}}T_{22}\right)\right] \quad (4.168a)$$

$$TL = 20log\left[\frac{1}{2}\left(T_{11} + \frac{T_{12}}{Z_{v,1}} + Z_{v,n}T_{21} + \frac{Z_{v,n}}{Z_{v,1}}T_{22}\right)\right] + 10log\left(\frac{S_n}{S_1}\right) \quad (4.168b)$$

제5장

실내 음향

벽, 마루 및 천장으로 둘러싸여 있는 실내음장에서는 잔향(reverberation)과 반향(echo)이 연속적으로 발생된다. 잔향은 음이 멈춘 이후에 음의 감소를 의미하며, 음악을 생생하고 박력 있게 듣는데 필요하다. 그러나, 반향은 단음을 발생시켰을 경우 직접음에 대한 시간차를 갖고 발생하는 반사음이 분리되어 들리는 현상으로 일반적으로 실내에서는 음향의 장애요인이 되며 반사음의 영향에 의해서 실내에서는 음압분포가 거리의 2승에 반비례하지 않는 것이 특징이다.

실내음장은 일반적으로 반사음과 직접음에 의한 복잡한 간섭음장이며, 음장의 특성을 파악하기 위해서 파동적인 해석방법이 필요하다. 그러나 경계조건이 복잡한 경우에는 파동이론에 의한 해석에 한계가 있기 때문에 음의 에너지적 해석법이 유효하다. 또한 실내외 공간에서 차음을 위한 벽이 설치된 경우에는 음의 파장에 비해 차음 요소가 크기 때문에 기하학적 해석법을 사용한다.

5.1 음향에너지 및 잔향시간

실내공간에 대한 음의 해석은 일반적으로 음의 에너지 분포가 일정한 상태 즉 확산음장(diffuse sound field)이라고 가정하여 해석한다.

확산음장이란 음원으로부터 음이 지속적으로 방사될 경우 시간이 충분히 경과하면 음원과 벽면(경계면) 근처를 제외하고 다음과 같은 상태를 의미한다.

- 실내 음압 및 음향에너지의 분포는 일정하다.
- 실내의 모든 점에서 음은 모든 방향으로 일정하게 전파한다.
- 경계면의 모든 점에서 음은 완전히 난입사한다.

5.1.1 벽면의 입사에너지

실내공간에서 음이 확산음장을 형성하는 경우 실내공간 내 음향에너지밀도를 ε라고 하면 그림 5.1과 같이 실내공간 내에 존재하는 직사각형의 미소체적 dV은 εdV의 음향에너지를 갖으며 이 음향에너지는 모든 방향으로 동일하게 전파된다. 이 경우 미소체적으로부터 x, y 평면상(벽면)의 미소면적에 입사하는 음향에너지를 생각하자.

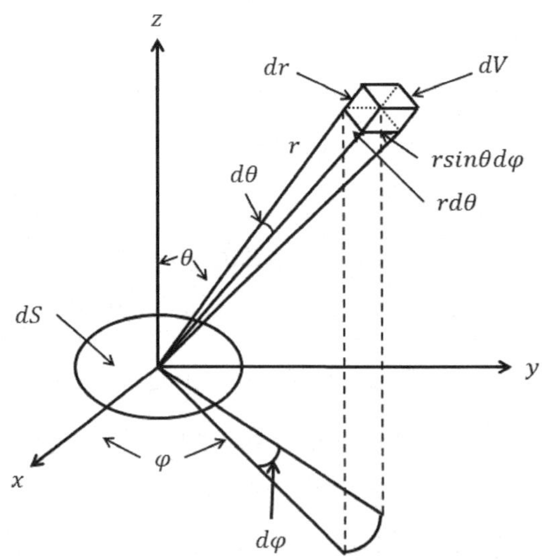

[그림 5.1] 실내공간 내 미소체적과 미소벽면

그림 5.1에서 실내공간의 미소체적 $dV = rd\theta\ dr\ r\ sin\theta\ d\varphi$내에 포함되어 있는 εdV의 음향에너지에 대한 방사면적당 전파하는 음향에너지, 즉 미소체적을 둘러싼 구의 표면적$4\pi r^2$당 음향에너지가 미소체적에 투영된 미소면적 $ds\ cos\theta$에 입사하게 되며 이 음향에너지는 다음과 같이 계산할 수 있다.

$$dE = \frac{\varepsilon dV}{4\pi r^2} ds\ \ cos\theta = \frac{\varepsilon ds}{4\pi}\ \ cos\theta\, sin\theta\ d\theta\ d\varphi\, dr \tag{5.1}$$

벽면의 미소면적에서 미소체적을 바라본 경우 실내공간에서 미소면적에 입사하는 음향에너지는 미소면적으로부터 반경 r의 반구내부에 미소체적으로부터 도달된 음향에너지의 합이 된다. 따라서 전체 음향에너지는 식(5.1)를 반구에 대해서 적분하면 된다. 이 경우 반구의 반경은 $dr = cdt$의 관계를 이용하여 단위시간에 대해서 적분하면 $\int_0^1 cdt = c$로부터 음속에 해당하기 때문에 식(5.1)의 적분결과는 단위시간당 미소면적에 입사하는 음향에너지, 즉 음향파워가 된다.

$$W = \frac{\varepsilon ds}{4\pi}\int_0^{\pi/2} cos\theta sin\theta\ d\theta \int_0^{2\pi} d\varphi \int_0^{c} dr = \frac{c\varepsilon\ ds}{4} \tag{5.2}$$

음향에너지밀도가 ε인 실내공간에서 미소면적에 단위면적당 단위시간에 입사하는 음향강도는 식(5.2)을 미소면적ds의 나누면 된다.

$$I = \frac{W}{ds} = \frac{c\varepsilon}{4} \tag{5.3}$$

식(5.3)은 구면파에 대한 결과이고 평면파의 경우에는 $I = \varepsilon c$이다.

만약 실내의 벽면의 평균 흡음율을 $\overline{\alpha}$ 라 하면 모든 벽면에 흡수되는 음향파워는 다음과 같다.

$$W\overline{\alpha} = IS\overline{\alpha} = \frac{S\overline{\alpha}c}{4}\varepsilon = \frac{Ac}{4}\varepsilon \tag{5.4}$$

식(5.4)에서 A는 흡음력이라고 하며 실내 면적과 흡음율에 의해서 정의되는 $A = S\overline{\alpha}$계수로서 면적(m^2)의 단위를 갖는다.

일반적으로 실내 각 벽면의 흡음율은 다르기 때문에 벽면에 흡수되는 에너지는 각 벽면에 대한 평균 흡음율로 계산된다.

$$\frac{\varepsilon c}{4}(\alpha_1 S_1 + \alpha_2 S_2 + \cdots + \alpha_n S_n) = \frac{\varepsilon c}{4}\sum_{i=1}^{n}\alpha_i S_i = \frac{\varepsilon c}{4}\bar{\alpha}S = \frac{\varepsilon c}{4}A \quad (5.5a)$$

$$A = \sum_{i=1}^{n}\alpha_i S_i = \bar{\alpha}S \quad (5.5b)$$

5.1.2 잔향시간

가. 새빈(Sabin)의 잔향식

실내공간에서 음원이 W의 음향파워를 방출할 경우 실내 에너지의 평형관계를 고려하면 음원에서 방출된 음향파워 W는 실내에 증가되는 음향파워 $V\frac{d\varepsilon}{dt}$와 벽면에 흡수되는 음향파워 $\varepsilon\frac{Ac}{4}$의 합과 같다.

$$V\frac{d\varepsilon}{dt} + \varepsilon\frac{Ac}{4} = W \quad (5.6)$$

그림 5.2와 같이 $t=0$인 상태에서 음향에너지가 방출되면 시간이 지나감에 따라 실내 음향에너지는 점차 증가한 후에 일정한 시간이 지나면 음향에너지가 일정한 정상상태를 유지된다. 이러한 상태를 확산음장이라고 부른다. 그리고 정상상태 (확산음장)에서 음원을 제거하면 음향에너지는 급격하게 감소하며, 정상상태에서 음향에너지가 약 60dB 감소하는데 걸리는 시간을 잔향시간(reverberation time: T)이라고 한다.

식(5.6)의 미분방정식으로부터 실내공간의 음향에너지밀도에 대한 해를 구할 수 있다.

$$\varepsilon = \frac{4W}{Ac}\left(1 - e^{-\frac{Ac}{4V}t}\right) \quad (5.7)$$

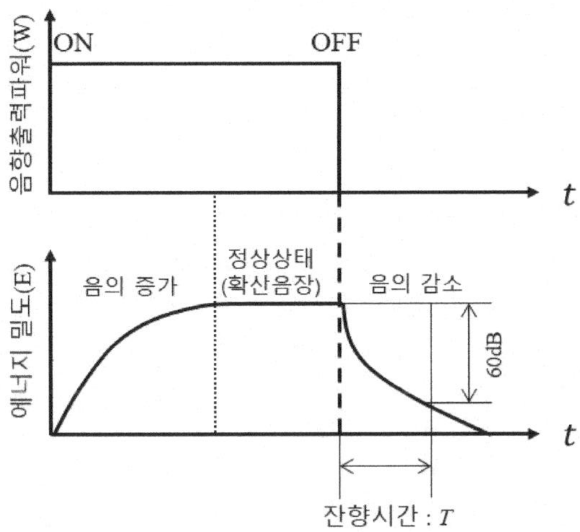

[그림 5.2] 실내공간에서 음향에너지의 증가 및 감소

식(5.7)에서 $\dfrac{Ac}{4V}$는 실내에서 음향에너지의 증가를 나타내는 상수이며, 실내 벽면에 입사하는 음향에너지 즉 음향강도는 식(5.3)에 식(5.7)를 대입하면 구할 수 있다.

$$I = \frac{\varepsilon c}{4} = \frac{W}{A}\left(1 - e^{-\frac{Ac}{4V}t}\right) \tag{5.8}$$

또한 음압의 실효값(rms)은 식(5.7)를 $\varepsilon = \dfrac{p_s^2}{\rho c^2}$ 대입해서 구할 수 있다.

$$p_{rms}^2 = \frac{4W\rho c}{A}\left(1 - e^{-\frac{Ac}{4V}t}\right) \tag{5.9}$$

위의 식에서 $t \to \infty$인 경우는 정상상태, 즉 확산음장을 나타내며, 이 경우 음향에너지밀도, 음향강도 및 음압은 다음과 같다.

$$\varepsilon_\infty = \frac{4W}{Ac} \tag{5.10a}$$

$$I_\infty = \frac{W}{A} \tag{5.10b}$$

$$p_{\infty}^{2} = \frac{4W\rho c}{A} \tag{5.10c}$$

식(5.10)에서 실내의 흡음력이 증가하면 음향에너지 및 음압이 작아진다. 따라서 실내에서 창문을 열면 흡음율이 증가하여 정상상태의 음향에너지가 작아진다. 실내공간이 정상상태에서 음원을 제거할 경우 잔향시간을 계산하자. 식(5.6)에서 음원이 제거되면 식(5.11)과 같이 된다.

$$V\frac{d\varepsilon}{dt} + \varepsilon\frac{Ac}{4} = 0 \tag{5.11}$$

초기상태 $t=0$에서 음향에너지밀도를 $\varepsilon = \varepsilon_o$라고 하면 음원정지 후 식(5.11)로부터 음향에너지밀도와 음향강도를 계산할 수 있다.

$$\varepsilon = \varepsilon_o e^{-\frac{Ac}{4V}t} \tag{5.12a}$$

$$I = I_o e^{-\frac{Ac}{4V}t} \tag{5.12b}$$

그리고 시간이 t초경과 후 음향에너지 레벨의 감소는 식(5.12)로부터 계산할 수 있다.

$$\Delta L_I = 10log_{10}\frac{I}{I_o} = -\frac{Ac}{V}t \ 10log_{10}\left(e^{-\frac{1}{4}}\right) = -\frac{1.087Act}{V} \tag{5.13}$$

잔향시간은 음향에너지가 60dB감소하는데 걸리는 시간이므로 식(5.13)으로부터 잔향시간을 계산할 수 있다.

$$\Delta L_I = 10log_{10}\frac{10^{-6}I_o}{I_o} = -60 = -\frac{1.087Act}{V} \tag{5.14a}$$

$$T = 55.2\frac{V}{Ac} \tag{5.14b}$$

식(5.14b)에서 음속이 343m/s일 경우에 잔향시간은 식(5.15)와 같다.

$$T = \frac{0.161\,V}{A} = \frac{0.161\,V}{\overline{\alpha}S} \tag{5.15}$$

만약에 실내에서 잔향시간을 측정할 수 있으면 식(5.15)을 이용해서 흡음력A 혹은 평균 흡음율 $\overline{\alpha}$을 계산할 수 있다.

식(5.15)에서 $\overline{\alpha}=1$일 경우에는 잔향시간이 $T=0$ 되어야 한다. 그러나 새빈의 잔향식은 이 조건을 만족하지 않는 것에 주의해야 한다.

나. 아이링(Eyring)의 잔향식

새빈의 잔향식은 실내의 음향에너지가 연속적으로 벽면에 흡수된다고 가정하여 잔향시간을 계산하기 때문에 식(5.15)에서와 같이 $\overline{\alpha}=1$일 경우에는 잔향시간이 $T=0$ 되지 않는다. 이러한 문제점을 보완하기 위해서 아이링은 음향에너지가 연속적으로 흡수되지 않고 벽면에서 반사할 때마다 단계적으로 흡수되는 것으로 생각하였다.

우선 음원에서 방사된 음이 벽면에 도달하는 평균거리를 계산하자.

음원에서 방사된 음이 실내 벽면까지 도달하는 평균자유경로(mean free path)가 l이라고 하면 평균충돌 시간간격 τ은 음속에 대한 비로 계산할 수 있으며 dt시간 동안에 음이 벽면에 충돌하는 횟수 β는 다음과 같다.

$$\tau = \frac{l}{c} \tag{5.16a}$$

$$\beta = \frac{dt}{\tau} \tag{5.16b}$$

그림 5.3과 같이 실내공간의 평균자유경로를 계산하여 보자. 원점을 음원이라고 하고 음이 단위시간(1초) 동안 전파하는 거리를 r이라고 하면 전파거리는 $dr=cdt$의 관계로부터 음속이 된다.

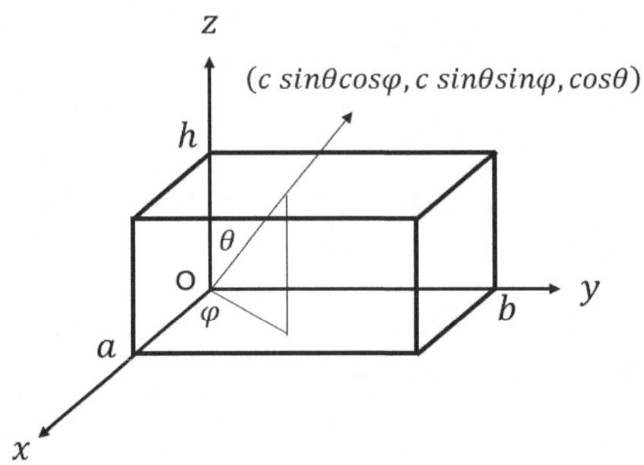

[그림 5.3] 평균자유경로의 계산모델

실내공간 내에서 음원으로부터 단위시간 동안 음이 전파 한 거리의 x, y, z방향의 성분은 θ, φ방향에 대해서 나타낼 수 있으며, 각 방향의 거리는 $x = csin\theta cos\varphi$, $y = c\ sin\theta\, sin\varphi$, $z = c\,cos\theta$이 된다. 따라서 매초 벽면에 충돌하는 횟수는 x, y, z방향에 대한 실내공간의 길이 a, b, h와 음이 1초 동안 전파한 거리의 비로 계산된다.

$$yz\text{면에 충돌 횟수} : \frac{c\,sin\theta\,cos\varphi}{a} \tag{5.17a}$$

$$xz\text{면에 충돌 횟수} : \frac{c\,sin\theta\,sin\varphi}{b} \tag{5.17b}$$

$$xy\text{면에 충돌 횟수} : \frac{c\,cos\theta}{h} \tag{5.17c}$$

그림 5.4에서 공간 내 $d\theta, d\varphi$에 대한 미소면적을 고려하면, 음이 이 면적에 도달하는 확률은 음이 방사되는 구의 면적과 미소면적의 비로 계산된다.

$$\frac{d\theta, d\varphi\text{의 표면적}}{\text{구의 면적}} = \frac{r^2 sin\theta d\theta d\varphi}{4\pi r^2} = \frac{sin\theta d\theta d\varphi}{4\pi} \tag{5.18}$$

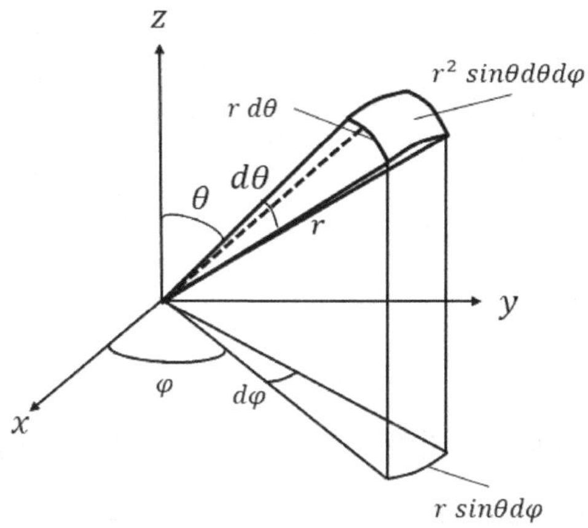

[그림 5.4] 실내공간에서 음이 통과하는 미소면적

따라서 실내공간의 벽면(yz벽면, xz벽면, xy벽면)에 1초동안 충돌하는 횟수와 식(5.18)의 충돌 확률을 곱해서 적분한 후, x, y, z축에 대한 8개의 공간을 고려하면 1초동안 평균 충돌횟수를 구할 수 있다.

$$\beta = \frac{1}{\tau} = 8\int_0^{\frac{\pi}{2}}\int_0^{\frac{\pi}{2}}\left(\frac{c\,sin\theta cos\varphi}{a} + \frac{c\,sin\theta sin\varphi}{b} + \frac{c\,cos\theta}{h}\right)\frac{sin\theta d\theta d\varphi}{4\pi} = \frac{cS}{4V} \qquad (5.19)$$

식(5.19)에서 S는 실내공간 표면적$S = 2(ab + bh + ha)$ 이고, V는 실내공간의 체적$V = abh$이다. 평균자유경로는 식(5.16)에 식(5.19)를 대입하면 구할 수 있다.

$$l = \frac{4V}{S} \qquad (5.20)$$

음이 벽면에 1회 충돌 시 $\overline{\alpha}$만큼 흡수되고 $(1-\overline{\alpha})$만큼 반사하면 N회 충돌 후 반사되는 음향에너지밀도는 $(1-\overline{\alpha})$에 지수적으로 감소하게 된다.

$$\varepsilon = \varepsilon(1-\overline{\alpha})(1-\overline{\alpha})(1-\overline{\alpha})\cdots = \varepsilon(1-\overline{\alpha})^N \qquad (5.21)$$

앞에서 기술한 것과 같이dt시간 동안에 음이 벽면에 충돌하는 횟수는 $\beta = \frac{dt}{\tau} = \frac{c}{l}dt$으로 정의된다. 따라서 dt 동안 음이 벽면에 N회 충돌하면 $N=\frac{c}{l}dt$횟수만큼 충돌 후 실내공간의 음향에너지는 에너지의 평형관계에 따라 음향에너지의 증가량 $Vd\varepsilon$은 음원에서 방사되는 음향에너지 Wdt와 벽면에서 흡수되는 음향에너지 $V\varepsilon-V\varepsilon(1-\overline{\alpha})^{c/ldt}$의 차가 된다.

$$Vd\varepsilon=Wdt-\left\{V\varepsilon-V\varepsilon(1-\overline{\alpha})^{c/ldt}\right\} \tag{5.22}$$

식(5.22)에서 괄호내 마지막항은 자연로그의 관계 $x=e^{lnx}$을 이용하면 e^{θ}형식의 지수함수로 표현되며 지수함수를 급수전개$\left(e^{x}=1+x+\frac{x^2}{2!}+\cdots\right)$하여 고차항을 무시하면 간단히 표현할 수 있다. 이 식을 식(5.22)에 다시 대입하면 음향에너지밀도에 대한 미분방정식을 구할 수 있다.

$$(1-)\overline{\alpha}^{\frac{c}{l}dt}=e^{\frac{c}{l}dt\,ln(1-\overline{\alpha})}\approx 1+\frac{c}{l}dt\,ln(1-\overline{\alpha}) \tag{5.23}$$

$$\frac{d\varepsilon}{dt}-\frac{c\varepsilon}{4V}ln(1-\overline{\alpha})=\frac{W}{V} \tag{5.24}$$

식(5.24)의 미분 방정식을 풀면 음향에너지밀도를 구할 수 있다.

$$\varepsilon=Dexp\left\{\frac{cS}{4V}ln(1-\overline{\alpha})t\right\}-\frac{4W}{cS}\frac{1}{ln(1-\overline{\alpha})} \tag{5.25}$$

식(5.25)에 초기조건 $t=0$일 때 $\varepsilon=0$을 대입하면 계수 D를 구할 수 있으며, 식(5.25)에 대입하면 된다.

$$\varepsilon=-\frac{4W}{cS}\frac{1}{ln(1-\overline{\alpha})}\left[1-exp\left\{\frac{cS}{4V}ln(1-\overline{\alpha})t\right\}\right] \tag{5.26}$$

식(5.26)의 $\ln(1-\overline{\alpha})$에서 $\overline{\alpha}$이 상당히 작을 경우, 테일러 급수전개를 $ln(1-\overline{\alpha})\cong-\overline{\alpha}-\frac{\overline{\alpha}^2}{2}-\frac{\overline{\alpha}^3}{3}-\cdots$ 이용하여 흡음력으로 정리하면 새빈의 잔향식(5.7)과 일치한다.

$$Sln(1-\overline{\alpha}) \cong -S\overline{\alpha} = -A \tag{5.27}$$

식(5.24)로부터 새빈의 잔향시간을 계산하는 방법과 동일하게 초기조건 $t=0$에서 $\varepsilon=\varepsilon_o$을 이용하여 잔향시간을 계산할 수 있다.

음원을 정지시키면, 식(5.24)에서 실내에 공급되는 음향파워 $W=0$가 된다.

$$\frac{d\varepsilon}{dt} - \frac{c\varepsilon}{4V} ln(1-\overline{\alpha}) = 0 \tag{5.28}$$

식(5.28)의 해를 구하면 실내공간 내 음향에너지밀도를 계산할 수 있다.

$$\varepsilon = \varepsilon_o e^{\left\{\frac{cS}{4V} ln(1-\overline{\alpha})t\right\}} \tag{5.29}$$

식(5.29)로부터 새빈의 잔향시간을 구하는 방법과 동일하게 잔향시간을 계산할 수 있다.

$$T = \frac{0.161\,V}{-Sln(1-\overline{\alpha})} \tag{5.30}$$

식(5.30)을 이용하면 실내공간의 벽면이 완전 흡음($\overline{\alpha}=1$)일 경우 잔향시간이 $T \rightarrow 0$가 되며, $\overline{\alpha} < 0.2$일 경우에는 새빈의 식과 거의 일치하고, $\overline{\alpha} > 0.2$일 경우에는 새빈의 식보다 실험식에 일치한다.

다. 측정방법

잔향시간은 인간의 청감과 관계가 깊으며 음향설계에서 중요한 지표이다. 또한 재료의 흡음율은 투과손실과 함께 반드시 측정해야 할 값으로 건축 음향에서는 매우 중요한 요소이다.

일반적인 잔향시간 측정방법은 그림 5.5와 같이 음원인 스피커부터 1/1 혹은 1/3옥타브 밴드 소음을 발생시키고 임의의 수음위치에서 무지향성 마이크로폰으로 측정한다. 스피커를 작동시킨 후 측정대상 실내공간의 음장이 정상상태(확장음장)가 되면 스피커를 정지시키고 음압이 60dB감소하는데 걸린 시간 즉 잔향시간을 측정한다.

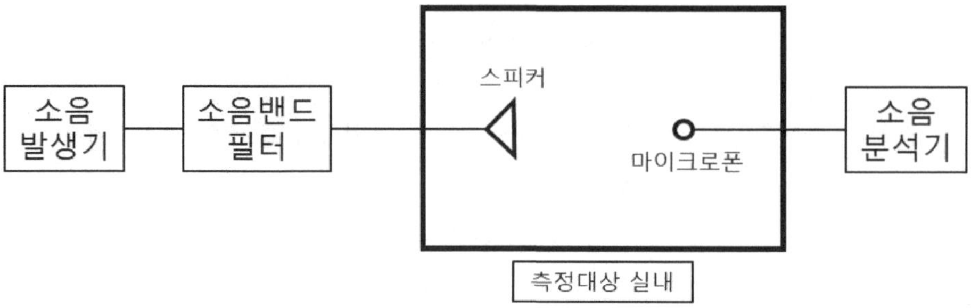

[그림 5.5] 실내공간의 잔향시간 측정

잔향시간은 주파수에 따라 다르며 또한 실내 측정위치에 따라 측정값의 차가 발생한다. 따라서 실내에 여러 위치에서 측정한 후 음압 밴드(1/1 혹은 1/3옥타브 밴드)에 대해서 평균값을 구한다.

일반적으로 잔향시간의 최적 값은 건물 실내의 크기 및 건물의 용도에 다르기 때문에 건축 음향 설계 시 건물 용도에 따라 최적의 잔향시간을 설정 후, 실내의 크기 및 흡음재 등을 설계해야 된다. 잔향시간의 주파수 특성은 모든 주파수에 대해서 일정한 잔향시간이 되도록 설계하지만, 대부분 저주파영역에서 잔향시간이 길고 고주파 영역에서는 짧아진다.

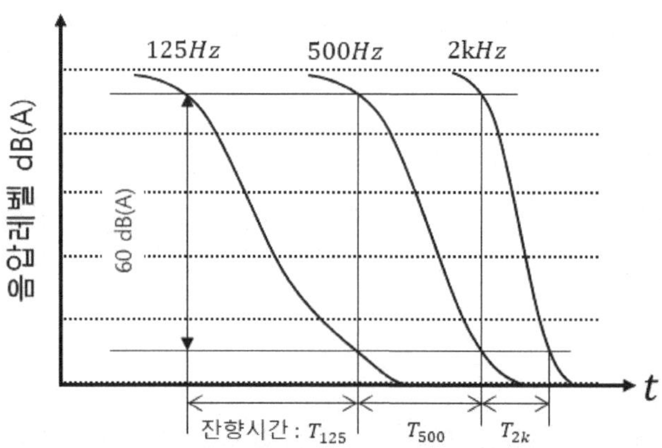

[그림 5.6] 주파수에 따른 잔향시간

5.1.3 공기에 의한 음의 흡수

음이 전파할 경우 공기의 마찰저항 등에 의해서 음의 에너지 일부가 흡수되어 일정한 거리를 도달하면 감쇠한다. 만약 임의의 지점에서 음의 강도가 I_0인 평면파가 거리x만큼 이동하였을 경우 음향강도는 이동거리x와 공기의 음향흡수에 의한 계수 m에 지수적으로 감소한다.

$$I = I_o e^{-mx} \tag{5.31}$$

만약 t초 동안에 이동하였다면 식(5.31)은 $dx = cdt$의 관계에 따라 음속과 시간에 따라 지수적으로 감소한다.

$$I = I_o e^{-mct} \tag{5.32}$$

벽면에서 음의 흡수는 식(5.12b)에 식(5.32)를 대입하여 공기와 벽면에서 흡수되는 에너지에 대한 식으로 표현된다.

$$I = I_o e^{-\left(mc + \frac{Ac}{4V}\right)t} \tag{5.33}$$

식(5.33)은 새빈의 잔향시간 식(5.15)에 공기에 의한 흡음을 고려한 계산식이 된다.
잔향시간은 앞에서 기술한 방법과 동일하게 계산할 수 있다.

$$T = \frac{0.161\,V}{A + 4m\,V} \tag{5.34}$$

공기에 의한 흡수는 실내가 상당히 크고, 1kHz이상의 고주파 영역에 대해서는 중요한 요소이다. 따라서, 습도h가 20∼70%이고, 주파수 f범위가 1.5kHz∼10kHz일 경우 공기에 의한 음의 감쇠계수m은 식(5.35)과 같이 정의된다.

$$m = 5.5 \times 10^{-4}\left(\frac{50}{h}\right)\left(\frac{f}{1000}\right)^{1.7} \tag{5.35}$$

5.1.4 직접음과 반사음

그림 5.7과 같이 실내에서 음원으로부터 거리 r만큼 떨어진 위치의 음향에너지밀도는 음

원에서 직접 전달되는 음향에너지밀도 ε_d와 벽에서 반사되는 음향에너지밀도 ε_r의 합이다.

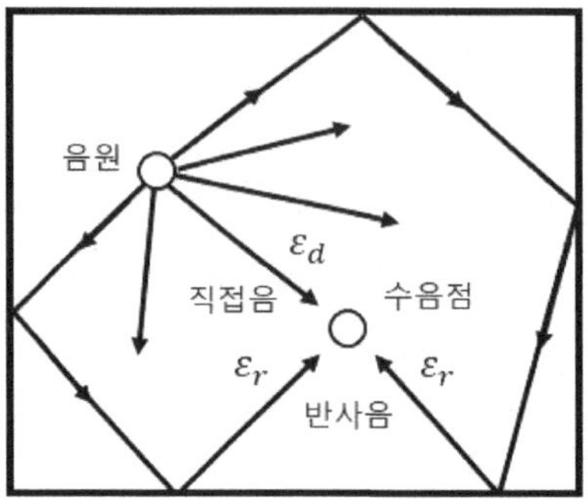

[그림 5.7] 실내공간에서 음의 직접음과 반사음

음원에서 수음점에 직접 전달되는 음향에너지밀도는 음원의 파워 W와 수음점까지의 거리 r에 대해서 계산된다.

$$\varepsilon_d = \frac{W}{4\pi r^2 c} \tag{5.36}$$

음원으로부터 벽면에 반사되어 수음점에 전달되는 음향에너지밀도는 음원에서 방사된 음이 벽면에 1번 반사되어 수음점에 도달한 후 실내공간에서 전부 흡수되는 것으로 가정한다. 따라서 확산음장에 대한 음의 에너지 평형관계를 고려하면 벽면에 1번 반사되어 수음점에 도달한 음향파워 $W(1-\overline{\alpha})$와 실내공간에 흡수된 음향파워 $\left(\frac{c\varepsilon_r}{4}\right)S\overline{\alpha}$는 동일하기 때문에 이 관계식으로 벽면에 반사되어 수음점에 도달한 음향에너지밀도를 구할 수 있다.

$$W(1-\overline{\alpha}) = \left(\frac{c\varepsilon_r}{4}\right)S\overline{\alpha} \tag{5.37a}$$

$$\varepsilon_r = \frac{4W}{c}\frac{(1-\overline{\alpha})}{S\overline{\alpha}} = \frac{4W}{c}\frac{1}{R} \tag{5.37b}$$

식(5.37b)에서 $R = \frac{S\overline{\alpha}}{(1-\overline{\alpha})} = \frac{A}{(1-\overline{\alpha})}$은 벽면의 흡음력에 비례하는 계수로서 실내정수(room constant)라고 하며, 실내정수가 크면 반사음은 작고, 벽면에 흡수되는 에너지가 크

기 때문에 수음점에서 직접음의 영향이 크다.

수음점에서 음향에너지는 식(5.36)과 식(5.37b)의 직접음과 반사음의 합이다.

$$\varepsilon = \varepsilon_d + \varepsilon_r = \frac{W}{c}\left(\frac{1}{4\pi r^2} + \frac{4}{R}\right) \tag{5.38}$$

또한 음압은 식(5.38)에 음압과 에너지 밀도의 관계 $\varepsilon = \dfrac{p^2}{\rho c^2}$을 대입하여 계산할 수 있다.

$$p^2 = \rho c W\left(\frac{1}{4\pi r^2} + \frac{4}{R}\right) = p_d^2 + p_r^2 \tag{5.39}$$

음원으로부터 직접음과 반사음의 음압이 동일하게($p_d = p_r$)되는 위치 r_0는 식(5.39)로부터 계산할 수 있다.

$$r_0 = \sqrt{\frac{R}{16\pi}} = \frac{1}{4}\sqrt{\frac{R}{\pi}} \tag{5.40}$$

직접음과 반사음의 음압이 동일하게 되는 거리r는 음원의 출력W과 무관하고 실내정수 즉 흡음력과 관계가 있다.

식(5.39)을 레벨로 표시하면 다음과 같다.

$$L_p = L_W + 10log_{10}\left(\frac{1}{4\pi r^2} + \frac{4}{R}\right) \tag{5.41}$$

실내공간에서 직접음과 반사음이 동일한 거리 r_0는 실내정수 크기에 따라 변한다. 실내정수가 작으면 반사음의 영향이 크기 때문에 음원에 가깝다. 즉 r_0가 작아진다. 또한 실내정수가 매우 크면 반사음의 영향이 거의 없기 때문에 거리가 증가함에 따라 음이 감소하며, r_0는 벽면 근처가 된다. 따라서 실내정수가 증가함에 따라 r_0가 증가하여 음원으로부터 멀어진다.

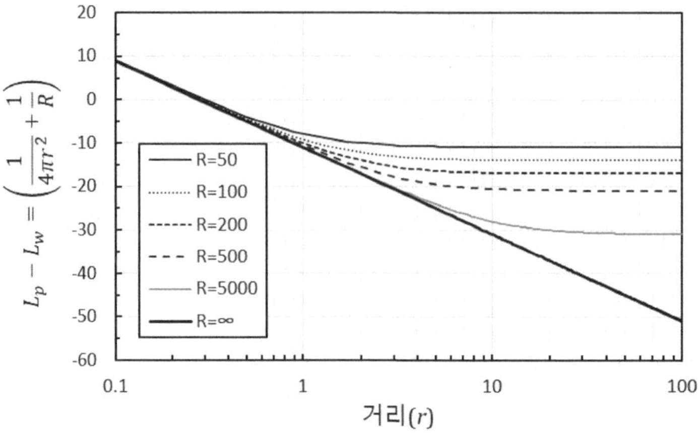

[그림 5.8] 실내정수에 대한 $L_p - L_W$레벨

실내공간 내 음원은 위치에 따라 벽면에 의한 반사음의 영향을 받기 때문에 직접음에 방향계수 Q를 고려해야 한다.

$$L_p = L_W + 10log_{10}\left(\frac{Q}{4\pi r^2} + \frac{4}{R}\right) \tag{5.42}$$

방향계수는 그림 5.9와 같이 실내공간 내 음원의 위치에 따라 변하기 때문에 표 5.1과 같이 방향계수의 값을 나타낸다.

만약 음원으로부터 수음점이 근접한 경우 $\left(4\pi r^2 \ll \frac{R}{4}\right)$에는 식(5.38)에서 제1항만 의미를 갖기 때문에 음향에너지는 흡음력에 영향을 거의 받지 않는다. 따라서 실내의 흡음력을 증가시켜도 수음점의 음압은 낮아지지 않는다.

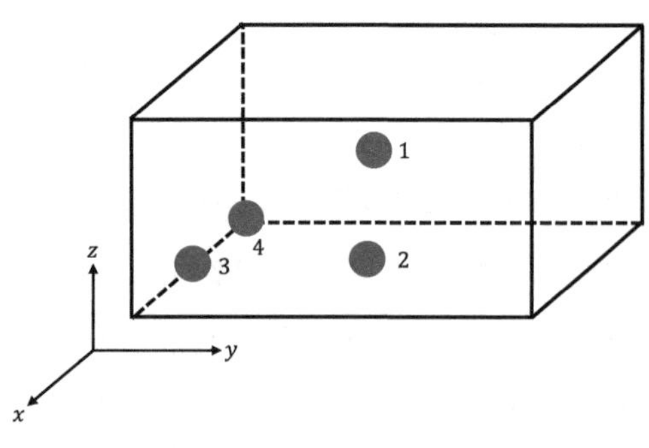

[그림 5.9] 실내공간에서 음원의 위치

[표 5.1] 음원위치에 대한 방향계수 값

음원위치	방향계수Q
실내공간의 중심(자유공간)	$Q=1$
벽면 위(반자유공간)	$Q=2$
벽면 사이	$Q=4$
벽면 사이(모퉁이)	$Q=8$

수음점이 음원에서 멀리 있는 경우 $\left(4\pi r^2 \gg \frac{R}{4}\right)$에는 식(5.38)에서 제2항만이 의미를 갖기 때문에 실내의 흡음력을 크게 하면 수음점에서의 음이 감소하게 되며, 흡음력을 2배 증가시키면 6dB감소하게 된다.

실내정수R이 충분히 큰 경우 즉 흡음율 $\overline{\alpha}$이 큰 경우에는 반사음의 영향이 거의 없다.$(\varepsilon_r \rightarrow 0)$

$$L_p \cong L_W - 10log_{10}r^2 - 11 \tag{5.43}$$

음원과 수음점사이의 거리가 길고 R이 충분히 작은 경우, 즉 흡음율 $\overline{\alpha}$이 작은 경우에는 반사음의 영향이 지배적이다$(\varepsilon_d \rightarrow 0)$.

$$L_p \cong L_W - 10log_{10}R + 6 \cong L_W - 10log_{10}A + 6 \tag{5.44}$$

5.2 실내공간에 대한 음의 전파

5.2.1 두 실내공간

그림 5.10과 같이 근접한 두 실내공간의 음의 전달에 대해서 생각하자. 우선 두 실내공간은 확산음장이고, 음은 경계벽만을 통해서 전달된다고 가정하자.

실내공간1의 음향에너지밀도는 식(5.10)과 같이 음원에서 방사되는 파워와 벽면의 흡음력으로 계산된다.

$$\varepsilon_1 = \frac{4\,W}{A_1 c} \tag{5.45}$$

실내공간 1에서 두 실내공간 사이의 벽(경계면)에 입사하는 파워는 식(5.2)에 벽면의 면적 S_w을 곱하면 계산할 수 있다.

$$W_1 = \frac{\varepsilon_1 c}{4} S_w \tag{5.46}$$

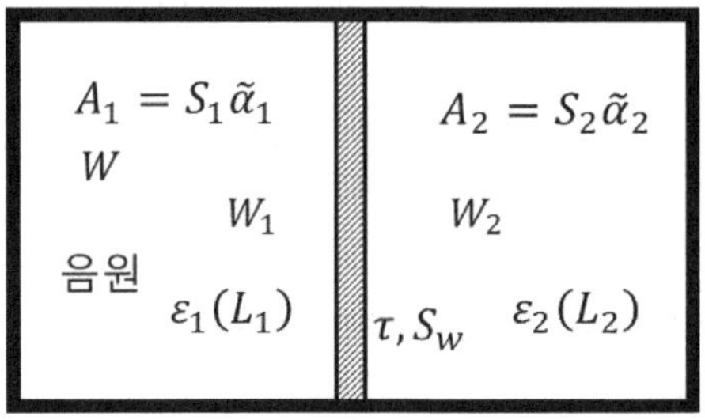

[그림 5.10] 두 실내공간에 대한 음의 전파

또한 경계면을 통해서 실내2에 전달되는 파워는 식(5.46)에 벽면의 투과율 τ를 곱해서 구할 수 있다.

$$W_2 = \frac{\varepsilon_1 c}{4} S_w \tau \tag{5.47}$$

그리고 확산음장에 대한 음의 에너지 평형관계에 따라 실내공간1로부터 경계면을 통해서 실내공간2에 전달되는 음향파워 $\frac{\varepsilon_1 c}{4} S_w \tau$와 실내공간2에서 흡수되는 음향파워$\frac{c\varepsilon_2}{4} A_2$는 동일하다. 이 관계로부터 실내공간1과 2의 음향에너지밀도에 대한 비를 구할 수 있다.

$$\frac{c\varepsilon_2}{4} A_2 = \frac{\varepsilon_1 c}{4} S_w \tau \tag{5.48a}$$

$$\frac{\varepsilon_1}{\varepsilon_2} = \frac{1}{\tau}\frac{A_2}{S_w} \tag{5.48b}$$

식(5.48b)을 레벨로 표시하면 실내공간2의 음압레벨은 벽면의 투과손실 $TL = 10log\left(\frac{1}{\tau}\right)$, 실내공간2의 흡음력 및 벽의 면적에 의해서 계산된다.

$$L_{p2} = L_{p1} - TL - 10log_{10}A_2 + 10log_{10}S_w \tag{5.49}$$

실내공간1의 음압은 음향파워의 관계 $p^2 = \frac{4W}{A_1}\rho c$을 식(5.49)에 대입하면 음원의 음향파워과 실내공간2의 음압레벨의 관계로 표현된다.

$$L_{p2} = L_W + 10\log_{10}S_w - TL - 10\log_{10}A_1 - 10\log_{10}A_2 + 6 \tag{5.50}$$

식(5.49)와 식(5.50)에서 실내공간2의 음압레벨을 작게 하려면 실내공간 1의 음향에너지 밀도 L_{p1} 혹은 음원의 음향파워를 작게 하거나, 경계벽의 투과손실 TL과 실내공간2의 흡음력 A_2를 크게 한다. 또한 경계면의 면적 S_w를 작게 한다.

아파트 혹은 사무실 등에서 실내공간의 사용목적에 따라 격벽으로 실내공간을 분할하여 사용한다. 펌프 혹은 송풍기 등과 같은 소음원이 설치된 경우 기계실로부터 근접한 실내공간 내에 소음의 전달을 방지하기위해 격벽과 같은 다양한 형태의 벽을 설계 시 격벽의 투과손실을 식(5.49) 혹은 식(5.50)에 대입하여 수음원측 실내공간의 음압레벨을 예측할 수 있다. 또한 격벽을 설치하여 투과손실 계수를 계산할 경우에는 식(5.49)와 식(5.50)으로부터 계산할 수 있다.

$$TL = L_{p1} - L_{p2} + 10log_{10}\frac{S_w}{A_2} \tag{5.51a}$$

$$TL = L_W - L_{p2} + 10log_{10}\left(\frac{S_w}{A_1A_2}\right) + 6 \tag{5.51b}$$

5.2.2 외부에서 실내공간

그림 5.11과 같이 외부의 특정 음원으로부터 θ의 각도 혹은 여러 방향의 각도(난 입사)로 건물의 외벽면을 통해서 입사하는 음의 파워는 $W = SI$와 식(5.2)로부터 다음과 같다.

$$\theta\text{의 각도 : } W_1 = c\varepsilon_1 S cos\theta \tag{5.52a}$$

$$\text{난입사 : } W_1 = \frac{c\varepsilon_1 S}{4} \tag{5.52b}$$

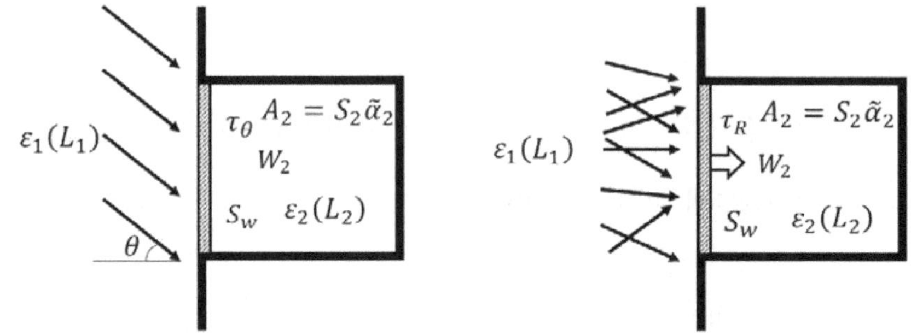

(a) 경사각 입사 (b) 난입사

[그림 5.11] 외부로부터 실내공간에 입사하는 음

외부에서 θ의 각도로 입사하여 실내에 전달되는 음향파워는 식(5.52a)에 외벽의 투과율을 곱하면 된다.

$$W_2 = c\varepsilon_1 S_w cos\theta \tau_\theta \tag{5.53}$$

실내공간의 음의 에너지 평형관계에 따라 경계면을 통해서 실내공간에 전달되는 음향파워와 실내공간에서 흡수되는 음향파워와 동일하기 때문에 외부의 음향에너지밀도와 실내공간의 음향에너지밀도에 대한 관계식을 유도할 수 있다.

$$\frac{c\varepsilon_2}{4} A_2 = c\varepsilon_1 S_w cos\theta \tau_\theta \tag{5.54a}$$

$$\frac{\varepsilon_1}{\varepsilon_2} = \frac{A_2}{4 S_w \tau_\vartheta cos\theta} \tag{5.54b}$$

식(5.54)을 레벨로 표시하면 식(5.50)과 유사한 결과를 얻을 수 있다.

$$L_{p2} = L_{p1} - TL_\theta + 6 - 10log_{10}A_2 + 10log_{10}(S_w cos\vartheta) \tag{5.55}$$

식(5.55)에서 TL_{θ}은 경사각 θ로 입사하는 음에 대한 투과손실계수이다.

수직으로 입사하는 경우의 투과손실계수 TL_0와 난입사하는 경우의 투과손실계수 TL_R를 대입하면 두 경우에 대한 실내공간의 음압레벨을 계산할 수 있다.

$$L_{p2} = L_{p1} - TL_0 + 6 - 10log_{10}A_2 + 10log_{10}S_w \tag{5.56a}$$

$$L_{p2} = L_{p1} - TL_R - 10log_{10}A_2 + 10log_{10}S_w \tag{5.56b}$$

식(5.56b)에서 난입사하는 경우의 음의 전파는 두 실내공간의 음의 전파에 대한 식(5.49)와 동일하다.

5.2.3 실내공간에서 외부

그림 5.12과 같이 건물내부에 기계 등과 같은 소음원이 설치된 경우 실내의 소음원으로부터 방사된 음이 외부로 전달된다. 일반적으로 모터, 펌프 등과 같은 기계는 소음과 진동을 동시에 발생시키기 때문에 진동에 의해서도 소음이 전파된다. 그러나 여기서는 진동에 의한 소음의 전파 즉 고체전파음은 고려하지 않는다.

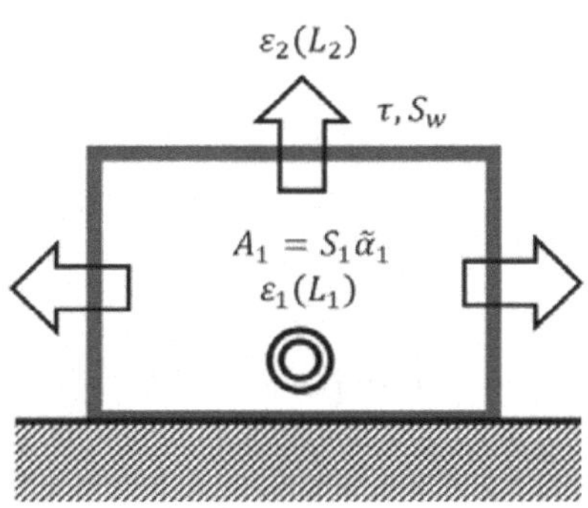

[그림 5.12] 실내공간으로부터 외부로 방사되는 음

소음원이 설치된 실내공간은 확산음장이라고 가정하고, 소음원으로부터 경계면에 입사하는 파워는 $W_1 = \frac{c\varepsilon_1}{4}S_w$ 이고, 벽면을 통해서 전달되는 파워는 $W_2 = \frac{c\varepsilon_1}{4}S_w\tau$ 이다. 또한 외부로 방사된 파워는 외부공간의 음향에너지밀도에 벽면의 면적을 곱하면 된다.

음의 에너지 관계로부터 벽면을 통해서 전달된 파워와 외부로 방사되는 파워는 동일하기 때문에 이 식을 이용해서 실내와 외부공간에 대한 음향에너지밀도 비를 구할 수 있다.

$$W_2 = c\varepsilon_2 S_w = \frac{c\varepsilon_1}{4} S_w \tau \qquad (5.57a)$$

$$\frac{\varepsilon_2}{\varepsilon_1} = \frac{\tau}{4} \qquad (5.57b)$$

식(5.57)을 레벨로 표시하면 다음과 같다.

$$L_{p2} = L_{p1} - TL - 6 \qquad (5.58)$$

공장과 같은 건물 설계 시 벽면의 투과손실계수를 계산하여 보자.

소음원으로부터 벽면에 입사하는 음압레벨은 실내공간의 음향에너지밀도$\varepsilon_1 = \frac{4W}{A_1 c}$를 이용하면 소음원의 음향파워레벨과 실내의 흡음력으로부터 계산된다.

$$L_{p1} = L_w - 10log(A_1 c) + 6 \qquad (5.59)$$

식(5.59)를 식(5.58)에 대입하면 외부공간의 음압레벨은 음원의 음향파워, 투과손실 및 벽면의 흡음력으로부터 계산된다.

$$L_{p2} = L_w - 10log(A_1 c) - TL \qquad (5.60a)$$

$$TL = L_{p2} - L_w + 10log(A_1 c) \qquad (5.60b)$$

따라서 식(5.60)으로부터 설계단계에서 벽면의 투과손실계수를 조절하면 외부공간으로 방사되는 음압을 제어할 수 있다.

5.3 실내공간의 공진모드

실내공간의 음향분포는 정재파에 의한 공진모드로 결정되기 때문에 실내공간의 음향해석 시 주파수 영역내 공진모드 분포 및 개수에 대한 분석은 매우 중요하다.

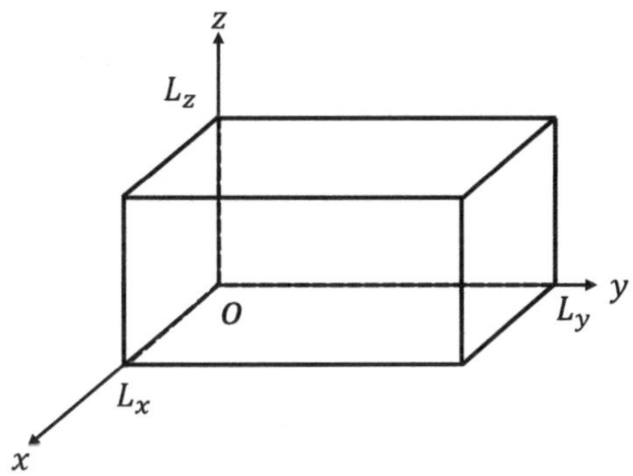

[그림 5.13] 직사각형 실내공간

실내공간에서 확산음장은 공간 내 충분히 많은 공진모드가 존재할 때 성립한다. 그림 5.13과 같이 x, y, z방향에 길이 L_x, L_y, L_z를 갖는 강벽으로 둘러싸인 직사각형의 실내공간에 대한 공진모드를 생각해 보자.

직사각형 실내공간에 대한 해석은 4.1절의 직사각형 단면 관내의 음의 전파에 관한 결과를 이용할 수 있다. 실내공간에 대한 음의 3차원 파동방정식의 해는 식(4.10)과 같이 위치에 대한 변수분리형태로 표현되며, 식(4.15) 및 식(4.16)와 같이 x, y, z방향에 대한 해를 구할 수 있다.

$$X(x)= A_x cos\frac{n_x\pi}{a}x,\ k_x = \frac{n_x\pi}{a}\ (n_x = 0,1,2\cdots) \tag{5.61a}$$

$$Y(x)= A_y cos\frac{n_y\pi}{a}y,\ k_y = \frac{n_y\pi}{a}\ (n_y = 0,1,2\cdots) \tag{5.61b}$$

$$Z(x)= A_z cos\frac{n_z\pi}{a}z,\ k_z = \frac{n_z\pi}{a}\ (n_z = 0,1,2\cdots) \tag{5.61c}$$

식(5.61)는 위치에 관한 함수로서 각 방향에 대한 파수는 실내공간에서 정재파가 발생하는 것을 의미하며 다음과 같다.

$$k = \frac{\omega}{c} = \sqrt{k_x^2 + k_y^2 + k_z^2} \tag{5.62}$$

식(5.62)에 식(5.61)를 대입하면 n_x, n_y, n_z모드에 의한 고유진동수를 구할 수 있다.

$$f = \frac{\omega}{2\pi} = \frac{ck}{2\pi} = \frac{c}{2\pi}\sqrt{k_x^2 + k_y^2 + k_z^2} = \frac{c}{2}\sqrt{\left(\frac{n_x}{L_x}\right)^2 + \left(\frac{n_y}{L_y}\right)^2 + \left(\frac{n_z}{L_z}\right)^2} \tag{5.63a}$$

$$f = \sqrt{\left(\frac{cn_x}{2L_x}\right)^2 + \left(\frac{cn_y}{2L_y}\right)^2 + \left(\frac{cn_z}{2L_z}\right)^2} \tag{5.63b}$$

식(5.63)은 강벽의 경계면을 갖는 직사각형 실내공간의 고유진동수이다. 이 고유진동수에 의해서 발생하는 정재파는 x, y, z방향에 대한 n_x, n_y, n_z의 모드 조합으로 형성되며 모드 조합에 따라 3종류의 모드로 분류할 수 있다.

◎ 1차원 모드 (axial wave: 축파)

n_x, n_y, n_z 가운데 2개가 0가 되는 경우이며 하나의 축에 평행한 정재파가 발생한다.

◎ 2차원 모드 (tangential wave: 접선파)

n_x, n_y, n_z 가운데 1개가 0가 되는 경우이며 하나의 평면에 평행한 정재파가 발생한다.

◎ 3차원 모드 (oblique wave: 경사파)

n_x, n_y, n_z 가운데 모두 0이 아닌 경우이며 모든 면에 경사적으로 전파하는 정재파가 발생한다.

그림 5.14와 같이 x, y, z방향에 대해서 주파수 f_x, f_y, f_z축으로 설정한 후 각각의 축에 대해서 $c/2L_x$, $c/2L_y$, $c/2L_z$를 단위로 나눈 입체격자를 생각하면 각각의 교점이 각 고유진동수에 해당한다. 식(5.63)의 고유진동수는 직교 좌표계의 원점으로부터 점 $cn_x/2L_x$, $cn_y/2L_y$, $cn_z/2L_z$까지의 거리를 나타낸다.

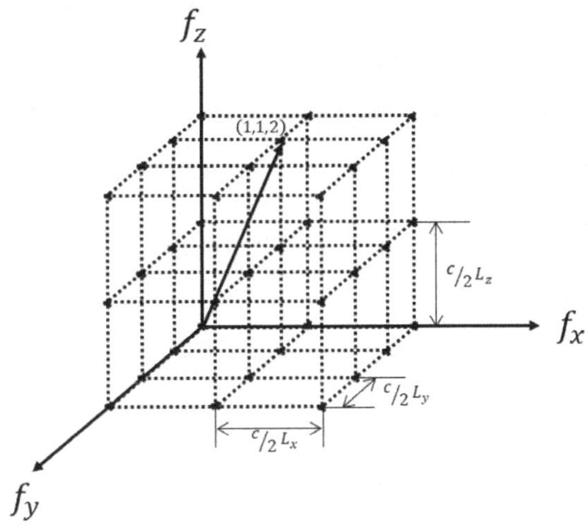

[그림 5.14] 주파수공간에서 고유진동수의 분포

그림 5.14에서 x, y, z축상의 점이 1차원 모드를 나타내며, 2축에 대한 xy, yz, zx면 위의 점이 2차원 모드, 그 외의 점이 3차원 모드에 해당한다. 실내공간의 음의 형태는 x, y, z 방향의 고유진동수의 개수(모드 수)에 의해서 형성된다. 따라서 직사각형 실내공간의 고유진동수의 개수에 대해서 알아보자.

임의의 주파수 f이하의 고유진동수의 개수는 반경f의 1/8구 내의 격자점의 개수와 동일하다. 따라서 1/8 구내의 격자점의 개수를 계산하여 보자.

그림 5.14에서 1개의 격자점은 8개의 직사각형 체적을 공유하고 있으며, 또한 1개의 단위 직사각형 체적은 8개의 격자점을 갖는다. 따라서 1/8구 체적을 단위 직사각형 체적으로 나누면 근사적인 격자점의 개수를 계산할 수 있다.

1/8구의 반경이 충분히 크면 반경 f을 갖는 1/8구 내의 포함되는 직사각형 체적의 개수는 주파수 f내 고유진동수의 개수에 근접한다.

1개의 단위 직사각형의 체적 $\dfrac{c}{2L_x}\dfrac{c}{2L_y}\dfrac{c}{2L_z}=\dfrac{c^3}{8L_xL_yL_z}$과 1/8구의 체적 : $\dfrac{1}{8}\dfrac{4}{3}\pi f^3=\dfrac{1}{6}\pi f^3$으로부터 격자점의 개수(고유모드의 개수)를 계산할 수 있다.

$$N_V=\frac{1/8\text{구의 체적}}{\text{단위직사각형의 체적}}=\frac{4}{3}\frac{\pi f^3 V}{c^3} \tag{5.64}$$

식(5.64)에서 $V=L_xL_yL_z$는 체적을 나타낸다. 그러나 식(5.64)의 공진모드의 개수는 단위 직사각형 체적에 대한 계산결과로서 단위 축의 길이당 두개의 격자점을 고유하는 x, y, z축상의 선에 대한 공진모드의 개수 N_A와 단위 면적당 4개의 면을 공유하는 xy, yz, zx면에 대한 공진모드의 개수 N_D을 고려해야 정확히 계산할 수 있다.

x, y, z축 위에서 임의의 주파수 f이하의 단위 길이당 고유진동수의 개수는 식(5.64)와 동일하게 단위길이당 f로 정의된다.

$$N_A = \frac{\text{축의 길이}}{\text{단위 길이}} = \frac{f}{c} 2(L_x + L_y + L_z) = \frac{fL}{2c} \tag{5.65}$$

식(5.65)에서 $L = 4(L_x + L_y + L_z)$이다.

xy, yz, zx면에서는 반경 f의 1/4원내의 격자점의 개수로서 위와 동일하게 yz면의 단위 면적당 1/4원내의 면적으로부터 주파수 f이하의 고유진동수의 개수를 계산할 수 있다.

$$N_{D,A} = \frac{\text{1/4원의 면적}}{\text{단위 면적}} = \frac{1/4\pi f^2}{c^2/4L_yL_z} = \frac{\pi f^2}{c^2} L_yL_z \tag{5.66}$$

식(5.66)에는 축에 대한 고유진동수의 개수가 포함되어 있으므로 식(5.66)과 식(5.65)의 차를 구해야 한다.

$$N_D = \frac{\pi f^2 S}{2c^2} - \frac{fL}{2c} \tag{5.67}$$

식(5.67)에서 $S = 2(L_xL_y + L_yL_z + L_zL_x)$ 면적을 나타낸다.

식(5.64)에서 반경 f을 갖는1/8구 내의 직사각형 체적의 개수는 일부 면과 선에 대한 개수가 포함되어 있기 때문에 이 개수를 제거해야 한다.

1/8구 내의 직사각형 체적에 포함되는 면은 두개의 공간을 공유하고 있으며, 선은 4개의 공간을 공유하고 있기 때문에 식(5.67)에 보유하는 공간 수만큼 나누어 주어야 한다.

$$N_V = \frac{4}{3}\frac{\pi f^3 V}{c^3} - \left(\frac{1}{2}\frac{\pi f^2 S}{2c^3} - \frac{1}{4}\frac{fL}{2c}\right) \tag{5.68}$$

그림 5.14에서 직사각형 체적내 모든 격자점의 개수는 식(5.65), 식(5.67) 및 식(5.68)을

더하면 된다.

$$N = N_V + N_D + N_A = \frac{4\pi V}{3}\left(\frac{f}{c}\right)^3 + \frac{\pi S}{4}\left(\frac{f}{c}\right)^2 + \frac{L}{8}\left(\frac{f}{c}\right) \tag{5.69}$$

그리고 f를 중심으로 주파수 대역폭 Δf 범위에 포함되는 고유진동수는 식(5.69)를 미분하면 고유진동수 밀도를 계산할 수 있다.

$$\Delta N = \left(\frac{4\pi V}{c^3}f^2 + \frac{\pi S}{2c^2}f + \frac{L}{8c}\right)\Delta f \tag{5.70}$$

식(5.70)로부터 주파수가 높을수록 고유진동수의 밀도가 높아지는 것을 알 수 있다. 그림 5.15은 $2m \times 3m \times 6m$의 직사각형의 실내에 대한 고유진동수의 밀도를 주파수 대역 $\triangle f = 15Hz$로 설정하고 식(5.70)으로부터 계산한 결과이다. 직사각형 실내음장에 관한 기본적인 성질은 파동 음향이론을 기초로 설명할 수 있다.

실내음장은 매우 많은 고유진동수를 갖는 공진계이며 고유진동수의 분포는 실내공간의 크기, 형상 및 주위의 벽면에 대한 음향학적 성질에 의해서 결정된다.

고유진동수의 밀도는 주파수의 증가와 함께 증가하기 때문에 저주파 영역일수록 독립적인 모드의 영향이 현저하게 나타나며 음압 분포의 군이 생기기 쉽다.

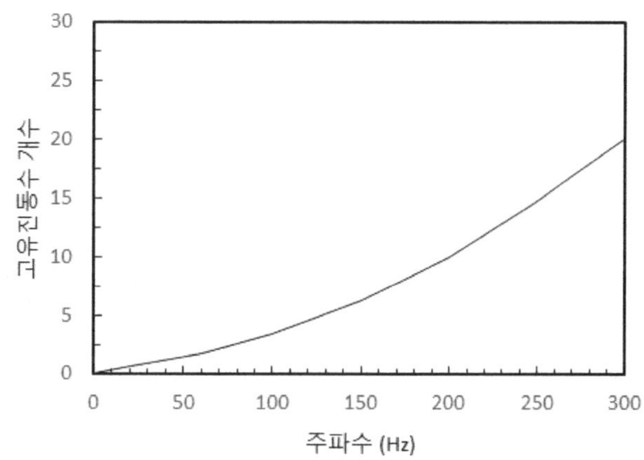

[그림 5.15] 공진모드 개수에 대한 계산결과

실내공간의 크기가 클수록 고유진동수의 밀도는 증가하며 저주파 영역에서는 분리적으로 분포하는 고유진동수의 영향이 나타나기 쉽고, 특정 주파수에서 실내전체가 공명하는 부밍(booming)현상이 발생한다.

잔향은 각각의 고유진동의 감쇠특성에 의해서 결정된다. 고유진동의 감쇠특성은 모드의 형상과 실내 경계면의 음향학적 특성에 의존하기 때문에 실내공간의 형상 및 흡음재의 배치 등에 의해 달라진다. 음의 확산성이 적은 실내공간에 대한 음의 감쇠곡선은 감쇠율이 커다란 3차원 모드의 에너지가 먼저 감쇠하고 감쇠율이 작은 1, 2차 모드의 에너지가 감쇠하게 된다. 따라서 실내공간에서 일정한 잔향효과를 얻기 위해서는 저차의 모드가 특정 주파수에 집중되지 않도록 실내공간 형태를 가능한 한 불규칙하게 하여 평평한 벽면이 없도록 설계하는 것이 중요하다.

제6장

흡음과 차음

음원으로부터 방사되는 소음을 저감 시키는 가장 일반적인 방법은 음향에너지를 흡수 또는 차단하는 것으로 음향에너지를 흡수하는 것을 흡음, 차단하는 것을 차음이라고 하며 흡음과 차음은 동시에 이루어지는 경우가 많기 때문에 이러한 재료를 흡차음재라고도 한다.

흡음재를 사용하여 음향에너지를 흡수하는 것은 음의 에너지를 열 에너지로 소산시키는 현상이다. 이러한 흡음원리는 흡음재에 따라 다르며 흡음 주파수 영역도 다르다.

본 장에서는 흡음과 차음의 원리를 설명하고 대표적인 다공질성 흡음재료에 대해서 설명한다. 그리고 벽의 차음효과에 대해서 기술한다.

6.1 흡음

6.1.1 흡음율

음의 흡음은 그림 6.1과 같이 벽에 입사하는 에너지 E_i가 흡음재가 있는 경계면에 도달하면 일부는 경계면에서 반사하고 나머지는 경계면을 투과하고 경계면의 흡음재 내부에서 열에너지로 소산되어 흡수된다.

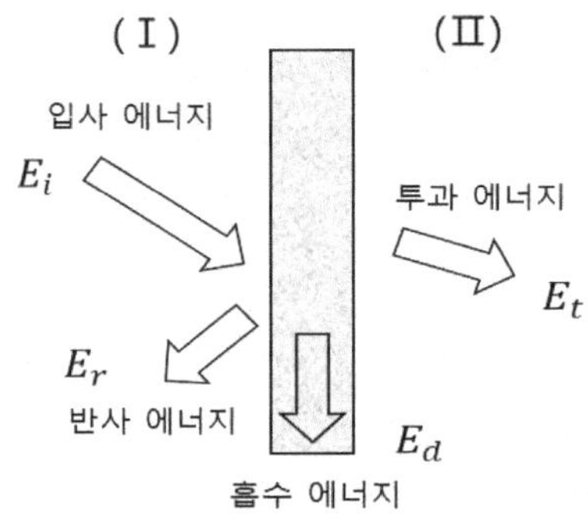

[그림 6.1] 흡음재에 대한 음의 흡수, 반사 및 투과

그림 6.1에서 음의 반사율 α_r은 입사에너지 E_i와 반사에너지 E_r의 비로 정의되고, 흡음율 α은 에너지 보존의 법칙에 따라 흡음재에 대한 투과 에너지 E_t와 흡수 에너지 E_a의 합과 입사에너지의 비로 정의된다.

$$\alpha_r = |R|^2 = \frac{E_r}{E_i} \tag{6.1}$$

$$\alpha = 1 - |R|^2 = \frac{(E_i - E_r)}{E_i} = \frac{(E_t + E_d)}{E_i} \tag{6.2}$$

식(6.2)와 같이 흡음율은 입사에너지에 대해서 반사되지 않은 에너지의 비율 $(E_i - E_r) = (E_t + E_d)$을 나타낸다. 따라서, 개방되어 있는 창에 대한 흡음율은 1이 된다. 일반적인 흡음재는 음의 에너지가 열에너지로 변화하는 에너지의 비율이 큰 재료이며 흡음율은 1보다 항상 작다. 흡음재의 흡음율은 입사하는 음의 조건에 따라서 변화하기 때문에 수직입사 흡음율, 경사입사 흡음율 및 난입사 흡음율로 구분한다.

일반적으로 건축 음향분야에서 사용되는 흡음율은 난입사 흡음율을 뜻하며 흡음재 설계 시 난입사 흡음율에 가까운 잔향실을 이용하여 흡음율을 측정한다.

6.1.2 경사입사 흡음율

앞에서 흡음율을 음의 에너지로 설명하였지만, 흡음재 표면에서 음의 반사 및 음의 투과를 정확하게 파악하기 위해서는 음의 파동으로부터 음의 에너지적 고찰이 필요하다.

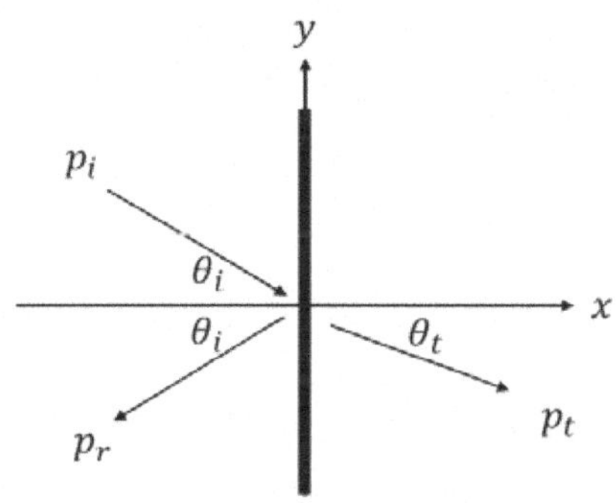

[그림 6.2] 흡음재에서 음의 반사 및 투과

그림 6.2과 y, z평면위에 흡음재가 있는 경우 x축방향에 대해서 각도 θ로 음이 입사하면 흡음재에서 반사되는 음은 음의 θ방향으로 반사된다.

입사파 p_i, 반사파 p_r, 및 투과파 p_t의 음압은 앞장에서 설명한 것과 같이 지수함수으로 표현된다.

$$p_i = P_i e^{j\{\omega t - k(x cos\theta_i + y sin\theta_i)\}} \tag{6.3a}$$

$$p_r = P_r e^{j\{\omega t + k(x cos\theta_i - y sin\theta_i)\}} \tag{6.3b}$$

$$p_t = P_t e^{j\{\omega t - k(x cos\theta_t + y sin\theta_t)\}} \tag{6.3c}$$

식(6.3)의 입사파와 반사파에 대한 입자속도는 음압과 입자속도의 관계식(1.30)을 이용하여 구할 수 있다.

$$p = p_i + p_r = \left(P_i e^{-jkx cos\theta} + P_r e^{jkx cos\theta}\right) e^{j\{\omega t - ky sin\theta\}} \tag{6.4a}$$

$$u = \frac{p_i - p_r}{\rho c} cos\theta = \frac{cos\theta}{\rho c}\left(P_i e^{-jkx cos\theta} - P_r e^{jkx cos\theta}\right) e^{j\{\omega t - ky sin\theta\}} \tag{6.4b}$$

흡음재 표면의 경계면($x = 0$)에서 음향임피던스z_n는 음압과 입자속도의 비로 정의된다.

$$z_n = \frac{p}{u} = \frac{(P_i + P_r)\rho c}{(P_i - P_r) cos\theta} \tag{6.5}$$

식(6.5)로부터 입사파와 반사파 음압의 진폭 비로 정의되는 반사계수R를 구한 후, 반사계수로부터 경사입사 흡음율을 구할 수 있으며, 흡음율은 흡음재 표면의 음향임피던스와 공기의 특성 임피던스로 계산된다.

$$R_\theta = \frac{P_r}{P_i} = \frac{z_n cos\theta - \rho c}{z_n cos\theta + \rho c} \tag{6.6a}$$

$$\alpha_\theta = 1 - |R_\theta|^2 = 1 - \left|\frac{z_n cos\theta - \rho c}{z_n cos\theta + \rho c}\right|^2 \tag{6.6b}$$

흡음재 표면의 음향임피던스를 실수부와 허수부로 구분하여 경사입사 흡음율을 표시할 수 있다.

$$z_n = \rho c(r_n + jx_n) \tag{6.7}$$

$$\alpha_\theta = \frac{4 r_n cos\theta}{(r_n cos\theta + 1)^2 + (x_n cos\theta)^2} \tag{6.8}$$

일반적으로 입사각 θ에 대한 흡음재의 표면 음향임피던스 혹은 흡음율을 측정하는 것은 간단하지 않다. 그러나 $\theta = 0$인 경우, 즉 수직입사에 대한 음향임피던스와 수직입사 흡음율은 비교적 간단히 측정할 수 있다.

6.1.3 난입사 흡음율

실내공간과 같이 폐공간에 대한 음장에서는 음원으로부터 여러 방향으로 음이 벽면에 입사하는 확산음장의 형태로서 난입사하게 된다.

실내공간에서 벽면에 여러 방향으로 동일한 음향에너지가 난입사하는 경우에 대한 흡음율은 제5장에서 기술한 실내공간에서 벽면에 입사하는 에너지를 이용하여 계산할 수 있다. 실내공간 내 미소체적에서 단위면적당 방사된 음향에너지가 벽면의 미소면적에 입사하는 에너지는 다음과 같다.

$$dE = \frac{\varepsilon dV}{4\pi r^2} cos\theta dS \tag{6.9}$$

그리고 실내공간에서 단위시간당 벽면의 미소면적에 입사하는 음향에너지는 식(6.9)를 미소체적과 θ에 대해서 적분하면 구할 수 있다.

$$E = \frac{\varepsilon ds}{2} \int_0^{\pi/2} sin\theta cos\theta d\theta \int_0^c dr = \frac{\varepsilon cds}{4} \tag{6.10}$$

만약 벽면내 미소면적의 경사입사 흡음율이 α_θ라고 하면 실내공간에서 입사하는 에너지 가운데 흡수되는 음향에너지 E_d는 식(6.10)에 경사입사 흡음율을 곱하면 된다.

$$E_d = \frac{\varepsilon cds}{2} \int_0^{\pi/2} \alpha_\theta cos\theta sin\theta \, d\theta \tag{6.11}$$

식(6.11)는 실내공간의 여러 방향에서부터 일정하게 음이 입사할 경우의 음향에너지이므로 난입사 흡음율은 식(6.10)의 실내공간으로부터 벽면의 미소면적에 입사하는 에너지와 식(6.11)의 흡수되는 음향에너지의 비가 된다.

$$\alpha_s = \frac{E_d}{E} = 2\int_0^{\pi/2} \alpha_\theta cos\theta sin\theta \, d\theta \tag{6.12}$$

식(6.12)에서 흡음재의 음향임피던스가 입사각도에 따라 변하지 않고 일정하다고 가정하면 식(6.12)에 식(6.8)을 대입하여 난입사 흡음율을 계산할 수 있다.

$$\alpha_s = 8\int_0^{\pi/2} \frac{r_n cos^2\theta\, sin\theta}{(r_n cos\theta + 1)^2 + (x_n cos\theta)^2} d\theta \tag{6.13}$$

식(6.13)의 적분은 $sin\theta\, d\theta = -\, dcos\theta$의 관계를 이용하면 음향임피던스의 실수부와 허수부로 난입사 흡음율을 계산할 수 있다.

$$\alpha_s = \frac{8r_n}{r_n^2 + x_n^2}\left[1 + \frac{r_n^2 - x_n^2}{x_n(r_n^2 + x_n^2)} tan^{-1}\left(\frac{x_n}{1 + r_n}\right) - \frac{r_n}{r_n^2 + x_n^2} log_e\left\{(1 + r_n)^2 + x_n^2\right\}\right] \tag{6.14}$$

또한 A. London은 수직입사 흡음율 α_o을 이용해서 난입사 흡음율 α_s을 구할 수 있는 식을 제안하였다.

$$\alpha_s = 4\frac{1 - \sqrt{1-\alpha_o}}{1 + \sqrt{1-\alpha_o}}\left[ln2 - \frac{1}{2} - ln\left(1 - \sqrt{1-\alpha_o}\right)\right] \tag{6.15}$$

6.1.4 흡음율의 측정방법

흡음재의 흡음율 측정은 앞에서 설명한 것과 같이 평면파 음장과 확산음장에서 흡음율을 측정할 수 있다. 평면파 음장은 음향임피던스 관을 이용한 정재파비법과 전달함수법이 있으며, 확산음장에서는 잔향실을 이용하는 방법이 있다.

음향임피던스 관을 이용하는 방법은 스피커에서 발생되는 음을 흡음재에 수직방향으로 입사 시켜서 측정된 음압을 통해 흡음재의 흡음율과 음향임피던스를 측정할 수 있다.

일반적으로 음향임피던스 관내에서 측정할 수 있는 최고 주파수는 식(6.16)으로부터 계산되며 음향임피던스 관내에서 모드가 발생하지 않고 평면파가 발생하는 한계 주파수이다.

$$f_u = \frac{c}{2d} \tag{6.16}$$

식(6.16)에서 f_u는 한계 주파수, c는 음의 속도, d는 음향임피던스 관의 직경이다.

가. 정재파비법

정재파비법은 음향임피던스 관내에서 발생하는 정재파를 측정하여 흡음율을 측정하는 방법으로 KS F 2814-1에 기술되어 있다. 이 방법은 평면파의 조건을 만족시키기 위해서 측정 주파수의 음의 파장보다 충분히 작은 직경의 음향임피던스 관의 끝단에 시험편을 설치하고 반대편 끝단에 부착된 스피커로 순음을 발생시키면 관내의 입사파와 시험편 표면에서 반사되는 파의 중첩에 의한 정재파가 형성된다.

$$p = P_i e^{j(\omega t - kx)} + P_r e^{j(\omega t + kx)} = P_i \left(e^{-jkx} + \frac{P_r}{P_i} e^{jkx} \right) e^{j\omega t} \tag{6.17}$$

식(6.17)에서 입사파와 반사파의 진폭 비 $\frac{P_r}{P_i}$는 위상차를 갖는 복소수이며, 반사계수 R와 위상차로 나타낼 수 있다.

$$\frac{P_r}{P_i} = \frac{|P_r|}{|P_i|} e^{j\theta} = Re^{j\theta} \tag{6.18}$$

식(6.18)을 식(6.17)에 대입하여 음압과 진폭을 구할 수 있다.

$$p = P_i \left[e^{-jkx} + Re^{j(kx+\theta)} \right] e^{j\omega t} \tag{6.19a}$$

$$|p| = |P_i| \sqrt{\left[1 + R^2 + 2rcos(2kx + \theta) \right]} \approx |P_i|(1+R) \tag{6.19b}$$

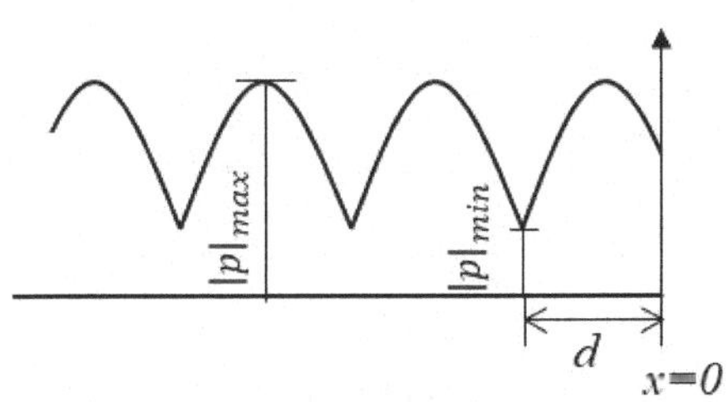

[그림 6.3] 음향임피던스 관내에서 음압의 최대값과 최소값

그림 6.3과 같이 음향임피던스 관내에서 정재파에 의한 음압의 최대값과 최소값은 주기적으로 발생하며 최대값과 최소값은 180위상차가 발생하기 때문에 다음과 같이 최대값과 최소값을 계산할 수 있다.

$$|p|_{max} = |P_i|(1+R) \tag{6.20a}$$

$$|p|_{min} = |P_i|(1-R) \tag{6.20b}$$

식(6.20)로부터 음압의 최대값과 최소값에 대한 비 n는 반사계수 R로 표현되므로 시험편의 반사계수를 계산할 수 있다.

$$n = \frac{|p|_{max}}{|p|_{min}} = \frac{(1+R)}{(1-R)} \tag{6.21a}$$

$$R = \frac{(1+n)}{(1-n)} \tag{6.21b}$$

식(6.21)에서 최대 및 최소 음압의 비 n을 정재파비라고 하며 이 정재파의 비를 측정한 후, 반사계수를 계산하기 때문에 정재파비법이라고 한다.

정재파의 비는 그림 6.4의 음향임피던스 관 내부에 설치된 시험편에 스피커에서 발생하는 순음성분의 소음을 수직방향으로 입사하도록 하여 탐침관(probe tube)을 움직이면서 음향임피던스 관 내부의 최대 및 최소의 음압 값을 측정한다.

이 방법은 전달함수법보다 신뢰성이 높지만 한 번에 하나의 주파수만을 측정할 수 있다. 따라서 각각의 주파수에 대해서 동일한 실험을 반복적으로 수행해야 하기 때문에 많은 시간이 소요된다.

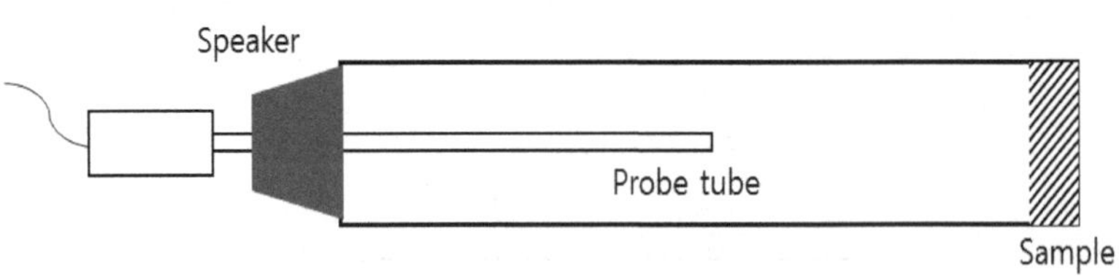

[그림 6.4] 정재파비법의 측정장치

시험편의 수직입사 흡음율은 식(6.21b)의 반사계수로부터 구할 수 있다.

$$\alpha_o = 1 - R^2 \tag{6.22}$$

그리고 시험편에서부터 첫번째 최소 음압의 위치까지의 길이d를 측정하면, 다음과 같이 위상차를 구할 수 있다.

$$2kd + \theta = \pi \tag{6.23a}$$

$$\theta = 2k\left(\frac{\lambda}{4} - d\right) \tag{6.23b}$$

식(6.21b)과 식(6.23b)로부터 구한 값을 이용해서 복소수 반사계수를 구할 수 있고, 이 반사계수로부터 흡음재의 음향임피던스를 구할 수 있다.

$$R_0 = Re^{j\theta} \tag{6.24a}$$

$$z_n = \frac{1 + R_0}{1 - R_0}\rho c \tag{6.24b}$$

나. 전달함수법

전달함수법은 정재파비법의 단점을 해결하기 위해서 1977년 Seybert와 Ross에 의해서 처음 제안되었으며 현재는 디지털 신호처리 기술의 향상으로 음향임피던스 관내에 2개의 마이크로폰을 부착하여 음압을 측정한 후 두 마이크로폰의 음압에 대한 전달함수로부터 임피던스 관의 끝단에 설치된 흡음재의 수직입사파에 대한 흡음율을 빠르고 쉽게 측정할 수 있게 되었다.

전달함수법은 KS F 2814−2에 상세히 기술되어 있으며 여기는 간단히 설명한다.

그림 6.5와 같이 두개의 마이크로폰을 음향임피던스 관에 시편으로부터 x_1, x_2만큼 떨어진 위치에 설치하여 음압을 측정한다. 이 음압은 다음과 같이 쓸 수 있다.

$$p_1 = P_i e^{j(\omega t - kx_1)} + P_r e^{j(\omega t + kx_1)} \tag{6.25a}$$

$$p_2 = P_i e^{j(\omega t - kx_2)} + P_r e^{j(\omega t + kx_2)} \tag{6.25b}$$

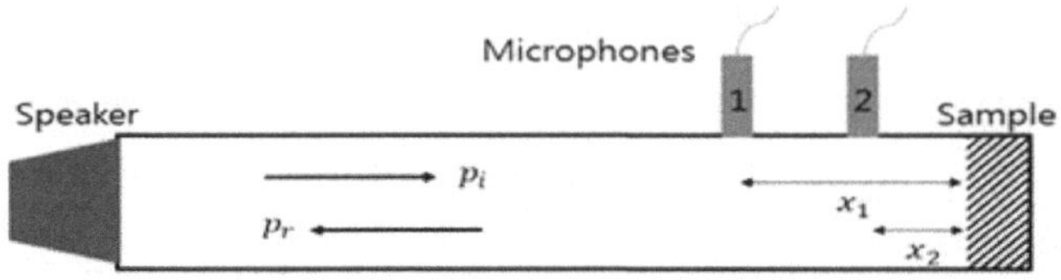

[그림 6.5] 음향임피던스 관을 이용한 전달함수법 측정장치

마이크로폰이 설치된 두 지점에 대한 진행파와 반사파의 전달함수를 각각 H_1, H_2라고 하면 이 전달함수는 다음과 같다.

$$H_1 = \frac{P_i e^{j(\omega t - kx_2)}}{P_i e^{j(\omega t - kx_1)}} = e^{jk(x_1 - x_2)} = e^{jkd} \tag{6.26a}$$

$$H_2 = \frac{P_r e^{j(\omega t + kx_2)}}{P_r e^{j(\omega t + kx_1)}} = e^{-jk(x_1 - x_2)} = e^{-jkd} \tag{6.26b}$$

식 (6.26)의 각각의 전달함수는 두 마이크로폰의 간격 d으로부터 계산할 수 있다. 또한 두 마이크로폰의 음압에 대한 전달함수 H_{12}는 반사계수 $R = \frac{P_r}{P_i}$로 표현된다.

$$H_{12} = \frac{p_2}{p_1} = \frac{e^{-jkx_2} + Re^{jkx_2}}{e^{-jkx_1} + Re^{jkx_1}} \tag{6.27}$$

식(6.27)에서 시편의 위치($x = 0$)에서 복소수 반사계수는 다음과 같다.

$$R = \frac{H_{12} e^{-jkx_1} - e^{-jkx_2}}{e^{jkx_2} - H_{12} e^{jkx_1}} \tag{6.28a}$$

$$R = \frac{P_r}{P_i} = \frac{H_{12} - e^{jkd}}{e^{-jkd} - H_{12}} e^{-2jkx_1} = \frac{H_{12} - H_1}{H_2 - H_{12}} e^{-2jkx_1} \tag{6.28b}$$

따라서, 전달함수 H_{12}를 측정할 수 있으면 반사계수를 계산할 수 있으며 흡음율 $\alpha = 1 - |R|^2$을 구할 수 있다.

음향임피던스 관을 이용한 전달함수 법에서는 두 마이크로폰 간격에 따라 측정 가능한 최소 및 최대 주파수가 다음과 같이 결정된다.

$$f_l > \frac{c}{20|x_1 - x_2|} \tag{6.29a}$$

$$f_u < \frac{0.45c}{|x_1 - x_2|} \tag{6.29b}$$

두 마이크로폰 간격이 너무 가까우면 음압 변화가 너무 작아서 전달함수가 부정확할 수 있기 때문에 두 마이크로 폰 간격$|x_1 - x_2|$에 따라 최소 주파수 f_l를 식(6.29a)로부터 계산한다. 또한, 두개의 마이크로폰 간격이 너무 길면 두 마이크로폰의 간격이 음의 파장과 가까워져서 두 마이크로폰에서 측정된 음압의 차가 거의 없어지기 때문에 식 (6.29b)를 이용해서 최대 주파수 f_u를 결정할 수 있다.

다. 잔향실법

식(6.13)에서 난입사 흡음율을 측정하기 위해서는 입사하는 음의 모든 각도에 대한 경사입사 흡음율을 측정해야 한다. 그러나 실제 경사입사 흡음율을 측정하는 것은 매우 어렵고, 식(6.14)의 음향임피던스를 이용하는 방법도 일부가 다공질인 재료 혹은 유공판 흡음구조 등과 같은 재료밖에 적용할 수 없기 때문에 실제 난입사 흡음율은 잔향실법을 이용하여 근사적인 흡음율을 측정한다.

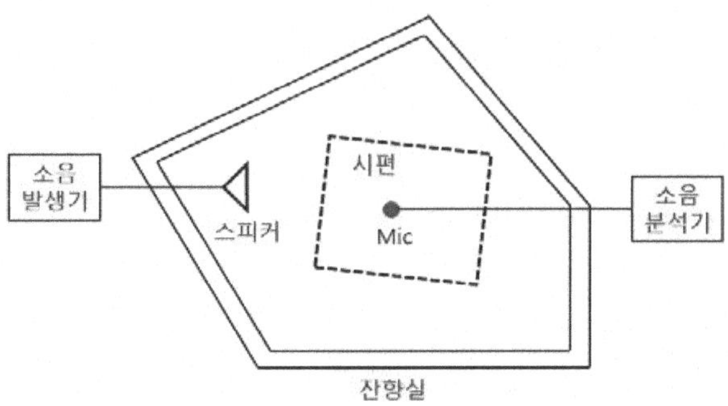

[그림 6.6] 잔향실법 흡음율의 측정방법

그림 6.6은 잔향실법 흡음율의 측정방법을 나타낸 것으로서 확산음장의 조건을 만족하는 잔향실(크기 V, 표면적 S, 평균 흡음율 $\overline{\alpha}$, 흡음력 $A = S_o\overline{\alpha}_o$)에 대해서 시험편 설치 전의 잔향시간과 시험편 설치 후의 잔향시간을 각각 측정하여 두 잔향시간의 차로부터 흡음율을 구한다.

제5장의 새빈의 잔향식에 의하면, 시험편 설치 전 잔향시간은 식(6.30)과 같다.

$$T_o = \frac{0.161\,V}{S_o\overline{\alpha}_o} = \frac{0.161\,V}{A} \tag{6.30}$$

그리고 잔향실 내부에 면적 S_m과 흡음율 α_r를 갖는 시험편이 설치된 경우의 잔향시간 T_m은 흡음력이 $A = \overline{\alpha}_o(S_o - S_m) + \alpha_r S_m$되므로 이 흡음력을 식(6.30)에 대입한다.

$$T_m = \frac{0.161\,V}{(S_o - S_m)\overline{\alpha}_o + S_m\alpha_r} \tag{6.31}$$

따라서 식(6.30)과 식(6.31)으로부터 흡음율을 계산할 수 있다.

$$\alpha_r = \frac{0.161\,V}{S_m}\left[\frac{1}{T_m} - \left(1 - \frac{S_m}{S_o}\right)\frac{1}{T_o}\right] = \frac{0.161\,V}{S_m}\left[\frac{1}{T_m} - \frac{1}{T_o}\right] + \overline{\alpha}_o \tag{6.32}$$

실제로 잔향실법 흡음율을 측정하면 1이상이 되는 경우도 있다. 이러한 현상은 시험편 주변부의 회절에 의해서 발생하는 것으로 면적효과 혹은 주변효과(edge effect)라고도 부른다. 이러한 현상에 의해서 시험편의 면적의 크기에 따라 흡음율의 측정값이 변하기 때문에 KS 등의 측정규격에서는 시험편의 면적을 약 10㎡로 규정하고 있다.

6.2.1 흡음재의 종류 및 특성

차량 내부, 건물 내장 등에는 여러 종류의 흡음재 혹은 흡음구조를 사용하고 있다. 음향에너지를 흡수하기 위해 사용되는 재료를 흡음재라고 하며, 흡음재는 흡음 원리에 따라 크게 다공질 흡음재, 박막형 흡음재 및 공명형 흡음재 등으로 구분된다.

실제 흡음재를 건물내부 또는 철도차량과 같은 교통수단 등에 사용하기 위해서는 흡음재의 원리와 특성을 충분히 이해하고 적절히 구분해서 사용하는 것이 매우 중요하다.

가. 다공질 흡음재

다공질 흡음재는 현재 가장 많이 사용되는 흡음재료로서 석면, 글라스울, 발포재 등과 같이 통기성이 있는 재료이다. 음이 흡음재에 입사하면 조직 내 공기의 움직임에 대한 마찰저항(유동저항)에 의해서 음의 에너지의 일부가 열 에너지로 변환되어 소산되기 때문에 흡음효과가 발생한다.

이러한 다공질 흡음재에서는 입사하는 음이 흡음재 표면에서 음의 반사를 작게 하기 위해서 표면을 부드럽게 하여 표면의 음향임피던스와 공기의 고유 음향임피던스를 유사하게 한다. 일반적으로 다공질 흡음재는 고주파 영역의 흡음성능이 우수하다.

(a) 흡음율

다공질 흡음재의 흡음성능을 분석하기 위해서는 흡음재의 음향임피던스를 계산해야만 한다. 흡음재 내부에 임의의 진동수를 갖는 정현파의 평면파가 전파할 경우 음압의 진폭 A은 전파거리와 함께 감소한다. 음압의 진폭의 감소형태는 근사적 감소를 나타내는 계수 δ를 이용하여 지수함수 $Ae^{-\delta}$로 표현된다.

감쇠계수 δ는 다공질 흡음재 내부에서 음의 감소를 나타내는 상수이며 흡음재 내에 진행하는 파는 이 상수에 의해서 지수적으로 감소한다.

$$p_a = (Ae^{-\delta x})e^{j(\omega t - kx)} = Ae^{-(\beta x - j\omega t)} \tag{6.33}$$

식(6.33)에서 $\beta = \delta + jk$복소수로서 전파상수(propagation constant)라고 하며 시간 경과와 함께 흡음재 내부에서 음의 진행과 감소를 나타낸다.

다공질 흡음재의 음향임피던스z_a는 음압과 입자속도의 관계식$-\frac{\partial p}{\partial x} = \rho\frac{\partial u}{\partial t}$으로부터 입자속도를 구하면 다음과 같이 계산할 수 있다.

$$z_a = \frac{p_a}{u_a} = \frac{j\omega\rho}{\beta} = \frac{jkc\rho}{\beta} \tag{6.34}$$

식(6.34)의 다공질 흡음재의 음향임피던스를 이용하여 흡음율을 계산하여 보자. 그림 6.7

과 같이 두께d의 다공질 흡음재가 강벽에 부착된 경우 음이 수직방향으로 입사할 때 흡음재 표면의 음향임피던스를z_o라 하면 강벽에 부착된 위치의 음향임피던스는 $z_d = \infty$가 된다.

흡음재 내부에서 음압은 식(6.33)을 이용하여 입사파와 반사파로 나타낼 수 있으며 식(6.34)와 동일하게 입자속도를 구할 수 있다.

$$p_a = Ae^{i\omega t - \beta x} + Be^{i\omega t + \beta x} \tag{6.35a}$$

$$u_a = \frac{1}{z_a}\left(Ae^{i\omega t - \beta x} - Be^{i\omega t + \beta x}\right) \tag{6.35b}$$

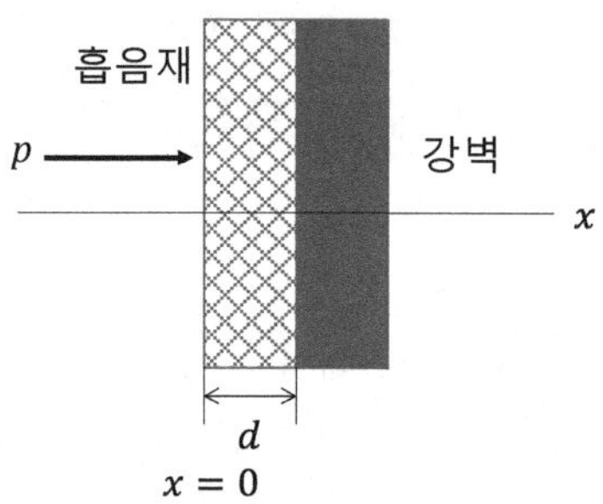

[그림 6.7] 강벽에 부착된 흡음재

그림 6.7에서 흡음재 내 표면을 원점($x=0$)으로 하면, 표면의 음향임피던스와 강벽의 위치($x=d$)에 대한 음향임피던스를 식(6.35)로부터 구할 수 있다.

$$z_o = \frac{p(0,t)}{u(0,t)} = \frac{z_a(A+B)}{A-B} \tag{6.36a}$$

$$z_d = \frac{p(d,t)}{u(d,t)} = \frac{z_a\left(Ae^{-\beta d} + Be^{\beta d}\right)}{Ae^{-\beta d} - Be^{\beta d}} \tag{6.36b}$$

식(6.36)에서 계수A, B을 소거하면 표면의 음향임피던스를 계산할 수 있다.

$$z_o = z_a \frac{z_d cosh\ \beta d + z_a sinh\ \beta d}{z_d sinh\ \beta d + z_a cosh\ \beta d} \tag{6.37}$$

식(6.37)에서 음의 전파를 나타내는 상수 β가 복소수이기 때문에 표면의 음향임피던스도 복소수가 되며 그림 6.8과 같이 강벽에 흡음재를 부착하면 음향임피던스는 $z_d = \infty$ 되기 때문에 $z_o = z_a coth\ \beta d$가 된다.

식(6.36a)로부터 음압의 반사계수를 구한 후 음의 에너지 평형관계로부터 흡음율을 계산할 수 있다.

$$\alpha = 1 - \left| \frac{B}{A} \right|^2 = 1 - \left| \frac{z_o - z_a}{z_o + z_a} \right|^2 \tag{6.38}$$

식(6.38)로부터 흡음재의 흡음율은 흡음재 표면의 음향임피던스와 흡음재 내부의 음향임피던스로 계산할 수 있다. 만약 흡음재가 강벽에 부착되면 $z_d = \infty$ 되기 때문에 흡음재의 표면 음향임피던스와 내부의 음향임피던스 비 $\dfrac{z_o}{z_a} = coth\ \beta d$를 식(6.38)에 대입하여 흡음율을 계산할 수 있다.

(b) 음향임피던스

다공질 흡음재의 전파상수를 포함한 음향임피던스z_a를 흡음재 내부의 유동저항을 이용하여 계산할 수 있다. 그림 6.8과 같이 두께가 d인 흡음재 양측의 압력차에 의해서 공기입자가 u의 속도로 이동하면 단위면적당 유동저항 R_i은 압력차와 체적속도의 비로 정의된다.

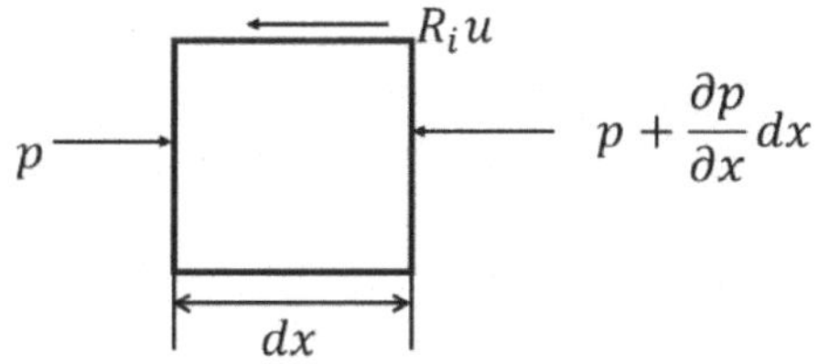

[그림 6.8] 흡음재 양측에 작용하는 압력과 유동저항

$$R_i = \frac{\triangle p}{ud} \tag{6.39}$$

다공질 흡음재 내부를 통과하는 공기에 대한 운동방정식은 다음과 같다.

$$\rho\frac{\partial u}{\partial t} = -\frac{\partial p}{\partial x} - R_i u \tag{6.40}$$

흡음재 내부의 공기에 대한 상태방정식은 제1장의 식(1.28)의 x방향에 해당하며, 변위를 미분하여 속도항으로 고치면 된다.

$$p = -\gamma p_o \frac{\partial \xi}{\partial x} \tag{6.41a}$$

$$\frac{\partial u}{\partial x} = -\frac{j\omega}{\gamma p_o} p = -\frac{j\omega}{c^2 \rho} p \tag{6.41b}$$

식(6.40)을 x에 대해서 미분하고 식(6.41b)는 시간에 대해서 미분을 하여 식(6.40)에 대입하면 미분방정식을 구할 수 있다.

$$\frac{\partial^2 p}{\partial x^2} + \frac{\omega^2}{c^2}\left(1 - j\frac{R_i}{\omega\rho}\right)p = 0 \tag{6.42}$$

식(6.42)의 미분방정식으로부터 음압을 계산할 수 있다.

$$p = Ae^{j\omega t} e^{-j\frac{\omega}{c}\sqrt{1 - j\frac{R_i}{\omega\rho}}\,x} \tag{6.43}$$

흡음재 내부의 음향임피던스는 식(6.43)을 x에 대해서 미분한 후 식(6.40)에 대입하면 계산할 수 있다.

$$j\omega\rho u = -\frac{\partial p}{\partial x} - R_i u \tag{6.44a}$$

$$z_a = \frac{p}{u} = \rho c \sqrt{1 - j\frac{R_i}{\omega\rho}} \tag{6.44b}$$

만약 식(6.44b)에서 흡음재가 없다면($R_i = 0$) 공기에 대한 임향 임피던스와 동일하다. 다공질 흡음재료의 흡음성능은 유동저항과 두께에 의해서 결정되며 흡음특성은 설치조건에 따라서 변한다.

그림 6.9와 같이 강체 벽에 밀착 되어있는 경우의 흡음율은 그림 6.10의 실선으로 파장이 짧은 고주파일수록 흡음성능이 크며 동일한 재료라도 그림 6.9와 같이 강벽과 흡음재료 사이에 공기층을 두면 공기 층 내에서 정재파의 입자속도가 최대가 되는 주파수에서 음에 대한 저항작용이 증가하여 그림 6.10의 점선과 같이 저주파 영역의 흡음성능이 향상된다.

Delany와 Bazley는 다공성 혹은 섬유질 흡음재의 유동저항의 측정값으로부터 식(6.45)와 같이 흡음재의 특성 임피던스와 전파상수를 제안하였다.

$$z_a = \rho c\left[1 + 0.0497\left(\frac{R_i}{f}\right)^{0.754} - j0.0758\left(\frac{R_i}{f}\right)^{0.732}\right] \tag{6.45a}$$

$$\beta = \frac{2\pi f}{c}\left\{\left[0.167\left(\frac{R_i}{f}\right)^{0.595}\right] - j\left[1 + 0.0858\left(\frac{R_i}{f}\right)^{0.70}\right]\right\} \tag{6.45b}$$

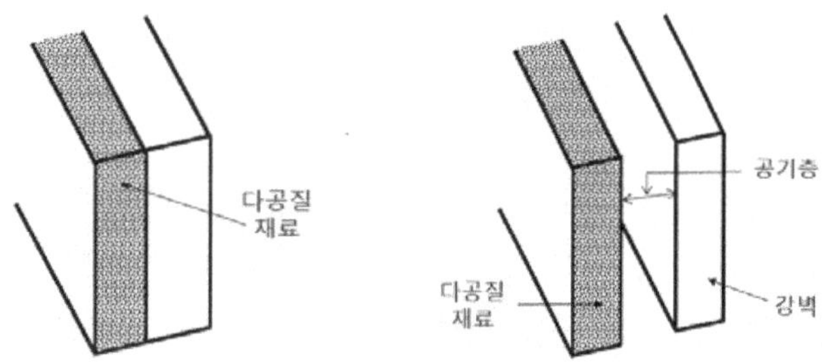

[그림 6.9] 다공질 흡음재료

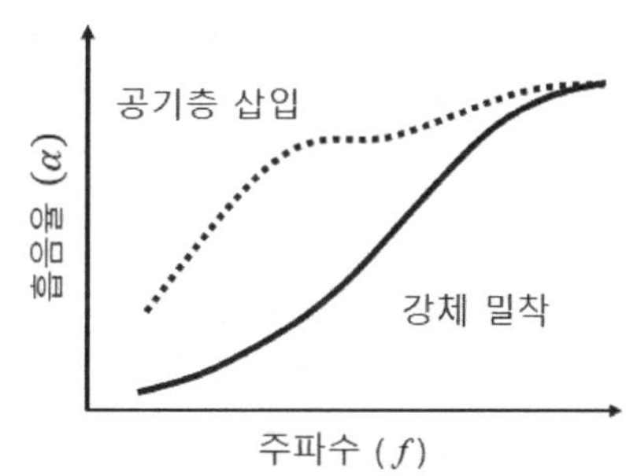

[그림 6.10] 다공질 흡음재료의 흡음특성

나. 공명기형 흡음재

판 내부에 그림 6.11과 같은 헬름홀즈(Helmholtz) 공명기 형태의 구조를 다수 삽입하여 입사하는 음의 에너지를 감소시키는 흡음재이다.

헬름홀즈 공명기에서 목 부분 공기의 질량을 m, 공동 내의 공기를 스프링 k로 모델화 하면 그림 6.11과 같은 1차 공진계로 생각할 수 있다.

헬름홀즈 공명기에 대한 운동방정식은 식(4.117)과 같으며 식(4.118a)에서 헬름홀쯔 공명기의 음향임피던스는 다음과 같이 목의 방사임피던스는 포함시키지 않는다.

$$Z_h = \frac{p}{S_b u} = j\rho c\left(\frac{kl_{eq}}{S_b} - \frac{c}{\omega V_o}\right) \tag{6.46}$$

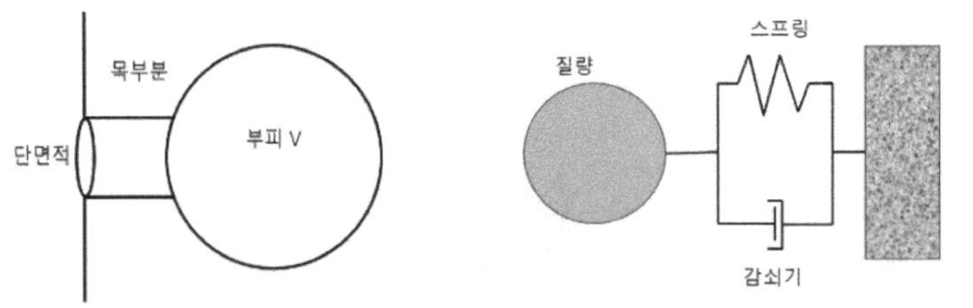

[그림 6.11] 헬름홀쯔 공명기와 등가 1차 공진계

음향에너지 투과율은 식(4.73b)에 식(6.46)의 음향임피던스를 대입하여 계산할 수 있다.

$$\alpha_t = \frac{1}{1 + \dfrac{c^2}{4S_b^2\left(\dfrac{kl_{eq}}{S_b} - \dfrac{c}{\omega V_o}\right)^2}} \tag{6.47}$$

헬름홀쯔 공명기의 공진주파수도 식(4.119)와 동일하다.

$$f_h = \frac{\omega}{2\pi} = \frac{c}{2\pi}\sqrt{\frac{S_b}{l_{eq} V_o}} \tag{6.48}$$

식(6.48)의 공진주파수와 동일한 주파수의 음이 공동 입구에 입사하면 공진에 의해서 공동내 공기가 격렬하게 진동하며 공기 진동 시 목부분의 마찰에 의해서 진동 에너지의 일부가 열에너지로 변환되기 때문에 흡음효과가 발생한다. 실제 헬름홀쯔 공명기를 사용할 경우 목부분에 다공질 재료를 삽입하면 흡음특성을 조절할 수 있다.

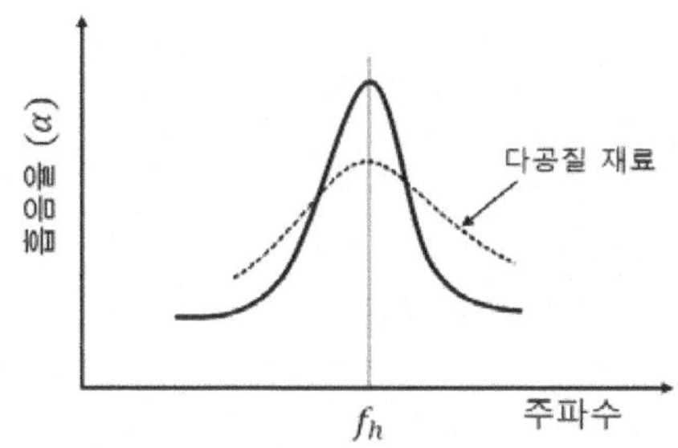

[그림 6.12] 헬름홀쯔 공명기의 흡음특성

이러한 원리로부터 헬름홀쯔 공명기의 흡음특성은 그림 6.12와 같이 특정 주파수 영역에서 흡음특성을 나타내기 때문에 실내음장의 탁월한 고유진동수의 소음을 저감 시키는데 유용하다.

다. 박막형 흡음재

통기성이 없는 석고보드 및 판 등과 같이 비교적 얇은 판형태의 재료 혹은 박막형태의 재료 뒷면에 공기층을 두고 기밀을 유지시킨 형태를 박막형 흡음 재료라고 한다. 이러한 구조에서 박막은 공기층의 탄성에 의한 1차 진동계가 되어 음이 입사하면 판이 공진을 하여 공동내부의 마찰에 의해서 음향에너지가 소산되어 음을 흡수하게 된다.

판의 공진주파수는 공기층의 탄성과 흡음재료의 단위면적당 질량 및 탄성에 의해서 결정된다. 이러한 박막형 흡음재는 다공질 흡음재와 반대로 저주파 영역에서 흡음성능이 탁월하다.

그림 6.13과 같이 박막재료와 강벽사이에 공기층이 있는 경우에 대해서 공진주파수를 계산하여 보자.

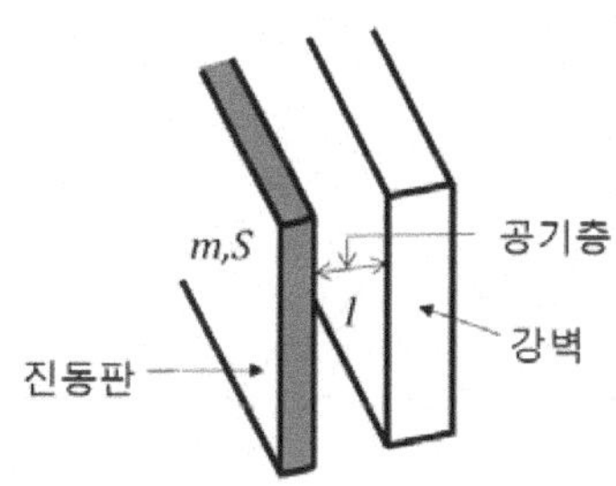

[그림 6.13] 박막형 흡음재료

박막판의 복원력은 공기층의 탄성에 의해서 발생하기 때문에 판의 단위면적당 질량m과 공기층의 두께를l이라고 하고 판의 면적S에 대해서 운동방정식을 유도하자.

판의 질량은 Sm이고 평형위치에서 판의 변위를 $\xi = \xi_o e^{i\omega t}$라고 하면 공기층의 체적은 Sl이며 변위에 의한 공기층의 체적변화는 $S\xi$이기 때문에 체적변화율은 $\frac{\triangle V}{V_0} = \frac{S\xi}{Sl} = \frac{\xi}{l}$이 된다.

식(1.28b)에서 공기층의 체적탄성율 $K = \gamma p_o = \rho c^2$에 의한 복원력$\left(F = pS = -\gamma p_o \frac{\triangle V}{V} S\right)$이 박막판에 작용하기 때문에 박막판의 운동방정식은 다음과 같다.

$$mS\frac{d^2\xi}{dt^2} = -KS\frac{\xi}{l} \tag{6.49a}$$

$$m\frac{d^2\xi}{dt^2} + \frac{\rho c^2}{l}\xi = 0 \tag{6.49b}$$

식(6.49)로부터 고유진동수를 계산할 수 있다.

$$\left(-\omega^2 m + \frac{\rho c^2}{l}\right)\xi = 0 \tag{6.50a}$$

$$f_h = \frac{c}{2\pi}\sqrt{\frac{\rho}{ml}} \tag{6.50b}$$

식(6.50)의 고유진동수로부터 공기층의 두께가 크고, 판의 단위면적당 질량이 클수록 공진주파수는 저주파수 영역으로 이동한다.

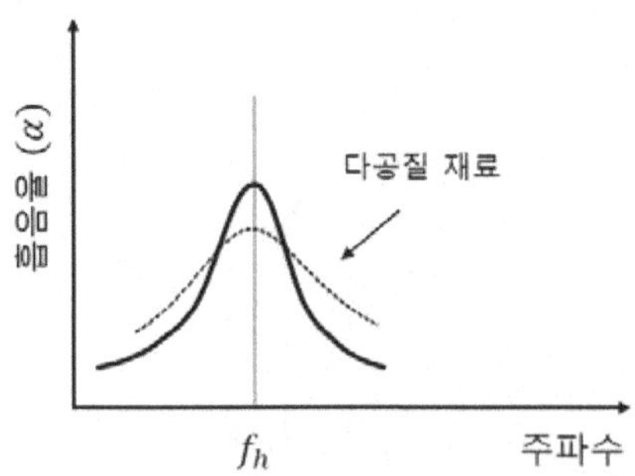

[그림 6.14] 박막형 재료의 흡음특성

6.2 차음

6.2.1 투과율과 투과손실계수

벽의 차음특성은 입사에너지 E_i와 투과에너지 E_t의 비로 표시되며 투과율이라 한다. 또한 투과율의 역수를 데시벨로 표시한 양을 투과손실계수(TL: Transmission Loss)라고 한다.

$$\tau = \frac{E_t}{E_i} \tag{6.51a}$$

$$TL = 10log_{10}\left(\frac{1}{\tau}\right) \tag{6.51b}$$

위의 정의로부터 투과율 τ이 작을수록 혹은 투과손실계수가 클수록 차음효과가 큰 것을 의미하며 재료의 차음성능은 일반적으로 투과손실계수로 표시한다.

실제 벽면은 차음성능이 다른 다양한 재료의 조합으로 구성되기 때문에 벽 전체에 대한 총 투과손실계수를 계산해서 차음성능을 나타낸다.

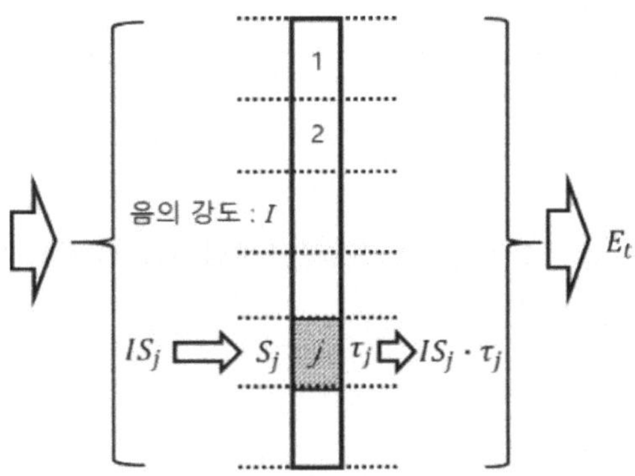

[그림 6.15] 여러 종류의 재질로 구성된 벽의 음향에너지 투과

그림 6.15와 같이 n개의 재질로 구성된 각각의 벽면에 대해서 투과손실계수 TL_j, 투과율 τ_j 및 면적 S_j을 갖는 전체 벽면에 음향강도 I가 입사할 경우 j번째의 재료의 흡음율은 입사에너지 $E_{ij} = I{\cdot}S_j$와 투과에너지 $E_{tj} = I{\cdot}S_j{\cdot}\tau_j$ 로부터 투과율을 계산할 수 있다. 따라서, 전체 벽면의 투과율은 각각의 벽면에 대한 입사에너지와 투과에너지에 대한 합의 비로 계산된다.

$$\bar{\tau} = \frac{\sum_{j=1}^{n} E_{tj}}{\sum_{j=1}^{n} E_{ij}} = \frac{\sum_{j=1}^{n} IS_j \tau_j}{\sum_{j=1}^{n} IS_j} = \frac{\sum_{j=1}^{n} S_j \tau_j}{S} \tag{6.52}$$

식(6.52)에 대한 투과손실계수는 음의 레벨연산에 대한 정의를 이용하여 계산할 수 있다.

$$TL = 10log_{10}\left(\frac{S}{\sum_{j=1}^{n} S_j \cdot 10^{-TL_j/10}}\right) \tag{6.53}$$

식(6.53)으로부터 전체 벽면에서 투과손실계수가 현저하게 작은 벽면이 포함되면 전체 면적에 대한 비가 작더라도 전체 벽면에 대한 총 투과손실계수는 현저하게 작아진다. 즉 틈새가 존재하면 벽전체에 대한 차음성능은 현저하게 나빠진다.

6.2.2 투과손실계수의 측정방법

가. 전달함수법

그림 6.16과 같이 음향임피던스 관내에 4개의 마이크로폰을 사용하여 스피커에서 수직으로 입사되는 음에 대해서 흡음재 혹은 차음재의 투과손실계수를 측정할 수 있다. 음향임피던스 끝단은 전달함수의 오차를 줄이기 위해서 무반향 상태로 만든다.

만약 끝단에서 음이 반사되면 시험편을 통해서 1, 2번 마이크로폰으로 전달되기 때문에 오차가 발생하게 된다.

음향임피던스 관내의 각 측정지점에서 음압은 시험편을 중심으로 진폭이 서로 다르기 때문에 식(6.54a)～식(6.54d)와 같이 표현된다.

$$p_1 = \left(Ae^{-jkx_1} + Be^{jkx_1}\right)e^{j\omega t} \tag{6.54a}$$

$$p_2 = \left(Ae^{-jkx_2} + Be^{jkx_2}\right)e^{j\omega t} \tag{6.54b}$$

$$p_3 = \left(Ce^{-jkx_3} + De^{jkx_3}\right)e^{j\omega t} \tag{6.54c}$$

$$p_4 = \left(Ce^{-jkx_4} + De^{jkx_4}\right)e^{j\omega t} \tag{6.54d}$$

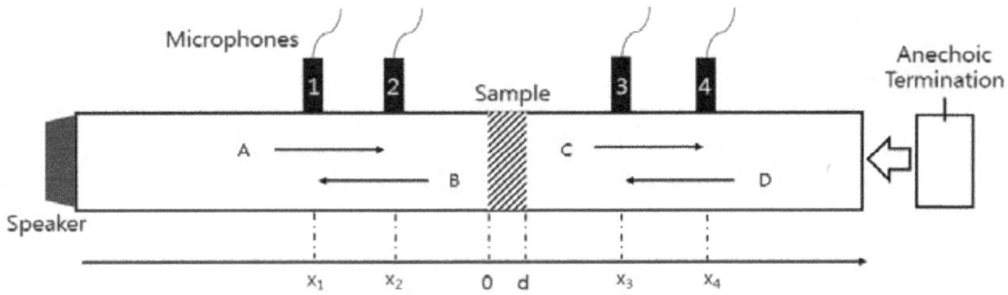

[그림 6.16] 음향임피던스 관내의 투과손실 측정장치

식(6.54)으로부터 각 음압의 진폭을 구할 수 있다.

$$A = \frac{j\left(p_1 e^{-jkx_1} - p_2 e^{jkx_1}\right)}{2sin\{k(x_1 - x_2)\}} \tag{6.55a}$$

$$B = \frac{j\left(p_2 e^{-jkx_1} - p_1 1 e^{jk2}\right)}{2sin\{k(x_1 - x_2)\}} \tag{6.55b}$$

$$C = \frac{j\left(p_3 e^{-jkx_4} - p_4 e^{jkx_3}\right)}{2sin\{k(x_3 - x_4)\}} \tag{6.55c}$$

$$D = \frac{j\left(p_4 e^{-jkx_3} - p_3 e^{jk4}\right)}{2sin\{k(x_3 - x_4)\}} \tag{6.55d}$$

이 진폭 요소들을 통해서 시험편 전후 표면에서의 음압과 입자속도를 계산할 수 있다.

$$p_{x=0} = A + B \tag{6.56a}$$

$$u_{x=0} = \left(\frac{A - B}{\rho c}\right) \tag{6.56b}$$

$$p_{x=d} = Ce^{-jkd} + De^{jkd} \tag{6.56c}$$

$$u_{x=d} = \left(\frac{Ce^{-jkd} - De^{jkd}}{\rho c}\right) \tag{6.56d}$$

시험편 표면에서의 음압과 입자속도는 (2×2)전달행렬로 나타낼수 있으며 4개의 마이크로폰에서 측정된 음압을 통해서 결정된다. 즉, 시험편에 대한 전달행렬은 식(6.57)과 같이 표현할 수 있다.

$$\begin{bmatrix} p \\ u \end{bmatrix}_{x=0} = \begin{bmatrix} T_{11} & T_{12} \\ T_{21} & T_{22} \end{bmatrix} \begin{bmatrix} p \\ u \end{bmatrix}_{x=d} \tag{6.57}$$

전달행렬의 요소들(T_{11}, T_{12}, T_{21}, T_{22})은 시험편 특성과 직접적으로 관련되어 있다. 그러나 식 (6.57)을 통해서 전달행렬 요소들을 결정할 수 없으며 추가적인 식이 필요하다. 추가적인 식은 임피던스 튜브 끝단을 변화시켜서 측정된 음압을 이용하여 구하며, 식(6.58)과 같이 표현된다. 여기서 양변의 음압과 입자속도 행렬 요소들의 위첨자 1, 2는 두 개의 다른 끝단 상태를 의미한다.

$$\begin{bmatrix} p^1 & p^2 \\ u^1 & u^2 \end{bmatrix}_{x=0} = \begin{bmatrix} T_{11} & T_{12} \\ T_{21} & T_{22} \end{bmatrix} \begin{bmatrix} p^1 & p^2 \\ u^1 & u^2 \end{bmatrix}_{x=d} \tag{6.58}$$

$$\begin{bmatrix} T_{11} & T_{12} \\ T_{21} & T_{22} \end{bmatrix} = \begin{bmatrix} p^1 & p^2 \\ u^1 & u^2 \end{bmatrix}_{x=0} \begin{bmatrix} p^1 & p^2 \\ u^1 & u^2 \end{bmatrix}_{x=d}^{-1} \tag{6.58}$$

식(6.58)에서 우변의 음압과 입자속도 행렬의 역행렬을 양변에 곱하게 되면 시험편에 대한 전달행렬을 계산할 수 있다. 이렇게 결정된 시험편의 전달행렬 요소들을 이용하여 식(6.59)로부터 시험편의 투과율과 투과손실을 구할 수 있다.

$$\tau_a = \frac{2e^{jkd}}{T_{11} + T_{12}/\rho c + \rho c T_{21} + T_{22}} \tag{6.59a}$$

$$TL = 10 log_{10} \frac{1}{|\tau_a|^2} \tag{6.59b}$$

나. 잔향실법

투과손실계수는 음의 입사조건에 따라서 다르지만, 건축 음향설계에서는 난입사에 대한 투과손실계수를 이용한다. 이러한 경우에 대한 측정방법은 그림 6.17과 같이 2개의 잔향실 사이에 시험편(면적: S)을 설치하여 음원실 내의 평균 음압레벨($\overline{L}_1$)과 수음실내의 평균 음압레벨($\overline{L}_2$)을 측정하여 수음실내(체적: V_2)의 잔향시간(T_2)으로부터 계산한다.

시험편의 투과손실계수에 대한 식은 제5장의 식(5.49)을 이용하면 두 잔향실의 평균 음압과 수음실내 흡음력 $A_2=\left(\frac{56.3}{c}\right)\left(\frac{V_2}{T_2}\right)$으로 표시된다.

$$TL=(\overline{L}_1-\overline{L}_2)+10log_{10}\left(\frac{S}{A_2}\right) \qquad (6.60)$$

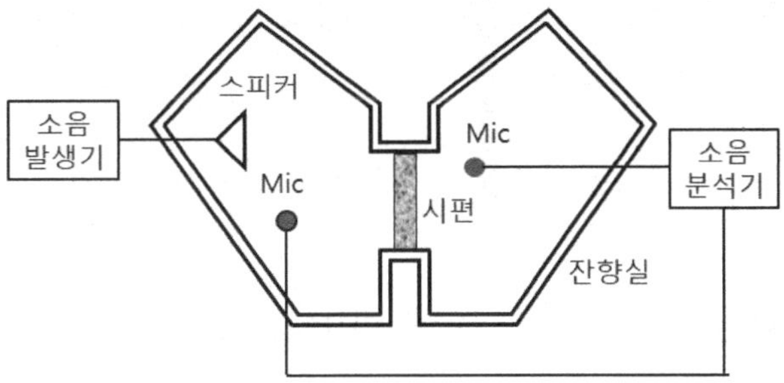

[그림 6.17] 난입사 투과손실계수의 측정방법(잔향실-잔향실법)

6.2.3 벽의 차음특성

균일한 벽 혹은 판의 차음성능은 3부분의 주파수 특성을 갖는 영역(Ⅰ, Ⅱ, Ⅲ영역)으로 구분된다. Ⅰ의 영역에서는 판의 진동에 의한 공진주파수에서 음의 공명 투과가 발생하며, 투과되는 음은 판의 고유진동 모드의 분포에 의해서 복잡하게 변화한다. 이 영역은 대부분 100Hz정도이하의 저주파수 영역이다.

Ⅱ의 영역에서는 주파수와 함께 투과손실이 증가하는 특성을 갖는다. 이러한 특성은 판의 두께가 음의 파장에 비해서 충분히 얇고 판이 일체가 되어 피스톤 운동을 하는 것으로 가정하여 판 위의 음압과 입자속도로부터 투과되는 음을 해석한다.

Ⅲ의 영역은 고주파영역에서 투과손실이 급격히 작아지는 현상이 발생하며 이 현상을 일치(Coincidence)현상이라고 한다. 음이 θ의 각도로 입사하는 경우 벽면 위에서 형성되는 파장(산과 마루)과 벽면의 굽힘 진동의 파장(산과 마루)이 일치하면서 발생되는 현상이다.

가. 단일벽에 수직 입사하는 평면파

그림 6.18과 같이 균일한 무한강벽에 음이 수직방향으로 입사하는 경우에 강체는 피스톤 운동을 한다. 따라서, 무한강벽의 단위면적당 질량 m에 공기층에 의한 단위면적당 스프링 s

과 감쇠계수 d가 부착된 1자유도 진동계로 생각할 수 있다.

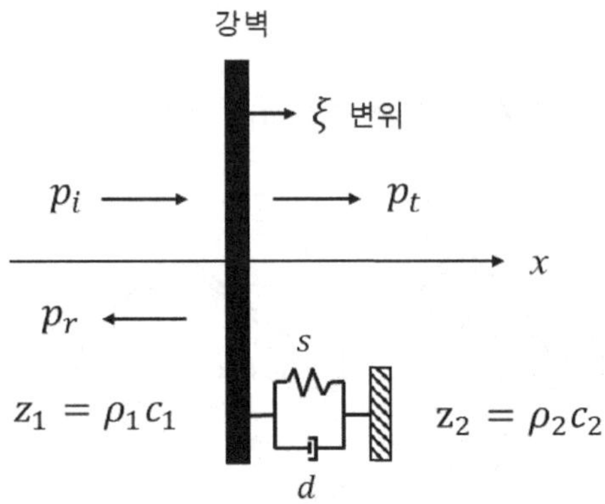

[그림 6.18] 강벽에 수직으로 입사하는 음과 투과되는 음

그림 6.18의 강벽에 입사하는 음과 반사하는 음은 다음과 같다.

$$p_i(x,t) = P_i e^{j(\omega t - \kappa_1 x)} \tag{6.61a}$$

$$p_r(x,t) = P_r e^{j(\omega t + \kappa_1 x)} \tag{6.61b}$$

$$p_t(x,t) = P_t e^{j(\omega t - \kappa_2 x)} \tag{6.61c}$$

벽면 위($x=0$)에서 수직방향의 변위를 $\xi = \bar{\xi} e^{j\omega t}$라 하면, 음압과 속도의 관계식 $-\dfrac{\partial p}{\partial x} = \rho \dfrac{\partial u}{\partial t}$으로부터 벽면의 좌측에 대한 음압과 벽면의 속도에 대한 식을 세울 수 있다.

$$P_i - P_r = j\omega \rho_1 c_1 \bar{\xi} \tag{6.62}$$

따라서, 식(6.62)을 이용하여 좌측 벽면에 대한 전체 음압 p_L을 입사파와 벽면의 변위로 나타낼 수 있다.

$$p_L(x,t) = p_i + p_r = P_i e^{j(\omega t - \kappa_1 x)} + \left(P_i - j\omega \rho_1 c_1 \bar{\xi}\right) e^{j(\omega t + \kappa_1 x)} \tag{6.63a}$$

$$p_L(x,t) = 2P_i\ \cos\kappa_1 x\, e^{j\omega t} - j\omega\rho_1 c_1 \bar{\xi} e^{j(\omega t + \kappa_1 x)} \tag{6.63b}$$

식(6.63)에서 우측의 첫번째 항은 벽면이 고정된 경우에 대한 입사파와 반사파에 대한 음장을 나타내고, 두번째 항은 벽면의 진동에 의한 음의 방사에 의해서 나타나는 음장이다.

벽면($x=0$)의 우측으로 전달되는 음압과 벽면의 진동은 식(6.62)와 동일하게 구할 수 있다.

$$P_t = P_R = -j\omega\rho_2 c_2 \bar{\xi} \tag{6.64}$$

그림 6.18에서 벽면은 1자유도계로 가정하였기 때문에 뉴우튼의 제2법칙을 이용하여 운동 방정식을 간단히 세울 수 있다.

$$m\ddot{\xi} + d\dot{\xi} + d\xi = p_L(x=o,t) - p_R(x=o,t) \tag{6.65}$$

식(6.65)에서 위 첨자 L, R는 벽면의 좌측과 우측을 의미한다.

식(6.63)과 식(6.64)을 식(6.65)에 대입하면 입사파 음압의 진폭과 벽면의 변위로 표현할 수 있다.

$$(-\omega^2 m + j\omega d + s)\bar{\xi} = 2P_i - j\omega\rho_1 c_1\bar{\xi} - j\omega\rho_2 c_2\bar{\xi} \tag{6.66a}$$

$$\left[-\omega^2 m + j\omega(d + \rho_1 c_1 + \rho_2 c_2) + s\right]\bar{\xi} = 2P_i \tag{6.66b}$$

식(6.66b)의 좌측항은 벽면의 기계적 감쇠와 특성 임피던스의 합으로 나타난다. 위의 식에 벽면의 변위대신에 속도 $v = j\omega\xi = \bar{v}e^{j\omega t}$의 항으로 표현하자.

$$\left(j\left(\omega m - \frac{s}{\omega}\right) + (d + \rho_1 c_1 + \rho_2 c_2)\right)\bar{v} = 2P_i \tag{6.67a}$$

$$(z_m + z_r)\bar{v} = 2P_i \tag{6.67b}$$

$z_m = j\left(\omega m - \dfrac{s}{\omega}\right) + d$과 $z_r = \rho_1 c_1 + \rho_2 c_2$은 벽면의 기계임피던스와 매질내의 특성 임피던스를 나타낸다.

벽면의 우측으로 전달되는 음압의 크기는 식(6.64)에 식(6.67b)를 대입하면 구할 수 있다.

$$P_t = \rho_2 c_2 \bar{v} = \frac{2P_i \rho_2 c_2}{(z_m + z_r)} = \frac{2P_i}{\dfrac{j(\omega m - s/w)}{\rho_2 c_2} + \left(\dfrac{d}{\rho_2 c_2} + \dfrac{\rho_1 c_1}{\rho_2 c_2} + 1\right)} \tag{6.68}$$

투과율은 식(6.68)에서 입사파와 반사파의 음의 진폭 비 $\dfrac{P_t}{P_i}$를 구한 후, 음향강도에 대한 비로 구할 수 있다.

$$\tau = \frac{\dfrac{|P_t|^2}{2\rho_2 c_2}}{\dfrac{|P_i|^2}{2\rho_1 c_1}} = \frac{4\left(\dfrac{\rho_1 c_1}{\rho_2 c_2}\right)}{\left[\dfrac{\omega m - \dfrac{s}{\omega}}{\rho_2 c_2}\right]^2 + \left(\dfrac{\omega_o m\eta}{\rho_2 c_2} + \left(\dfrac{\rho_1 c_1}{\rho_2 c_2}\right) + 1\right)^2} \tag{6.69}$$

식(6.69)에서 감쇠계수d는 벽면의 손실계수 $\omega_o m\eta$로 표현할 수 있다. 그리고 투과손실계수는 식(6.69)의 첫번째 분모항이 0이 되는 벽면의 고유진동수$\omega_o = \sqrt{s/m}$에서 최대의 값을 갖는다.

벽면에 대한 투과손실계수는 벽면의 고유진동수를 중심으로 3부분의 주파수 영역 $(\omega \ll \omega_o, \omega = \omega, \omega \gg \omega_{o,})$에서 다른 특성을 나타낸다.

(a) 벽면의 고유진동수보다 낮은 주파수 영역 $(\omega \ll \omega_o)$

벽면의 고유진동수보다 상당히 낮은 영역에서는 식(6.69)의 분모의 첫 번째 항이 $\omega m - \dfrac{S}{\omega} \approx -\dfrac{m}{\omega}\dfrac{s}{m} = \approx -\dfrac{m}{\omega}\omega_o^2$이 되고 분모의 두번째 항에서 일반적으로 벽면의 손실계수는 $\eta \ll 1$ 때문에 식(6.70)과 같이 간단히 할 수 있다.

$$\tau \approx \frac{4\left(\dfrac{\rho_1 c_1}{\rho_2 c_2}\right)}{\left(\dfrac{s}{\omega \rho_2 c_2}\right)^2 + \left(\dfrac{s\eta}{\omega_o \rho_2 c_2} + \dfrac{\rho_1 c_1}{\rho_2 c_2} + 1\right)^2} \approx \frac{4\left(\dfrac{\rho_1 c_1}{\rho_2 c_2}\right)}{\left(\dfrac{s}{\omega \rho_2 c_2}\right)^2 + \left(\dfrac{\rho_1 c_1}{\rho_2 c_2} + 1\right)^2} \tag{6.70}$$

일반적으로 벽면의 양측은 대부분 공기($\rho_1 = \rho_2 = \rho$, $c_1 = c_2 = c$)이다. 그리고 벽면의 양측이 기체 혹은 유체인 경우에는 일반적으로 $\frac{s}{\omega \rho_2 c_2} \gg 1$ 이 되기 때문에 식(6.70)의 투과계수는 간단히 된다.

$$\tau \approx \left(\frac{2\omega \rho c}{s} \right)^2 \tag{6.71}$$

식(6.71)로부터 다음과 같이 투과손실계수를 구할 수 있다.

$$TL = 20log(s) - 20log(f) - 20log(4\pi \rho c) \tag{6.72}$$

식(6.72)로부터 투과손실계수는 주로 벽면의 강성에 의해서 결정되며 질량이나 감쇠계수에는 영향을 받지 않고 주파수가 2배 증가하면 6dB 감소한다.

(b) 벽면의 고유진동수보다 높은 주파수 $(\omega \gg \omega_o)$

벽면의 고유진동수보다 매우 높은 영역에서는 식(6.69)의 분모의 첫번째 항은 $\omega m - \frac{s}{\omega} \approx \omega m$가 되어 식(6.69)는 다음과 같이 간단히 된다.

$$\tau \approx \frac{4\frac{\rho_1 c_1}{\rho_2 c_2}}{\left(\frac{\omega m}{\rho_2 c_2} \right)^2 + \left(\frac{\rho_1 c_1}{\rho_2 c_2} + 1 \right)^2} \tag{6.73}$$

식(6.73)에서 일반적으로 $\frac{\omega m}{\rho_2 c_2} \gg 1$이며 벽면의 양측이 공기라면 투과율과 투과손실계수는 다음과 같다.

$$\tau \approx \left(\frac{2\rho c}{\omega m} \right)^2 \tag{6.74}$$

$$TL = 20log(m) + 20log(f) - 20log\left(\frac{\rho c}{\pi}\right) = 20log(m \cdot f) - 42 \tag{6.75}$$

투과손실계수는 주로 벽면의 단위면적 당 질량에 의해서 결정되며 강성이나 감쇠계수에는 영향을 받지 않는다.

식(6.75)에서 주파수와 질량이 2배 증가함에 따라 6dB증가하기 때문에 수직 입사하는 평면파에 대한 질량 법칙이라고 한다.

(c) 벽면의 고유진동수와 동일한 주파수 $(\omega = \omega_o)$

벽면의 고유진동수와 동일한 주파수에서는 식(6.69)의 분모의 첫번째 항은 영이 되어 식(6.76)과 같이 간단히 된다.

$$\tau = \frac{4\frac{\rho_1 c_1}{\rho_2 c_2}}{\left(\frac{\omega_o m\eta}{\rho_2 c_2} + \frac{\rho_1 c_1}{\rho_2 c_2} + 1\right)^2} \tag{6.76}$$

만약 벽면의 양측이 동일한 매질이고 $1 \gg \frac{\omega_o m\eta}{\rho_2 c_2}$라 하면 모든 음향에너지가 투과하여 투과손실은 없다.

$$\tau \approx 1 \tag{6.77}$$

또한 $1 \ll \frac{\omega_o m\eta}{\rho_2 c_2}$라 하면 다음과 같다.

$$\tau \approx \left(\frac{2\rho c}{\eta\omega_o m}\right)^2 \tag{6.78}$$

식(6.78)로부터 투과손실계수를 계산할 수 있다.

$$TL = 20log(m) + 20log(f_o) + 20log(\eta) - 20log\left(\frac{\rho c}{\pi}\right) = 20log(m \cdot f_o \cdot \eta) - 42 \tag{6.79}$$

식(6.79)는 질량법칙과 다르며 질량법칙에 대한 식(6.75)에 벽면의 감쇠계수가 포함된다. 따라서, 벽면의 단위면적당 질량, 감쇠계수 및 주파수가 2배 증가하면 투과손실 계산은 6dB 증가한다.

나. 무한 탄성벽면에 경사입사하는 음

그림 6.19와 같이 얇고 일정한 무한 탄성 벽면에 경사각ϕ_1을 갖고 입사하는 평면파에 대해서 생각하자.

입사하는 평면파의 파수$k=\sqrt{k_x^2+k_z^2}$는 x, z방향에 대한 궤적 파수(trace wave number)로 나타낼 수 있다. 따라서 각 방향의 파수성분은 입사파의 파수에 대한 관계 ($k_{1x}=k_1 cos\phi_1$, $k_{1z}=k_1 sin\phi_1$)로 나타낼 수 있다.

그림 6.19에서 무한 탄성벽면에 경사각으로 입사하는 파, 반사하는 파 및 투과되는 파를 각 파수의 성분을 이용하여 표현할 수 있다.

$$p_i(x,z,t)=P_i e^{j(\omega t-k_1 cos\phi_1 x-k_1 sin\phi_1 z)} \tag{6.80a}$$

$$p_r(x,z,\ t)=P_r e^{j(\omega t+k_1 cos\phi_1 x-k_1 sin\phi_1 z)} \tag{6.80b}$$

$$p_t(x,z,t)=P_t e^{j(\omega t-k_2 cos\phi_2 x-k_2 sin\phi_2 z)} \tag{6.80c}$$

벽면상($x=0$)의 변위를 $\xi=\xi_o e^{j(\omega t-k_{1z}z)}$라 하면, 벽면상의 입자속도는 $v=j\omega\xi_o e^{j(\omega t-k_{1z}z)}=V_o e^{j(\omega t-k_1 sin\phi_1 z)}$이다.

벽면 좌측에 대한 전체 음압 $p_L(x,z,t)=p_i(x,z,t)+p_r(x,z,t)$은 음압과 속도에 대한 관계식으로부터 다음과 같이 된다.

$$\left.\frac{\partial p_L}{\partial x}\right|_{x=0}=-\rho\frac{\partial u}{\partial t} \tag{6.81a}$$

$$-jk_{1x}(P_i-P_r)e^{j(\omega t-k_{1z}z)}=-j\rho_1\omega V_o e^{j(\omega t-k_{1z}z)} \tag{6.81b}$$

$$P_i-P_r=\frac{\rho_1\omega V_o}{k_{1x}}=\frac{\rho_1\omega V_o}{\sqrt{k_1^2-k_{1z}^2}}=\frac{\rho_1 c_1 V_o}{\sqrt{1-\left(\frac{k_{1z}}{k_1}\right)^2}}=\frac{\rho_1 c_1 V_o}{\sqrt{1-sin^2\phi_1}} \tag{6.81c}$$

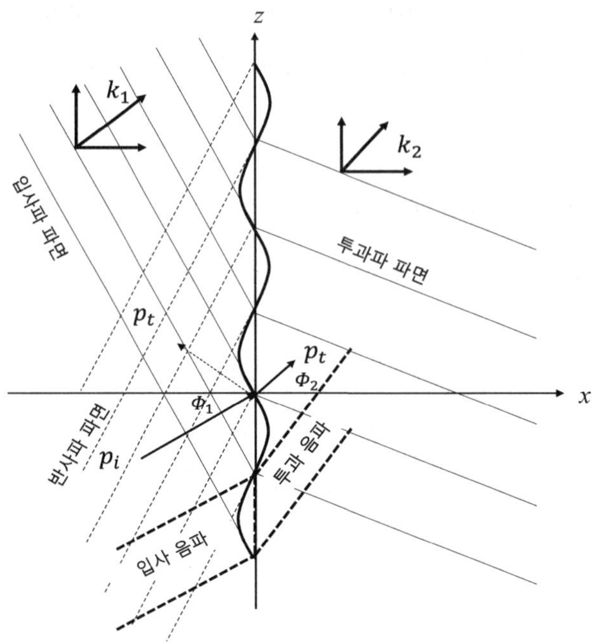

[그림 6.19] 무한 탄성벽면에 경사입사 음과 투과음

따라서, 식(6.81c)로부터 벽면 좌측의 전체 음압을 식(6.63)과 동일하게 구할 수 있다.

$$p_L(x=0,z,t) = 2P_i e^{j(\omega t - k_{1z}z)} - \frac{\rho_1 c_1 V_o}{\sqrt{1-sin^2\phi_1}} V_o e^{j(\omega t - k_{1z}z)} \tag{6.82}$$

또한 벽면 우측의 음압은 $p_R(x,z,t) = p_t(x,z,t)$로서 벽면을 투과하는 음압이며 위와 동일하게 벽면위에 대한 음압과 속도에 대한 관계식으로부터 식(6.81a)와 같이 계산할 수 있다.

$$p_R(x=0,z,t) = \frac{\rho_2 c_2 V_o}{\sqrt{1-sin^2\phi_2}} V_o e^{j(\omega t - k_{2z}z)} \tag{6.83}$$

음압과 벽면의 기계임피던스는 벽면의 굽힘파 운동방정식으로부터 구해진다.

벽의 탄성을 고려한 굽힘진동에 대한 방정식은 벽의 수직방향에 대한 변위를 이용하여 다음과 같이 쓸 수 있다.

$$m\frac{\partial^2\xi}{\partial t^2}+B'\frac{\partial^4\xi}{\partial z^4}=p_i+p_r-p_t=p_L-p_R \tag{6.84}$$

벽내부의 감쇠는 $B'=B(1+j\eta)$로서 구조물의 히스테리시스 감쇠특성으로 나타낼 수 있으며 $B=\dfrac{Eh^3}{12(1-\nu^2)}$는 벽의 굽힘강성을 나타낸다.

식(6.84)에서 변위에 대한 t와 z에 대한 미분은 다음과 같다.

$$\frac{\partial^2\xi}{\partial t^2}=j\omega v \tag{6.85a}$$

$$B'\frac{\partial^4\xi}{\partial z^4}=\left(\frac{\eta Bk_1^4 sin^4\phi_1}{\omega}-\frac{j}{\omega}Bk_1^4 sin^4\phi_1\right)v \tag{6.85b}$$

식(6.85)를 식(6.84)에 대입하여 무한 탄성벽면 좌우 측의 음압과 입자속도에 대한 운동방정식을 구할 수 있다.

$$\left[\frac{j}{\omega}\left(m\omega^2-Bk_1^4 sin^4\phi_1\right)+\frac{\eta Bk_1^4 sin^4\phi_1}{\omega}\right]v=p_L-p_R \tag{6.86a}$$

$$\begin{aligned}&\left[\frac{j}{\omega}\left(m\omega^2-Bk_1^4 sin^4\phi_1\right)+\frac{\eta Bk_1^4 sin^4\phi_1}{\omega}\right]V_o e^{j(\omega t-k_{1z}z)}=2P_i e^{j(\omega t-k_{1z}z)}-\\&\frac{\rho_1 c_1 V_o}{\sqrt{1-sin^2\phi_1}}V_o e^{j(\omega t-k_{1z}z)}-\frac{\rho_2 c_2 V_o}{\sqrt{1-sin^2\phi_2}}V_o e^{j(\omega t-k_{2z}z)}\end{aligned} \tag{6.86b}$$

벽면상에서 입사음과 반사음의 위상차가 없기 때문에 이 조건을 식(6.86b)에 대입한다.

$$k_{1z}=k_{2z},\ k_1 sin\phi_1=k_2 sin\phi_2,\ sin\phi_1=\frac{k_2}{k_1}sin\phi_2 \tag{6.87a}$$

$$\left[\frac{j}{\omega}\left(m\omega^2-Bk_1^4 sin^4\phi_1\right)+\frac{\eta Bk_1^4 sin^4\phi_1}{\omega}+\frac{\rho_1 c_1}{\sqrt{1-sin^2\phi_1}}+\frac{\rho_2 c_2}{\sqrt{1-\left(\frac{\kappa_1}{\kappa_2}sin\phi_1\right)^2}}\right] \tag{6.87b}$$

$V_o=2P_i$

식(6.68)과 동일하게 음압에 의한 매질의 특성 임피던스와 벽면의 굽힘파에 의한 임피던스로 구분하면 벽면 양측의 매질에 대한 음향임피던스 z_{wf}와 벽면의 기계임피던스 z_{wp}가 된다.

$$Z_{wf} = \frac{\rho_1 c_1}{\sqrt{1 - sin^2\phi_1}} + \frac{\rho_2 c_2}{\sqrt{1 - \left(\frac{\kappa_1}{\kappa_2} sin\phi_1\right)^2}} = Z_{wf1} + Z_{wf2} \tag{6.88a}$$

$$Z_{wp} = \left[\frac{j}{\omega}\left(m\omega^2 - Bk_1^4 sin^4\phi_1\right) + \frac{\eta B k_1^4 sin^4\phi_1}{\omega}\right] \tag{6.88b}$$

식(6.88a)는 벽면에 입사하는 음과 투과하는 음에 대한 매질의 임피던스로 구분된다. 식(6.88)을 식(6.87b)에 대입하면 간단히 표현된다.

$$2P_i = \left(Z_{wp} + Z_{wf}\right) V_o \tag{6.89}$$

식(6.88a)의 두번째 항, 즉 벽면 우측에 매질의 임피던스에 의해서 음이 투과하기 위해서는 실수가 되어야 한다.

$$1 - \left(\frac{\kappa_1}{\kappa_2} sin\phi_1\right)^2 > 0 \tag{6.90a}$$

$$sin\,\phi_1 < \frac{\kappa_2}{\kappa_1} = \frac{c_1}{c_2} \tag{6.90b}$$

식(6.90)의 조건을 만족하는 ϕ_1에서만 음향에너지가 전달된다.

벽면을 투과하는 음압은 벽면 우측의 매질 임피던스 z_{wf2}와 벽면의 굽힘파에 의한 속도로 정해진다.

$$P_t = Z_{wf2} V_o \tag{6.91}$$

식(6.89)의 속도 진폭을 식(6.91)에 대입하여 입사파와 투과파에 대한 음압의 진폭 비

$\dfrac{P_t}{P_i}$를 구한 후, 음의 에너지에 대한 투과율을 구할 수 있다.

$$P_t = \frac{2P_i Z_{wf2}}{Z_{wf1} + Z_{wf2} + Z_{wp}} \tag{6.92a}$$

$$\tau = \frac{\dfrac{|p_t|^2}{2\rho_2 c_2}}{\dfrac{|p_i|^2}{2\rho_1 c_1}} = \frac{4\ |Z_{wf2}|^2}{|Z_{wf1} + Z_{wf2} + Z_{wp}|^2}\frac{\rho_1 c_1}{\rho_2 c_2} \tag{6.92b}$$

식(6.92b)의 투과율에서 무한 탄성벽면에 대한 양측 매질이 다르고($c_1 \neq c_2$), 입사각과 투과각이 다르기 때문에 벽면의 단위면적당 입사하는 음향에너지와 투과하는 음향에너지의 비가 다르다. 따라서, 식(6.92b)에서 무한 탄성벽면의 단위면적에 투영된 면적을 고려해야 한다.

$$\tau = \frac{\dfrac{|p_t|^2}{2\rho_2 c_2}\ cos\phi_2}{\dfrac{|p_i|^2}{2\rho_1 c_1}\ cos\phi_1} = \frac{4\ |Z_{wf2}|^2}{|Z_{wf1} + Z_{wf2} + Z_{wp}|^2}\frac{\rho_1 c_1}{\rho_2 c_2}\frac{\sqrt{1-\left(\dfrac{\kappa_1}{\kappa_2}sin\phi_1\right)^2}}{\sqrt{1-sin^2\phi_1}} \tag{6.93}$$

위의 식에서 입사각과 투과각은 벽면의 연속성에 의해서 $sin\phi_2 = \dfrac{\kappa_1}{\kappa_2}sin\phi_1$의 관계를 갖기 때문에 식(6.93)의 입사각과 투과각의 비는 $\dfrac{cos\phi_2}{cos\phi_1} = \dfrac{\sqrt{1-sin^2\phi_2}}{\sqrt{1-sin^2\phi_1}} = \dfrac{\sqrt{1-\left(\dfrac{\kappa_1}{\kappa_2}sin\phi_1\right)^2}}{\sqrt{1-sin^2\phi_1}}$ 이 된다.

만약 벽면에 대한 양측의 매질이 동일하면 $\rho_1 = \rho_2 = \rho$, $c_1 = c_2 = c$, $k_1 = k_2 = k$, $\phi_1 = \phi_2 = \phi$가 되어 매질의 임피던스는 동일하다($Z_{wf} = Z_{wf1} + Z_{wf2} = 2Z_{wf1} = 2Z_{wf2}$). 따라서 투과율은 다음과 같이 간단히 표현된다.

$$\tau = \frac{|Z_{wf}|^2}{|Z_{wf} + Z_{wp}|^2} = \frac{(2\rho c\ sec\phi)^2}{\left[m\omega - \left(\dfrac{B}{\omega}\right)k^4 sin^4\phi\right]^2 + \left[2\rho c\ sec\phi + \left(\dfrac{B}{\omega}\right)\eta k^4 sin^4\phi\right]^2} \tag{6.94}$$

식(6.94)의 투과율에서 입사파의 z방향 파수와 벽면의 굽힘파의 파수가 동일한 조건, 즉 일치효과(coincidence effect)가 발생하는 주파수와 벽면의 강성, 감쇠계수 및 단위면적당 질량의 영향을 파악하여 보자.

식(6.94)을 벽의 굽힘파의 파장 $k_B^4 = \dfrac{m\omega^2}{B}$의 항으로 정리하면 식(6.95)와 같다.

$$\tau = \frac{(2\rho c/\omega m)^2 sec^2\phi}{\left[1-(k/k_B)^4 sin^4\phi\right]^2 + \left[(2\rho c/\omega m)sec\phi + (k/k_B)^4 \eta sin^4\phi\right]^2} \tag{6.95}$$

일치효과($k_z = k_B$)에 대한 입사파의 파수와 입사각의 관계는 다음과 같다.

$$k_z = ksin\phi = k_B = \sqrt[4]{\frac{m\omega^2}{B}} \tag{6.96a}$$

$$k = \frac{k_B}{sin\phi} = \frac{1}{sin\phi}\sqrt[4]{\frac{m\omega^2}{B}} \tag{6.96b}$$

식(6.95)의 투과율은 일치효과에 의해서 분모의 첫번째 항이 0이 되며 두번째 항의 손실계수 η는 일반적으로 1보다 매우 작기 때문에 투과율은 1에 접근한다($\tau \approx 1$). 따라서 음은 대부분 투과되며 이러한 일치효과가 발생하는 주파수는 식(6.96b)으로부터 간단히 구할 수 있다.

$$\omega_{co} = \sqrt{\frac{m}{B}}\left(\frac{c}{sin\phi}\right)^2 \tag{6.97}$$

식(6.97)으로부터 입사각ϕ에 의해서 일치주파수(coincidence frequency)가 정해지며 만약 일치 주파수가 정해지면 일치효과가 발생하는 입사각이 결정된다.

식(6.97)의 입사각은 $0° \sim 90°$이기 때문에 $sin\phi \le 1$가 된다. 따라서 $sin\phi = 1$일 때 일치 주파수가 가장 낮게 나타나며 이 주파수를 임계주파수 ω_c라고 한다.

$$\omega_c = c^2\sqrt{\frac{m}{B}} \tag{6.98a}$$

$$\omega_{co} = \frac{\omega_c}{sin^2\phi} \tag{6.98b}$$

$$sin\phi_{co} = \sqrt{\frac{\omega_c}{\omega}} \tag{6.98c}$$

식(6.98b)와 같이 일치효과가 발생하는 주파수는 입사각과 반비례 관계에 있으며, 입사각이 증가하면 일치주파수는 감소하고, 일치주파수가 증가할수록 입사각은 낮아진다.

식(6.98a)에서 균일한 밀도ρ_w을 갖는 평판의 굽힘강성 $B = \dfrac{Eh^3}{12(1-\nu^2)}$ 및 단위길이당 질량 $m = \rho_w h$에 대한 임계주파수는 다음과 같다.

$$\omega_c = \frac{c^2}{h}\sqrt{\frac{12\rho_w(1-\nu^2)}{E}} \tag{6.99}$$

임계주파수 ω_c이상의 주파수 영역($\omega_c < \omega < \infty$)에서 일치효과는 모든 주파수에 영향을 미친다. 따라서 음이 경사로 입사하는 음에 대한 투과율은 일치주파수를 중심으로 주파수 영역을 구분하여 생각할 수 있다.

(a) 임계주파수보다 작은 주파수 영역 ($\omega < \omega_c$)

식(6.96a)와 식(6.98)로부터 z방향에 대한 음의 파수와 벽면의 굽힘파에 대한 파수의 비를 임계주파수에 대한 관계로 나타낼 수 있다.

$$\frac{k_z}{k_B} = \frac{k sin\phi}{\sqrt[4]{\dfrac{m\omega^2}{B}}} = \sqrt{\frac{\omega}{\omega_c}}\, sin\phi \tag{6.100}$$

이 주파수 영역에서 벽면의 굽힘파에 대한 파수는 z방향에 대한 음의 파수보다 크기 때문에 $\left(\dfrac{k_z}{k_B} = \dfrac{c_B}{c_z} < 1\right)$ 식(6.94)에서 관성항 $m\omega$이 강성항 $\left(\dfrac{B}{\omega}\right)k_1^4 sin^4\phi$보다 크며, 내부 감쇠항 $\left(\dfrac{B}{\omega}\right)\eta k_1^4 sin^4\phi$은 관성항보다 매우 작기 때문에 투과율은 식(6.101)과 같다.

$$\tau \approx \frac{(2\rho c\, sec\phi)^2}{[(2\rho c\, sec\phi)^2 + (\omega m)^2]} = \frac{1}{\left[1 + \left(\dfrac{\omega m cos\phi}{2\rho c}\right)^2\right]} \tag{6.101}$$

일반적으로 $\phi \approx \frac{\pi}{2}$의 경우를 제외하고, $\omega m cos\phi \gg 2\rho c$이기 때문에 식(6.101)의 투과율은 더욱 간단히 표현되며, 이 식으로부터 투과손실계수를 구할 수 있다.

$$\tau \approx \frac{2\rho c}{\omega m cos\phi} \tag{6.102a}$$

$$TL(\phi) = 20log\left(\frac{\omega m cos\phi}{2\rho c}\right) \tag{6.102b}$$

$$TL(\phi) = 20log(m \cdot f) - 20log\left(\frac{\rho c}{\pi}\right) + 20log(cos\phi) = TL(0) + 20log(cos\phi) \tag{6.102c}$$

식(6.102)는 수직 입사하는 음에 대한 투과손실계수의 식(6.74b)에 음의 입사각 ϕ의 항이 추가되었다. 입사하는 음의 입사각 ϕ이 90도에 근접(벽면에 수평)할수록 수직으로 입사하는 음에 대한 투과손실계수와 차이가 증가한다.

주파수가 일치 주파수에 접근하는 경우 $(\omega \rightarrow \omega_{co})$경우에는 식(6.94)의 분모의 첫번째 항의 강성항이 관성항에 접근하여 주파수가 일치주파수와 동일한 $\omega = \omega_{co}$ 경우와 유사하게 최대 투과율을 구할 수 있다.

$$\tau = \frac{1}{\left(1 + \frac{\eta \omega_{co} m\, cos\phi}{2\rho c}\right)^2} \tag{6.103}$$

식(6.103)에서 $\eta > \frac{2\rho c}{\omega_{co} m\, cos\phi}$ 조건에서는 벽면의 손실계수와 단위면적당 질량이 투과율에 커다란 영향을 미친다.

(b) 임계주파수보다 큰 주파수 영역 $(\omega > \omega_c)$

식(6.100)에서 임계주파수보다 높은 주파수 영역에서는 벽면의 굽힘파에 대한 파수가 z방향에 대한 음의 궤적 파수보다 작은 때문에 $\left(\frac{k_z}{k_B} = \frac{c_B}{c_z} > 1\right)$ 식(6.94)에서 관성항보다 강성항이 크고 내부 감쇠항은 손실계수가 1보다 매우 작으므로 무시할 수 있다. 따라서 투과율은 다음과 같이 된다.

$$\tau = \frac{1}{1+\left(\frac{\left(\frac{B}{\omega}\right)k_1^4 sin^4\phi cos\phi}{2\rho c}\right)^2} \approx \left(\frac{2\rho c}{\left(\frac{B}{\omega}\right)k_1^4 sin^4\phi cos\phi}\right)^2 \tag{6.104a}$$

$$TL = 20log(B) + 20log(f) + 20log(sin^4\phi\, cos\phi) + 20log\left(\frac{4\pi^3}{\rho c^5}\right) \tag{6.104b}$$

식(6.104)의 투과율은 공기내에서는 강성항이 1보다 매우 크기 때문에 강성항에 의해서 음이 투과되어 입사각의 변화는 투과손실계수에 영향을 미친다.

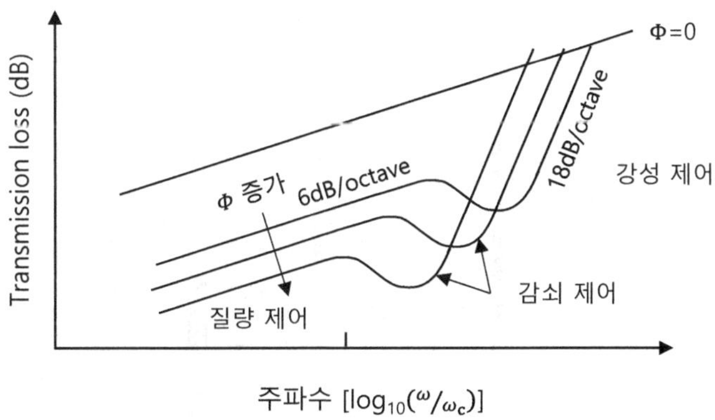

[그림 6.20] 탄성 벽면의 투과손실

이 영역에서 투과손실계수는 입사각 ϕ이 일정한 경우 주파수가 2배 증가함에 따라 약 18dB 증가하며 감쇠항은 영향을 미치지 않는다.

이상과 같이 입사각 변화에 따른 투과손실계수를 임계주파수의 관계에 따라 정리하면 다음과 같이 분류할 수 있다.

① 임계주파수 이하의 주파수 영역 $(\omega < \omega_c)$의 경우 투과손실계수는 질량법칙에 따르며 입사각이 증가하면 투과손실계수는 감소한다.

② 임계주파수보다 높은 주파수 영역 $(\omega > \omega_c)$의 경우 일치 주파수보다 낮은 주파수 영역 $(\omega < \omega_{c0})$에서는 식(6.94)로부터 관성항이 지배적이며 일치 주파수보다 높은 주파수 영역 $(\omega > \omega_{c0})$에서는 강성항이 지배적이며, 입사각이 증가하면 투과손실계수는 증가한다.

③ 일치주파수 $(\omega = \omega_{c0})$에서는 투과손실계수가 감쇠항에 의해서 결정되며 입사각이 증가

할수록 일치주파수는 감소하며 투과손실계수는 증가한다.

다. 이중벽에 수직 입사하는 평면파

그림 6.21과 같이 두개의 일정한 강체 벽면이 길이 l만큼 떨어진 공동으로 되어있는 이중벽에 음이 수직으로 입사하는 경우에 대한 음의 투과를 생각하자. 각 벽면의 단위면적당 질량은 m_1, m_2이고 각 강체 벽은 스프링 $s_i, (i=1,2)$과 감쇠계수$d_i, (i=1,2)$가 결합된 2자유도 진동계로 가정하자. 또한 공동내에서 음의 에너지의 감쇠가 없고 음압의 진폭은 동일하며 또한 두 벽면은 동일하다고 가정하자.

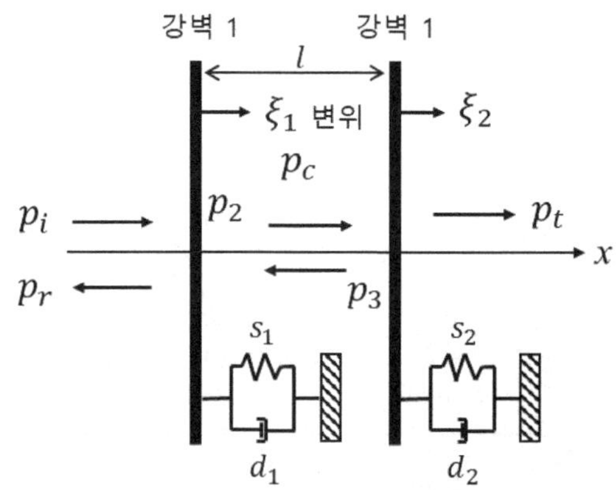

[그림 6.21] 이중벽에 수직 입사하는 평면파

그림 6.21에서 벽면1에 입사하고 반사되는 음압, 공동 내의 음압 및 벽면2에서 투과되는 음압은 식(6.61)과 동일하게 표현할 수 있다.

$$p_1(x,t) = p_i + p_r = P_i e^{j(\omega t - kx)} + P_r e^{j(\omega t + kx)} \tag{6.105a}$$

$$p_c(x,t) = Ae^{j(\omega t - kx)} + Be^{j(\omega t + kx)} \tag{6.105b}$$

$$p_t(x,t) = P_t e^{j(\omega t - kx)} \tag{6.105c}$$

벽면1 $(x=0)$위의 음압 p_2과 벽면2 $(x=l)$위의 음압 p_3은 다음과 같다.

$$p_2(x,t) = (A+B)e^{j\omega t} = P_2 e^{j\omega t}, \tag{6.106a}$$

$$p_3(x,t) = \left(Ae^{-jkl} + Be^{jkl}\right)e^{j\omega t} = P_3 e^{j\omega t} \qquad (6.106b)$$

벽면의 변위를 $\xi_i = \xi_{oi}e^{j\omega t}, (i=1,\ 2)$라고 하면, 앞과 동일하게 음압과 입자속도 $j\omega\xi_i$, $(i=1,\ 2)$와의 관계식으로부터 식(6.107)를 구할 수 있다.

$$j\omega\,\xi_{o1} = \frac{A-B}{\rho c} = \frac{P_i - P_r}{\rho c} \qquad (6.107a)$$

$$j\omega\,\xi_{o2} = \frac{Ae^{-jkl} - Be^{jkl}}{\rho c} = \frac{P_t}{\rho c} \qquad (6.107b)$$

또한 각 벽면에 대한 운동방정식은 각 벽면의 임피던스 $Z_i(i=1,2)$을 이용하여 나타낼 수 있다.

$$j\omega\,\xi_1 Z_1 = p_1 - p_2 \qquad (6.108a)$$

$$j\omega\,\xi_2 Z_2 = p_3 - p_t \qquad (6.108b)$$

각 벽면에 대한 운동방정식으로부터 기계임피던스를 구할 수 있다.

$$Z_1 = j\omega m_1 + d_1 - j\frac{s_1}{\omega} = m_1(j\omega + \eta_1\omega_1) - j\frac{s_1}{\omega} \qquad (6.109a)$$

$$Z_2 = j\omega m_2 + d_2 - j\frac{s_2}{\omega} = m_2(j\omega + \eta_2\omega_2) - j\frac{s_2}{\omega} \qquad (6.109b)$$

식(6.109)에서 $\eta_1, \eta_2, \omega_1, \omega_2$는 각 벽면의 손실계수 및 고유진동수를 나타낸다.

식(6.105a)와 식(6.107a)로부터 강벽1의 좌측과 우측에 대한 음압과 변위 관계는 다음과 같다.

$$A - B = j\omega\rho c\,\xi_{o1} \qquad (6.110a)$$

$$P_t = j\omega\rho c\,\xi_{o2} \qquad (6.110b)$$

공동의 길이가 음의 파장보다 매우 짧고 ($kl \ll 1$), 공동내 음압이 일정하다고 ($P_2 = P_3 = P_c$) 가정한 후, 식(6.107b)의 지수함수를 삼각함수로 표현하고 $A(coskl - jsinkl) - B(coskl + sinkl) = P_t$, $kl \ll 1$의 조건과 식(6.110a)를 대입하면 다음과 같은 식을 얻을 수 있다.

$$j\omega\rho c\xi_{o2} = (A - B) - jkl(A + B) = j\omega\rho c\xi_{o1} - jkl(A + B) \tag{6.111a}$$

$$\frac{\rho c^2}{l}(\xi_{o1} - \xi_{o2}) = (A + B) = P_2 = P_c \tag{6.111b}$$

식(6.111b)는 공동내의 음압과 변위의 크기에 대한 관계식으로 $s_1 = \frac{\rho c^2}{l}$는 공동내에서 공기가 스프링과 같은 역할을 한다.

식(6.107)~식(6.111)을 연립방정식으로 세워서 두 강벽의 변위에 대한 비와 입사파와 투과파에 대한 음압의 비를 구할 수 있다.

$$\frac{\xi_{o1}}{\xi_{o2}} = \frac{\left[j\omega(z_2 + \rho c) + \frac{\rho c^2}{l}\right]}{\frac{\rho c^2}{l}} \tag{6.112a}$$

$$\frac{P_t}{P_i} = -\frac{\frac{2j(\rho c)^2}{kl}}{\left[z_2 + \rho c - j\frac{\rho c}{kl}\right]\left[z_1 + \rho c - j\frac{\rho c}{kl}\right] + \left(\frac{\rho c}{kl}\right)^2} \tag{6.112b}$$

위의 식에서 $\frac{\rho c}{kl}$는 음향 강성을 나타내며, ρc는 음향임피던스를 나타낸다.

벽면1, 2의 기계임피던스 $Z_i = m_i(j\omega + \eta_i\omega_i) - j\frac{s_i}{\omega}, (i = 1, 2)$는 질량, 손실계수 및 강성의 항으로 구성된다. 식(6.112b)에서 벽면의 기계임피던스의 강성과 음향강성의 비는 $\frac{s}{\omega} / \frac{\rho c}{kl} \ll 1$ 때문에 음향강성이 지배적이며 손실계수는 1보다 매우 작다. 따라서 식(6.112b)에서 음향임피던스 및 벽면의 강성과 손실계수를 무시하고 기계임피던스 ($Z_1 = j\omega m_1$, $Z_2 = j\omega m_2$)를 식(6.112b)에 대입하면 다음과 같이 된다.

$$\frac{P_t}{P_i} = -\frac{\frac{2j(\rho c)^2}{kl}}{\left(j\omega m_1 + j\frac{\rho c}{kl}\right)\left(j\omega m_2 + j\frac{\rho c}{kl}\right) + \left(\frac{\rho c}{kl}\right)^2}$$

$$= -\frac{\frac{2j(\rho c)^2}{kl}}{\left(-\omega^2 m_1 m_2 + (m_1 + m_2)\frac{\rho c^2}{l}\right)} \tag{6.113a}$$

$$\omega_o = \sqrt{\left(\frac{\rho c^2}{l}\right)\left(\frac{m_1 + m_2}{m_1 m_2}\right)} \tag{6.113b}$$

식(6.113a)에서 분모가 0에 접근하는 주파수에서 음의 투과가 최대가 되기 때문에 최대 투과율은 식(6.113b)이 되는 공진주파수에서 존재한다.

벽1, 공동 및 벽2으로 구성된 이중벽의 경우 공진주파수는 벽면사이의 거리l가 증가함에 따라 감소하며, $m_1 \approx$, m_2일 경우 공진주파수은 최소가 된다.

이중벽에 대해서도 앞과 동일하게 투과율이 최대가 되는 공진진동수 ω_o를 중심으로 3부분의 주파수 영역으로 구분하여 투과율을 계산한다.

(a) 공진주파수보다 낮은 주파수 영역 $(\omega < \omega_o)$

이중벽에 대한 공진주파수보다 낮은 주파수 영역의 조건을 식(6.113)에 대입하면 이중벽에 대한 입사파와 투과파의 비가 간단히 된다.

$$\frac{P_t}{P_i} = -\frac{\frac{2j(\rho c)^2}{kl}}{m_1 m_2\left(-\omega^2 + \frac{(m_1 + m_2)\rho c^2}{m_1 m_2 \quad l}\right)} \approx -\frac{2j\rho c}{\omega(m_1 + m_2)} \tag{6.114}$$

식(6.114)의 투과율은 두 강벽의 단위면적당 질량이 동일하다고 가정하면 $\left(m_1 = m_2 = \frac{1}{2}m_t\right)$ 식(6.115)와 같이 된다.

$$\tau = \left| \frac{P_t}{P_i} \right|^2 \approx \left(\frac{2\rho c}{\omega(m_1 + m_2)} \right)^2 = \left(\frac{2\rho c}{\omega m_t} \right)^2 \tag{6.115}$$

두 벽면의 단위면적당 질량이 동일하면 투과손실은 두 벽면의 질량의 합으로 단일벽과 같이 작용한다.

$$TL = 20log(m_t \cdot f) - 20log\left(\frac{\rho c}{\pi}\right) = 20log(m_t \cdot f) - 42 \tag{6.116}$$

(b) 공진주파수와 동일한 주파수 $(\omega = \omega_o)$

이중벽의 공진주파수와 주파수가 동일한 경우에는 식(6.113a)의 분모항이 0이 되기 때문에 벽면의 기계임피던스에 손실계수를 고려하면 $Z_i = m_i(j\omega + \eta_i \omega_i), (i = 1, 2)$이 되며 입사파와 투과파의 비는 식(6.117)과 같이 된다.

$$\frac{P_t}{P_i} = -\frac{2\rho c}{\left(\eta_1 \omega_1 m_2 + \eta_2 \omega_2 m_1 + \rho c\left(\frac{m_1}{m_2} + \frac{m_2}{m_1}\right)\right)} \tag{6.117}$$

벽면의 감쇠손실계수가 작은 경우 공진주파수에서 두 벽면의 단위면적당 질량의 차를 크게 하면 $\left(\frac{m_1}{m_2} \gg 1 \text{혹은 } \frac{m_2}{m_1} \gg 1\right)$ 음향에너지 투과를 최소화할 수 있다.

두 벽면의 단위면적당 질량이 동일한 특별한 경우 $m_1 = m_2 = m$에는 두 벽면의 공진주파수도 동일하게 된다$(\omega_1 = \omega_2 = \omega_n)$.

$$\frac{P_t}{P_i} \approx -\frac{1}{\eta(m\omega_n/\rho c) + 1} \tag{6.118}$$

만약 $\eta \gg \frac{\rho c}{m\omega_n}$와 같이 벽면의 손실계수가 큰 경우에는 식(6.119)와 같이 간단히 표현된다.

$$\frac{P_t}{P_i} \approx -\frac{\rho c}{\eta m \omega_n} \tag{6.119}$$

식(6.119)로 부터 투과손실계수를 구할 수 있다.

$$TL = 20log(m \cdot f_n) + 20log(\eta) - 20log\left(\frac{\rho c}{\pi}\right) \tag{6.120}$$

만약 $\eta \ll \frac{\rho c}{m\omega_n}$와 같이 벽면의 손실계수가 작을 경우에는 투과율은 $\tau \to 1$이 되어 벽면에 입사하는 대부분의 음향에너지가 이중벽을 통과해서 투과하게 된다.

(c) 공진주파수보다 높은 주파수 영역 $(\omega > \omega_o)$

공진주파수보다 높은 주파수 영역의 조건을 식(6.113a)에 대입하면 이중벽에 대한 입사파와 투과파의 비가 간단히 된다.

$$\frac{P_t}{P_i} \approx \frac{\frac{2j(\rho c)^2}{kl}}{\omega^2 m_1 m_2} = \frac{2j\rho c}{\omega(m_1+m_2)}\left(\frac{\omega_o}{\omega}\right)^2 \tag{6.121}$$

식(6.121)에서 앞과 동일하게 두 벽면의 단위면적당 질량이 동일한 경우($m_1 + m_2 = m_t$)에 대한 투과손실계수는 다음과 같다.

$$TL = 20log(m_t \cdot f) + 40log\left(\frac{\omega}{\omega_o}\right) - 20log\left(\frac{\rho c}{\pi}\right) \tag{6.122}$$

이 조건에 대한 투과손실계수는 두 벽면의 단위면적당 질량이 2배로 증가하면 12dB 증가하며, 주파수가 2배 증가함에 따라 18dB 증가한다.

식(6.112b)는 $kl \ll 1$의 저수파 영역에 대한 결과로서 kl이 1보다 매우 작지 않은 고주파수 영역에 대한 음의 입사파와 투과파의 비는 식(6.106)~식(6.110)으로부터 구할 수 있다.

$$\frac{P_t}{P_i} = -\frac{2j(\rho c)^2 sin\,kl}{[z_2 + \rho c(1 - jcot\ \ kl)]\,[z_1 + \rho c(1 - jcot\ \ kl)]\,sin^2 kl + (\rho c)^2} \tag{6.123}$$

식(6.123)은 $kl \ll 1$조건에서 식(6.112b)와 동일하게 된다. 그리고 식(6.123)은

$kl = (2n-1)\frac{\pi}{2}$, $n = (1, 2 \cdots)$경우에는 음압의 비가 공동의 반공진주파수의 최소값사이에서 변화하며, $kl = n\pi$, $n = (1, 2 \cdots)$의 경우에는 음압의 비가 공진주파수의 최대값사이에서 변화한다. 따라서, 투과손실계수를 고려하면 식(6.123)에서 공동의 반공진주파수가 중요하다.

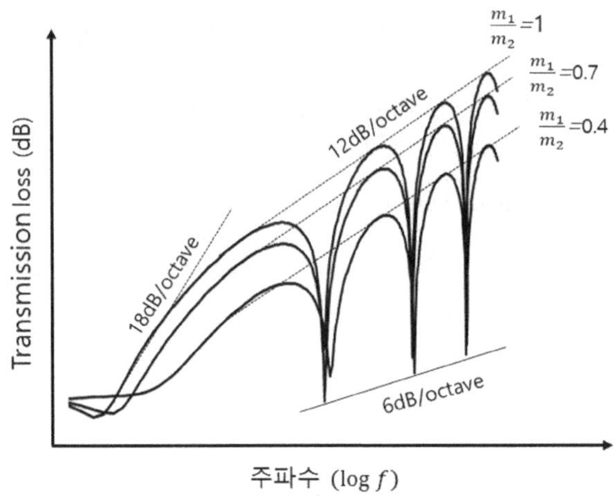

[그림 6.22] 이중 벽면의 투과손실

$$\frac{P_t}{P_i} \approx \frac{2j(\rho c)^2}{\omega^2 m_1 m_2} \tag{6.124a}$$

$$TL = 20log(m_1 \cdot f) + 20log(m_2 \cdot f) - 40log\left(\frac{\rho c}{\pi}\right) + 4 \tag{6.124b}$$

식(6.124)으로부터 각 벽은 질량법칙에 따라 6dB/octave로 증가하기 때문에 벽면1과 벽면2의 투과손실계수는 12dB/octave로 증가한다.

이상적인 이중벽의 투과손실 특성은 위의 결과와 같다. 그러나 실제 이중벽에서는 주변의 설치부분과 기둥 등이 음향적으로 통로(Sound Bridge)가 되거나, 혹은 고주파영역에서 각각의 판에 대한 일치효과 효과가 발생하기 때문에 투과손실의 특성은 더욱 복잡해진다.

일반적으로 차음특성을 향상시키기 위해서 공동내부에 다양한 종류의 재료를 삽입하는 경우가 많다. 그림 6.23과 같이 이중벽사이에 다공질 흡음재 등과 같은 재료를 사용하면 투과손실을 상당히 높일 수 있다. 한편, 강성재를 이용한 경우에는 저주파수 영역의 공진투과 주파수가 높아져서 투과손실이 향상되고, 탄성재를 사용하면 벽 전체의 일치효과 주파수가 낮아지기 때문에 중주파수 영역에서 투과손실이 낮아진다.

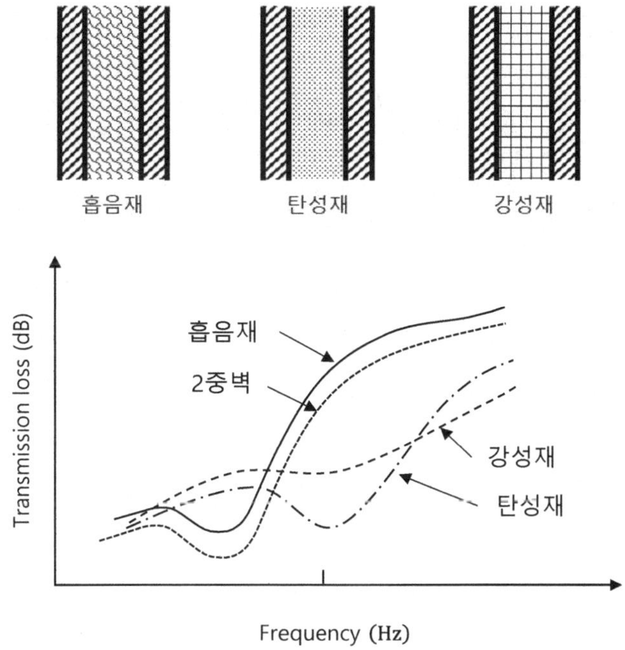

[그림 6.23] 이중벽에 여러가지 삽입재료에 따른 투과손실

라. 확산음장의 차음특성

실제로 도로소음에 노출된 창문 혹은 벽면 등에 입사하는 음향에너지는 동시에 다양한 각도를 갖는다. 이러한 경우에는 확산음장으로 가정하여 투과손실을 계산한다.

벽면 등에 단위면적당 입사하는 음향에너지는 식(6.10)이며, 경사입사 투과율을 이용해서 단위면적에서 투과되는 에너지를 계산할 수 있다. 따라서, 이 두 식으로부터 단위면적에 난입사하는 투과율을 계산할 수 있다.

$$E_t = \frac{c\varepsilon}{2}\int_0^{\pi/2} \tau_\theta cos\theta sin\theta \, d\theta \qquad (6.125a)$$

$$\alpha_t = \frac{E_t}{E} = \frac{\int_0^{\pi/2} \tau_\theta cos\theta sin\theta d\theta}{\int_0^{\pi/2} cos\theta sin\theta d\theta} = 2\int_0^{\pi/2} \tau_\theta cos\theta sin\theta \, d\theta \qquad (6.125b)$$

식(6.125b)에 임계주파수보다 작은 주파수영역($\omega < \omega_c$)에 대한 식(6.101)의 경사입사 투과율 τ_θ을 대입한다.

$$\alpha_t = 2\int_0^{\pi/2} \frac{cos\theta sin\theta}{\left[1+\left(\frac{\omega m cos\phi}{2\rho c}\right)^2\right]} d\theta = \int_0^1 \frac{1}{1+\left(\frac{\omega m}{2\rho c}\right)^2 cos^2\theta} d\,cos^2\theta$$
$$= \left(\frac{2\rho c}{\omega m}\right)^2 ln\left\{1+\left(\frac{\omega m}{2\rho c}\right)^2\right\} \qquad (6.126)$$

식(6.126)을 투과손실계수를 나타내면 다음과 같다.

$$TL = 20log\left(\frac{\omega m}{2\rho c}\right) - 10log\left[ln\left\{1+\left(\frac{\omega m}{2\rho c}\right)^2\right\}\right] \qquad (6.127)$$

대부분의 경우 $\omega m \gg 2\rho c$라고 가정할 수 있기 때문에 식(6.127)은 간단히 된다.

$$TL = 20log\left(\frac{\omega m}{2\rho c}\right) - 10log\left[ln\left(\frac{\omega m}{2\rho c}\right)^2\right]$$
$$= 20log(m\cdot f) - 20log\left(\frac{\rho c}{\pi}\right) - 10log\left[ln\left(\frac{\omega m}{2\rho c}\right)^2\right] \qquad (6.128a)$$

$$TL = TL_0 - 10log_{10}(0.23\,TL_0) \qquad (6.128b)$$

식(6.128)로부터 ωm이 2배가 되면 투과손실계수는 4.6dB상승하며, 또한 투과손실은 주파수와 단위질량에 비례하므로 질량법칙이 성립된다. 그러나 식(6.128)은 실험값과 잘 일치 않기 때문에 실험적으로 식(6.129)가 제안되었으며, 0～80도의 입사각도에 대한 평균값과 거의 일치한다.

$$TL = 20log(m\cdot f) - 20log\left(\frac{\rho c}{\pi}\right) - 5 = 20log(m\cdot f) - 47 \qquad (6.129)$$

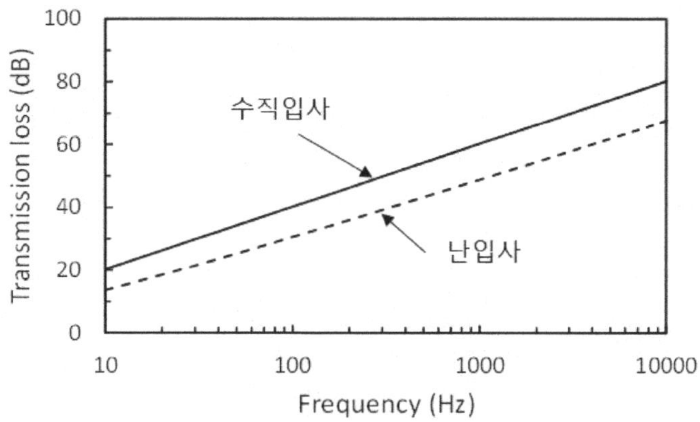

[그림 6.24] 단일벽의 수직입사 음과 난입사 음의 투과손실

일반적으로 단일벽에 대한 수직입사 하는 음의 투과손실계수가 난입사 음의 투과손실계수보다 높으며, 그림 6.24와 같이 주파수가 증가함에 따라 점차 투과손실계수의 차가 커지는 것을 알 수 있다.

임계주파수보다 높은 주파수 영역($\omega > \omega_c$)에서 투과손실계수는 Cremer가 식(6.130)과 같이 제안하였으며 벽면의 내부손실 계수 η에도 영향을 받는다.

$$TL = 20log(m \cdot f) - 20log\left(\frac{\rho c}{\pi}\right) + 10log\left(\frac{f}{f_c} - 1\right) + 10log(\eta) - 2 \tag{6.130}$$

6.2.4 차음의 기하학적 해석

음원 주위에 설치된 차음벽은 음원으로부터 임의의 수음점에 직접 전달되는 음압 혹은 음향에너지를 저감 시키기 위해서 사용된다.

차음벽에 의한 소음 저감성능 해석은 음원, 방음벽 및 수음점사이의 거리에 대한 기하학적 관계와 차음벽 끝단의 회절효과로 해석할 수 있으며 주위환경의 잔향특성도 고려되어야 한다.

가. 실내 차음벽

실내에서 음원으로부터 음향파워 W가 방사되는 경우 수음점의 음압의 진폭은 음원의 음향파워, 음원과 수음점까지의 거리 r 및 실내정수 R에 의해서 정해진다.

$$p_0^2 = W\rho c\left(\frac{Q}{4\pi r^2} + \frac{4}{R}\right) \tag{6.131}$$

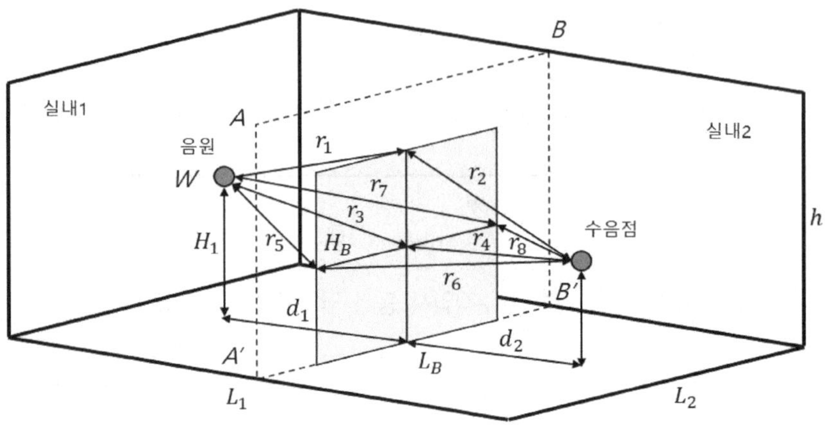

[그림 6.25] 두 실내공간에 차음벽이 존재한 경우

식(6.131)에서 Q는 방향계수를 나타내며 레벨로 표시하면 다음과 같다.

$$L_{p_o} = L_W + 10log\left(\frac{Q}{4\pi r^2} + \frac{4}{R}\right) \tag{6.132}$$

그림 6.25와 같이 실내공간에 음을 차단하기 위해 실내에 차음벽을 설치하는 경우 수음점의 음압 p_2은 실내 벽면에서 반사된 간접음 p_r과 차음벽 끝단 주위의 회절에 의한 음 p_b의 합으로 나타난다.

$$p_2 = p_r + p_b \tag{6.133a}$$

$$L_{p_2} = 10log\left(\frac{p_2^2}{p_{ref}^2}\right) = 10log\left(\frac{p_r^2 + p_b^2}{p_{ref}^2}\right) \tag{6.133b}$$

차음벽으로 구분된 실내1과 2, 즉 전체 실내공간이 확산음장이고, 실내 면적이 차음벽의 단면적보다 매우 넓다고 $(L_2 h \gg L_B h\ )$가정하자.

차음벽이 없을 경우 반사음에 의한 평균 음향에너지밀도는 식(5.37b)이 된다.

$$\varepsilon_r = \frac{4W}{cR} = \frac{p_r^2}{\rho c^2} \tag{6.134}$$

실내공간이 확산음장이기 때문에 음원에서 발생된 음향에너지밀도와 실내공간1과 2의 음향에너지밀도ε_1, ε_2 는 동일하다($\varepsilon = \varepsilon_1 = \varepsilon_2$).

식(6.134)로부터 반사음은 음원의 파워와 실내정수로 표현할 수 있다.

$$p_r^2 = W\rho c\frac{4}{R} \tag{6.135}$$

차음벽이 높이에 비해 매우 긴 경우(반 무한대) 회절에 의한 음압은 Moreland와 Musta가 식(6.135)와 같이 제안하였다.

$$p_b^2 = p_d^2 \Sigma_{i=1}^{n} \frac{1}{3+10N_i} \tag{6.136a}$$

$$N_i = \frac{2\delta_i}{\lambda} = \frac{2\delta_i f}{c} \tag{6.136b}$$

식(6.136)에서 p_d^2는 차음벽 설치 전 음원으로부터 직접 전달되는 음압, N_i는 프레즈넬수(Fresnell number), δ_i는 음원과 수음점사이의 직접경로와 회절경로의 차를 나타낸다. 음원과 수음점사이의 직접경로와 회절경로의 차 δ_i는 그림 6.25와 같이 차음벽이 사각형인 경우 식(6.137)과 같이 3개의 값으로 정의된다.

$$\delta_1 = [(r_1 + r_2) - (r_3 + r_4)] \tag{6.137a}$$

$$\delta_2 = [(r_5 + r_6) - (r_3 + r_4)] \tag{6.137b}$$

$$\delta_3 = [(r_7 + r_8) - (r_3 + r_4)] \tag{6.137c}$$

음원과 수음점까지 차음벽을 통한 회절에 의한 음압은 식(6.137)를 이용해서 회절경로의 차를 구한 후, 식(6.136b)에 대입하여 프레즈넬 수를 계산하면 다음과 같다.

$$p_b^2 = p_d^2\left(\frac{1}{3+10N_1}+\frac{1}{3+10N_2}+\frac{1}{3+10N_3}\right) \tag{6.138}$$

음원으로부터 직접 전달되는 음압 $p_d^2 = \frac{W\rho c}{4\pi r^2}$에 지향성계수 Q를 곱한 후, 식(6.138)에 대입하면 회절에 의한 음압은 식(6.139)와 같이 표현된다.

$$p_b^2 = \quad W\rho c\frac{Q}{4\pi r^2}\left(\frac{1}{3+10N_1}+\frac{1}{3+10N_2}+\frac{1}{3+10N_3}\right)= W\rho c\frac{QD}{4\pi r^2} \tag{6.139}$$

식(6.139)에서 D는 회절계수(diffraction coefficient)라고 하며 회절계수와 음원의 지향성 계수로부터 음원의 유효 지향성계수를 식(6.140)과 같이 정의할 수 있다.

$$Q_B = QD = Q\Sigma_{i=1}^{3}\frac{1}{3+10N_i} = Q\,\Sigma_{i=1}^{3}\frac{\lambda}{3\lambda+20\delta_i} \tag{6.140}$$

실내공간2의 음압은 식(6.135)의 반사음과 식(6.139)의 회절에 의한 음의 합으로 계산할 수 있다.

$$p_2^2 = p_r^2 + p_b^2 = W\rho c\left(\frac{Q_B}{4\pi r^2}+\frac{4}{R}\right) \tag{6.141}$$

식(6.141)과 식(6.131)로부터 차음벽 유무에 의한 음압을 계산할 수 있으며, 이 식으로부터 삽입손실 *IL*을 계산할 수 있다.

$$IL = L_{p_o} - L_{p_2} = 10log\left(\frac{\frac{Q}{4\pi r^2}+\frac{4}{R}}{\frac{Q_B}{4\pi r^2}+\frac{4}{R}}\right) \tag{6.142}$$

만약 잔향이 큰 실내에 차음벽을 설치하면 반사음의 영향이 크기 때문에 $\frac{Q}{4\pi r^2} \ll \frac{4}{R}$,

$\frac{Q_B}{4\pi r^2} \ll \frac{4}{R}$ 차음벽에 의한 소음 저감효과는 거의 없다.

$$IL \approx 0 \tag{6.143}$$

나. 방음벽

반자유공간인 실외에 음을 차단하기 위한 차음벽을 방음벽이라고 하며 방음벽은 도로 및 철도에 많이 사용된다. 자유공간은 흡음율이 1인 경우로 생각할 수 있기 때문에 실내정수가 $R \approx \infty$이므로 삽입손실에 대입하면 다음과 같이 회절계수로 나타낼 수 있다.

$$IL = 10log\left(\frac{Q}{Q_B}\right) = 10log\left(\frac{1}{D}\right) \tag{6.144}$$

일반적으로 방음벽은 사각형이므로 좌우측면과 윗면에 대한 3개 지점의 회절계수를 이용하여 나타낼 수 있다.

$$IL = -10log\left[\lambda\left(\frac{1}{3\lambda + 20\delta_1} + \frac{1}{3\lambda + 20\delta_2} + \frac{1}{3\lambda + 20\delta_3}\right)\right] \tag{6.145}$$

그리고 방음벽이 좌우측면으로 반 무한대로 확장된 경우($L_B \approx \infty$)에는 윗면의 회절계수만 고려한다.

$$IL = -10log\left[\lambda\left(\frac{1}{3\lambda + 20\delta_1}\right)\right] \tag{6.146}$$

그림 6.26에서 음원과 수음점사이의 직접경로와 회절경로의 차 δ_1는 음원과 수음원사이의 거리 및 방음벽의 높이에 대한 기하학적 관계로부터 구할 수 있다.

$$\delta_1 = \left[(R^2 + H^2)^{\frac{1}{2}} + (D^2 + H^2)^{\frac{1}{2}} - (R + D)\right] \tag{6.147a}$$

$$\delta_1 = R\left[\left(1+\frac{H^2}{R^2}\right)^{\frac{1}{2}} - 1\right] + D\left[\left(1+\frac{H^2}{D^2}\right)^{\frac{1}{2}} - 1\right] \tag{6.147b}$$

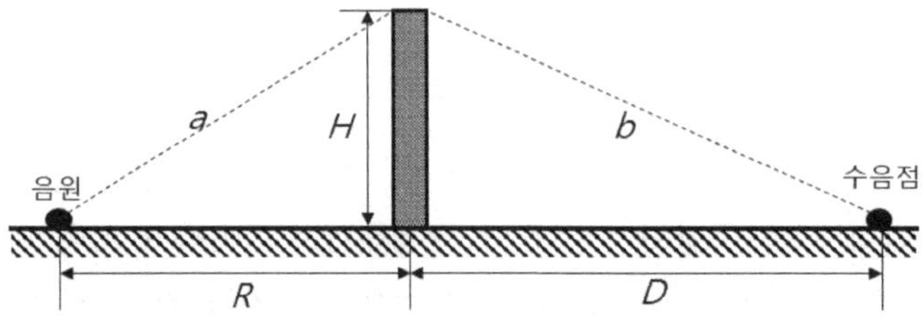

[그림 6.26] 음원과 수음점의 기하학적 관계

도로나 철도 연변에 방음벽이 설치된 경우 방음벽으로부터 수음점까지의 거리가 멀고, 방음벽의 높이보다 음원까지의 거리가 먼 경우($D \gg R \geq H$)에는 다음과 같이 간단히 쓸 수 있다.

$$\delta_1 \approx R\left[\left(1+\frac{H^2}{R^2}\right)^{\frac{1}{2}} - 1\right] \tag{6.148}$$

식(6.148)의 괄호 항은 이항정리를 이용하면 다음과 간단히 할 수 있다.

$$\left(1+\frac{H^2}{R^2}\right)^{\frac{1}{2}} \approx \left(1+\frac{H^2}{2R^2}\right) \tag{6.149}$$

식(6.149)을 식(148)에 대입하면 경로차를 방음벽의 높이와 음원으로부터 방음벽까지의 거리로 계산할 수 있다.

$$\delta_1 \approx \frac{H^2}{2R} \tag{6.150}$$

식(6.150)을 식(6.146)에 대입하면 삽입손실을 계산한다.

$$IL = -10log\left(\frac{\lambda}{3\lambda + \left(\frac{10H^2}{R}\right)}\right) \tag{6.151}$$

$D \gg R \geq H$의 경우 식(6.151)의 분모는 $\frac{10H^2}{R} \gg 3\lambda$이 되므로 삽입손실은 간단히 표현된다.

$$IL \approx 10log\left(\frac{10H^2}{\lambda R}\right) \tag{6.152}$$

방음벽 설계 시 고려해야 할 사항은 다음과 같다.

- 앞에서 설명한 방음벽 설계방법은 방음벽의 길이가 무한대인 경우이다. 그러나 일반적으로 방음벽의 길이는 유한하기 때문에 방음벽의 높이보다 5배이상 길면 방음벽의 길이를 무한대로 가정하여 설계한다.
- 음원과 수음점이 지표면 위에 위치하는 경우 지표면 반사에 의한 영향으로 0~3dB 정도 저감효과가 감소한다.
- 방음벽 재료의 투과손실은 벽의 투과손실계수보다 10dB이상 높은 것이 좋다.
- 방음벽 내면에는 흡음재료를 사용하여 설계하는 것이 바람직하다.

제7장

통계적 에너지해석법

항공기, 선박 및 차량 등과 같은 수송기계에서 승객에 대한 소음문제가 빈번하게 발생하고 있다. 이러한 교통수단은 크기에 비해서 구조물의 얇은 평판으로 제작되었기 때문에 저주파수 영역에서부터 고주파수 영역까지 많은 진동 및 소음의 공진모드가 존재한다. 또한, 구조물의 고주파수 영역에서 진동 및 소음특성은 재료, 크기, 조건 및 사용환경에 따라 크게 변한다.

일반적인 진동 및 소음 해석방법은 공진모드를 고려한 모드 해석과 유한요소해석법(FEM) 및 경계요소법(BEM) 등이 있다. 그러나 이러한 해석방법은 공진모드 수가 작은 저주파수 영역에 대한 진동 및 소음 해석에 유효하지만, 많은 공진모드 수가 존재하는 고주파수 영역에서는 적용하기가 매우 곤란하다.

통계적에너지해석법(Statistical Energy Analysis : SEA)은 진동계와 음향계 요소의 고유 진동특성을 기초로 평균적인 통계적 개념을 확장한 방법으로 1960년대 R.H.Lyon이 고주파수 영역에서 우주 로케트의 진동소음 예측을 통한 내부기기의 신뢰성 평가를 위해서 개발되었다. 이후 1980년대까지 약20년정도에 걸쳐서 항공기, 선박 및 건물 등과 같은 분야를 중심으로 통계적에너지해석법의 이론에 대한 체계가 진행되었다.

일반적으로 항공기와 대형구조물은 비교적 단순한 구조물이기 때문에 평판 및 파동이론에 통계적인 평균 개념을 적용하여 통계적에너지해석법에 대한 파라미터의 이론식을 유도할 수 있었다. 그러나, 복잡한 구조물의 파라미터는 이론적으로 도출하기 어렵기 때문에 1980년대에 실험적으로 도출하는 방법이 개발되어 자동차 및 철도차량 등과 같은 복잡한 구조물에 적용범위가 확대되었다.

7.1 통계적에너지해석법의 이론

7.1.1 기본 개념

통계적에너지해석법에서는 진동계와 음향계를 하부요소(subsystem)로 분할한 후, 하부요소의 진동 및 음향에너지를 변수로 하부요소사이의 에너지 평형 관계식을 이용하여 소음 및 진동을 해석한다.

통계적에너지해석법을 적용하기에 적합한 진동 및 음향계는 구조물에 대한 각각의 응답피크가 명확한 경우가 아니라, 응답피크가 매우 근접하여 피크가 불명확한 경우로서 공진주파수의 간격과 각 공진주파수의 에너지가 1/2이 되는 주파수 간격의 비로 정의되는 모드중첩계수(modal overlap factor : MOF)을 이용하여 통계적에너지해석법의 적용 가능성을 판단할 수 있다.

통계적에너지해석법의 이론적 개념은 모드중첩계수가 1보다 큰 (MOF>1) 구조물에 적용이 가능하다. 그러나 실험적 통계적에너지해석법 혹은 유한요소법(FEM)을 이용하는 경우에는 모드중첩계수가 1보다 작은 (MOF<1) 구조물 혹은 주파수 영역에서도 적용될 수 있다.

하부요소는 공진모드 혹은 구조적 불연속부의 경계 등을 고려하여 분할한다. 또한, 하나의 부재에 파동의 종류(종파, 굽힘파, 비틀림파)가 복수로 존재하면 각각의 파동에 대해서 하나의 하부요소로 고려해야만 한다.

통계적에너지해석법은 구조물을 하부요소로 분할하고 하부요소에 대한 파라미터를 도출하여 통계적에너지해석법의 관계식을 구축한다. 그리고 통계적에너지해석법의 관계식으로부터 각각의 하부요소 및 하부요소 사이의 진동 및 음향에너지의 전파경로를 예측한다. 통계적에너지해석법의 파라미터는 각각의 하부요소에 대한 모드 수(모드밀도), 내부손실계수 및 결합손실계수로 구분된다.

통계적에너지해석법은 구조물 설계 시 소음 및 진동을 예측하여 소음저감을 위한 설계변경 사항을 제공하는 해석방법으로 중간 주파수 영역에서부터 고주파수 영역까지 넓은 주파수 범위에 대해서 해석할 수 있다. 그러나 실제 대부분의 소음진동 문제에서는 약 100Hz~10kHz의 주파수 영역에서 응답을 예측해야 하기 때문에 모드 수(모드밀도)가 적은 저주파 영역에서는 해석결과의 정도가 떨어진다.

통계적에너지해석법을 이용하면 다중 음원이나 소음진동의 전파경로가 복잡한 경우에 매우 적합하며 평균적 에너지의 개념을 이용하기 때문에 해석결과는 주로 1/3 옥타브 밴드로 표시한다.

가. 모드중첩계수(modal overlap factor : MOF)

모드중첩계수는 그림 7.1과 같이 공진주파수의 간격과 각각의 공진주파수에 대한 최대값에서 -3dB의 지점 즉 에너지가 1/2이 되는 지점의 주파수 간격에 대한 비를 나타낸다.

$$\beta = \frac{\Delta f_{3dB}}{\Delta f_{mode}} \tag{7.1}$$

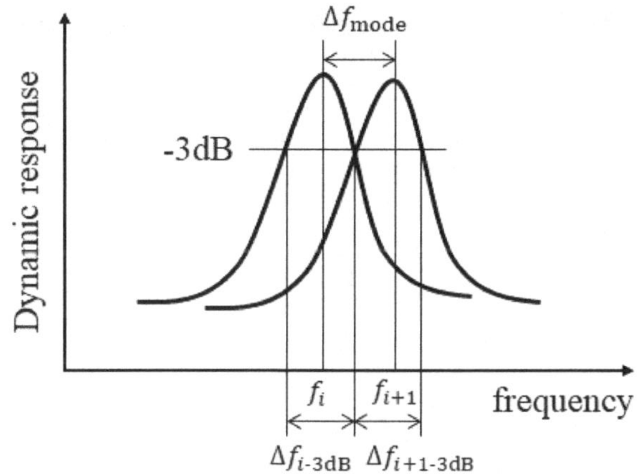

[그림 7.1] 공진주파수사이의 간격

나. 반파워 대역(half power bandwidth)

질량M, 감쇠계수C 및 스프링K로 구성된 1차 진동계의 평균파워는 다음과 같이 계산된다.

$$\langle \Pi \rangle = \frac{1}{2} Re(FV^*) = \langle v^2 \rangle Re(Z) = \langle v^2 \rangle C \tag{7.2}$$

식(7.2)에서 z는 1차 진동계의 임피던스이며, 이 진동계의 임피던스는 진동계의 손실계수와 공진주파수 를 이용하여 다음과 같이 표현할 수 있다.

$$\frac{Z}{\omega_o M} = \eta + i\left(\frac{\omega}{\omega_o} - \frac{\omega_o}{\omega}\right), \quad \left(\eta = \frac{C}{\omega_o M} = \frac{C}{\sqrt{KM}}\right), \left(\omega_o = \sqrt{\frac{K}{M}}\right) \tag{7.3}$$

식(7.3)의 임피던스 진폭은 실수부와 허수부의 크기가 동일하게 되는 주파수를 경계로 세 영역으로 구분된다.

세 영역은 그림 7.2와 같이 $\omega < \omega_o$영역을 강성제어 영역, $\omega > \omega_o$영역을 질량제어 영역, 공진주파수 부근의 반파워 대역을 감쇠제어 영역이라고 한다.

1차원 진동계에서 공진주파수의 임피던스 진폭은 식(7.3)과 같이 감쇠계수로서 실수값을 갖으며 $|Z| = C = Re(Z)$, 경계 주파수에서 임피던스의 실수값이 $\frac{C}{2}$이 되기 때문에 진동계의 파워가 반이 된다. 따라서, 경계 주파수내 영역을 반파워 대역이라고 하며 식(7.3)으로부터 실수부와 허수부의 크기가 동일한 위치의 경계 주파수는 다음과 같이 계산할 수 있다.

$$\eta^2 = \left(\frac{\omega}{\omega_o} - \frac{\omega_o}{\omega}\right)^2 \tag{7.4a}$$

$$\omega = \omega_o \pm \frac{1}{2}\eta\omega_o \tag{7.4b}$$

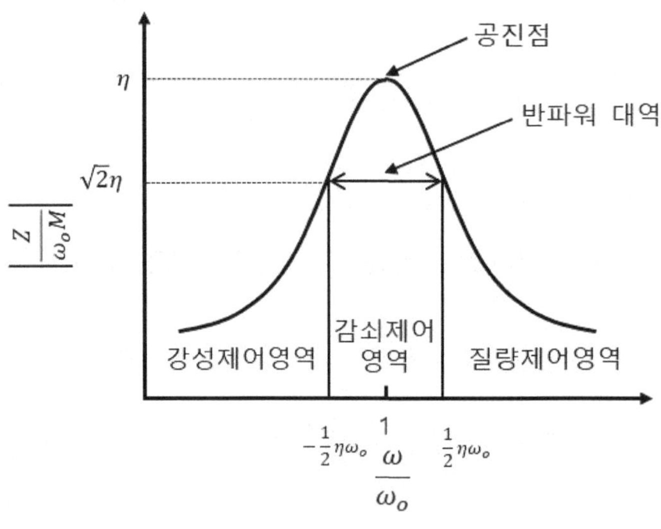

[그림 7.2] 1자유도 진동계의 반파워 대역

반파워 대역은 1차 진동계에서 공진주파수에 대한 최대 진동파워의 값이 1/2에 해당하는 주파수에 대한 간격으로 반파워 대역의 경계 주파수는 공진주파수를 중심으로 양측에 존재한다.

식(7.4b)로부터 반파워 대역은 진동계의 공진주파수 ω_o와 손실계수 η의 곱이 된다.

$$\triangle_{1/2} = \eta\omega_o \tag{7.5}$$

다. 유효소음 대역(effective noise bandwidth)

단순 진동계에 백색잡음의 가진력이 작용하면 고유진동수 부근에 최대 파워의 값을 갖기 때문에 가진력의 스펙트럼 밀도 $S_f(\omega)$는 공진주파수에서 순음성분의 값 $S_f(\omega_o)$으로 대치될 수 있다. 이렇게 $S_f(\omega)$를 $S_f(\omega_o)$로 변환시킬 수 있는 대역을 유효소음 대역이라고 한다.

이 경우 진동계의 2승평균속도는 다음과 같이 가진력의 스펙트럼 밀도 $S_f(\omega_o)$와 어드미턴스의 스펙트럼 $Y(\omega)$으로 계산된다.

$$\langle \nu^2 \rangle = S_f(\omega_o)\int_0^\infty |Y(\omega)|^2 d\omega = S_f(\omega_o)\frac{\pi}{2CM} \tag{7.6}$$

공진주파수 영역에서 진동계에 작용하는 가진력을 유효가진력 f_e이라고 하며 유효가진력은 공진주파수에 대한 가진력$S_f(\omega_o)$과 유효소음대역 $\triangle_e$으로 정의되며, 공진주파수에서 진동계에 대한 임피던스의 최대 진폭 C과 2승평균속도로 계산된다.

$$f_e = S_f(\omega_o)\triangle_e = \langle \nu^2 \rangle C^2 \tag{7.7}$$

식(7.6)을 식(7.7)에 대입하면 유효소음 대역을 구할 수 있다.

$$\triangle_e = \frac{\pi C}{2M} = \frac{\pi}{2}\eta\omega_o, \left(\eta = \frac{C}{\omega_o M}\right) \tag{7.8}$$

식(7.8)로부터 유효소음 대역은 반파워 대역보다 넓은 범위이다.

$$\triangle_e = \frac{\pi}{2}\triangle_{\frac{1}{2}} > \triangle_{\frac{1}{2}} \tag{7.9}$$

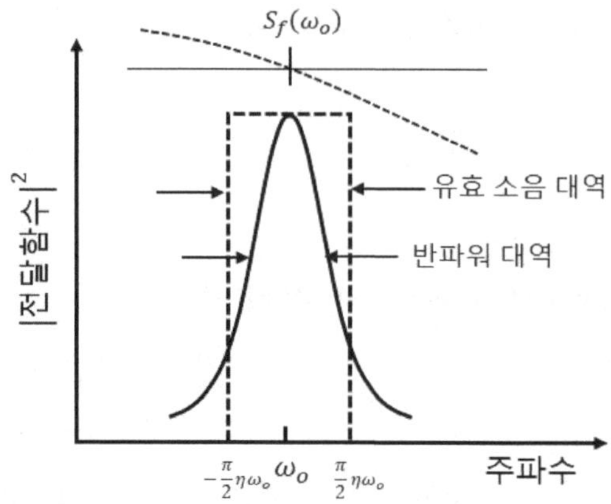

[그림 7.3] 유효소음 대역

7.1.2 에너지 평형식

통계적에너지해석법의 관계식은 하부요소의 에너지 평형을 기초로 구조물 전체에 대한 에너지 평형식을 만든다. 에너지 평형식에서 하부요소에 입력되는 에너지는 반드시 하부요소 내에서 흡수되거나 하부요소의 외부로 유출되는 개념이다.

하부요소는 일정한 주파수 영역에서 공간적으로 균일하게 분포된 응답을 갖으며, 동일한 파동의 형태(굽힘, 축방향, 전단 또는 비틀림 파동)에 의한 공진모드를 갖는 요소(구조물 혹은 음장)로 정의된다.

통계적에너지해석법에서는 하부요소를 에너지의 형태로 표현하기 때문에 구조물에 대한 공간적 평균이 가능한 요소의 영역을 의미한다. 따라서 전체 구조물에서 하부요소로 분할하기위해서는 공간평균이 가능한 영역을 선택해야 한다.

하부요소의 구조물에 대한 공간상의 평균속도$\langle \nu^2 \rangle$는 하부요소의 에너지 E와 질량 M으로부터 계산할 수 있다.

$$\langle \nu^2 \rangle = \frac{E}{M} \tag{7.10}$$

또한, 하부요소가 음장일 경우 음압은 입자속도와 하부요소 내 에너지로 계산된다.

$$\langle p^2 \rangle = E\frac{\rho c^2}{V} \tag{7.11}$$

식(7.11)에서 $\langle p^2 \rangle$은 공간상에서 음압의 제곱 평균, ρ는 유체의 밀도, c는 공기내의 음속, V는 하부요소의 체적이다.

통계적에너지해석법에서는 전체 구조물을 하부요소의 집합체로 고려하여 에너지 평형 관계식을 세운다. 이러한 에너지 평형 관계식은 열평형 관계와 동일하게 생각할 수있으며, 단시간당 에너지 즉 파워를 변수로 한다. 따라서 그림 7.4과 같이 외부로부터 구조물에 입력되는 파워, 하부요소 내부에서 손실되는 파워와 하부요소 사이에서 전달되는 파워에 대한 파워 평형식이 된다.

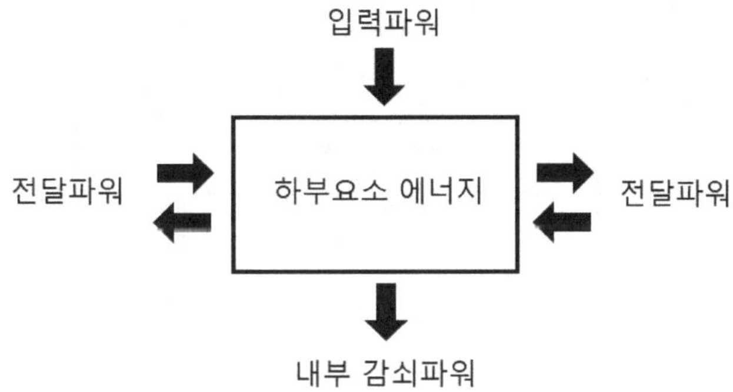

[그림 7.4] 하부요소의 파워 평형관계

그림 7.4에서와 같이 하부요소에 파워 평형의 개념을 적용하여 하부요소의 파워 평형 관계식은 다음과 같이 표현된다.

$$\Pi_{input} = \Pi_{dissipated} + \Pi_{transmitted} \tag{7.12}$$

식(7.12)에서 Π_{input}은 하부요소에 입력되는 파워, $\Pi_{dissipated}$은 하부요소의 내부에서 손실되는 파워, $\Pi_{transmitted}$은 다른 하부요소로 전달되거나 혹은 다른 하부요소로부터 전달되는 파워를 나타낸다.

그림 7.5와 같이 2개의 진동계 및 음향계로 구성된 하부요소의 파워 평형식에 대해서 생각하자. 하부요소i에 입력되는 파워Π_i는 하부요소 내부에서 손실되는 파워Π_{di}와 하부요소 사이에 전달되는 파워Π_{ij}의 합과 동일하므로 다음과 같이 쓸 수 있다.

$$\Pi_1 = \Pi_{d1} + \Pi_{12} - \Pi_{21} \tag{7.13a}$$

$$\Pi_2 = \Pi_{d2} + \Pi_{21} - \Pi_{12} \tag{7.13b}$$

하부요소의 내부 손실파워Π_{di}는 주파수 대역폭$\Delta\omega$에 대한 중심 주파수ω와 하부요소i의 에너지 E_1 및 내부손실계수 η_i로 계산된다.

$$\Pi_{di} = \omega\eta_i E_i \tag{7.14}$$

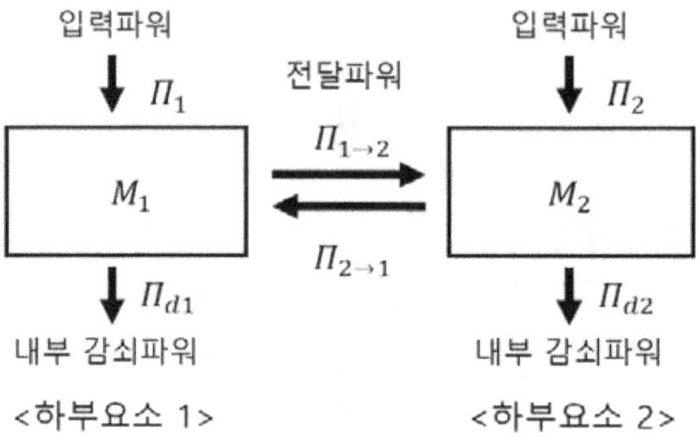

[그림 7.5] 진동 및 음향파워의 입력과 전달 관계

식(7.14)의 η_i는 내부손실계수(Internal loss factor)라고 하며 하부요소의 내부에서 손실되는 에너지의 크기를 결정한다.

위의 식에서 각각의 하부요소로부터 전달되는 파워는 하부요소 사이의 결합손실계수(Coupling loss factor) η_{ij}를 이용하여 식(7.14)과 유사하게 표현된다.

$$\Pi_{ij} = \omega\eta_{ij} E_i \tag{7.15}$$

결합손실계수는 하부요소 사이의 진동파워 및 음향파워 전달을 나타내는 파라미터로써, 통계적에너지해석법의 고유 파라미터이다. 결합손실계수는 1보다 작은 양의 값이며, 직접 결합되지 않으면 0이된다. 따라서, 하부요소 i와 하부요소 j사이에 전달되는 전체 파워는 식(7.15)의 정의 따라 하부요소 i에서 하부요소 j로 전달되는 파워와 하부요소 j에서 하부요소 i로 전달되는 파워의 차이다.

$$\Delta\Pi_{ij} = \Pi_{ij} - \Pi_{ji} = \omega\eta_{ij} N_i \left(\frac{E_i}{N_i} - \frac{E_j}{N_j} \right) \tag{7.16}$$

식(7.16)으로부터 하부요소 사이의 전달 에너지 $\Delta\Pi_{ij}$는 모드 수 N_i에 대해서 각 하부요소에 대한 모드당 에너지 $\frac{E_i}{N_i}$의 차에 비례한다.

식(7.16)은 통계적에너지해석법의 파워전달에 대한 기본식이며 두 하부요소 사이에 전달되는 전체 파워는 두 하부요소의 모드 에너지 레벨의 차이에 비례하는 것을 나타내며, 하부요소의 모드밀도는 얼마나 많은 에너지가 저장될 수 있는지를 결정한다.

통계적에너지해석법의 모델링은 에너지 평형 관계식을 기본개념으로 전체 구조물을 하부요소로 나누어서 분할한다. 각각의 하부요소는 최소 한 개 이상의 공진모드가 해석 주파수 영역에 존재해야 한다. 그러나, 하부요소의 응답은 공간 평균이기 때문에 해석 주파수영역에서 하부요소의 모드 수가 적으면 하부요소의 응답정도가 높지 않다. 만약 얇은 평판에 수직방향의 힘이 작용할 경우 1차 혹은 2차 굽힘 모드를 갖는 저주파 영역에서 가속도의 측정결과는 평판의 위치에 따라 상당히 많은 차이를 나타나게 되기 때문에 평균응답에서도 커다란 차이가 발생히게 된다.

통계적에너지해석법에서는 기본적으로 약한 모드결합 상태로 가정하기 때문에 임의의 하부요소가 다른 하부요소와 결합하여도 동역학적 특성이 변하지 않는다는 것을 의미한다. 따라서, 하부요소가 충분히 높은 모드밀도를 갖는 주파수 영역에서는 위의 조건이 성립하지만, 낮은 모드밀도의 저주파 영역에서는 성립하지 않는다.

이상과 같이 통계적에너지해석법에서 하부요소사이의 에너지 평형식에 사용되는 주요 파라미터는 다음과 같이 정의된다.

- 결합손실계수 : 하부요소 사이에 전달되는 에너지의 크기를 결정한다.
- 모드밀도 (modal density) : 단위 주파수 영역 당 공진모드의 수로서 모드밀도는 식(7.17)과 같이 단위 주파수 영역 $\triangle\omega$과 이 주파수 영역내 하부요소의 모드 수 $\triangle N$에 대한 비로 정의된다.

$$n(\omega)=\frac{\triangle N}{\triangle \omega} \tag{7.17}$$

식(7.17)의 역수를 취하면 공진모드사이의 평균 주파수 간격이 된다.

$$\overline{\delta f}=\frac{1}{2\pi n(\omega)} \tag{7.18}$$

◎ 모드에너지(modal energy) : 모드에너지는 모드 수에 대한 하부요소의 에너지 비로 정의되며 해석 주파수 영역내에서 모든 공진모드의 에너지가 동일한 것으로 가정한다.

$$\varepsilon = \frac{E}{N} \tag{7.19}$$

내부손실계수는 통계적에너지해석법에서 중요한 계수이지만, 고유의 파라미터는 아니고 진동 및 소음에서 중요한 일반적인 파라미터이다.

그림 7.5의 에너지 관계는 식(7.13), 식(7.14) 및 식(7.15)를 이용하여 행렬로 나타낼 수 있다.

$$\begin{bmatrix} \Pi_1 \\ \Pi_2 \end{bmatrix} = \omega \begin{bmatrix} \eta_1 + \eta_{12} & -\eta_{21} \\ -\eta_{12} & \eta_2 + \eta_{21} \end{bmatrix} \begin{bmatrix} E_1 \\ E_2 \end{bmatrix} \tag{7.20}$$

두 하부요소의 결합손실계수는 $\Delta\Pi_{ij} = -\Delta\Pi_{ji}$의 관계로부터 식(7.21a)와 같은 상반관계(reciprocity relation)를 가지며, 이 상반관계를 식(7.20)에 대입하면 모드 수 혹은 모드 밀도로 나타낼 수 있다.

$$\eta_{ij}N_i = \eta_{ji}N_j, \ \eta_{ij}n_i = \eta_{ji}n_j \tag{7.21a}$$

$$\begin{bmatrix} \Pi_1 \\ \Pi_2 \end{bmatrix} = \omega \begin{bmatrix} (\eta_1 + \eta_{12})N_1 & -\eta_{12}N_2 \\ -\eta_{12}N_1 & (\eta_2 + \eta_{12})N_2 \end{bmatrix} \begin{bmatrix} \dfrac{E_1}{N_1} \\ \dfrac{E_2}{N_2} \end{bmatrix} \tag{7.21b}$$

모드 수는 하부요소가 얼마나 많은 에너지를 저장할 수 있는가를 나타내는 척도로서 대부분의 하부요소는 주파수에 따라 변하는 모드밀도를 갖는다.

식(7.21b)의 행렬식은 손실계수와 모드 수로 표현되는 대칭행렬로 구성되어 있으며 모드 수 대신에 모드밀도를 이용할 수도 있다.

만약 구조물이 r개의 하부요소로 구성된 진동계 및 음향계의 경우로 일반화시키면 다음과 같이 행렬로 표시할 수 있다.

$$\begin{bmatrix} \Pi_1 \\ \vdots \\ \Pi_r \end{bmatrix} = \omega \begin{bmatrix} \eta_1 + \sum_{i=1}^{r} \eta_{1i} \cdots & -\eta_{r1} \\ \vdots \quad \ddots & \vdots \\ -\eta_{1r} & \cdots \eta_r + \sum_{i=1}^{r} \eta_{ri} \end{bmatrix} \begin{bmatrix} E_1 \\ \vdots \\ E_r \end{bmatrix} \tag{7.22a}$$

$$\Pi = \omega L E \tag{7.22b}$$

식(7.22a)에서 $(r \times r)$ 크기의 행렬에서 대각요소는 각 하부요소의 에너지 손실(결합감쇠, 내부감쇠)계수로 구성되며, 대각요소 이외의 요소들은 결합손실계수로 구성된다. 이 행렬은 식(7.21a)의 상반관계로부터 대칭행렬인 것을 알 수 있다. 따라서 역행렬을 구하면 하부요소의 에너지를 구할 수 있다.

위의 행렬식에 대한 해를 구하기 위해서는 먼저 각각의 하부요소의 모드밀도와 내부손실계수, 하부요소 사이의 결합손실계수 및 입력에너지를 알아야 한다.

7.1.3 통계적에너지해석법의 특징

식(7.21)의 파워 평형식에서 내부손실계수와 결합손실계수를 포함하는 손실계수 행렬 L을 도출하여 에너지 평형식을 세운 후 이 해석모델의 입력파워 혹은 각 하부요소 에너지를 측정할 수 있으면 각 하부요소에 대한 진동 및 소음을 예측할 수 있기 때문에 저감방안을 설계할 수 있다.

만약 각 요소에 대한 입력에너지를 측정할 수 있으면 하부요소의 에너지 E를 계산할 수 있기 때문에 각 하부요소의 평균속도 혹은 평균음압의 진폭을 예측할 수 있으며 하부요소 사이의 진동 및 음향에너지 전파경로를 계산할 수 있다. 또한 다수의 소음원과 진동원이 존재할 경우 각각의 하부요소 에너지를 구할 수 있으면 식(7.22)로부터 외부로부터 각 하부요소에 입력되는 에너지를 계산할 수 있기 때문에 각각의 소음원에 대한 기여도를 평가할 수 있다.

위와 같이 시간적 공간적 평균의 통계적 개념을 기초로 전체 진동계 및 음향계를 다수의 하부요소로 분할하여 진동 및 소음 에너지를 계산하기 때문에 통계적에너지해석법은 기존의 해석방법에 비해서 많은 장점을 갖고 있다.

가. 장점

① 모드 수가 많은 음장, 얇은 판 형태의 구조물의 고주파 영역에 대한 진동 및 소음 문제에 적합하다.

② 진동계 및 음향계의 에너지를 이용하여 열 평형관계와 동일하게 에너지 평형에 대한 관계식을 기본으로 응답을 해석하기 때문에 전체적인 개념파악이 용이하다.

③ 진동계 및 음향계를 하부요소로 이용하기 때문에 진동 및 소음 문제를 동시에 계산할 수 있다.

④ 하부요소를 차수로 파워 평형식의 연립방정식을 기본식으로 하기 때문에 유한요소법에 비해서 모델의 규모가 작고, 계산 시간 및 비용이 적게 든다.

⑤ 전체 해석모델의 수가 작기 때문에 구조변경, 감도 및 기여도 해석이 용이하다.

⑥ 임의의 상태에서 각각의 하부요소간의 에너지 전달를 파악하기 때문에 진동/소음의 전파경로를 손쉽게 파악할 수 있다.

이렇게 통계적에너지해석법은 많은 장점을 갖고 있지만, 통계적 개념과 타 해석방법의 모델보다 매우 커다란 하부요소를 사용하기 때문에 다음과 같은 단점이 있다.

나. 단점

① 공진모드의 통계적 개념을 이용하기 때문에 모드 수가 작은 구조물 혹은 저주파 영역의 진동 및 소음에 대한 해석결과가 좋지 않다.

② 공간적 평균을 이용하여 하부요소를 결정하기 때문에 하부요소 내부의 구체적인 진동 및 음장 분포를 파악할 수 없으며 하부요소 내부의 상세 설계가 곤란하다.

7.2 통계적에너지해석법의 파라미터

통계적에너지해석법의 파라미터인 내부손실계수와 결합손실계수를 도출해서 에너지 평형식을 작성하면 통계적에너지해석법의 모델을 구축할 수 있다. 내부손실계수와 결합손실계수는 파동적 이론을 기초로 이론적으로 도출하는 해석적 방법과 실험결과로부터 도출하는 실험적 방법이 있다. 여기서는 많은 연구를 통해서 얻어진 결과를 소개한다.

7.2.1 손실계수

통계적에너지해석법에서 에너지 감쇠를 결정하는 파라미터는 각 하부요소의 내부손실계수와 하부요소사이의 결합손실계수이다. 이러한 손실계수는 해석적 방법과 실험적 방법으로 결정할 수 있다. 특히 결합손실계수는 파동이론을 기초로 해석적으로 계산하는 것은 매우 복잡하기 때문에 간단히 결과를 소개한다.

가. 해석적 방법

내부손실계수는 하부요소내에서 열에너지로 소실되는 에너지의 감쇠를 나타내기 때문에 내부손실계수의 이론적 도출은 매우 곤란하며 실험적 방법을 이용하는 경우가 일반적이다.

결합손실계수는 두 하부요소 사이의 에너지 전달을 결정하기 때문에 통계적에너지해석법에서 가장 중요한 파라미터이다. 결합손실계수는 모드 혹은 파동이론으로 계산할 수 있으나 파동이론이 상대적으로 간단하여 많이 이용된다.

음이 전파되면 구조물의 재료 혹은 형상 변화에 따른 불연속인 점, 선 및 면에서 음의 에너지가 일부는 반사하고 일부는 전파되며 불연속면에서 감소하기도 한다.

만약 불연속면에서 감소가 없다고 가정하면 다음과 같은 에너지의 전달계수를 이용하여 결합손실계수를 도출할 수 있다.

$$\tau_{ij} = \frac{j\ \text{하부요소에 전달되는 에너지}}{i\ \text{하부요소에 입력되는 에너지}} \tag{7.23}$$

통계적에너지해석법에서 결합손실계수는 하부요소에 따라 두 음향계의 결합, 음향계와 진동계의 결합 및 두 진동계의 결합으로 구분된다.

두 음향계의 결합은 상대적으로 간단하지만 음향계와 진동계의 결합은 좀 더 복잡하며, 결합손실계수는 방사효율을 이용하여 표현한다. 두 진동계의 결합손실계수는 가장 복잡한 형태로서 일반적으로 결합손실계수를 나타낼 때 이 경우를 의미한다.

위의 3가지 경우에 대한 하부요소의 결합은 점, 선 및 면 등 다양한 형태로 결합되기 때문에 결합손실계수는 결합형태에 따라 복잡해진다.

일반적으로 보, 평판 등과 같은 진동계의 결합은 점과 선의 형태이며 두 음향계 혹은 음향계와 진동계는 면의 형태로 결합한다.

(a) 두 하부요소(진동계)의 점 결합

두 무한 구조물이 점으로 결합된 경우 전달계수는 Lyon이 다음과 같이 전달계수를 제안하였다.

$$\tau_{12} = \frac{4\ Re(Z_1)\ Re(Z_2)}{|Z_1 + Z_2|^2} \tag{7.24}$$

Z_1는 음원측 임피던스, Z_2는 수음측 임피던스를 나타낸다.

식(7.24)을 이용하여 결합손실계수를 구하면 다음과 같다.

$$\eta_{12} = \frac{C_{g1}}{2\omega L_1}\tau_{12} = \frac{\tau_{12}}{2\pi\omega n_{1(\omega)}} \tag{7.25}$$

C_{g1}는 음원측 하부요소의 군속도이다.

(b) 두 하부요소(진동계)의 선 결합

진동계의 선 결합 형태는 평판상에 보 혹은 평판의 결합과 두 평판의 결합이 가장 많다. 이러한 결합형태에 의해서 전달되는 파워는 입사파의 각에 대한 함수로서 결합손실계수는 다음과 같다.

$$\eta_{12}(\theta) = \frac{C_{g1} L_1}{\pi\omega A_1}\tau_{12}(\theta) \tag{7.26}$$

식(7.26)의 결합손실계수에 대한 입사각의 평균 값은 다음과 같다.

$$\eta_{12} = \frac{C_{g1} L_1}{\pi\omega A_1}\langle \tau_{12}(\theta) cos(\theta) \rangle_\theta \tag{7.27a}$$

$$\langle \tau_{12}(\theta) cos(\theta) \rangle_\theta = \frac{1}{\pi}\int_{-\pi/2}^{\pi/2} \tau_{12}(\theta) cos(\theta) d\theta \tag{7.27b}$$

(c) 두 하부요소의 면 결합

두 하부요소의 면 결합은 음향계와 음향계 및 음향계와 진동계의 결합으로 분류된다.

◎ 두 음향계의 면 결합

두 음향계가 유공을 통해서 직접 결합하면 전달계수는 다음과 같다.

$$\tau_h = \frac{Re(Z_h)\ \rho_o C_o}{|Z_h|^2} \tag{7.28}$$

식(7.28)에서 Z_h는 유공의 음향임피던스로서 유공의 형상에 따라 다음과 같다.

$$Z_h = \rho_o C_o \left[\frac{(ka)^2}{2} - j\frac{8ka}{3\pi} \right],\ (ka \ll 1)\ \text{for circular hole} \tag{7.29a}$$

$$Z_h = \rho_o C_o \left[\frac{k^2(a^2+b^2)}{16} - j\frac{8k}{9\pi}\frac{a^2+ab+b^2}{a+b} \right],\ (ka \ll 1,\ kb \ll 1)\ \text{for rectangular hole} \tag{7.29b}$$

식(7.28)의 전달계수를 이용하면 결합손실계수는 다음과 같이 계산된다.

$$\eta_h = \frac{cA}{4\omega V_1}\tau_h \tag{7.30}$$

식(7.30)에서 A는 두 음향계의 결합면적이고, V_1는 음원측 체적이다.

◎ 음향계와 진동계의 면 결합

음향계와 진동계사이의 결합손실계수는 구조물의 방사임피던스를 이용하여 결정된다. 방사임피던스 Z_{rad}의 방사저항(실수부)과 방사효율은 $Re(Z_{rad}) = \rho c \sigma_{rad}$ 관계를 갖기 때문에 진동계로부터 음향계에 전달되는 파워의 결합손실계수는 다음과 같이 정의된다.

$$\eta_{sa} = \frac{Re(Z_{rad})}{\omega \hat{m} A} = \frac{\rho c \sigma_{rad}}{\omega \hat{m}} \tag{7.31}$$

또한 음향계로부터 진동계에 전달되는 파워의 결합손실계수는 상반관계로부터 다음과 같이 계산할 수 있다.

$$\eta_{as} = \frac{n_s(\omega)}{n_a(\omega)} \eta_{sa}(\omega) \tag{7.32}$$

식(7.32)에서 $n_i(\omega)$, $(i = s, a)$는 음향계와 진동계의 모드밀도이다.

위와 같이 결합손실계수를 이론적으로 해석하여 도출하는 방법을 해석적 통계적에너지해석법이라고 한다. 해석적으로 도출된 결합손실계수는 하부요소의 표면적, 굽힘파의 군속도, 결합길이 등과 모드밀도로 계산되고 하부요소의 형상 및 경계조건에는 의존하지 않는다. 따라서, 해석적 통계적에너지해석법은 구조의 상세한 사양이 정해지지 않는 설계 전 단계에서 이용 가능하다.

나. 실험적 방법

하부요소에 대한 내부손실계수의 대표적인 측정방법은 진동 감소법과 반파워 대역법 등이 있으며 하부요소사이의 결합손실계수는 에너지주입법을 이용한 측정방법이 있다.

(a) 진동감소법

진동 감소법은 구조물 혹은 음장에 가진력 또는 음압이 작용할 때 시간에 대한 대수적 진동감소량의 비 Dr 혹은 잔향시간 T_R을 측정하여 구할 수 있다.

$$\eta = \frac{Dr}{27.3f} \text{ for structure} \tag{7.33a}$$

$$\eta = \frac{7.2}{f\ T_R} \text{ for acoustic} \tag{7.33b}$$

(b) 반파워 대역법

반파워 대역법은 구조물을 가진하여 공진주파수 f_n에서 진동에너지가 반이 되는 주파수 대역, 즉 진동의 최대 진폭 값이 3dB저감되는 주파수 대역 $\triangle f$을 측정하여 계산한다. 이 방법은 대략 손실계수가 $\eta < 0.3$인 경우에 많이 사용한다.

$$\eta = \frac{\triangle f}{f_n} \tag{7.34}$$

(c) 에너지주입법

하부요소에 대한 결합손실계수의 실험적 방법은 가진실험으로 입력에너지와 하부요소의 에너지를 측정하는 에너지주입법 (Power injection method: PIM)이 개발되었다. 이 방법은 내부손실계수 및 결합손실계수를 동시에 도출할 수 있기 때문에 많이 이용되고 있지만, 모든 하부요소에 대한 에너지를 측정하는 것이 매우 복잡하기 때문에 하부요소의 근접 요소만 고려하여 결합손실계수를 산출하는 근사적 에너지주입법이 개발되었다.

에너지주입법은 각 하부요소에 개별적으로 입력에너지를 가해서 모든 하부요소의 에너지를 측정한다. 예를 들어 구조물이 2개의 하부요소로 구성된 경우 다음과 같다.

$$\begin{bmatrix} \eta_1 \\ \eta_{12} \\ \eta_{21} \\ \eta_2 \end{bmatrix} = \frac{1}{\omega} \begin{bmatrix} E_{11} & E_{11} & -E_{21} & 0 \\ 0 & E_{11} & -E_{21} & -E_{21} \\ -E_{12} & -E_{12} & E_{22} & 0 \\ 0 & -E_{12} & E_{22} & E_{22} \end{bmatrix}^{-1} \begin{bmatrix} P_1 \\ 0 \\ 0 \\ P_2 \end{bmatrix} \tag{7.35}$$

식(7.35)에서 E_{ij}는 하부요소 j에 입력에너지 Π_j가 가해졌을 경우 하부요소 i의 에너지이다. 하부요소가 n개인 경우에는 에너지 주입법에 대한 하부요소의 행렬이 $(n^2 \times n^2)$ 되기 때문에 측정해야 할 하부요소의 에너지가 매우 많아진다. 또한 $n=3$이상의 하부요소의 경우에는 에너지주입법으로 산출되는 내부손실계수 및 결합손실계수가 물리적으로 부적절한 음의 값 혹은 1을 넘는 경우가 빈번히 발생한다. 또한 식(7.35)의 역행렬를 구하는 것은 현실적으로 적용하기가 곤란한 경우가 많기 때문에 3개이상의 하부요소를 갖는 구조물에서는 근사적 에너지주입법을 이용하는 것이 현실적이다. 근사적 에너지 주입법은 한 개의 결합부에 대해서 근접한 2개의 하부요소만 고려해서 결합손실계수를 다음과 같이 도출한다.

$$\eta_{ij} = \frac{E_{ij}}{\Pi_i} \frac{\Pi_i \Pi_j}{\omega E_{ii} E_{ij}} \tag{7.36}$$

내부손실계수는 결합손실계수를 이용해서 통계적에너지해석법의 기본식으로부터 다음과 같이 역으로 산출할 수 있다.

$$\eta_i = \frac{1-\omega\sum_{j\neq 1}^{n}\left(\eta_{ij}\frac{E_{ii}}{\Pi_i}-\eta_{ji}\frac{E_{ji}}{\Pi_i}\right)}{\omega E_{ii}} \tag{7.37}$$

7.2.2 모드밀도

가. 해석적 방법

모드밀도는 일정한 주파수 영역내에서 공진모드의 수에 대한 비로 정의되며 구조물내에 포함되는 에너지를 결정한다.

$$n(f)=\frac{\Delta N}{\Delta f}=2\pi\frac{\Delta N}{\Delta\omega}=2\pi n(\omega) \tag{7.38}$$

간단한 하부요소(진동계 및 음향계)에 대한 모드밀도는 하부요소의 크기와 전파속도로 계산된다. 여기서는 간단한 형상의 보, 평판 및 음향공간에 대한 모드밀도의 이론식을 소개한다.

(a) 보

길이 L인 보의 n차 공진주파수 $\omega_n=\frac{n\pi}{L}c_b$로부터 일정한 주파수 사이의 대역에 대한 공진모드수와 모드밀도를 계산할 수 있다.

$$\Delta N=\frac{L}{\omega c_b}\triangle\omega \tag{7.39a}$$

$$n(\omega)=\frac{\Delta N}{\triangle\omega}=\frac{L}{\omega c_b} \tag{7.39b}$$

식(7.39)에서 c_b는 보의 굽힘파의 군속도이다.

(b) 평판

크기L_x, L_y인 평판의 굽힘파의 모드밀도는 평판의 크기와 굽힘파의 군속도로 계산된다.

보와 평판의 굽힘파는 분산관계를 갖기 때문에 군속도로 계산된다.

$$n(\omega)= \frac{\Delta N}{\Delta \omega}= \frac{L_x,\ L_y}{4\pi}\sqrt{\frac{m}{B}}= \frac{A\omega}{4\pi\, c_g^2} \tag{7.40}$$

식(7.49)에서 c_g는 평판의 굽힘파의 군속도이다.

(c) 음향공간

음향공간의 모드밀도는 제5장의 식(5.70)과 같다.

$$n(\omega)= \frac{\Delta N}{\Delta \omega}= \left(\frac{V\omega^2}{2\pi^2 c^3}+ \frac{S\omega}{8\pi c^2}+ \frac{L}{16\pi c}\right) \tag{7.41}$$

나. 실험적 방법

하부요소의 모드밀도는 하부요소를 가진하여 임의의 지점에서 전달함수를 측정하면 실험적 방법을 통해서 도출할 수 있다. 따라서, 하부요소의 전달함수 측정위치는 많은 공진모드를 얻을 수 있는 곳으로 정하며, 정확한 모드밀도를 얻기위해서는 전달함수의 공진모드에 대한 평균 주파수간격이 모드대역$\left(\frac{\pi n f}{2}\right)$보다 3배이상 커야한다.

$$\overline{\delta f} \geq \frac{3\pi n f}{2} \tag{7.42}$$

하부요소의 전달함수는 구조물의 경우 모빌리티 Y, 음향공간의 경우 임피던스 Z를 측정하여 식(7.43)로부터 모드밀도를 계산한다.

$$n(\omega)= \frac{2MRe(Y)}{\pi} \quad \text{for structure} \tag{7.43a}$$

$$n(\omega)= \frac{2\,VRe(Z)}{\pi\rho c^2} \quad \text{for acoustic cavity} \tag{7.43b}$$

7.2.3 모드중첩계수

모드중첩계수는 공진주파수의 간격과 각각의 공진주파수의 최대 파워값에서 1/2이 되는 반파워 대역에 대한 비를 나타낸다. 따라서 모드중첩계수는 에너지의 전달방향이나 하부요소의 크기에 의존하지 않는다.

하부요소소의 파워 평형식 식(7.20)과 식(7.21a)로부터 식(7.44)와 같이 간단히 표현할 수 있다.

$$\Pi_1 = \omega\eta_1 E_1 + \omega(\eta_{12}E_1 - \eta_{21}E_2) \tag{7.44a}$$

$$\eta_{21} = \frac{n_1}{n_2}\eta_{12} = \frac{\overline{\delta f_2}}{\overline{\delta f_1}}\eta_{12} \tag{7.44b}$$

식(7.44b)를 식(7.44a)에 대입하면 다음과 같이 공진모드의 평균 주파수 간격에 대한 파워 평형식을 구할 수 있다.

$$\Pi_1 = \omega\eta_1 E_1 + \omega\left(\eta_{12}E_1 - \frac{\overline{\delta f_2}}{\overline{\delta f_1}}\eta_{12}E_2\right) \tag{7.45a}$$

$$\Pi_1 = \omega\eta_1 E_1 + \frac{\omega\eta_{12}}{\overline{\delta f_1}}\left(\overline{\delta f_1}E_1 - \overline{\delta f_2}E_2\right) \tag{7.45b}$$

식(7.45b)에서 우측 두번째 괄호 밖의 변수는 반파워 대역과 공진모드의 평균 주파수 간격의 비를 나타낸다.

$$\beta_{12} = \frac{\omega\eta_{12}}{\overline{\delta f_1}},\ \beta_{11} = \frac{\omega\eta_1}{\overline{\delta f_1}} \tag{7.46}$$

따라서, 식(7.46)은 모드중첩계수이고 다음과 같이 모드밀도와 손실계수에 대한 관계식으로 표현된다.

$$\beta = \frac{\omega\eta}{\overline{\delta f}} = \omega\eta n(\omega) \tag{7.47}$$

7.3 입력파워

하부요소에 입력되는 진동 에너지는 하부요소의 임의의 점에 집중적으로 작용하는 힘과 모우멘트로 계산되며, 음향에너지는 음압이 분포된 음장의 음압에 의해서 하부요소에 입력된다.

7.3.1 진동파워

가. 가진력

임의의 점에 작용하는 집중 가진력에 의해서 하부요소에 입력되는 파워는 가진력과 하부요소의 작용점에 대한 모빌리티 혹은 임피던스로 계산된다.

$$\Pi_{in} = \frac{1}{2} Re\left[F \cdot v^*\right] = \frac{1}{2} F_o^2 Re\left[Y_f\right] = \frac{1}{2} V_o^2 Re\left[Z_f\right] \tag{7.48}$$

Y_f, Z_f는 하부시스템의 집중 가진력에 의한 모빌리티와 임피던스이다.

실제 유한 구조물의 임피던스(모빌리티)는 공진주파수에서 크기가 급격히 변한다. 그러나 무한 구조물의 임피던스는 공진주파수가 존재하지 않기 때문에 주파수에 따라 직선형태로 통계적 개념에 부합한다. 따라서 입력파워 계산 시 임피던스는 무한 구조물의 임피던스를 이용한다.

만약 보의 중간에 집중 가진력이 수직방향으로 작용하면 보에 굽힘진동이 발생하며 이 경우 임피던스는 무한 보에 대한 임피던스로 계산한다.

$$Z_f = 4\rho A_c (1+j) c_b \tag{7.49a}$$

$$Re\left[Y_f\right] = Re\left(\frac{1}{Z_f}\right) = \frac{1}{4\rho A_c c_b} \tag{7.49b}$$

식(7.49)에서 A_c, c_b는 보의 면적과 군속도를 나타내며 집중 가진력에 의해서 보에 입력되는 파워는 식(7.49b)를 식(7.48)에 대입하여 계산할 수 있다.

$$\Pi_{in} = \frac{F_o^2}{8\rho A_c c_b} = 2V_o^2 \rho A_c c_b \tag{7.50}$$

집중 가진력이 주파수 대역 $\Delta\omega$에서 작용할 때 입력파워는 다음과 같다.

$$\Pi_{in,\Delta\omega} = \int_{\Delta\omega} F_o^2(\omega) Re[Y]\, d\omega = \int_{\Delta\omega} V_o^2(\omega) Re[Z]\, d\omega \tag{7.51}$$

나. 모우멘트

하부요소에 작용하는 집중 모우멘트에 의한 입력파워도 집중 가진력과 동일하게 다음과 같이 정의된다.

$$\Pi_{in} = \frac{1}{2} Re\left[M \cdot v_M^*\right] = \frac{1}{2} M_o^2 Re[Y_m] = \frac{1}{2} V_o^2 Re[Z_m] \tag{7.52}$$

식(7.52)에서 M_o는 모우멘트의 진폭이며, Y_m, Z_m는 모우멘트에 의한 모빌리티와 임피던스이다.

집중 모우멘트가 보 및 평판에 작용하면 굽힘진동을 발생시키기 때문에 집중 모우멘트에 의한 무한평판의 임피던스는 다음과 같다.

$$Z_m = \frac{16\rho t c_b^4}{\omega^3}\left[\frac{1}{1 - \frac{4}{\pi} ln\left(\frac{0.9\omega a}{c_b}\right)}\right] \tag{7.53a}$$

$$Re[Y_m] = Re\left[\frac{1}{Z_m}\right] = \frac{\omega^3}{16\rho t c_b^4} \tag{7.53b}$$

집중 모우멘트에 의해서 평판에 입력되는 파워는 식(7.53b)를 식(7.52)에 대입하여 계산할 수 있다.

$$\Pi_{in} = \frac{M_o^2 \omega^3}{32\rho t c_b^4} = \frac{8V_o^2 \rho t c_b^4}{\omega^3} \tag{7.54}$$

7.3.2 음향파워

음원이 존재하는 실내공간은 음이 일정하게 분포되어있는 확산음장으로 가정하기 때문에 확산음장내에서 음압은 평판 및 보 등과 같은 구조물에 굽힘진동을 유발한다.

음원에서 방사된 음향파워의 입력은 음향공간과 하부요소 사이의 공간적 결합 형태이며 이 공간적 결합에 의한 음향파워는 방사효율 혹은 임피던스에 의해서 계산된다.

구조물의 진동에 의해서 공간에 방사되는 음향파워는 제3장의 방사효율을 이용하여 계산할 수 있다.

$$\Pi = \rho c S_p v_{\mathrm{s}}^2 \sigma_{\mathrm{rad}} \tag{7.55}$$

그리고 확산음장내 음압에 의해서 구조물에 입력되는 음향파워는 다음 식으로부터 계산된다.

$$\Pi_{p\ in} = \frac{c^2 \langle P_a^2 \rangle \sigma_{rad}}{4\pi f^2 \overline{\delta f}_p \rho h_p} \tag{7.56}$$

$\langle p_a^2 \rangle$는 실내공간의 2승평균음압이며 σ_{rad}, h_p는 구조물의 방사효율과 두께이다.

7.4 진동계의 에너지

일반적으로 하부요소는 다자유도의 진동계와 음향계로 구성되지만, 우선 1차원 진동계를 이용하여 하부요소에 대한 에너지와 시간평균 그리고 진동계의 내부손실계수에 대해서 설명한다.

7.4.1 진동계의 운동 및 포텐셜에너지

하부요소에 대한 에너지를 설명하기 위해서 간단히 1자유도의 진동계를 이용하여 설명한다.

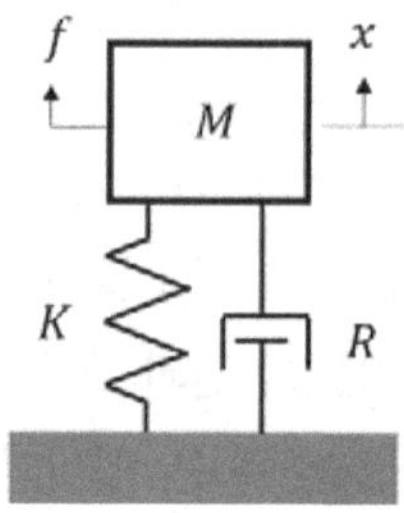

[그림 7.6] 1자유도 진동계

그림 7.6의 1자유도 진동계에 대한 운동방정식은 다음과 같다.

$$M\frac{d^2x}{dt^2}+R\frac{dx}{dt}+Kx=f=Fcos\omega t=Re\left(Fe^{j\omega t}\right) \tag{7.57}$$

식(7.57)의 운동방정식에 대한 일반해는 식(7.58)과 같다.

$$x=|X|cos(\omega t+\phi)=Re\left(Xe^{j\omega t}\right) \tag{7.58}$$

식(7.58)에서 변위 $X=|X|e^{j\phi}$는 위상차를 포함하는 복소수이다.
이 진동계의 포텐셜에너지 PE와 운동에너지 KE는 다음과 같다.

$$PE=\frac{1}{2}Kx^2=\frac{1}{2}K|X|^2cos^2(\omega t+\phi) \tag{7.59a}$$

$$KE=\frac{1}{2}M\left(\frac{dx}{dt}\right)^2=\frac{1}{2}M(\omega|X|)^2sin^2(\omega t+\phi) \tag{7.59b}$$

$$e(t)=\frac{1}{2}M\left(\frac{dx}{dt}\right)^2+\frac{1}{2}Kx^2 \tag{7.59c}$$

공진주파수 $\left(\omega_n^2=K/M\right)$에서 식(7.59)의 포텐셜에너지와 운동에너지는 각각 최대값이며 동일한 값을 갖는다.

$$KE_{max}=PE_{max}=\frac{1}{2}K|X|^2=\frac{1}{2}M|V|^2,\ \ (|V|=\omega_n|X|) \tag{7.60}$$

식(7.59)의 포텐셜에너지와 운동에너지의 한 주기에 대한 시간평균은 다음과 같다.

$$\langle PE(t)\rangle_T = \frac{K}{2}\langle x^2(t)\rangle_T = \frac{K}{2T}\int_0^T x^2(t)dt = \frac{K}{4}|X|^2 \tag{7.61a}$$

$$\langle KE(t)\rangle_T = \frac{M}{2}\langle v^2(t)\rangle_T = \frac{M}{2T}\int_0^T v^2(t)dt = \frac{M}{4}|V|^2 \tag{7.61b}$$

식(7.61)으로부터 포텐셜에너지와 운동에너지의 시간평균값은 동일하며 공진주파수의 최대값에 $\frac{1}{2}$이 된다.

$$E(t) = \langle e(t)\rangle_T = \langle KE(t)\rangle_T + \langle PE(t)\rangle_T = 2\langle KE(t)\rangle_T = 2\langle PE(t)\rangle_T \tag{7.62}$$

즉, 전체 에너지의 평균값은 운동에너지 혹은 포텐셜에너지의 최대값과 같다.

$$E(t) = \langle e(t)\rangle_T = PE_{max} = KE_{max} \tag{7.63}$$

7.4.2 진동계의 감쇠에너지

그림 7.6의 진동계에 대한 운동방정식으로부터 진동파워를 계산하기 위해서 식(7.57)의 양변에 $\frac{dx}{dt}$를 곱한다.

$$\frac{dx}{dt}\left[M\frac{d^2x}{dt^2} + R\frac{dx}{dt} + Kx\right] = f\frac{dx}{dt} \tag{7.64}$$

식(7.64)에서 진동계에 대한 입력파워와 감쇠파워는 다음과 같으며, 진동계 운동 및 포텐셜 파워는 $\frac{d}{dt}\left[\frac{1}{2}M\left(\frac{dx}{dt}\right)^2\right] = \frac{dx}{dt}\left[M\frac{d^2x}{dt^2}\right]$, $\frac{d}{dt}\left[\frac{1}{2}Kx^2\right] = \frac{dx}{dl}[Kx]$의 미분연산을 적용하여 에너지를 파워로 바꿀 수 있다.

$$W_{in}(t) = f\frac{dx}{dt} \tag{7.65a}$$

$$W_d(t) = R\left(\frac{dx}{dt}\right)^2 \tag{7.65b}$$

$$W_e(t) = \frac{d}{dt}\left[\frac{1}{2}M\left(\frac{dx}{dt}\right)^2 + \frac{1}{2}Kx^2\right] = \frac{d}{dt}e(t) \tag{7.65c}$$

식(7.65c)에서 진동계에 대한 운동 및 포텐셜 파워의 시간평균은 공진주파수에서 에너지 $e(t)$의 평균값이 일정하기 때문에 영이 된다.

$$\Pi_e(t) = \langle W_e \rangle_T = \left\langle \frac{d}{dt}\left(\frac{1}{2}Kx^2 + \frac{1}{2}M\left(\frac{dx}{dt}\right)^2\right)\right\rangle_T = 0 \tag{7.66}$$

식(7.65)로부터 한 주기동안 진동계에 입력되는 파워와 감쇠되는 파워의 시간평균은 다음과 같다.

$$\Pi_{in}(t) = \langle W_{in}(t) \rangle_T = \frac{1}{T}\int_0^T F\frac{dx}{dt}dt \tag{7.67a}$$

$$\Pi_d(t) = \langle W_d(t) \rangle_T = \frac{1}{T}\int_0^T R\left(\frac{dx}{dt}\right)^2 dt \tag{7.67b}$$

만약 진동계가 다른 진동계와 결합되어 있지 않으면 파워 평형식에 따라 한 주기동안 하부요소에 입력되는 평균파워와 감쇠되는 평균파워가 같다.

$$\Pi_{in}(t) = \Pi_d(t) \tag{7.68}$$

진동계의 내부손실계수는 진동계의 감쇠계수 R와 감쇠비 ξ에 대해서 다음과 같은 관계를 갖는다.

$$\xi = \frac{R}{2\sqrt{MK}} = \frac{R}{2\omega_n M} \tag{7.69a}$$

$$\eta = 2\xi = \frac{R}{\omega_n M} \tag{7.69b}$$

공진주파수에서 진동계 내부의 감쇠파워는 내부 에너지와 다음과 같은 관계를 나타낸다.

$$\Pi_d(t) = \frac{1}{T}\int_0^T R\left(\frac{dx}{dt}\right)^2 dt = \frac{1}{T}2\xi\omega_n\int_0^T M\left(\frac{dx}{dt}\right)^2 dt = \eta\omega_n E(t) \tag{7.70}$$

식(7.70)은 식(7.14)와 동일한 결과이며 진동계의 내부손실계수(damping loss factor:)는 단위 주기당 저장되는 에너지와 한 주기당 감쇠되는 에너지의 비로 정의된다.

$$\eta = \frac{\text{한 주기당 감쇠되는 에너지}}{2\pi \cdot \text{한 주기당 하부요소 내 에너지}} \tag{7.71}$$

진동계에서 한 주기당 감쇠되는 파워를 계산하면 이 결과로부터 내부손실계수를 구할 수 있다.

$$\int_0^T W_d(t)dt = \int_0^T R\left(\frac{dx}{dt}\right)^2 dt = 2\xi\ \omega_n\int_0^T M\left(\frac{dx}{dt}\right)^2 dt = T\cdot\eta\ \omega_n E(t) = T\cdot\Pi_d(t) \tag{7.72a}$$

$$\eta = \frac{T\cdot\Pi_d(t)}{2\pi E(t)} = \frac{1}{\omega_n}\frac{\Pi_{in}(t)}{E(t)} \tag{7.72b}$$

결국 식(7.72b)의 내부손실계수는 식(7.70)과 동일하다.

7.5 하부요소의 파워 전달

두 하부요소가 결합하여 전달되는 파워는 하부요소내의 모드밀도에 따라 변한다. 따라서 두 하부요소가 1자유도 및 다자유도인 경우에 대한 파워의 전달을 고려한다.

7.5.1 1자유도 하부요소의 결합

그림 7.7과 같이 1자유도 진동계의 두 하부요소가 결합된 상태에 대한 파워 전달과 결합 손실계수에 대해서 설명한다.

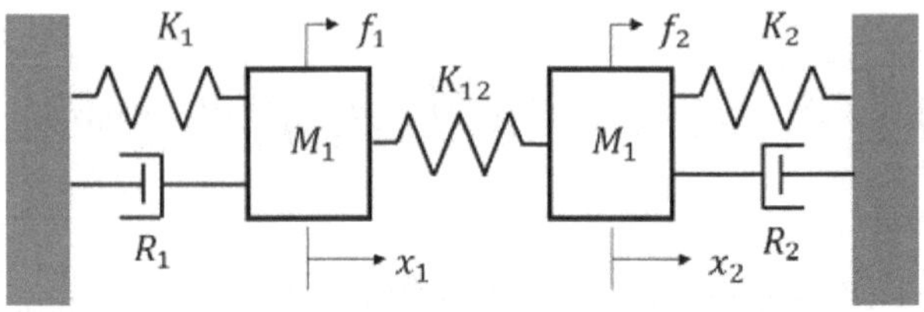

[그림 7.7] 두 진동계의 결합

식(7.57)과 같이 두 하부요소가 결합된 진동계에 대한 운동방정식은 다음과 같다

$$M_1\frac{d^2x_1}{dt^2}+R_1\frac{dx_1}{dt}+(K_1+K_{12})x_1-K_{12}x_2=f_1=F_1e^{j\omega t} \tag{7.73a}$$

$$M_2\frac{d^2x_2}{dt^2}+R_2\frac{dx_2}{dt}+(K_2+K_{12})x_2-K_{12}x_1=f_2=F_2e^{j\omega t} \tag{7.73b}$$

식(7.73)의 두개의 1차원 진동계에 대한 운동방정식의 일반해는 다음과 같다.

$$x_1=Re\left(X_1e^{j\omega t}\right),\ \ x_2=Re\left(X_2e^{j\omega t}\right) \tag{7.74}$$

식(7.64)과 같이 식(7.73)에 $\frac{dx_1}{dt}$과 $\frac{dx_2}{dt}$을 양변에 곱해서 파워를 계산한다.

$$\frac{d}{dt}\left[\frac{1}{2}M_1\left(\frac{dx_1}{dt}\right)^2+\frac{1}{2}K_1x_1^2\right]+R_1\left(\frac{dx_1}{dt}\right)^2+K_{12}(x_1-x_2)\frac{dx_1}{dt}=f_1\frac{dx_1}{dt} \tag{7.75a}$$

$$\frac{d}{dt}\left[\frac{1}{2}M_2\left(\frac{dx_2}{dt}\right)^2+\frac{1}{2}K_2x_2^2\right]+R_2\left(\frac{dx_2}{dt}\right)^2+K_{12}(x_2-x_1)\frac{dx_2}{dt}=f_2\frac{dx_2}{dt} \tag{7.75b}$$

식(7.75)의 각 하부요소에 대한 운동 및 포테셜 파워의 시간평균은 영이 된다.

$$\left\langle \frac{d}{dt}\left[\frac{1}{2}M_i\left(\frac{dx_i}{dt}\right)^2+\frac{1}{2}K_i x_i^2\right]\right\rangle_T=0,\ \left\langle \frac{d}{dt}\left[\left(\frac{dx_i}{dt}\right)^2\right]\right\rangle_T=0,$$
$$\left\langle \frac{d}{dt}(x_i^2)\right\rangle_T=0,\ (i,=1,\ 2) \tag{7.76}$$

식(7.67)에서 하부요소1과 하부요소2사이에 전달되는 시간평균 파워는 다음과 같다.

$$\Pi_{12}(t)=\left\langle K_{12}(x_1-x_2)\frac{dx_1}{dt}\right\rangle_T=-\left\langle K_{12}x_2\frac{dx_1}{dt}\right\rangle_T \tag{7.77a}$$

$$\Pi_{21}(t)=\left\langle K_{12}(x_2-x_1)\frac{dx_2}{dt}\right\rangle_T=-\left\langle K_{12}x_1\frac{dx_2}{dt}\right\rangle_T \tag{7.77b}$$

$$\Pi_{12}(t)+\Pi_{21}(t)=-\left\langle K_{12}x_2\frac{dx_1}{dt}+K_{12}x_1\frac{dx_2}{dt}\right\rangle_T=-\left\langle K_{12}\frac{d}{dt}(x_1x_2)\right\rangle_T=0 \tag{7.77c}$$

따라서, 하부요소사이의 전달파워는 다음과 같은 관계를 나타낸다.

$$\Pi_{12}(t)=-\Pi_{21}(t) \tag{7.78}$$

각 하부요소에 대한 감쇠파워와 입력파워의 시간평균은 다음과 같다.

$$\Pi_{d,i}(t)=\left\langle R_i\cdot\left(\frac{dx_i}{dt}\right)^2\right\rangle_T,\ (i=1,2) \tag{7.79a}$$

$$\Pi_{in,i}(t)=\left\langle f_i\cdot\frac{dx_i}{dt}\right\rangle_T,\ (i=1,2) \tag{7.79b}$$

위의 식으로부터 파워 방정식을 세우면 다음과 같다.

$$\Pi_{d,1}(t)+\Pi_{12}(t)=\Pi_{in,1}(t) \tag{7.80a}$$

$$\Pi_{d,2}(t)-\Pi_{21}(t)=\Pi_{in,2}(t) \tag{7.80b}$$

식(7.77)과 식(7.80)로부터 주파수 영역에서 하부요소1로부터 하부요소2로 전달되는 파워를 구하면 다음과 같다.

$$\Pi_{12} = A\left|\frac{|F_1|^2}{2M_1\Delta_1} - \frac{|F_2|^2}{2M_2\Delta_2}\right|$$
$$\Delta_i = \omega_i\eta_i,\ \omega_i^2 = \frac{K_i + K_{12}}{M_i},\ A = \frac{\Delta_1\Delta_2}{d\ M_1M_2}K_{12}^2(\Delta_1+\Delta_2),\ (i=1,2) \tag{7.81}$$
$$d = M_1M_2\Delta_1\Delta_2\left\{(\omega_1^2-\omega_2^2)^2 + (\Delta_1+\Delta_2)(\Delta_1\omega_1^2+\Delta_2\omega_2^2) + K_{12}^2(\Delta_1+\Delta_2)^2\right\}$$

식(7.81)에서 F_i는 외력f_i의 푸리에 스펙트럼, Δ_i는 반 파워 대역(half power bandwith), ω_i는 각각의 하부요소에 대해서 다른 하부요소를 구속시킨 경우의 고유진동수를 나타낸다. 또한, 각각의 하부요소에 대해서 다른 하부요소를 구속시킨 경우에 대한 하부요소의 에너지 차는 다음과 같다.

$$E_1 - E_2 = B\left(\frac{|F_1|^2}{2M_1\Delta_1} - \frac{|F_2|^2}{2M_2\Delta_2}\right)$$
$$B = \frac{\Delta_1\Delta_2M_1M_2}{d}\left\{(\omega_1^2-\omega_2^2)^2 + (\Delta_1+\Delta_2)(\Delta_1\omega_1^2+\Delta_2\omega_2^2)\right\} \tag{7.82}$$

식(7.82)를 식(7.81)에 대입하면 하부요소 1에서 하부요소 2로 전달되는 파워는 하부요소의 에너지 차와 같다는 것을 알 수 있다.

$$\Pi_{12} = C(E_1 - E_2)$$
$$C = \frac{A}{B} = \frac{K_{12}^2(\Delta_1+\Delta_2)}{(M_1M_2)^2\left\{(\omega_1^2-\omega_2^2)^2 + (\Delta_1+\Delta_2)(\Delta_1\omega_1^2+\Delta_2\omega_2^2)\right\}} \tag{7.83}$$

식(7.83)은 통계적에너지해석법에서 두 하부요소 사이의 파워의 전달을 나타내고 있으며, 연결된 진동계의 에너지 레벨의 차이에 비례하며 에너지 레벨이 높은 곳에서 낮은 곳으로 이동한다는 것을 나타내고 있다. 따라서 C는 하부요소사이의 에너지가 전달되는 정도를 나타내는 계수이다.

식(7.80)에 식(7.83)을 대입하면 파워 평형식은 다음과 같다.

$$\omega\eta_1 E_1 + C(E_1 - E_2) = \Pi_{in,1} \tag{7.84a}$$

$$\omega\eta_2 E_2 - C(E_1 - E_2) = \Pi_{in,2} \tag{7.84b}$$

7.5.2 다자유도 하부요소의 결합

1자유도 하부요소의 결합에 대한 기본적 개념을 기초로 다자유도의 두 하부구조물이 결합된 상태의 파워 평형식을 세운 후, 두 하부요소 사이의 전달파워를 계산한다.

그림 7.8과 같은 다자유도계의 두 하부요소를 1자유도계로 구성된 집합으로 가정하면 하부요소1에서 한 개 혹은 다수의 공진모드가 하부요소2의 한 개 혹은 다수의 공진모드와 결합된 구조물로 생각할 수 있다. 따라서, 위와 같은 개념으로부터 다수의 1자유도계가 존재하는 두 하부요소 사이의 공진모드에 대한 에너지 평형식을 세운다.

하부요소1의 제m차 공진모드에 대한 모드 에너지를 $\varepsilon_{1,m}$, 하부요소 2의 n차 공진모드에 대한 모드 에너지를 $\varepsilon_{2,n}$라고 하면, 이 공진모드사이의 전달파워는 다음과 같다.

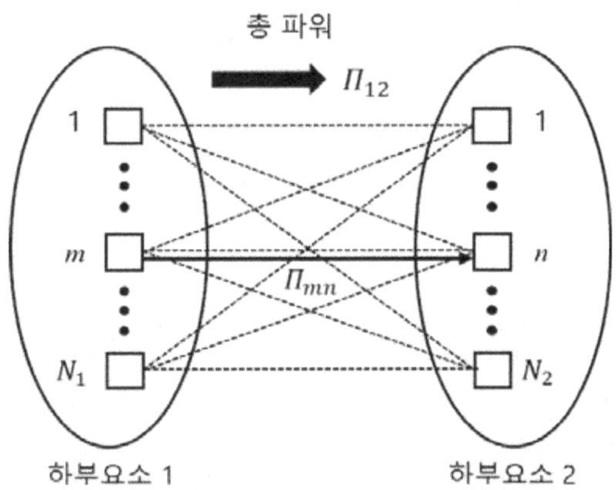

[그림 7.8] 다자유도의 두 하부요소가 결합된 진동계

$$\Pi_{12}^{mn} = C_{mn}(\varepsilon_{1,m} - \varepsilon_{2,n}) \tag{7.85}$$

하부요소1과 2의 공진모드의 수가 각각 N_1개, N_2개라고 하면 전체 공진모드에 대한 하부요소1과 2사이의 전달파워는 각각의 공진모드시이에서 전달되는 파워의 합이 된다.

$$\Pi_{12} = \sum_{m=1}^{N_1} \sum_{n=1}^{N_2} C_{mn}(\varepsilon_{1,m} - \varepsilon_{2,n}) \tag{7.86}$$

식(7.86)의 전달파워에 대한 식을 간단히 하기 위해서 하부요소에 대한 각 공진모드의 내부손실계수는 동일하고 각 공진모드의 변위는 독립적이라고 가정하면 공진모드에 대해서 다음과 같은 가정을 할 수 있다.

① 하부요소내 모든 공진모드에 대한 에너지는 동일하다.

② 또한 두 하부요소의 공진모드 사이에서 전달되는 에너지는 동일하다.

위의 가정에 따라 다음과 같이 하부요소내 모든 공진모드의 에너지가 동일한 관계를 갖는다.

$$\varepsilon_{i,1} \approx \varepsilon_{i,2} \approx \cdots \approx \varepsilon_{i,m} \approx \cdots \approx \varepsilon_{i,N1} \approx \frac{E_i}{N_i} \tag{7.87}$$

또한 식(7.86)에서 C_{mn}는 모두 동일하기 때문에 C로 표현할 수 있다. 따라서, 식(7.86)의 전달파워는 다음과 같다.

$$\Pi_{12} \approx \sum_{m=1}^{N_1} \sum_{n=1}^{N_2} C(\varepsilon_{1,m} - \varepsilon_{2,n}) = CN_1N_2\left(\frac{E_1}{N_1} - \frac{E_2}{N_2}\right) \tag{7.88a}$$

$$\Pi_{12} \approx CN_1N_2\left(\frac{E_1}{N_1} - \frac{E_2}{N_2}\right) = \omega(\eta_{12}E_1 - \eta_{21}E_2) = \omega\eta_{12}N_1\left(\frac{E_1}{N_1} - \frac{E_2}{N_2}\right) \tag{7.88b}$$

식(7.88)에서 두 하부요소사이의 결합손실계수와 파워 전달의 정도를 나타내는 계수 C의 관계를 얻을 수 있다.

$$C = \frac{\eta_{ij}\omega}{N_j} \tag{7.89}$$

식(7.88b)의 두 하부요소 사이의 에너지 전달식을 이용하여 식(7.84)의 각 하부요소에 대한 파워 평형식을 구할 수 있다.

$$\omega\eta_1E_1 + \omega(\eta_{12}E_1 - \eta_{21}E_2) = \Pi_{in,1} \tag{7.90a}$$

$$\omega\eta_2 E_2 - \omega(\eta_{12}E_1 - \eta_{21}E_2) = \Pi_{in,2} \tag{7.90b}$$

식(7.90)을 행렬로 표시하면 식(7.20)과 동일한 에너지 관계식으로 표현된다.

$$\begin{bmatrix}\Pi_{in,1}\\ \Pi_{in,2}\end{bmatrix} = \omega\begin{bmatrix}\eta_1+\eta_{12} & -\eta_{21}\\ -\eta_{21} & \eta_2+\eta_{21}\end{bmatrix}\begin{bmatrix}E_1\\ E_2\end{bmatrix} \tag{7.91}$$

식(7.91)은 다자유도계 하부요소에 대해서 2개의 가정을 기초로 도출하였기 때문에 하부요소에 대한 가정의 성립에 따라 통계적에너지해석법의 해석결과에 영향을 미친다.

다자유도 하부요소사이의 파워전달에 대한 간단한 예로서 그림 7.9와 같이 두 개의 다자유도 하부요소가 결합되어있는 경우 파워 평형식으로부터 하부요소의 에너지를 예측하여보자.

$$\Pi_{1,in} = \Pi_{d1} + \Pi_{12} = \omega(\eta_1 E_1 + \eta_{12}E_1 - \eta_{21}E_2) \tag{7.92a}$$

$$\Pi_{2,in} = \Pi_{d2} + \Pi_{21} = \omega(\eta_2 E_2 + \eta_{21}E_2 - \eta_{12}E_1) \tag{7.92b}$$

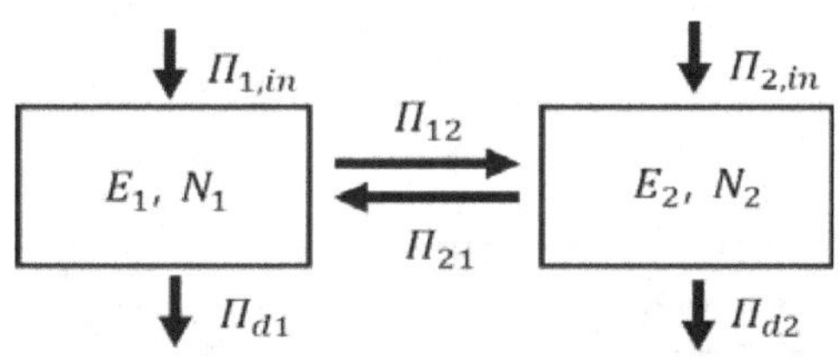

[그림 7.9] 다자유도 하부요소사이의 파워 평형

식(7.92)로부터 각 하부요소의 대한 에너지를 계산할 수 있다.

$$E_1 = \frac{[\Pi_{1,in}(\eta_2+\eta_{21}) + \Pi_{2,in}\eta_{21}]}{\omega D} \tag{7.93a}$$

$$E_2 = \frac{[\Pi_{2,in}(\eta_1+\eta_{12}) + \Pi_{1,in}\eta_{12}]}{\omega D} \tag{7.93b}$$

$$D = (\eta_1+\eta_{12})(\eta_2-\eta_{21}) - \eta_{12}\eta_{21} \tag{7.93c}$$

만약 하부요소2의 입력파워가 없는 경우($\Pi_{2,in}=0$), 각 하부요소의 에너지 비를 계산할 수 있다.

$$\frac{E_2}{E_1}=\frac{\eta_{12}}{\eta_2+\eta_{21}}=\frac{N_1}{N_2}\frac{\eta_{21}}{\eta_2+\eta_{21}} \tag{7.94}$$

식(7.94)로부터 결합손실계수와 하부요소2의 내부손실계수를 도출하면 각 하부요소의 에너지의 비를 예측할 수 있다.

7.5.3 벽의 차음효과 예측

철도차량과 같은 교통수단 및 건물의 실내공간에서 소음은 벽면의 일치효과에 의해서 소음이 전파되는 경우가 많다. 이러한 경우에 대해서 통계적에너지해석법을 이용하여 음의 전파를 예측한다. 그림 7.10과 같이 두 실내공간사이의 음의 전파를 해석하기 위해서 실내공간1, 벽 및 실내공간2에 대해서 3개의 하부요소로 구분한 후, 실내공간1에 존재하는 소음원에 의한 음이 실내공간2에 전달되는 음향에너지를 구하여 보자.

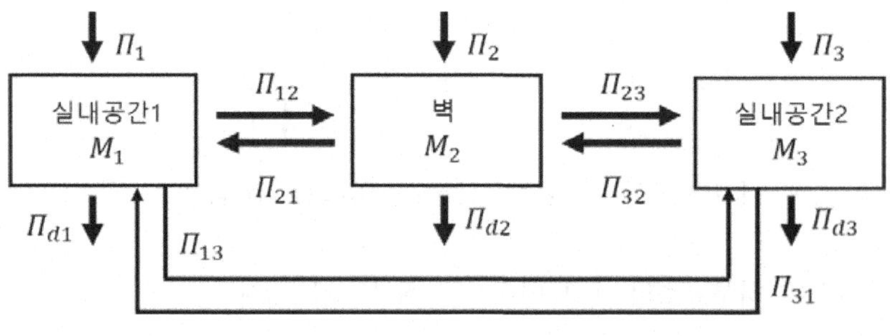

[그림 7.10] 실내공간 사이의 음의 전파

우선, 각각의 입력파워로서 벽에는 진동원이 부착되어있고, 실내공간2에도 소음원이 존재한다고 가정하고 해석 모델을 세운 후, 파워의 평형방정식을 세운다.

그림 7.10에서 Π_{13} 은 실내공간1에서 벽면을 투과해서 실내공간2에 전달되는 파워이다.

두 실내공간에 대한 통계적에너지해석법의 모델로부터 다음과 같이 파워 평형방정식을 세울 수 있다.

$$\Pi_1 = \omega\eta_1 E_1 + \omega\eta_{12} N_1\left(\frac{E_1}{N_1} - \frac{E_2}{N_2}\right) + \omega\eta_{13} N_1\left(\frac{E_1}{N_1} - \frac{E_3}{N_3}\right) \tag{7.95a}$$

$$\Pi_2 = \omega\eta_2 E_2 + \omega\eta_{23} N_2\left(\frac{E_2}{N_2} - \frac{E_3}{N_3}\right) + \omega\eta_{21} N_2\left(\frac{E_2}{N_2} - \frac{E_1}{N_1}\right) \tag{7.95b}$$

$$\Pi_3 = \omega\eta_3 E_3 + \omega\eta_{32} N_3\left(\frac{E_3}{N_3} - \frac{E_2}{N_2}\right) + \omega\eta_{31} N_3\left(\frac{E_3}{N_3} - \frac{E_1}{N_1}\right) \tag{7.95c}$$

식(7.95)에서 벽에 진동원이 없다고 $(\Pi_2 = 0)$하면 벽에 대한 에너지를 구할 수 있다.

$$\frac{E_2}{N_2} = \frac{\dfrac{E_1}{N_1}\eta_{21} + \dfrac{E_3}{N_3}\eta_{23}}{\eta_2 + \eta_{21} + \eta_{23}} \tag{7.96a}$$

$$E_2 = \frac{E_1\eta_{12} + E_2\eta_{32}}{\eta_2 + \eta_{21} + \eta_{23}}, \ (\eta_{ij} N_i = \eta_{ji} N_j) \tag{7.96b}$$

또한 (7.95)에서 실내공간2에 소음원이 없다고 $(\Pi_3 = 0)$ 하면 실내공간2에 대한 에너지를 구할 수 있다.

$$\frac{E_3}{N_3} = \frac{\dfrac{E_1}{N_1}\eta_{31} + \dfrac{E_2}{N_2}\eta_{32}}{\eta_3 + \eta_{31} + \eta_{32}} \tag{7.97a}$$

$$E_3 = \frac{E_1\eta_{13} + E_2\eta_{23}}{\eta_3 + \eta_{31} + \eta_{32}} \tag{7.97b}$$

η_{21}, η_{23}은 벽의 진동에 의한 음이 방사하는 경우의 결합손실계수이므로, 다음과 같이 표기한다.

$$\eta_{21} = \ \eta_{23} = \eta_{rad} \tag{7.98}$$

식(7.96)과 식(7.97)로부터 실내공간1과 2에 대한 에너지의 비를 구할 수 있다.

$$\frac{E_3}{E_1} = \frac{\eta_{13} + \frac{E_1}{N_1}\eta_{rad}^2/\eta_2 + 2\eta_{rad}}{\eta_3 + \frac{N_1}{N_3}\eta_{13} + \frac{N_2}{N_3}\eta_{rad}}, \tag{7.99}$$

음향에너지는 음압의 2승에 비례하기 때문에 실내공간1과 2의 음압을 측정하여 에너지를 구할 수 있으므로 통계적에너지해석법의 모델에 의한 예측결과를 검증할 수 있다.

η_{13}은 벽면의 질량법칙에 대한 임피던스, η_{rad}은 벽체진동에 의한 방사특성, η_2, η_3는 벽의 내부손실 및 실내공간2의 흡음특성이며 이론적 및 실험적으로 도출할 수 있다. 그리고 N_1, N_2, N_3는 해석 주파수 범위내 고유진동수의 개수 즉 모드밀도를 나타낸다.

7.6 KTX차량의 실내소음 해석

일반적인 소음예측 수치해석 방법인 광음향기법, 경계요소법 및 유한요소법을 이용하여 철도차량, 항공기, 선박, 자동차 등과 같은 대형구조물의 실내소음을 예측할 경우 소음/진동원에 의한 고체 전파음(Structure Borne－Noise)을 고려하기가 어렵거나 혹은 고주파수 영역에서의 해석이 어렵다. 그러나 통계적에너지해석법을 이용하면 진동과 소음을 동시에 해석할 수 있을 뿐만 아니라 고주파영역에서도 용이하게 해석이 가능하다. 본 절에서는 통계적에너지해석법의 상용프로그램인 AutoSEA을 이용하여 현재 운행중인 KTX차량의 실내소음을 해석한 사례를 소개한다.

7.6.1 해석모델

KTX차량은 전후두부의 동력차와 동력객차에 탑재된 모터에 의해서 추진되기 때문에 모터소음의 영향으로 인해서 일반객차보다 동력차와 동력객차의 실내소음 허용 기준치가 높다. 따라서 본 해석에서는 동력객차의 실내소음 저감방안을 구축하기 위해서 차량을 모델링하여 실내소음을 계산하고, 소음 및 진동의 기여도를 분석하였다.

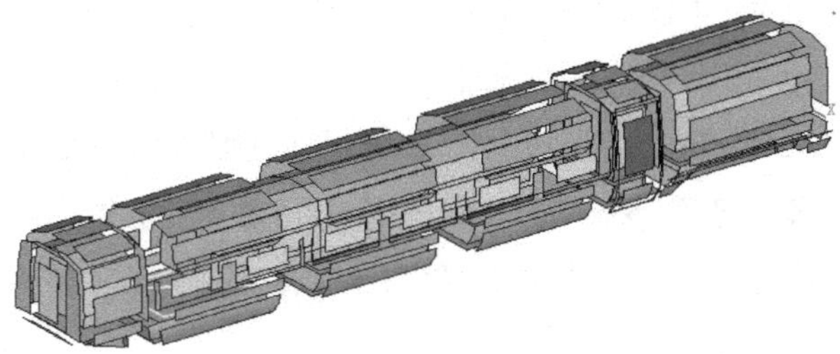

[그림 7.11] KTX 동력객차의 해석모델

그림 7.11은 상용S/W AutoSEA를 이용하여 동력객차를 모델링한 결과로서 차량의 각 부분을 여러 개의 하부요소로 분할하고, 갱웨이, 차량 실내 및 동력실을 각각 한 개의 음장으로 분할하여 하부요소로 지정하였다.

차량의 실내소음을 해석하기 위해서는 차량을 구성하는 각 패널과 소음을 저감하기 위해서 적용된 재질에 대한 물성치가 필요하다. 표 7.1는 각 패널에 대한 재질 및 두께를 나타내고 있다. 각 패널의 모델링은 위에서 언급한 것과 같이 정확한 예측값을 얻기 위해서는 실제 패널과 동일한 동특성을 갖는 모델화가 필요하다. 그러나 바닥재와 같이 주름패널(corrugated panel)로 되어있는 경우에는 모델링이 어렵고, 측벽의 복합재에 대한 물성치는 각각에 대한 단품시험 등을 통해서 측정해야하기 때문에 유사한 부재들로 대체하여 모델링 하였다.

[표 7.1] KTX 차량의 각 패널에 대한 재질 및 두께

부재	재질 및 두께
Floor	rubber 3mm(상단), plywood 22mm, rubber 4mm, air 23mm,glasswool 40mm, corrugated panel 1.2mm(하단)
Side Wall Ⅰ	FRP 3mm (내측), air 19mm, stainless steel 1.2mm, air 47.8mm, glasswool 40mm, steel 2mm (외측)
Side Wall Ⅱ	felt 3mm (내측), aluminum 1.5mm,air 17.5mm, stainless steel 1.2mm, air 47.8mm, glasswool 40mm, steel 2mm (외측)
Roof	steel 2mm (상단), glasswool 40mm, glasswool 25mm, aluminum 1.2mm, aluminum 2mm (하단)
Window	glass 5mm (내측), air 12mm, glass 5mm, glass 5mm (외측)

7.6.2 소음원

통계적에너지해석법을 이용하여 KTX차량의 실내소음을 해석하기 위해서는 차량에 입력되는 에너지, 즉 소음원의 크기를 파악야만 한다. 본 해석에서는 객차와 동력실로 구성되어

있는 동력객차를 대상으로 실내소음을 해석하기 때문에 동력객차의 소음 및 진동원으로서 차륜과 레일에 의한 전동음, 모터에 의한 소음 및 진동을 입력파워로 설정하였으며, 이 입력파워에 해당하는 값으로서 차량 주행 시 하부소음, 동력실의 소음 및 하부진동 측정결과를 사용하였다. 또한, KTX는 관절대차 형식으로 구성되어 있어 일반철도보다 갱웨이에 유입되는 소음이 크다. 그러나 갱웨이를 정확히 모델링할 수없기 때문에 갱웨이 소음도 차량의 소음원으로 설정하였다.

그림 7.12는 300km/h 주행 시 동력객차의 하부소음, 갱웨이 소음, 동력실 소음 및 차체 하부진동의 측정결과를 나타내고 있다.

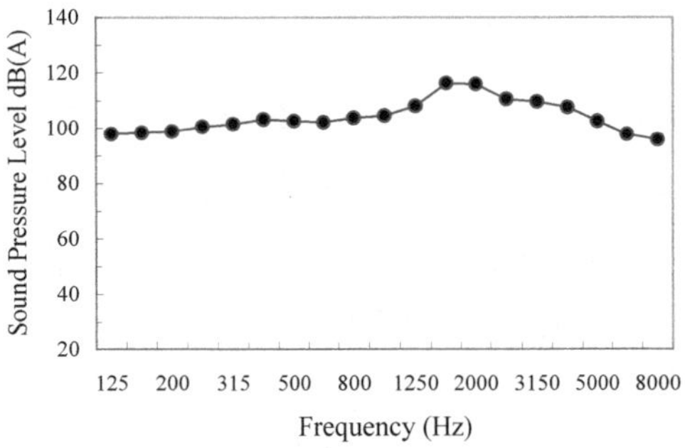

<차량 하부소음>

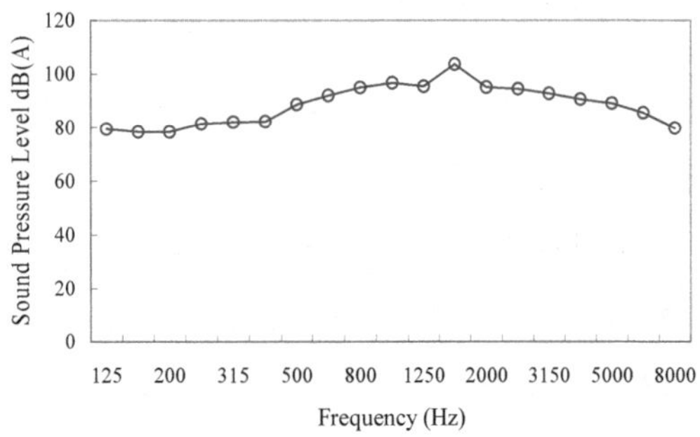

<동력실 소음>

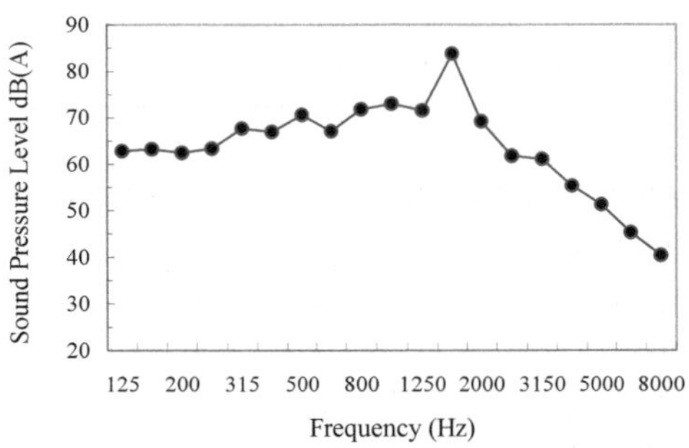

<갱웨이 소음>

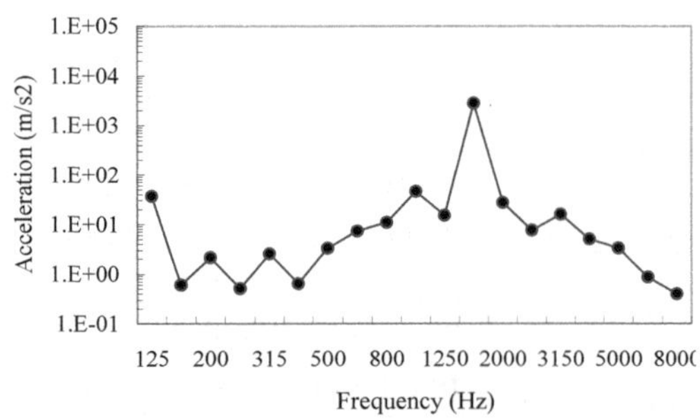

<차량 하부진동>

[그림 7.12] 입력파워를 위한 소음원에 대한 소음/진동 측정결과

7.6.3 실내소음 해석결과

앞에서 기술한 차량 모델과 소음원을 이용하여 KTX 동력객차의 실내소음을 해석한 결과와 측정결과를 비교하였다. 그림 7.13은 차량이 300km/h주행 시 차량 중앙에 대한 실내소음의 계산값와 측정값을 비교한 결과이다. 전체적으로 통계적에너지해석법을 이용하여 계산

한 결과와 측정결과가 전 주파수영역에서 잘 일치하는 것을 알 수 있다.

통계적에너지해석법은 소음원과 진동원을 동시에 입력파워로 사용하였기 때문에 진동에 의한 영향을 파악할 수 있다. 그림 7.14는 차량의 하부진동을 고려했을 경우와 고려하지 않았을 경우에 대한 실내소음의 계산결과를 비교하였다. 이 결과로부터 진동에 의해서 1,600Hz 영역의 소음이 증가하는 것을 파악할 수 있다. 따라서, 그림 7.12의 차량하부의 진동 측정결과로부터 동력장치와 차륜과 레일의 진동에 의한 구조전달음이 1,600Hz 영역의 실내소음에 커다란 영향을 미친다는 것을 파악할 수 있다. 그림 7.13과 그림 7.14의 결과로부터 통계적에너지해석법을 이용하여 철도차량에 대한 실내소음의 예측결과가 타당성이 있는 것을 검증할 수 있으며, 차량의 소음/진동원이 실내소음에 미치는 영향도 파악할 수 있었다.

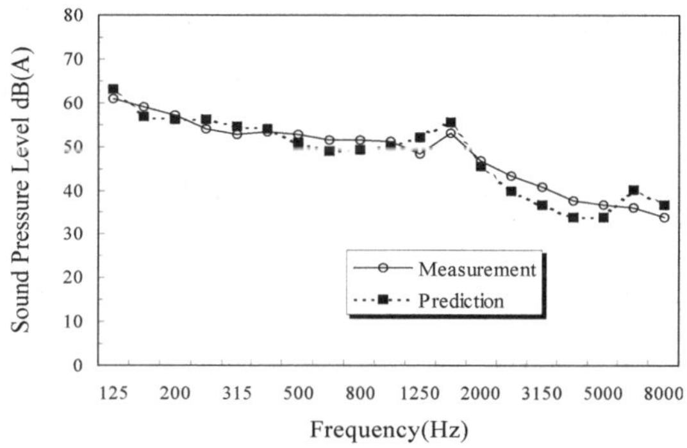

[그림 7.13] 시험결과와 해석결과의 비교

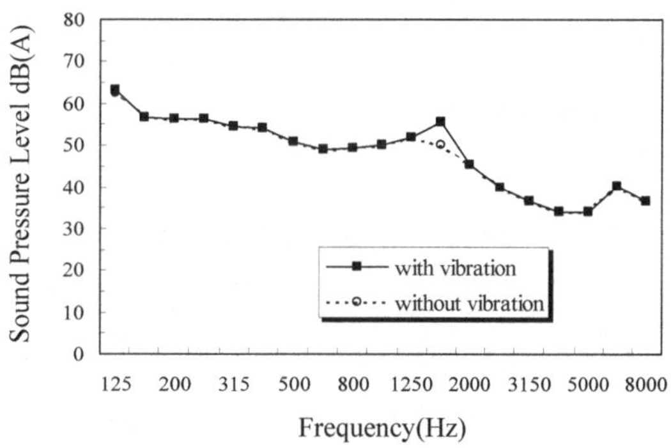

[그림 7.14] 하부진동에 따른 실내소음 해석결과

다음은 동력객차에 소음저감 대책방안을 수립하기 위해서 차량의 각 부재로부터 실내에 유입되는 소음을 분석하였다.

그림 7.15는 KTX 차량의 실내를 구성하는 바닥, 측벽, 갱웨이, 창문 및 천정을 통해서

차량 실내에 유입되는 파워의 크기를 나타내고 있다. 해석결과 창문과 바닥에서 유입되는 소음의 파워가 가장 크며, 측벽, 갱웨이, 천정 순으로 파워의 유입량이 큰 것을 알 수 있다. 따라서, 동력객차에 대한 소음저감 대책방안은 창문과 바닥에 적당한 구조변경 혹은 재질변경 등을 통해서 수립될 수 있을 것으로 판단된다.

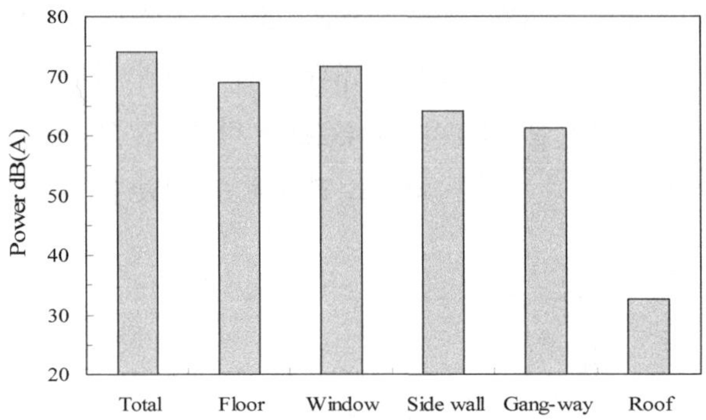

[그림 7.15] 차량의 각 부재를 통해서 실내에 유입되는 파워레벨

7.6.4 실내소음 저감방안

일반적으로 차량의 실내소음 대책방안은 설계단계에서 해석과 시험을 통해서 수립되기때문에 완성된 KTX 차량에 대해서는 구조변경이 용이하지 않기 때문에 소음 저감대책방안 수립이 쉽지 않다. 따라서 본 해석에서는 커다란 구조변경 없이 재질변경만을 고려해서 동력객차의 실내소음 수준을 객차의 실내소음 수준정도로 향상시키기 위해서 약3dB(A)정도의 실내소음 저감목표로 설정하였다.

표 7.2 바닥과 창문의 재질 및 두께 변경

부재	재질 및 두께 변경	
	변경 전	변경 후
Floor	plywood 22mm	polyester foam 5mm
Window	glass 5mm	glass 10mm

동력객차의 실내소음 저감을 위해서는 앞에서 기술한 것과 같이 실내소음에 기여도가 가장 커다란 창문 및 바닥에 대한 개선방안을 고려할 수 있다. 차량의 실내소음 저감방법에는 여러 가지가 있지만, 가장 간단한 방법은 패널의 음향특성을 개선하여 소음의 투과량을 감

소시키는 것이다. 따라서 본 해석에서는 표 7.2와 같이 창문과 바닥의 재질변경을 통해서 동력객차의 실내소음을 어느 정도까지 저감할 수 있는지 통계적에너지해석법을 이용하여 실내소음을 계산하였다. 우선 바닥의 재질은 폴리우드를 폴리에스터 폼으로 변경하였고, 창문의 경우는 중간 유리의 두께를 5mm에서 10mm로 두께를 증가시켜서 해석에 적용하였다.

그림 7.16은 창문의 두께와 바닥에 대한 저감방안 적용 전후의 해석결과이고, 그림 7.17은 창문과 바닥의 저감방안에 대한 각각의 소음 저감량의 크기를 나타내고 있다. 차량 바닥과 창문의 재질 및 두께변경을 통해서 차량 실내소음을 약 2.1dB(A)정도 저감시킬수 있을 것으로 예상된다. 그러나 바닥의 저감방안을 통해서는 거의 저감효과가 없는 것으로 나타났으며 향후 실내소음 저감을 위해서는 차음성능 향상보다 진동에 의한 소음 저감방안을 고려하는 것이 효과적일 것으로 생각된다.

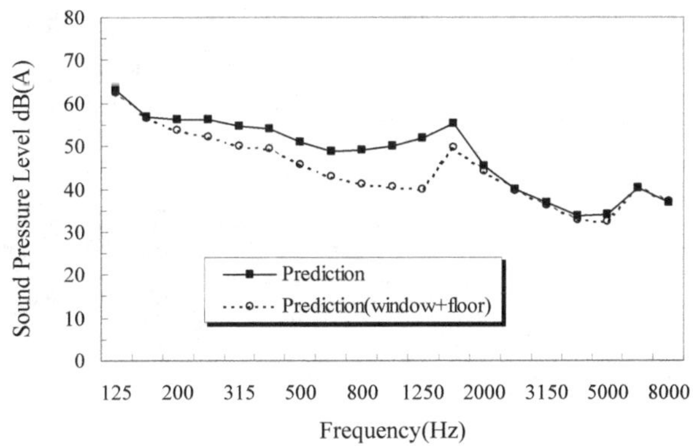

[그림 7.16] 저감대책 전후의 실내소음 계산결과 비교

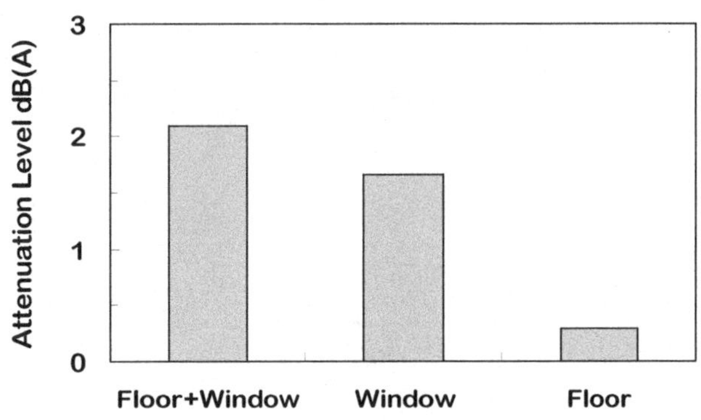

[그림 7.17] 각 부재의 저감방안에 대한 실내소음 저감량

제8장

소음 분석 및 측정방법

교통수단 및 각종 기계장치의 성능은 기본적인 성능 이외에도 최근에는 소음성능이 중요한 요소로 인식되면서 법적 규제가 강화되었으며 건축설비, 전산주변 기기 및 산업용 기계 등에 대해서도 소음에 대한 규제가 점차 증가되고 있다. 또한, 이러한 기계가 설치되어 있는 건물의 차음 혹은 실내소음의 예측을 위해서 음원으로부터 발생되는 소음을 정량적으로 측정해야 한다.

여기서는 음의 분석 및 측정방법에 관한 기본원리와 이러한 원리를 기본으로 실제적인 측정 및 분석 방법에 대해서 기술한다.

8.1 소음 분석방법

8.1.1 주파수 분석

소음의 분석 및 저감을 위해서는 소음레벨뿐만 아니라 소음의 주파수 분석을 통한 가청 주파수 범위 ($20Hz \sim 20,000Hz$)내에서 각 주파수에 대한 음압을 구하는 것은 매우 중요하다.

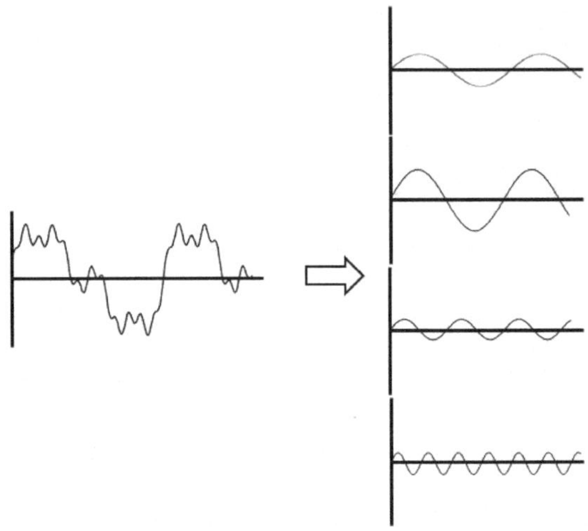

(a) 불규칙 파형 (b) 주파수 분석 후 정현파

[그림 8.1] 불규칙 파형의 주파수 분석

소음의 주파수 분석은 수음점에서 측정된 시간영역의 다양한 주파수 특성을 갖는 파형을 그림 8.1과 같이 각각의 단일 주파수의 정현파로 분리하는 것으로 푸리에 변환(Fourier Transform)을 기반으로 FFT(Fast Fourier Transform)를 사용한다. 이러한 주파수 분석을 통해서 소음원의 구체적인 발생 원인 혹은 진동과 소음의 관계를 파악하는데 매우 유용하다.

가. 푸리에 급수

일반적으로 주기성을 갖는 함수는 푸리에 급수 이론을 이용하여 정현파의 중첩으로 표현된다. 그림 8.2와 같이 주기T의 주기함수$f(t)$는 주기에 대응하는 주파수 $f = \frac{1}{T}$, $\omega = 2\pi f$를 갖으며 푸리에 급수를 적용하여 삼각함수로 나타낼 수 있다.

$$f(t) = \frac{1}{2}a_0 + \Sigma_{n=1}^{\infty}(a_n cos\, n\omega t + b_n sin\, n\omega t) \tag{8.1a}$$

$$a_n = \frac{2}{T}\int_{-T/2}^{T/2} f(t) cos\; n\omega t\; dt,\; (n = 0,1,2,3,\cdots) \tag{8.1b}$$

$$b_n = \frac{2}{T}\int_{-T/2}^{T/2} f(t) sin\; n\omega t\; dt,\; (n = 0,1,2,3,\cdots) \tag{8.1c}$$

식(8.1a)는 푸리에 급수이고, 식(8.1b)와 식(8.1c)는 푸리에 계수이다.

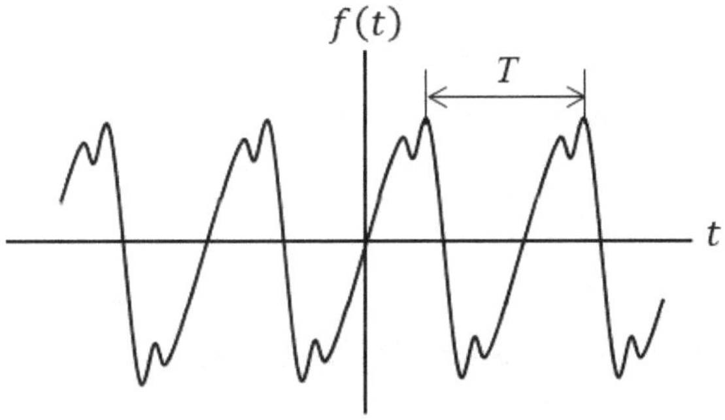

[그림 8.2] 주기함수

위의 푸리에 급수에 대한 식(8.1a)에 오일러 공식$cos\theta = \frac{e^{j\theta} + e^{-j\theta}}{2}$, $sin\theta = -j\frac{e^{j\theta} - e^{-j\theta}}{2}$을 적용하면 지수함수로 표현할 수 있다.

$$\begin{aligned} f(t) &= \frac{1}{2}a_0 + \Sigma_{n=1}^{\infty}\left(a_n \frac{e^{jn\omega t} + e^{-jn\omega t}}{2} - b_n j \frac{e^{jn\omega t} - e^{-jn\omega t}}{2}\right) \\ &= \frac{1}{2}a_0 + \Sigma_{n=1}^{\infty}\left[\left(\frac{a_n - jb_n}{2}\right)e^{jn\omega t} + \left(\frac{a_n + jb_n}{2}\right)e^{-jn\omega t}\right] \end{aligned} \tag{8.2}$$

식(8.2)와 같이 주기함수를 지수함수로 표현하고 계수를 다음과 같이 정의한다.

$$F_0 = \frac{1}{2}a_0,\; F_n = \frac{a_n - jb_n}{2},\; G_n = \frac{a_n + jb_n}{2} \tag{8.3}$$

식(8.3)의 계수에 식(8.1b)와 식(8.1c)를 대입하면 푸리에 급수 형태로 나타낼 수 있다.

$$F_n = \frac{a_n - jb_n}{2} = \frac{1}{T}\left(\int_{-T/2}^{T/2} f(t)\cos n\omega t\, dt - j\int_{-T/2}^{T/2} f(t)\sin n\omega t\, dt\right)$$
$$= \frac{1}{T}\int_{-T/2}^{T/2} f(t)e^{-jn\omega t}\, dt \tag{8.4a}$$

$$G_n = \frac{a_n + jb_n}{2} = \frac{1}{T}\int_{-T/2}^{T/2} f(t)e^{jn\omega t}\, dt \tag{8.4b}$$

$$F_{-n} = G_n \tag{8.4c}$$

식(8.4)을 식(8.2)에 대입하면 푸리에 급수의 합이 $n=1\sim\infty$에서 $n=-\infty\sim\infty$으로 확장하여 지수함수에 대한 합의 형태로 표현된다.

$$f(t) = \Sigma_{n=-\infty}^{\infty} F_n e^{jn\omega t} \tag{8.5}$$

식(8.5)에서 푸리에 계수 F_n는 식(8.1)로부터 다음과 같이 표현할 수 있다.

$$F_n = \frac{1}{T}\int_{-T/2}^{T/2} f(t)\ e^{-jn\omega t}\, dt \tag{8.6}$$

위의 식(8.5)을 복소푸리에 급수, 식(8.6)를 복소푸리에 계수라고 한다. 식(8.5)의 주기함수 $f(t)$는 정수 F_o와 주파수 성분 $F_n e^{jn\omega t}$, $(n \neq 0)$의 합이 된다.

나. 푸리에 적분

비주기 함수도 푸리에 급수와 동일하게 정현파 성분의 중첩으로 나타낼 수 있다. 즉 비주기 함수를 급수형태가 아닌 적분형식으로 표현하면 주기함수와 같이 주파수 분석을 할 수 있다.

그림 8.3과 같은 비주기 함수 $f(t)$의 경우 최초 유한시간 T를 임의의 구간의 값으로 정하면 시간간격은 $-T/2\sim T/2$이 된다. 이 시간 간격에 대한 비주기 함수 $f(t)$의 계수를 식(8.6)로부터 구하면 비주기 함수를 푸리에 급수로 나타낼 수 있다. 따라서 식(8.6)에서 시간간격을 $T\rightarrow\infty$로 하면 무한 시간간격에 대한 푸리에 급수가 된다. 그러나 푸리에 급수를 직접 $T\rightarrow\infty$로 변환할 수 없기 때문에 적분형태로 변형한 후 적분구간을 $T\rightarrow\infty$로 변환하면 된다.

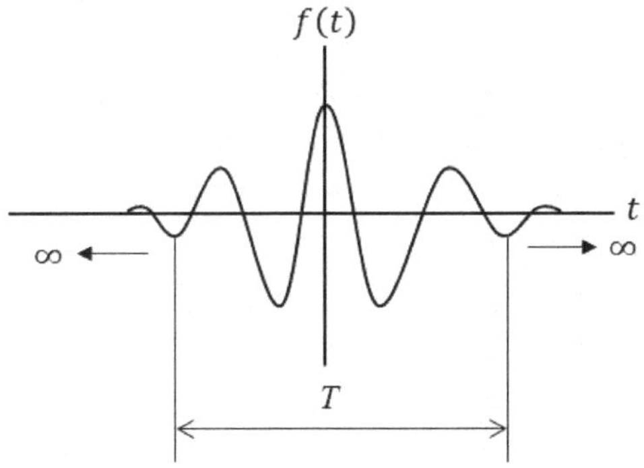

[그림 8.3] 비주기 함수의 주기

식(8.5)의 주파수 성분을 $n\omega = \omega_n$로 변환하고 각 진동수의 차를$\omega_n - \omega_{n-1} = \Delta\omega = 2\pi / T$ 라고 하면 푸리에 급수는 다음과 같다.

$$f(t) = \Sigma_{n=-\infty}^{\infty} \frac{F_n}{\Delta\omega} e^{j\omega_n t} \Delta\omega \tag{8.7}$$

또한, 식(8.6)도 다음과 같이 변환할 수 있다.

$$\frac{F_n}{\Delta\omega} = \frac{1}{2\pi} \int_{-T/2}^{T/2} f(t)\ e^{-j\omega_n t} dt \tag{8.8}$$

위의 식에서 시간을 무한대로 $T \to \infty$ 하면 주파수 간격은 0에 접근 $\Delta\omega \to 0$되기 때문에 식(8.7)은 적분형태가 되며 $\omega_n \to \omega$, $\frac{F_n}{\Delta\omega} \to F(\omega)$로 변환하면 다음과 같이 쓸 수 있다.

$$f(t) = \int_{-\infty}^{\infty} F(\omega) e^{j\omega t} d\omega \tag{8.9a}$$

$$F(\omega) = \frac{1}{2\pi} \int_{-\infty}^{\infty} f(t) e^{-j\omega t} dt \tag{8.9b}$$

위와 같이 식(8.9a)의 적분을 푸리에 적분이라고 하며, 식(8.9b)의 $F(\omega)$를 푸리에 변환이라고 한다.

다. FFT 변환

A/D변환기를 이용하여 소음의 아날로그 신호를 디지털 신호로 변화시킬 수 있기때문에 식(8.9a)와 식(8.9b)를 이산화 할 수 한다.

$$X_i = \frac{1}{T}\sum_{k=0}^{N-1} x_k e^{-j2\pi ki/N},\ (k=0 \sim N) \tag{8.10a}$$

$$x_k = \sum_{i=0}^{N-1} X_i e^{j2\pi ki/N},\ (i=0 \sim N) \tag{8.10b}$$

식(8.10)에서 N은 이산화한 데이터의 개수를 나타내며 위와 같이 디지털 신호를 이용한 변환을 이산화 푸리에 변환(DFT : Discrete Fourier Transform)이라고 한다.

FFT (Fast Fourier Transform) 주파수 분석은 2승개의 유한한 시간영역의 이산화 데이터를 고속으로 이산적 푸리에 연산을 통해서 주파수 스펙트럼을 구하는 방법이다.

소음을 디지털 신호로 변환하여 이산화 데이터를 얻기 위해 소음신호를 샘플링하는 경우 해석 주파수f_m보다 약 2배이상의 주파수 영역에서 실제 주파수보다 저주파로 인식되는 현상이 발생한다. 즉 디지털 샘플링에서 샘플링 주파수를 f_s라고 하면 $\frac{f_s}{2}$의 주파수를 경계로 $\frac{f_s}{2}$이상의 주파수 성분이 저주파로 인식되는 현상을 에일리어징 (aliasing)이라고 한다. 에일리어징 현상은 그림 8.4와 같이 0Hz와 $f_s = 100Hz$Hz의 정현파를 f_s의 주파수로 샘플링 한 경우 샘플링한 데이터는 양쪽이 동일하여 구분이 어렵다.

이러한 에일리어징 현상을 고려하여 해석주파수 f_m와 샘플링 주파수 f_s는 $f_s \leq 2.56\,f_m$조건을 만족해야 한다. 샘플링 개수N에 대한 샘플링 주파수 간격$\triangle f$은 해석주파수 f_m와 샘플링 주파수f_s에 대해서 다음과 같은 관계를 갖는다.

$$\triangle f = \frac{f_s}{N} = \frac{2.56\ f_m}{N} \tag{8.10}$$

측정시간의 간격T_R과 샘플링 주기 t_s사이에는 식(8.11)과 같은 관계가 성립되어, FFT분석을 할 경우 주파수와 시간 분해능 사이에는 서로 상반되는 관계가 성립한다.

$$T_R = Nt_s = \frac{N}{f_s} \tag{8.11}$$

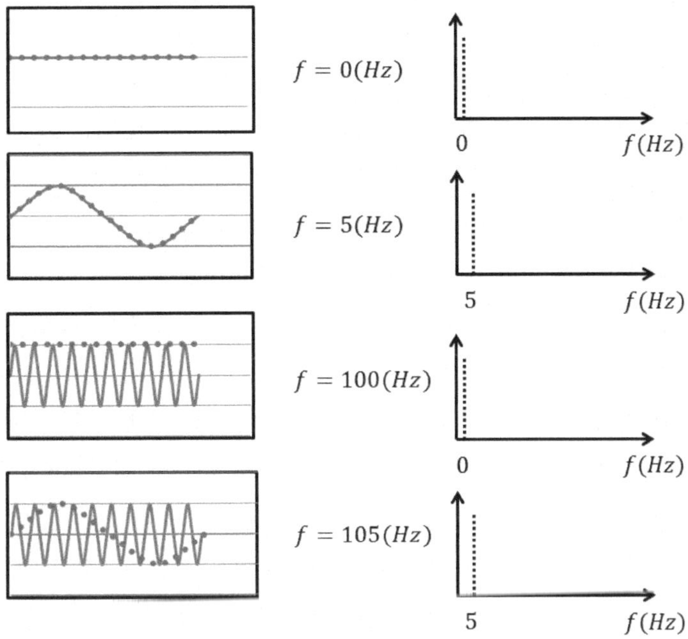

[그림 8.4] 에일리어징 현상$(f_s = 100Hz)$

식(8.10)과 식(8.11)로부터 주파수 샘플링 간격과 기록시간의 길이에 대한 관계를 얻을 수 있다.

$$\triangle f \cdot T_R = 1 \tag{8.12}$$

따라서, FFT분석을 수행하면 주파수 분해능과 시간 분해능 사이에 상반성이 발생한다.

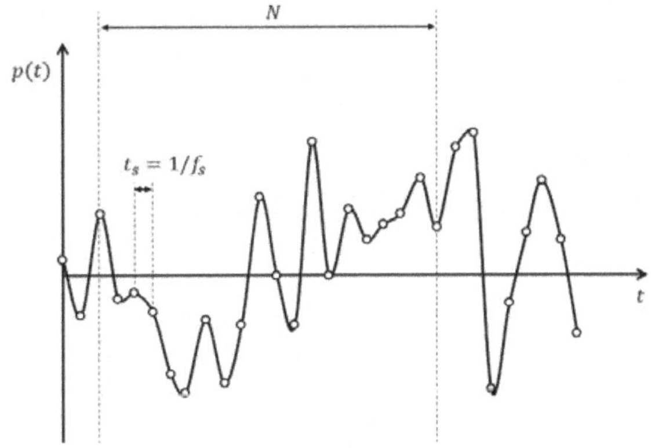

[그림 8.5] 소음 신호의 샘플링

8.1.2 옥타브 분석

FFT 분석을 통해서 소음의 주파수 분석을 하면 해석 주파수 영역내 주파수 간격만큼 수많은 정현파가 존재하며 주파수에 따라 다른 크기를 갖는다. 그러나 소음평가 시 사람은 주파수에 따른 음의 높낮이 구분능력이 주파수의 일정간격보다 일정배열에 대해서 더 잘 구분하기 때문에 정확하게 인식하지 못한다. 따라서 주파수를 옥타브로 구분하는 것은 인간의 주파수에 대한 고음과 저음의 구분능력과 비교적 잘 일치한다.

소음 분석 시 옥타브 대역으로 분석하기 위해서는 옥타브 필터를 이용하며 소음평가 시 많이 사용되고 있다.

옥타브 대역은 1kHz을 기준으로 가청 주파수 범위내에서 비례 대역 폭을 갖는 필터에 의해서 분할된 주파수 대역을 의미하며 각 주파수 대역에 대해서 음압레벨로 표시하는 분석법을 옥타브 분석이라고 한다.

옥타브 분석은 각 주파수 대역의 중심주파수f_c에 대해서 상한주파수f_u, 하한주파수f_l 및 밴드 폭$\triangle\omega$을 설정하면 중심주파수, 상한주파수 및 하한주파수의 관계는 식(8.13)과 같다.

$$f_c = \sqrt{f_l f_u} \tag{8.13a}$$

$$f_u = 2f_l \tag{8.13b}$$

$$\triangle\omega = f_u - f_l \tag{8.13c}$$

또한 근접한 주파수 대역의 중심주파수를 f_{c1}, f_{c2} ($f_{c1} < f_{c2}$)라고 하면, 두 중심주파수는 대수관계를 갖는다.

$$n = log_2\left(\frac{f_{c1}}{f_{c2}}\right) \tag{8.14}$$

식(8.14)에서 $n = 1$인 경우에는 1/1 옥타브 대역 분석, $n = 3$인 경우에는 1/3 옥타브 대역 분석이라고 한다. 식(8.14)를 식(8.13)에 대입하여 n의 값을 정하면 각각의 옥타브 대역에 대한 중심주파수, 상한주파수 및 하한주파수의 관계를 구할 수 있다.

$$f_u = 2^n f_l \tag{8.15a}$$

$$f_l = \frac{f_c}{\sqrt{2^n}} \tag{8.15b}$$

$$f_u = \sqrt{2^n} f_c \tag{8.15c}$$

표 8.2은 1/1 옥타브 대역과 1/3 옥타브 대역의 상한주파수와 하한주파수의 관계를 나타낸 것이며, 그림 8.6은 1/1 및 1/3 옥타브 필터의 주파수 특성을 나타낸 것이다.

이상적인 옥타브 필터 특성은 차단주파수에 완전히 차단되는 특성을 가져야 하지만, 실제로는 양측으로 넓어지는 특성을 갖기 때문에 실제 대역의 최대치 보다 3dB 작은 크기의 대역을 통과하는 주파수 특성을 갖도록 한다.

1/1 옥타브 대역 분석을 이용할 경우 각 주파수별 소음의 크기를 자세히 파악하기가 어렵기 때문에 소음측정 및 분석을 하는 산업분야에서는 각 옥타브 대역을 여러 개로 분할하여 해상도를 증가시켜 분석을 한다. 일반적으로 옥타브 대역을 3개로 분할하는 1/3 옥타브 분석이 소음분야에서 가장 많이 사용되고 있다.

기계, 건축 및 전기음향 등에서는 1/3 옥타브 대역을 주로 사용하며, 경우에 따라서 1/1 옥타브 대역을 사용하는 경우도 있다.

[표 8.2] 1/1과 1/3 옥타브 대역의 주파수

1/1 옥타브			1/3 옥타브 분석		
하한주파수	중심주파수	상한주파수	하한주파수	중심주파수	상한주파수
11	16	22	14.3	16	18.0
			18.0	20	22.6
			22.6	25	28.5
22	31.5	45	28.5	31.5	35.8
			35.8	40	45.3
			45.3	50	57.0
45	63	88	57.0	64	71.8
			71.8	80.6	80.5
			88.1	100.0	112.2
88	125	177	111	125	140
			143	160	180
			178	200	224
177	250	354	223	250	281
			281	315	354
			356	400	448

1/1 옥타브			1/3 옥타브 분석		
하한주파수	중심주파수	상한주파수	하한주파수	중심주파수	상한주파수
354	500	707	445	500	561
			561	630	707
			713	800	888
707	1000	1414	881	1000	1122
			1114	1250	1403
			1425	1600	1786
1414	2000	2828	1782	2000	2245
			2227	2500	2806
			2806	3150	3536
2828	4000	5657	3564	4000	4480
			4454	5000	5612
			5612	6300	7071
5657	8000	11314	7127	8000	8880
			8808	10000	11225
			10887	12220	13716
11314	16000	22627	14254	16000	17858
			17818	20000	22448

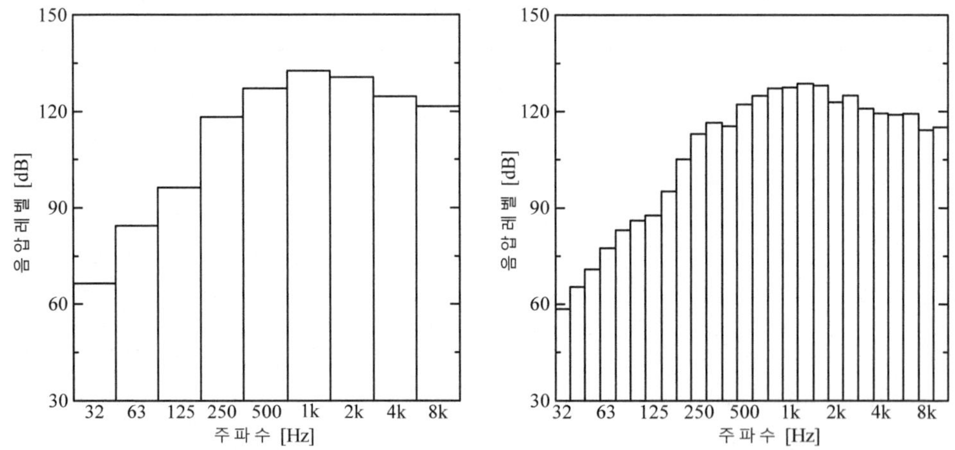

[그림 8.6] 1/1 옥타브 및 1/3 옥타브 대역 분석결과

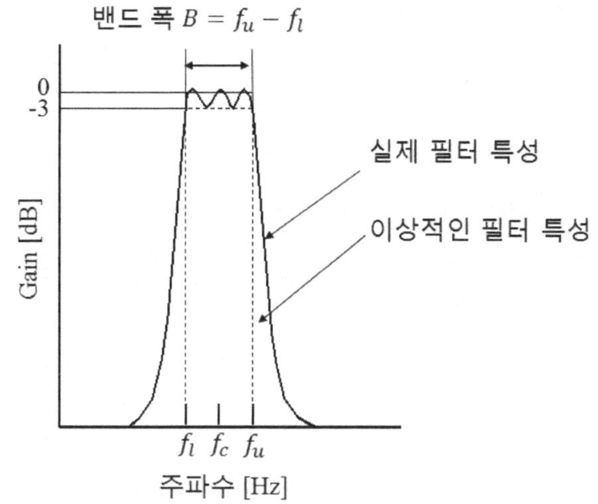

[그림 8.7] 옥타브 대역필터의 주파수 특성

8.2 소음 측정방법

8.2.1 소음의 측정 및 평가방법

소음 측정 시 수음점에 대한 평가 대상에 따라서 환경소음을 표 8.3과 같이 분류할 수 있다.

[표 8.3] 소음의 분류

환경소음	측정하려는 장소에 대한 전체 소음
특정소음	환경소음 가운데 특정 소음원에 의한 소음
암소음	환경소음 가운데 어떤 특정소음에 주목하는 경우 그 외의 소음

특정소음은 어떤 특정의 소음원에 주목할 경우 소음원으로부터 발생되는 소음을 의미한다. 따라서 극단적인 경우 암소음보다 레벨이 작은 경우도 발생할 수 있다.

일반적으로 암소음은 특정소음이외의 소음을 뜻한다. 예를 들면, A, B, C의 3개의 소음원이 있을 경우 A에 주목하면 A로부터 발생되는 소음이 특정소음이고, B, C에서부터 발생되는 소음이 암소음이 된다. 그러나, B에서 발생되는 소음이 특정소음이라면 A, C로부터 발생되는 소음이 암소음이 된다.

일반적으로 환경(실외)소음은 교통수단 및 산업공장 등에서 발생되는 소음의 복합체이다. 철도차량이 통과할 때 차량에서 방사되는 소음을 측정할 경우 항공기, 자동차 및 산업공장 등에서 발생되는 소음은 암소음이 된다.

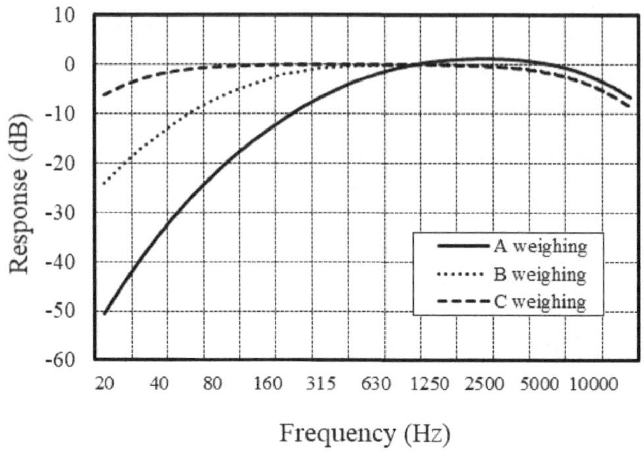

[그림 8.8] A, B, C 가중치 함수

소음은 특정한 가중치 함수 필터를 통과시켜 가중치 음압을 나타낸다. 가중치 함수는 인간이 소음 청취 시 소음의 임팩트를 보다 주관적으로 평가하기 위해서 사용된다. 일반적으로 가중치 함수는 A, B, C특성 함수로 분류되며 이 가중치 함수는 그림 8.8과 같이 주파수에 따라 다르다.

A가중치 함수는 소음에 대한 인간의 감각에 직접적으로 관련되어 대부분의 소음 측정 시 사용되고 있다. A가중치 소음레벨은 dB(A)로 표시하고, B와 C가중치 소음레벨은 dB(B), dB(C)로 표시한다.

위에서 기술한 것같은 소음을 측정 및 평가 방법은 다음과 같이 분류된다.

최대소음레벨 (Maximum Level : L_{max})

소음폭로레벨 (Sound Exposure Level: L_{AE})

등가소음레벨 (Equivalent Sound Level: L_{Aeq})

시간율 소음레벨(Percentile level : L_X)

가. 최대소음레벨

자동차 혹은 열차 등과 같은 교통수단이 통과할 경우 최대소음에 도달한 레벨 값을 최대

소음레벨 L_{max}이라 한다. 소음기를 이용하여 측정하는 경우 시간특성이 0.125초 동안의 평균값을 나타내는 빠름(fast)과 1초 동안의 평균값을 나타내는 느림(slow) 두 가지 시간특성이 있으며, L_{maxf}와 L_{maxs}로 표시한다.

빠른 시간특성은 소음원의 결함 등에 의한 영향을 파악하려고 할 때 사용되며, 느린 시간특성은 모터와 같이 연속적으로 일정한 소음원을 측정할 때 사용된다.

L_{maxs}을 사용하면 매우 짧은 시간에 변동하는 소음레벨이 나타나지 않기 때문에 일반적으로 L_{maxf}보다 작을 수 있다. $L_{maxs} \le L_{maxf}$

나. 등가소음레벨

철도소음과 같은 교통소음을 정량적으로 비교하기 위하여 I.S.O(International Organization for Standardization)가 등가소음레벨을 평가척도로 하는 방법이 제안되어 우리나라를 비롯한 여러 국가가 사용하고 있다.

등가소음레벨의 개념은 그림 8.9와 같이 변동하는 소음에 대해서 측정시간 $t_2 \sim t_1$동안의 에너지 평균레벨에 해당하며 다음과 같이 계산된다.

$$L_{Aeq} = 10log_{10}\left\{\frac{1}{t_2 - t_1}\int_{t_1}^{t_2}\frac{P_A^2(t)}{P_o^2}dt\right\} \tag{8.16}$$

식(8.16)에서 $P_A(t)$는 A특성의 음압 순간치, P_o는 기준음압 $(2\times10^{-5}Pa)$을 나타낸다.

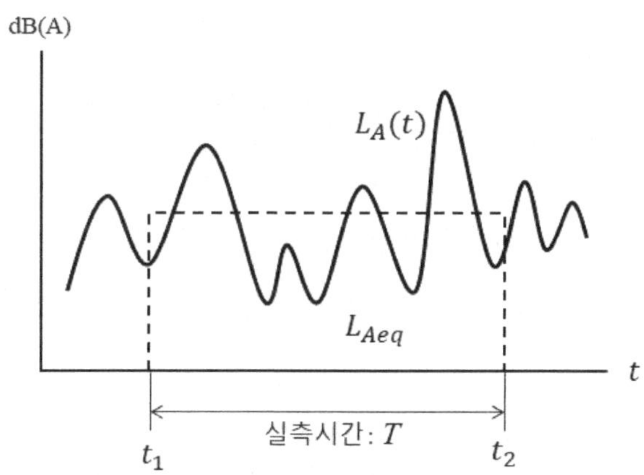

[그림 8.9] 등가소음레벨

등가소음레벨의 측정방법은 식(8.16)을 이용하여 음압의 2승적분을 하면 구할 수 있지만, 근사적으로 소음레벨을 일정한 시간간격(수초이하)으로 샘플링해서 식(8.17)를 이용하여 계산할 수 있다.

$$L_{Aeq,\,T} = 10log_{10}\left(\frac{1}{n}\left(10^{L_{A1}/10} + 10^{L_{A2}/10} + \cdots + 10^{L_{An}/10}\right)\right) \tag{8.17}$$

식(8.17)에서 $L_{A1}, L_{A2},\ \cdots,\ L_{An}$는 소음레벨의 샘플값이고 n은 샘플링의 총 개수를 나타낸다.

이 방법을 이용하는 경우 샘플링 시간간격 Δt이 커질수록 첫번째 방법의 측정결과와 비교해서 오차가 커지기 때문에 소음계의 빠른 특성(FAST)을 이용하는 경우에는 0.125초이하, 늦은 동특성(SLOW)을 이용하는 경우에는 1초 이하로 하는 것이 좋다.

등가소음레벨의 기호는 ISO 규격에 따라서 $L_{Aeq,\,T}$라고 하지만, 혼동할 염려가 있는 경우에는L_{Aeq} 또는 L_{eq}로 표시하여도 된다. 또한 첨자의 T는 측정시간을 나타낸다.

등가소음레벨은 측정시간에 따라 시간 등가소음레벨과 주야 등가소음레벨로 구분한다. 시간 등가소음레벨은 $L_{Aeq}(h)$로 표시하며, 1시간동안 측정한 소음레벨을 나타낸다.

$$L_{Aeq}(hour) = 10log\left[\frac{1}{T}\int_{t_2}^{t_2} 10^{L_A(t)/10}\,dt\right] \tag{8.18}$$

또한 1시간 등가소음레벨은 소음폭로레벨로부터 구할 수 있다.

$$L_{Aeq}(hour) = 10log\left[\frac{1}{T}\Sigma_i\, 10^{L_{AEi}/10}\right] \tag{8.19}$$

식(8.19)에서 측정시간은 $T = t_1 \sim t_2 = 1$시간이다.

주야 등가소음레벨은 L_{dn}으로 표시하며 측정시간을 24시간으로 설정하여 소음레벨을 측정한다.

$$L_{dn} = 10log\left[\frac{1}{T}\int_{t_2}^{t_2} 10^{L_A(t)/10}\,dt\right] \tag{8.20}$$

식(8.23)에서 측정시간은 $T = t_1 \sim t_2 = 24$시간이다.

일반적으로 야간에는 암소음 레벨이 작기 때문에 주간시간(아침7시~저녁7시)과 야간시간(저녁10시~아침7시)로 구분하여 야간시간의 측정결과에 10dB(A)를 보정한다.

$$L_{dn} = 10log\left[\frac{\sum_{h=7a.m}^{h=10p.m} 10^{L_{Aeq}(hour)/10} + \sum_{h=10p.m}^{h=7a.m} 10^{L_{Aeq}(hour)/10}}{24}\right] \quad (8.21)$$

다. 소음폭로레벨

소음폭로레벨은 소음원에서 방사되는 총 음압의 양을 나타내며 그림 9.10과 같이 소음원이 시간 $t_1 \sim t_2$동안 단발적으로 발생된 음압을 1초동안 동등한 양의 음압으로 나타내는 것이다.

$$L_{AE} = 10log_{10}\left(\frac{1}{T_0}\int_{t_1}^{t_2}\frac{P_A^2}{P_o^2}dt\right) \quad (8.22)$$

식(8.22)에서 $t_1 \sim t_2$는 단발소음의 연속적인 시간간격이며, T_0는 기준시간(1초)를 나타낸다.

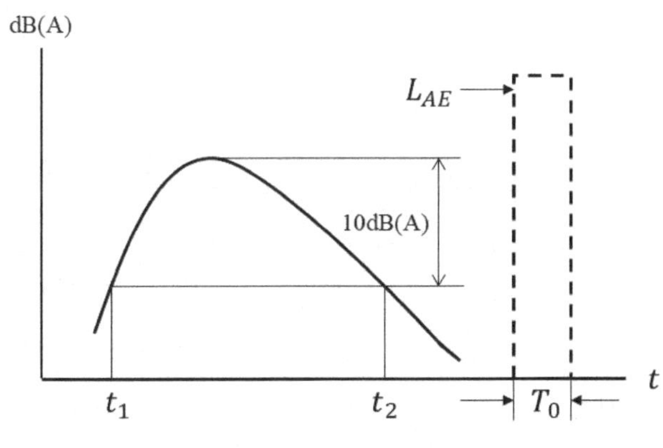

[그림 8.10] 소음폭로레벨

소음폭로레벨은 소음원으로부터 음의 방사시간이 증가할수록 커지기때문에 소음폭로레벨의 크기는 소음원의 크기 뿐만 아니라 방사시간에도 비례한다.

측정방법으로는 다음과 같이 2종류의 방법이 있다. 첫번째 방법은 단발적으로 발생하는 소음의 A특성 음압을 전체 시간에 걸쳐서 2승 적분한다. 두번째 방법은 철도소음 등과 같이 비교적 연속시간이 수초이상 지속된 소음에 대해서 전체시간에 비해 충분히 짧은 시간 간격Δt마다 소음레벨을 샘플링한 후 식(8.23)을 이용해서 소음폭로레벨을 구하는 방법이다. 이 경우 소음계의 동특성은 시간평균 효과가 커다란 SLOW특성을 많이 사용한다.

$$L_{AE} = 10log_{10}\left(\frac{\Delta t}{T_o}\left(10^{L_{A1}/10} + 10^{L_{A2}/10} + \cdots + 10^{L_{An}/10}\right)\right) \tag{8.23}$$

식(8.23)에서 $L_{A1}, L_{A2}, \cdots, L_{An}$는 소음레벨의 측정값이고, n은 측정값의 총개수이다.

간헐적으로 소음을 발생시키는 소음원의 측정방법은 1회 소음 발생시마다 위의 방법으로부터 단일 소음폭로레벨을 구한 후 전체 측정시간T에 대한 등가소음레벨을 식(8.24)로부터 계산한다.

예를 들면, 철도와 항공기 소음 등과 같은 간헐적 소음원에 대한 등가소음레벨을 구하는 경우에는 소음 발생시마다 소음폭로레벨을 측정하여 식(8.24)에 대입하여 계산한다.

$$L_{eq} = 10log_{10}\left(\frac{T_o}{T}\left(10^{L_{AE1}/10} + 10^{L_{AE2}/10} + \cdots + 10^{L_{AEn}/10}\right)\right) \tag{8.24}$$

식(8.24)에서 $L_{AE1}, L_{AE2}, \cdots, L_{AEn}$는 각각의 간헐소음에 대한 소음폭로레벨이다.

라. 시간율 소음레벨

그림 8.11과 같이 변동하는 소음레벨에 대해서 임의의 기준 소음레벨이상의 시간이 전체 시간에 대해서 x%을 초과하는 경우 이 기준 소음레벨을 x% 시간율 소음레벨 L_{dx}이라고 한다. 따라서 50%시간율 소음레벨 L_{50}을 중앙값, 5%시간율 소음레벨 L_5을 90%범위의 상한값, 95%시간율 소음레벨 L_{95}을 90%범위의 하한값이라고 한다. 시간율 소음레벨의 퍼센트는 식(8.25)로부터 계산할 수 있다.

$$x = \frac{1}{T}\Sigma_{i=1}^{n} \Delta T_i \times 100\,[\%] \tag{8.25}$$

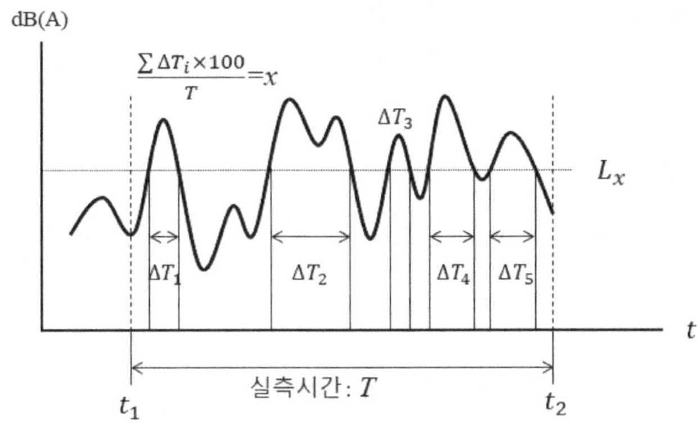

[그림 8.11] 시간율 소음레벨의 개념

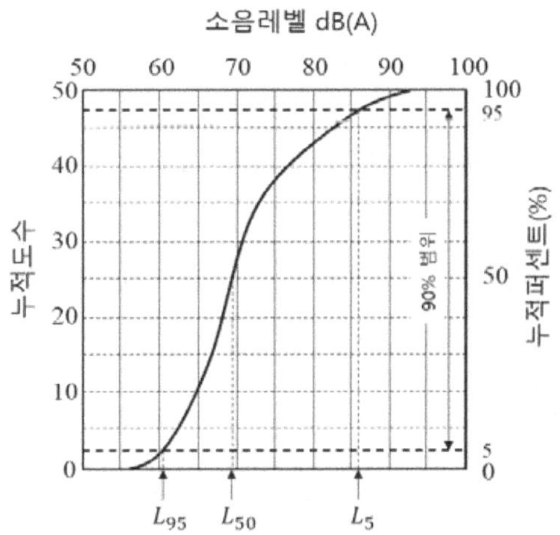

[그림 8.12] 소음레벨의 누적도수 곡선

시간율 소음레벨의 계산방법은 일정시간 간격마다 측정한 소음레벨의 샘플링 값으로부터 누적도수 곡선을 구한 후, 그림 8.12에서 식(8.25)을 이용하여 계산한 퍼센트(%)값에 해당하는 소음레벨을 구한다.

8.2.2 소음의 특성

가. 소음의 형태

일상적인 주위환경에 발생하는 소음특성은 다양한 형태로 발생한다. 따라서 시간변동 특성에 따른 소음을 분류하고, 그에 대한 측정방법 및 사용되는 대표값를 정리한다.

(a) 정상소음

정상소음은 소음레벨의 변화가 3dB~5dB 이내로 작고, 거의 일정한 소음이다. 측정방법은 순간적인 A특성의 소음레벨을 측정하거나, 일정시간 동안의 등가소음레벨을 측정한다.

(b) 불규칙 변동소음

변동소음은 일반 환경소음 혹은 도로에서 자동차 주행소음 등과 같이 소음레벨이 불규칙하면서 연속적으로 상당히 넓은 시간범위에 걸쳐서 변화하는 소음이다. 측정방법은 일정시간마다 소음레벨(FAST)을 샘플링해서, 측정시간 T동안의 등가소음레벨 혹은 시간율 소음레벨을 측정한다.

(c) 간헐소음

간헐소음은 소음레벨이 간헐적으로 발생하고 수초이상의 연속적인 소음이다. 측정방법은 소음 발생마다 소음레벨의 최대값(FAST)를 측정하거나, 누적도수 분포 90%범위의 상한값의 시간율 소음레벨을 측정한다. 또는 측정시간 T동안의 등가소음레벨을 측정하여 평가한다.

(d) 충격소음

충격소음은 소음의 지속시간이 매우 짧은 소음이다. 측정방법은 소음발생마다 소음레벨의 최대값(FAST) 혹은 측정시간 T동안의 등가소음레벨을 측정한다.

충격소음의 최대값을 측정하는 경우에는 FAST특성을 사용한다. 충격소음과 같이 지속시간이 짧은 음을 측정하는 경우 동특성의 선택에 따라서 측정값의 피크가 다르며 FAST동특성으로 측정한 최대값은 SLOW동특성의 최대값보다 크다.

나. 소음 측정위치의 선정방법

소음 측정위치의 선정은 소음측정 시 가장 중요한 요소가운데 하나이기 때문에 소음시험규격 혹은 절차서에 정확한 측정위치를 기술한다. 그러나 일반환경 및 작업환경 등과 같이 규정이 특별히 정해지지 않은 경우에는 당사자간의 협의에 의해서 필요에 따라 최적이라고 생각되는 측정위치를 선정해야만 한다. 그러나 측정 환경조건에 따라 최적의 측정위치가 다르기 때문에 다음과 같은 사항을 고려해서 당사자간 소음 측정위치를 선정한다.

(a) 실외

일반적인 환경소음을 측정하는 경우 건물 등과 같은 반사물로 부터 3.5m이상 떨어지고, 지상에서 약1.6m의 높이를 측정위치로 정한다.

일반 도로에서 소음 측정 시 차도와 보도의 구별이 되는 경우에는 차도 옆 보도 끝, 구별이 없는 경우에는 보도 끝에서 지상으로부터 약1.6m의 높이를 측정위치로 정한다.

(b) 건물의 주위

건물에 대한 외부소음을 측정하는 경우 건물의 외벽 등으로부터 1~2m 떨어진 지상에서부터 약1.6m의 높이를 측정점으로 정한다. 그리고 창문 앞에서 측정하는 경우 창문의 중심선 위에서 1m 떨어진 지점을 측정위치로 정한다.

(c) 건물의 내부

벽 등과 같은 반사면에서부터 1m이상 떨어진 지점의 바다에서부터 약1.6m의 높이를 소음의 측정위치로 정한다.

(d) 작업환경

공장 및 사업장 등의 작업환경에 대한 소음측정은 작업자 귀의 위치를 측정위치로 정하며, 작업자의 위치를 특정할 수 없는 경우에는 작업자의 동작 선상에 다수의 대표적인 위치에서 바닥으로부터 약1.6m높이을 소음의 측정위치로 정한다.

다. 암소음의 보정

특정 소음원에서 발생하는 소음을 측정하는 경우 특정 대상의 소음외에 암소음이 존재하기 때문에 정확한 소음레벨을 측정할 수 없다. 따라서 특정 소음원이 있는 경우와 없는 경우의 소음레벨을 측정해서 10dB이상이 되면 암소음의 영향은 무시할 수 있다. 그러나 10dB미만이 되면 소음레벨을 측정한 후 표 8.1를 이용해서 측정값을 보정해야 한다.

[표 8.4] 측정결과에 대한 암소음의 보정값

단위[dB]

특정 소음원 유무에 따른 측정값의 차	3	4	5	6	7	8	8	10이상
보정값	−3	−2		−1				0

8.2.3 음향파워의 측정방법

음향파워의 측정방법은 소음원으로부터 방사되는 음압 혹은 음향에너지의 측정에 따라서 음압법과 음향강도법으로 구분되며, 음압법은 측정원리에 따라서 2종류로 구분된다. 표 8.5에서 음향파워의 측정방법에 대한 측정장소 및 기본적인 측정원리를 설명하고 있다.

[표 8.5] 음향파워의 측정원리 및 방법

<table>
<tr><th colspan="2">측정방법</th><th>측정장소</th><th>측정원리</th></tr>
<tr><td rowspan="3">음압법 1</td><td>자유음장법</td><td>무향실</td><td rowspan="3">음원을 둘러싼 곡면상의 2승평균음압으로부터 음향강도를 구해서 음향파워를 계산한다.</td></tr>
<tr><td>반자유음장법</td><td>반무향실</td></tr>
<tr><td>준 반자유음장법</td><td>반사가 없는 일반음장</td></tr>
<tr><td>음압법 2</td><td>확산음장법</td><td>잔향실</td><td>확산음장 내의 2승평균음압으로부터 음향에너지밀도를 구해서 음향파워를 산출한다.</td></tr>
<tr><td colspan="2">음향강도법</td><td>무향실, 반무향실, 일반음장</td><td>음원을 둘러싼 폐곡면상에서 음향강도를 직접측정하여 음향파워를 산출한다</td></tr>
</table>

가. 자유음장법 또는 반자유음장법

그림 8.13과 같이 자유음장내에 위치한 음원을 중심으로 음원을 둘러싼 임의의 구면을 만들면 음원으로부터 방사되는 음향파워 W는 구면의 면적S과 이 면적을 통과하는 음향강도의 평균치 $\bar{I}$의 관계식으로부터 계산할 수 있다.

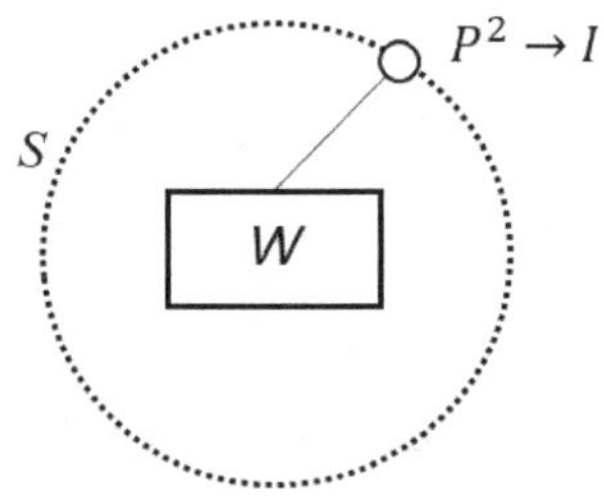

[그림 8.13] 자유음장법

$$W = \bar{I} S \tag{8.26}$$

또한 자유음장내에서 음원에서부터 일정한 거리만큼 떨어진 위치에서 음압의 2승평균음압 $\bar{p}^2$을 측정한 후 식(8.27)로부터 음향강도를 계산한다.

$$I = \frac{\overline{p}^2}{\rho c} \tag{8.27}$$

그리고 음향파워는 식(8.27)으로부터 계산된 음향강도를 식(8.26)에 대입해서 산출한다.

$$W = \frac{\overline{p}^2}{\rho c} S \tag{8.28}$$

식(8.28)의 양변을 기준 음향파워 $W_0 = 10^{-12}$로 나누어서 레벨로 표시하면 음원의 음향 파워레벨 L_W은 식(8.29)와 같이 음압레벨과 면적으로부터 계산할 수 있다.

$$L_W = \overline{L}_p + 10log_{10}\frac{S}{S_o} \tag{8.29}$$

식(8.29)에서 $\overline{L}_p$는 구면상의 평균음압레벨, S_0는 기준 면적 (1㎡)을 나타낸다.

위와 같은 방법은 측정 구면상에서 측정되는 음압으로부터 간접적으로 음향강도를 구한 후, 음원의 음압파워를 구하는 방법으로 음압법(음압법−1)이라고 하며, 측정장소를 고려하여 자유음장법이라고도 부른다. 또한 그림 8.14와 같이 음원이 반자유음장내 반사면 위에 위치한 경우 음원을 둘러싼 반구면을 설정하여 자유음장법과 완전히 동일한 측정원리로 음향파워를 측정할 수 있다. 이러한 방법을 반자유음장법이라고 부르며, 식(8.28)에서 음향강도가 통과하는 면적은 반구면의 면적으로 설정해야 한다.

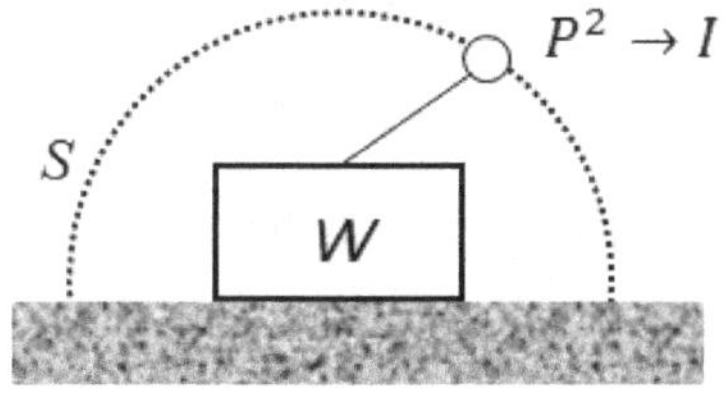

[그림 8.14] 반자유음장법

음압법을 이용하여 음원 위 임의의 구면 혹은 반구면에서 평균음압레벨 측정 시 측정면을 등면적으로 분할하는 경우에는 각각의 분할면적을 대표하는 점에서 측정한 음압레벨의 에너지 평균값을 계산하면 된다. 그리고 음원의 지향성이 민감한 경우에는 지향성이 강한 방향에 측정면을 상세하게 분할하여 많은 측정점을 설정해야 한다. 이러한 경우에는 각 측정점에서 측정한 음압에 각각의 점을 대표하는 분할면적의 가중함수를 곱해서 측정면 전체에 관한 2승평균음압을 계산하여 평균음압레벨을 구해야 한다.

나. 확산음장법

음압법(음압법 1)에서는 자유음장 내의 음압으로부터 음향강도를 산출하여 음원의 음향파워를 계산한다. 그러나 이 방법 외에도 잔향실을 이용하여 확산음장내 음압으로부터 음장의 음향에너지밀도를 계산하여 음향파워를 구하는 방법이 있다.

그림 8.15와 같이 확산음장을 형성하는 잔향실내에 음원이 설치 되어있는 경우 잔향실의 등가 흡음면적(흡음력)A과 확산음장의 평균 음향에너지밀도 ε로부터 음원으로부터 방사되는 음향파워를 계산할 수 있다.

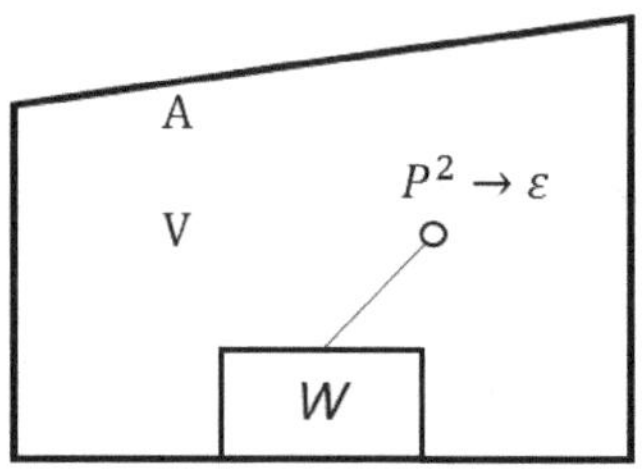

[그림 8.15] 확산음장법

$$W = \frac{c\varepsilon}{4} A \tag{8.30}$$

식(8.30)의 좌변은 확산음장(잔향실)에 공급되는 파워이고 우변은 확산음장의 경계면 에서 흡수되는 파워를 나타낸다. 따라서 확산음장 내의 평균음향에너지밀도는 식(8.31)로부터 2승평균음압 $\bar{p}^2$과 음속 및 공기의 밀도로부터 계산할 수 있다.

$$\varepsilon = \frac{\bar{p}^2}{\rho c^2} \tag{8.31}$$

또한, 확산음장의 등가흡음면적(흡음력) A은 제5장의 식(5.15)로부터 구할 수 있다.

$$A = \frac{kV}{T} \tag{8.32}$$

식(8.32)에서 $k = 0.162$, V는 음장의 체적이다.

식(8.32)와 식(8.31)을 식(8.30)에 대입하면 2승평균음압과 잔향시간으로부터 음향파워를 계산할 수 있으며, 레벨로 표시하면 다음과 같다.

$$W = \frac{kV\bar{p}^2}{4\rho c T} \tag{8.33a}$$

$$L_W = L_p - 10log_{10}\frac{T}{T_0} + 10log\frac{V}{V_0} - 14 \tag{8.33b}$$

위와 같이 확산음장 내에서도 음압을 직접 측정하지만, 음압법 1의 경우와 측정원리가 다르기 때문에 음압법 2로 구분한다. 이 방법은 실제 잔향실을 이용하여 확산음장에서 측정하기 때문에 확산음장법 혹은 잔향실법이라고 부른다.

다. 음향강도법

1880년대 중반이후부터 음향강도가 실용화되면서 음장에서 음향강도를 직접측정 할 수 있게 되었다.

음향강도에 대한 기본적 측정원리는 근접한 2점의 음압을 측정한 후, 두 음압의 차로부터 입자속도를 근사적으로 구한 후 음압과 곱해서 시간평균값에 대한 음향강도를 계산한다. 근접한 2점의 음압에 대한 신호처리는 2개의 음압신호를 시간영역에서 처리하는 방법(직접법)과 주파수 분석 후 주파수 영역에서 처리하는 방법 등이 있다.

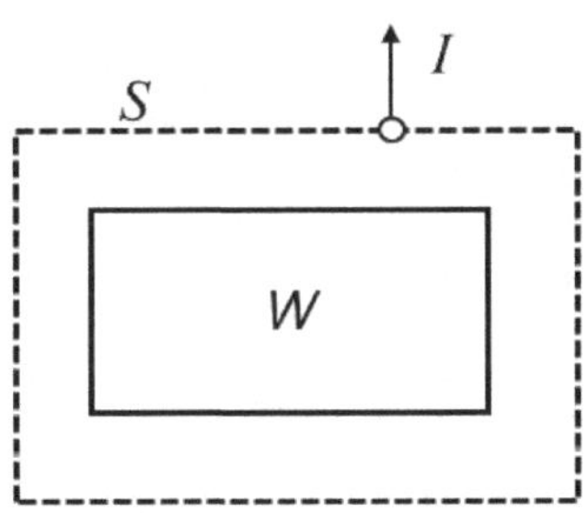

[그림 8.16] 음향강도법

이러한 음향강도법을 이용하면 그림 8.16과 같이 음원을 둘러싼 폐곡면 위에 음향강도를 직접측정 하여 폐곡면 전체에 걸쳐서 적분하여 계산할 수 있다. 그러나, 실제 측정방법은 폐곡면 위의 측정면적을 분할하여 각각의 분할면적을 대표하는 점에서 음향강도를 측정한다. 그리고 각 분할면적과 음향강도를 곱하여 분할면적의 음향파워를 계산한 후, 각 분할면적의 음향파워를 더하면 음원에서 방사되는 음향파워를 계산할 수 있다.

$$W = \sum (I_i S_i) \tag{8.34}$$

식(8.34)를 레벨로 표시하면 음향파워레벨이 구해진다. 단, 실제 측정에서는 각 분할면적에 대한 음향강도레벨을 측정한 후, 식(8.35)를 이용하여 음향파워레벨을 구하는 것이 일반적인 방법이다.

$$L_W = 10log\frac{\sum\left(10^{\frac{L_{I_i}}{10}} S_i\right)}{W_0} \tag{8.35}$$

식(8.35)에서 L_{I_i}는 측정면상 i번째의 측정점에 대한 음향강도레벨을 나타낸다.

음원 근처에서 음향강도를 측정할 경우 폐곡면의 외부로부터 입사하는 음의 영향을 거의 받지 않기 때문에 음향강도법은 음의 반사로 인해서 자유음장법을 적용할 수 없는 환경조건에서 음향파워를 측정할 수 있으며 상당히 좋은 측정결과를 얻을 수 있는 장점을 갖고 있다. 또한 음원에 대한 폐곡면의 분할면에서 음향파워를 분리해서 측정할 수 있기 때문에 음원 근처에서 음향파워의 흐름을 분석할 수 있다.

제9장

소음 저감방안

모터, 엔진 등과 같은 기계 등은 진동원인 동시에 소음원이기도 하다. 기계에서 발생되는 진동은 기계 여러 구조물 혹은 부품을 가진 시켜 소음을 방사시키기 때문에 기계의 진동을 저감 시키면 진동분만 아니라 소음을 저감 시킬 수 있다. 따라서 대부분의 소음을 저감 시키기 위해서는 소음 및 진동의 발생 원인이 되는 기계 내부의 진동을 저감 시키는 방안과 기계에서 방사되는 소음을 차단하는 방법으로 크게 구분하여 대책을 세운다.

본 장에서는 최근 차세대 소음 및 진동 저감방안으로 각광을 받는 공명형 흡음판과 압전 분기회로에 대해서 소개한다.

공명형 흡음판은 기존의 다공질 흡음재를 사용하지 않고 소음을 저감 시키는 흡음재이며 압전 분기회로는 압전재료에 분기회로를 연결하여 진동을 저감 시키는 전기석 동흡신기이다.

9.1 공명형 흡음판

공명형 흡음판(Micro−perforated panel)은 소음을 저감 시키는 흡음재의 일종으로 기존의 흡음재와 달리 다수의 미세유공이 뚫린 판과 공기 층으로 구성된 흡음재이다. 이 공명형 흡음판의 소음저감 원리는 헬름홀츠 공명기의 원리를 이용하여 공기가 유공을 입출입할 때 유공내부의 벽과 공기 사이에서 마찰이 발생하여 음향에너지가 열에너지로 변환하여 소음을 저감 시킨다.

기존의 글라스울 혹은 폴리에스터와 같은 재료를 사용하는 흡음재와 다르게 흡음판의 미세유공을 제작할 수 있으면 소재에 의존하지 않고 제작이 가능하여 다양한 소재를 이용할 수 있기 때문에 재료에 따라 반영구적으로 사용이 가능하다. 또한 기존의 흡음재는 특성에 따라 차이는 있지만 대부분 흡음성능이 고주파 영역에 한정된다. 그러나 공명형 흡음판은 설계 인자 (판 두께, 유공 지름, 공동 깊이, 유공율)에 따라 최대 흡음율 주파수 영역을 조절할 수 있어 차세대 흡음재로 많은 연구가 진행되고 있다.

9.1.1 기본 이론

가. 흡음판의 임피던스

공명형 흡음판은 헬름홀쯔 공명기의 원리를 이용하여 그림 9.1(a)와 같이 다수의 유공을 가진 흡음판이 강체 벽을 가진 공동과 결합하여 흡음재로서 역할을 하게 된다. 공명형 흡음판은 공동내 음의 공진으로 인해 공기입자가 격렬하게 유공을 유출입 하면서 유공 벽면과 마찰하면서 점성으로 인해 음이 소산한다.

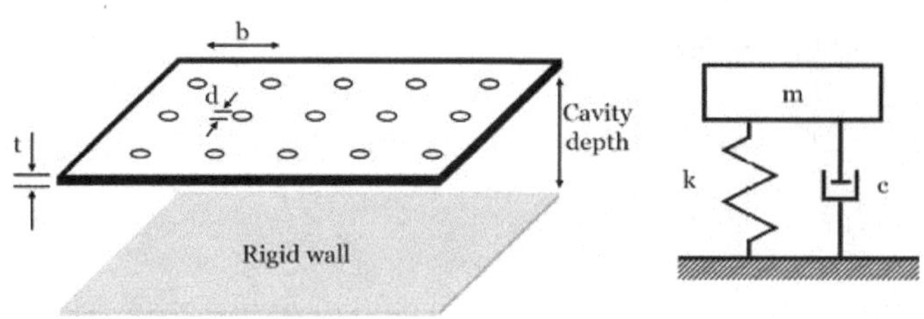

(a) 공명형 흡음판의 구성 (b) 공명형 흡음판의 기계적 등가계

[그림 9.1] 공명형 흡음판의 구성 및 기계적 등가계

이러한 공명형 흡음판 흡음판은 그림 9.1(b)와 같이 질량, 스프링 및 감쇠기로 구성된 1

자유도 진동계로 등가적으로 생각할 수 있다. 진동계의 질량은 유공내부의 공기 질량, 감쇠기는 공기와 유공 벽면에서 발생하는 점성 소산 및 스프링의 강성은 공동 깊이에 해당한다.

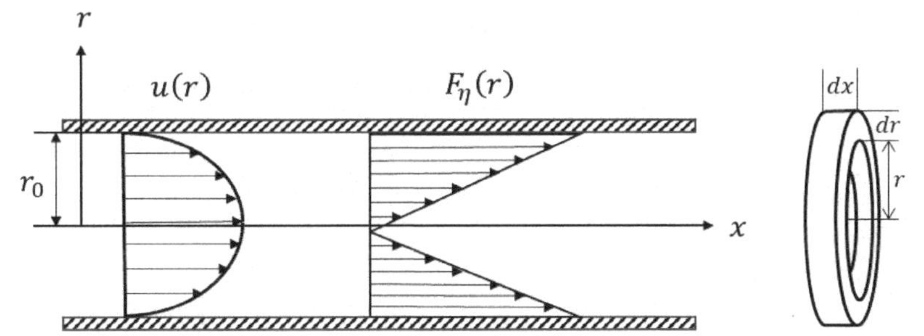

[그림 9.2] 유공내 입자속도 및 점성력의 분포와 미소체적

레일레이(Ralyeigh)는 유공이 작은 관으로 가정하고 음의 파장과 비교하여 관(유공)의 길이가 짧은 경우에 대해 유공내부의 압력차와 입자속도로부터 유공내부에 대한 공기 입자의 운동방정식을 유도하였다.

그림 9.2와 같이 유공내부에서 공기입자가 왕복운동을 하면 벽면의 동점성 계수(dynamic viscosity coefficient : η)에 의해서 점성력이 발생한다. 이 점성력은 관벽에서는 최대이고 관의 중심에서는 최소가 된다.

유공내부의 공기에 작용하는 점성력 분포dF_η는 원통형 좌표계의 반경방향에 대한 유공내부의 단위길이당 미소체적 $dV = 2\pi r dr$의 점성력 분포를 구할 수 있다.

$$dF_\eta = \frac{\eta}{r}\frac{\partial}{\partial r}\left(\frac{\partial u}{\partial r}r\right)2\pi r dr \tag{9.1}$$

유공내부의 미소체적에 작용하는 힘은 미소체적 양측에 작용하는 압력차로부터 계산된다.

$$dF = \frac{\partial p}{\partial x}2\pi r dr \tag{9.2}$$

식(9.1)과 식(9.2)의 점성력 분포와 단위길이당 미소체적에 작용하는 힘에 대한 운동방정식은 다음과 같다.

$$\rho dV\frac{\partial u}{\partial t} = \rho 2\pi r dr \cdot j\omega u = dF_\eta + dF \tag{9.3}$$

$$j\omega\rho u = \frac{\eta}{r}\frac{\partial}{\partial r}\left(\frac{\partial u}{\partial r}r\right) + \frac{\partial p}{\partial x} \tag{9.4}$$

식(9.4)에서 관의 길이가 파장보다 매우 짧을 경우 유공내부에서 미소체적 양측의 압력차이는 관의 두께 t를 고려하면 $\frac{\partial p}{\partial x} = \frac{\Delta p}{t}$으로 변형시킬 수 있으며 원통형 좌표계의 관계 $\frac{1}{r}\frac{d}{dr}\left(r\frac{d}{dr}\right) = \frac{d^2}{dr^2} + \frac{1}{r}\frac{d}{dr}$를 이용하여 정리할 수 있다.

$$\frac{\eta}{r}\frac{\partial}{\partial r}\left(r\frac{\partial u}{\partial r}\right) - j\omega\rho u = \eta\left(\frac{\partial^2}{\partial r^2} + \frac{1}{r}\frac{\partial}{\partial r} + k^2\right)u = -\frac{\Delta p}{t} \tag{9.5}$$

식(9.5)에서 ρ는 공기 밀도 u는 유공내부에서 공기 입자의 축 방향 속도이며, t는 유공의 길이이다. 유공내부의 압력차는 반경방향의 벡터 r(관의 벽에서 0이고, 중심에서 최대)의 함수이고, $k^2 = -\frac{j\omega\rho}{\eta}$는 점성 스토크스 파동(viscous Stokes wave)의 파수이다.

식(9.5)는 입자속도 u에 대한 베셀(Bessel) 방정식으로 일반해는 제1종 0차 베셀함수 $J_0(kr)$가 된다.

$$u(r) = -\frac{\Delta p}{\eta k^2 t} + A J_0(kr) \tag{9.6}$$

식(9.6)에서 계수A는 관의 벽($r = r_0$)에서 입자 속도가 $u(r_0) = 0$인 경계조건을 적용한 후 식(9.6)에 대입하면 구할 수 있다.

$$A = \frac{\Delta p}{\eta k^2 t}\ \frac{1}{J_0(kr_0)} \tag{9.7a}$$

$$u(r) = -\frac{\Delta p}{\eta k^2 t}\left[1 - \frac{J_0(kr)}{J_0(kr_0)}\right] \tag{9.7b}$$

유공내부의 입자속도는 점성력에 의해서 반경방향에 따라 변하기 때문에 유공내부의 반경방향에 대한 평균 입자속도를 구한다. 평균 입자속도는 공기의 체적속도 $2\pi ru$에 대한 반경방향에 적분 값을 유공내부의 면적 πr_0^2으로 나누면 된다.

$$\bar{u} = \frac{1}{\pi r_0^2}\int_0^{r_0} 2\pi r u dr = -\frac{2}{r_0^2}\frac{\Delta p}{\eta k^2 t}\int_0^{r_0} r\left[1 - \frac{J_0(kr)}{J_0(kr_0)}\right]dr = -\frac{\Delta p}{\eta k^2 t}\left[1 - \frac{2}{kr_0}\frac{J_1(kr_0)}{J_0(kr_0)}\right] \tag{9.8}$$

식(9.8)에서 J_1은 1종 1차 베셀함수이며 이 식으로부터 압력차와 평균 입자속도의 비 즉 임피던스를 구할 수 있다.

$$Z_P = \frac{\Delta p}{\bar{u}} = j\omega\rho t\left[1 - \frac{2}{x\sqrt{-j}}\frac{J_1(x\sqrt{-j})}{J_0(x\sqrt{-j})}\right]^{-1} \tag{9.9}$$

식(9.9)에서 $x = \frac{d}{2}\sqrt{\omega\rho/\eta} = \frac{d}{2}\sqrt{\omega/\mu}$는 유공상수라고 하며 유공의 반경과 점성 경계층의 두께($\sqrt{2\eta/\omega\rho}$)의 비에 $\sqrt{2}$의 곱으로 정의된다. $\mu = \eta/\rho$는 공기의 운동 점성계수이고, $d = 2r_0$는 관의 직경이다.

식(9.9)는 흡음판에서 1개 유공에 대한 음향임피던스이므로 흡음판 전체의 대한 음향임피던스로 나타내야 한다.

다수의 유공을 갖는 흡음판에 대해서 다음과 같은 가정을 한다.

① 흡음판의 유공은 독립적이며 유공사이의 거리가 유공직경보다 크면 유공이 배열된 공명형 흡음판의 임피던스는 각각의 유공에 대한 임피던스의 합과 유공 수의 비로 계산할 수 있다.

② 일반적으로 최대 가정주파수 20kHz의 파장은 17mm이므로 유공사이의 거리가 음의 파장보다 작기 때문에 유공사이의 판에서 음의 반사는 무시한다.

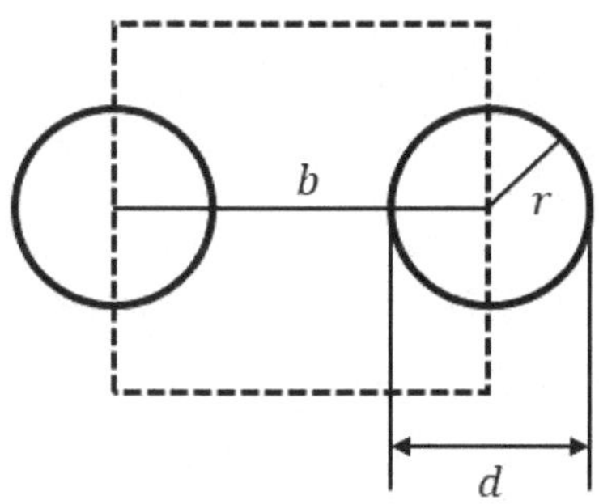

[그림 9.3] 흡음판의 유공사이의 기하학적 관계

위의 가정에 따라 공명형 흡음판의 임피던스는 식(9.9)의 유공에 대한 임피던스와 유공율의 비가 된다. 공명형 흡음판의 유공율 σ은 그림 9.3과 같이 전체판의 면적 nb^2에 대한 유공면적 $n\pi r^2$의 비로 정의된다.

$$\sigma = \frac{n\pi r^2}{nb^2} = \frac{\pi}{4}\left(\frac{d}{b}\right)^2 = 0.785\left(\frac{d}{b}\right)^2 \tag{9.10}$$

따라서, 다수의 유공을 갖는 흡음판의 음향임피던스는 식(9.9)를 식(9.10)으로 나누면 되며, 공명형 흡음판의 특성 임피던스는 공기의 특성 음향임피던스 ρc로 나누면 된다.

$$Z_P = \frac{Z_h}{\sigma} = \frac{j\omega\rho t}{\sigma}\left[1 - \frac{2}{x\sqrt{-j}}\frac{J_1(x\sqrt{-j})}{J_0(x\sqrt{-j})}\right]^{-1} \tag{9.11a}$$

$$z_P = \frac{Z_p}{\rho c} = \frac{j\omega t}{\sigma c}\left[1 - \frac{2}{x\sqrt{-j}}\frac{J_1(x\sqrt{-j})}{J_0(x\sqrt{-j})}\right]^{-1} \tag{9.11b}$$

유공상수가 1이하일 경우에는 흡음판의 유공직경이 1mm이하로서 흡음율이 크지만 흡음판 제작이 매우 어렵고, 유공상수가 10이상인 경우에는 흡음판의 유공직경이 수mm로 증가하여 흡음율이 크게 낮아지기 때문에 흡음재를 추가해서 흡음율을 높인다.

Maa는 흡음판이 비교적 높은 흡음율을 가지면서 제작이 가능한 유공상수의 영역 $1 \le x \le 10$에 대한 흡음판의 임피던스를 계산하였다. 식(9.11)의 베셀함수를 테일러 급수로 전개한 후 3차항이상의 고차항을 무시하면 다음과 같은 식을 구할 수 있다.

$$z_{Maa,P} = \frac{32\eta}{\sigma\rho c}\frac{t}{d^2}\sqrt{1+\frac{x^2}{32}} + \frac{j\omega t}{\sigma c}\left(1+\frac{1}{\sqrt{3^2+\frac{x^2}{2}}}\right) \tag{9.12}$$

Maa가 제시한 흡음판의 특성 임피던스에 대한 근사식은 식(9.11b)의 엄밀해와 비교하면 약 6%이하의 오차 범위를 갖는다.

공명형 흡음판의 특성 임피던스는 유공 사이의 음압차와 유공내부의 평균 입자속도의 비로서 실수부와 허수부를 갖는 복소수이다.

$$z_P = r + jm \tag{9.13}$$

식(9.13)에서 실수부 r은 음향저항(acoustic resistance)이라고 하며 유공내부의 점성 소산을 나타낸다. 허수부 m은 음향질량(acoustic reactance)라고 하며 유공내부를 왕복 운동하는 공기의 질량을 의미한다.

나. 끝단보정

만약 유공의 두께가 지름보다 작은 경우 흡음판의 특성 음향임피던스에 추가적인 보정항이 필요하며 끝단보정(end correction)이라고 한다.

끝단보정은 제3장에서 기술한 강벽 내 원형피스톤의 방사임피던스의 추가질량에 의한 영향으로 발생한다. 흡음판의 두께와 유공의 직경이 음의 파장보다 매우 작은 경우 유공내부의 공기는 피스톤과 같이 운동을 하여, 유공 외부로 음이 방사할 때 외부 공기에 의한 힘이 작용하여 추가적인 질량이 발생한다. 이 추가질량으로 인해서 유공표면 주위의 마찰에 의한 점성효과가 발생하기 때문에 끝단보정은 음향저항(실수부)과 음향질량(허수부)에 대한 보정값이 추가된다.

끝단보정의 음향저항은 유공내부의 피스톤 운동과 함께 음의 방사로 인한 추가질량이 유공 주위의 벽면에서 점성 경계층을 형성하여 음향흐름 변형에 의한 유공끝단 주변의 판 표면에서 발생하는 표면 점성효과이다.

점성에 의해서 감소되는 음향파워 W_s는 식(3.88)과 같이 원형피스톤의 표면 S에 수평방향의 속도 진폭 U_s과 점성경계층에 의한 표면저항 R_s로부터 계산할 수 있다.

$$W_s = \frac{1}{2}\int_s R_s |U_s|^2 ds \tag{9.14a}$$

$$R_s = \frac{1}{2}\sqrt{2\eta\rho\omega} \tag{9.14b}$$

식(9.14b)의 표면저항은 유공의 한쪽 측면 만을 고려한 값이기 때문에 $2R_s$을 사용한다. 그러나, 실제 표면저항의 값이 작기 때문에 $4R_s$을 사용하는 경우도 있다.

Guo는 유공끝단의 곡률반경이 작을 경우에는 유공끝단의 형상에 따라 임피던스가 변화하기 때문에 유공의 끝단이 날카로울 경우 4, 부드러울 경우 2라는 유공형상 α계수를 사용하여 흡음판 임피던스의 실수부에 식(9.15)를 추가하였다.

$$r_{end\ correction} = \alpha 2R_s \tag{9.15}$$

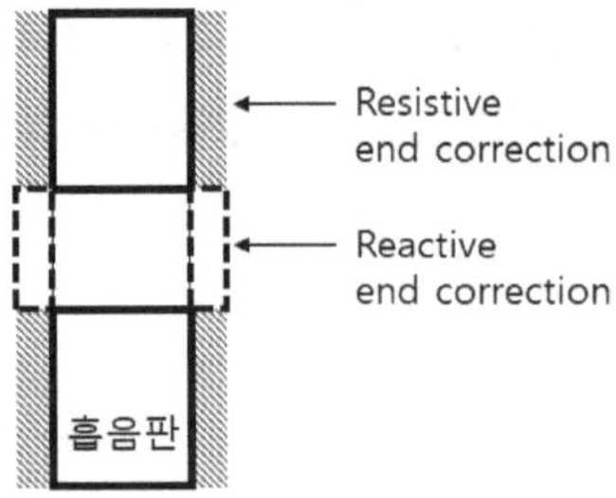

[그림 9.4] 유공의 추가질량과 점성효과

흡음판 임피던스의 음향질량에 대한 끝단보정은 유공내부에서 공기의 피스톤 운동과 함께 유공끝단에서 음향방사로 인한 추가질량이 발생하는 현상으로 식(3.89)의 원형피스톤에 의한 방사임피던스의 음향질량에 의한 추가적인 유공의 두께가 된다.

$$\delta = \frac{8d}{3\pi} = 0.85d \tag{9.16}$$

식(9.16)의 유공두께의 보정 값은 다음과 같으며 식(9.11)의 공명형 흡음판에 대한 임피던스의 허수부에 추가된다.

$$m_{end\ correction} = \frac{\delta\rho\omega}{\sigma\rho c} = \frac{0.85d\omega}{\sigma c} \tag{9.17}$$

표 9.1에서 흡음판 임피던스의 음향저항에 대한 끝단보정 값은 유공직경에 무관하지만, 음향질량의 끝단보정 값은 유공직경에 비례한다. 따라서 유공직경이 증가할수록 흡음판의 임피던스에 대한 음향질량은 유공직경 변화에 민감하다는 것을 알 수 있다.

[표 9.1] 흡음판에 대한 음향임피던스의 끝단보정 값

음향저항 (실수부)	음향질량 (허수부)
$\frac{\alpha 2R_s}{\sigma\rho c}$	$\frac{0.85d\omega}{\sigma c}$

Maa는 흡음판 임피던스에 대한 식(9.12)에 끝단보정 값으로 $4R_s$를 식(9.17)에 음향저항으로 사용하였다. 그러나 향후 음향저항의 끝단보정 값으로 R_s를 사용하기도 하였다.

$$z_{Maa,P} = \frac{32\eta}{\sigma\ \rho c}\frac{t}{d^2}\left(\sqrt{1+\frac{x^2}{32}}+\frac{\sqrt{2}\,xd}{8t}\right) + \frac{j\omega t}{\sigma c}\left(1+\frac{1}{\sqrt{3^2+\frac{x^2}{2}}}+\frac{0.85d}{t}\right) \quad (9.18)$$

식(9.11b)의 엄밀해에 표 9.1의 끝단보정 값을 적용하면 식(9.19)와 같다.

$$z_{Guo,P} = \frac{j\omega t}{\sigma c}\left[1-\frac{2}{x\sqrt{-j}}\frac{J_1(x\sqrt{-j})}{J_0(x\sqrt{-j})}\right]^{-1} + \frac{\alpha 2R_s}{\sigma\rho c}+j\frac{\delta\omega}{\sigma c} \quad (9.19)$$

다. 유공간섭

흡음판의 유공율이 증가하여 유공사이의 거리가 가까워지면 근접한 유공들 사이의 상호작용에 의한 유공간섭이 발생하여 끝단보정에 영향을 준다.

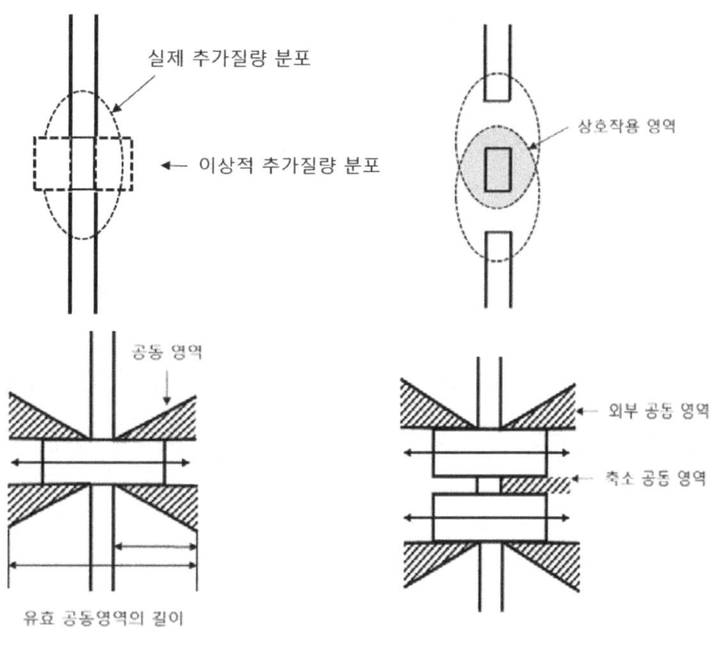

(a) 단일유공 (b) 두개 유공

[그림 9.5] 추가질량에 의한 유공간섭

유공간섭은 그림 9.5(a)와 같이 유공의 추가질량이 직사각형으로 작용하지 않고 유공 주위에서 타원형의 형태로 분포하여 유공사이의 거리가 짧으면 커다란 영향을 미친다. 이 경우 유공의 추가질량이 미치는 영향은 판에서 멀어질수록 점차 넓은 면적으로 확장한다. 그림 9.5(b)는 근접한 유공사이의 점성경계층 공유에 의한 추가질량이 서로 영향을 미치는 형태를 나타내고 있다.

이렇게 두 유공이 추가질량을 공유하면서 전체적인 추가질량이 감소되며 끝단 보정에서 추가질량에 해당하는 음향질량의 값이 감소하게 된다.

두 유공사이의 간섭효과는 그림 9.6의 유공사이의 기하학적 관계로부터 간섭효과를 분석할 수 있다.

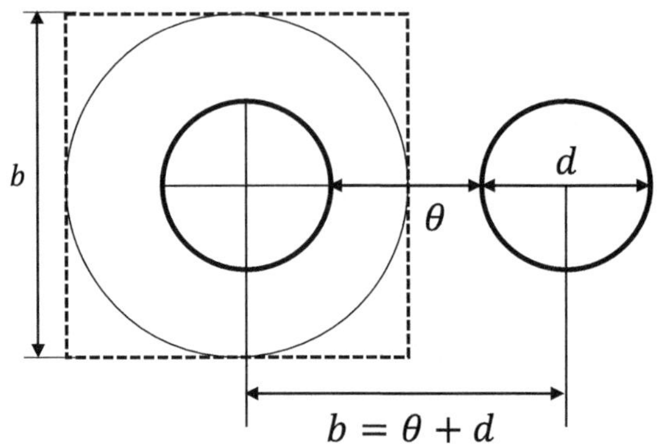

[그림 9.6] 두 유공사이의 기하학적 관계

Melling은 유공의 지름과 두 유공사이의 중심에 대한 거리에 대한 관계로 간섭효과를 분석하였다. $\frac{d}{b}\langle 0.2, (a\rangle 4d)$의 경우 두 유공사이의 간섭효과는 무시할 수 있고 $\frac{d}{b} > 0.8$, $(a\rangle \frac{d}{4})$의 경우에는 두 유공사이의 간섭효과로 인하여 추가질량의 영향이 거의 사라진다.

두 유공사이의 간섭효과는 Fok 함수 $\Psi(\varepsilon)$를 끝단보정 값의 음향질량 항에 적용하면 된다.

$$\Psi(\varepsilon)= \left(1 + a_1\varepsilon + a_2\varepsilon^3 + a_3\varepsilon^5 + a_4\varepsilon^6 + a_5\varepsilon^7 + a_6\varepsilon^8\right)^{-1} \tag{9.20a}$$

$$m_{end\ correction} = \frac{\delta\omega}{\sigma c\Psi(\varepsilon)} \tag{9.20b}$$

식(9.20)에서 Fok 함수의 계수는 $a_1 =- 1.4092$, $a_2 = 0.33818$, $a_3 = 0.06793$, $a_4 =- 0.02287$, $a_5 = 0.03015$, $a_6 =- 0.01641$이며, ε은 유공율의 제곱근이다.

$$\varepsilon = \frac{d}{D_e} = \frac{\sqrt{\pi}}{2}\frac{d}{b} = \sqrt{\sigma} \tag{9.21a}$$

$$D_e = 2\sqrt{\frac{\phi_s}{\pi}} = 2\frac{b}{\sqrt{\pi}},\ \phi_s = b^2 \tag{9.21b}$$

식(9.21b)에서 ϕ_s는 그림 9.6에서 두 유공 중심사이의 길이에 대한 정사각형 면적이며, D_e는 ϕ_s의 정사각형 면적을 등가적인 원형면적으로 생각할 경우의 반지름을 나타낸다. 따라서 ε은 정사각형 면적의 길이와 등가 원형면적의 반지름에 대한 비로서 유공율의 제곱근에 해당한다.

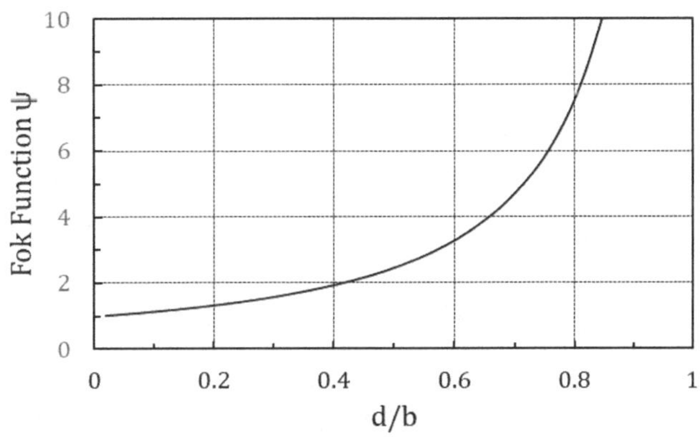

[그림 9.7] 유공직경과 유공간격의 비에 따른 Fok 함수

그림 9.7은 유공직경과 유공간격의 비에 따른 Fok함수를 나타내고 있다. 유공직경과 유공간격 비율이 0.2 미만일 때 Fok함수의 값은 1에 근접하지만 그 이상이 되면 급격히 증가한다. 즉 유공의 간섭효과가 증가하게 되어 끝단보정 항의 음향질량이 감소한다는 것을 알 수 있다. 따라서, 유공의 간섭효과를 고려한 끝단보정은 다음과 같다.

$$End\ correction = \frac{2\alpha R_s}{\sigma\rho c} + j\frac{\delta\omega}{\sigma c \Psi(\varepsilon)} \tag{9.22}$$

식(9.22)이외에도 많은 연구자들이 끝단보정과 유공간섭 효과에 대한 식을 제시하였다. Bolton과 Kim은 수치해석을 통해서 끝단보정의 실수부에 대한 유공형상 계수 α를 유공율, 유공지름, 유공두께 및 주파수에 관한 식으로 제시하였다.

$$\alpha = \left[(1-223t)\frac{\sigma}{d} + 135\right] f^{-0.5} \tag{9.23}$$

Temiz 등은 끝단보정의 값에 유공간섭을 고려한 유공형상 계수와 추가질량의 유공두께에 관한 보정식을 제시하였다.

$$\alpha = 5.08\,x^{-1.45} + 1.7 \tag{9.24a}$$

$$\delta = \left(0.97\ e^{(-2.0x)} + 1.54\right) - \left(0.85\sigma - 2.4\sqrt{\sigma} + 1.54\right) \tag{9.24b}$$

김재철과 이웅용은 흡음판의 임피던스에 대한 실험식을 이용해서 유공형상 계수와 추가질량의 유공두께에 관한 보정식을 제시하였다.

$$\alpha = 1.5876\left(\frac{t}{\sqrt{b\,d\sigma}}\right) + 2.1296 \tag{9.25a}$$

$$\delta = 0.084\ ln\left(\frac{\sqrt{t\,d}}{b\,\sigma^3}\right) + 0.9964 \tag{9.25b}$$

라. 공동의 임피던스

그림 9.8과 같이 흡음판과 강판사이에 길이가 D인 공명이 존재하는 경우, 공동내 압력과 입자속도는 다음과 같다.

$$p_1 = \left(A_1 e^{-jkx} + B_1 e^{jkx}\right) e^{i\omega t} \tag{9.26a}$$

$$u_1 = \frac{1}{\rho c}\left(A_1 e^{-jkx} - B_1 e^{jkx}\right) e^{i\omega t} \tag{9.26b}$$

$$p_0 = \left(A_0 e^{-jkx} + B_0 e^{jkx}\right) e^{i\omega t} \tag{9.26c}$$

$$u_0 = \frac{1}{\rho c}\left(A_0 e^{-jkx} - B_0 e^{jkx}\right) e^{i\omega t} \tag{9.26d}$$

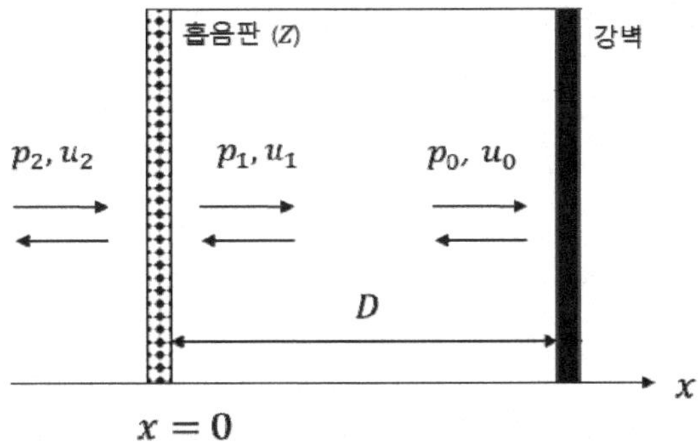

[그림 9.8] 흡음판, 공동 및 강벽 위의 음압 및 속도

공동내 압력과 입자속도는 $p_1 = p_0,\ u_1 = u_0$동일하며, 흡음판과 공동 내 뒷판에서의 음압과 입자속도는 공동의 길이($x=0, D$)를 대입하면 간단히 구할 수 있다.

$$p_1 = A_1 + B_1,\ u_1 = \frac{1}{\rho c}(A_1 - B_1) \tag{9.27a}$$

$$p_0 = A_1 e^{-jkD} + B_1 e^{jkD} = (A_1 + B_1)coskD - j\rho c(A_1 - B_1)sinkD \tag{9.27b}$$

$$u_0 = \frac{1}{\rho c}(A_1 e^{-jkD} - B_1 e^{jkD}) = \frac{1}{\rho c}(A_1 - B_1)coskD - j\frac{1}{\rho c}(A_1 + B_1)sinkD \tag{9.27c}$$

$$p_0 = p_1 coskD - j\rho c u_1 sinkD \tag{9.27d}$$

$$u_0 = u_1 coskD - j\frac{p_1}{\rho c}sinkD \tag{9.27e}$$

식(9.27d)와 식(9.27e)를 행렬로 표시하면 다음과 같다.

$$\begin{bmatrix} p_0 \\ u_0 \end{bmatrix} = \begin{bmatrix} cos(kD) & -j\rho c sin(kD) \\ -j\dfrac{1}{\rho c}sin(kD) & cos(kD) \end{bmatrix} \begin{bmatrix} p_1 \\ u_1 \end{bmatrix} \tag{9.28a}$$

$$\begin{bmatrix} p_1 \\ u_1 \end{bmatrix} = \begin{bmatrix} cos(kD) & j\rho c sin(kD) \\ j\dfrac{1}{\rho c}sin(kD) & cos(kD) \end{bmatrix} \begin{bmatrix} p_0 \\ u_0 \end{bmatrix} \tag{9.28b}$$

그림 9.8에서 공동의 뒤편은 강판으로 입자속도는 $u_0 = 0$이므로 식(9.28)로부터 음압과

입자속도의 관계를 나타낼 수 있다.

$$p_1 = cos(kD)p_0 \tag{9.29a}$$

$$u_1 = j\frac{1}{\rho c}sin(kD)p_0 \tag{9.29b}$$

따라서 식(9.29)로부터 공명에 대한 임피던스를 구할 수 있다.

$$Z_D = \frac{p_1}{u_1} = -j\rho c\, cot(kD) \tag{9.30a}$$

$$z_D = \frac{Z_D}{\rho c} = -j\, cot(kD) \tag{9.30b}$$

공동의 임피던스는 공동 깊이에 따라 최대 및 최소 흡음율이 발생하는 주파수가 존재한다. 식(9.30)에서 파수와 주파수의 관계 $k = \frac{\omega}{c}$를 대입하면 최대 및 최소 흡음율이 발생하는 주파수를 구할 수 있다.

식(9.30)에서 $kD = \frac{\pi}{2}, \frac{3\pi}{2}, \frac{5\pi}{2}, \cdots$인 경우 공동의 임피던스는 최대가 된다.

$$j\rho c\, cot(kD) = 0 \tag{9.31a}$$

$$\frac{\omega}{c}D = \frac{2\pi f}{c}D = \frac{(2n+1)\pi}{2},\ (n = 0,\ 1,\ 2,\ \cdots) \tag{9.31b}$$

$$f_{max} = (2n+1)\frac{c}{4D} \tag{9.31c}$$

식(9.30)에서 $kD = 0, \pi, 2\pi, \cdots$인 경우 공동의 임피던스는 최소가 된다.

$$j\rho c\, cot(kD) = \infty \tag{9.32a}$$

$$\frac{\omega}{c}D = \frac{2\pi f}{c}D = n\pi,\ (n = 0,\ 1,\ 2,\ \cdots) \tag{9.32b}$$

$$f_{min} = n\frac{c}{2D} \tag{9.32c}$$

공명형 흡음판의 전체 임피던스는 흡음판의 임피던스와 공명의 임피던스의 합으로 계산된다.

$$Z = Z_P + Z_D \tag{9.33}$$

공명형 흡음판의 임피던스를 이용하여 흡음율을 계산한다.

그림 9.8과 같이 공명형 흡음판에 입사음 및 반사음과 입자속도는 식(9.26)과 같이 쓸 수 있다.

$$p_2 = p_i + p_r = (Ae^{-jkx} + Be^{jkx})e^{i\omega t} \tag{9.34a}$$

$$u_2 = \frac{1}{\rho c}(Ae^{-jkx} - Be^{jkx})e^{i\omega t} \tag{9.34b}$$

흡음판의 위치 $x=0$에 대한 음압과 입자속도로부터 전체 공명형 흡음판의 음향임피던스를 구할 수 있다.

$$p_2 = (A+B)e^{i\omega t} \tag{9.35a}$$

$$u_2 = \frac{1}{\rho c}(A-B)e^{i\omega t} \tag{9.35b}$$

$$Z = \frac{p_2}{u_2} = \frac{1}{\rho c}\left(\frac{A+B}{A-B}\right) \tag{9.35c}$$

식(9.35c)로부터 음압의 반사계수 $R = \dfrac{B}{A}$을 구할 수 있으며 반사계수로부터 흡음율을 구할 수 있다.

$$R = \frac{B}{A} = \frac{Z-\rho c}{Z+\rho c} \tag{9.36a}$$

$$\alpha = 1 - |R|^2 = 1 - \left| \frac{Z - \rho c}{Z + \rho c} \right|^2 \qquad (9.36b)$$

$$\alpha = \frac{4\rho c\, Re(Z)}{[\rho c + Re(Z)]^2 + [Im(Z)]^2} = \frac{4Re(z)}{[1 + Re(z)]^2 + [Im(z)]^2} \qquad (9.36c)$$

식(9.36)으로 공명형 흡음판의 임피던스는 흡음판 임피던스의 엄밀해 또는 Maa의 근사해에 끝단보정과 유공간섭 효과를 고려한 임피던스와 공동의 임피던스의 합으로부터 구해진다.

$$z_P = \frac{j\omega t}{\sigma c}\left[1 - \frac{2}{x\sqrt{-j}} \frac{J_1(x\sqrt{-j})}{J_0(x\sqrt{-j})}\right]^{-1} + \frac{\alpha 2R_s}{\sigma \rho c} + j\frac{\delta \omega}{\sigma c \Psi} \qquad (9.37a)$$

$$z = Z/\rho c = (Z_P + Z_D)/\rho c = [z_P - j\cot(k_0 D)] \qquad (9.37b)$$

9.1.2 설계인자 변화에 따른 흡음율

공명형 흡음판은 4개의 설계인자 (유공직경, 판 두께, 유공율, 공동깊이)에 따라 흡음율의 크기 및 주파수 영역이 변한다. 그림 9.9~9.12는 식(9.36c)을 이용하여 4개의 설계인자 변화에 따른 흡음율을 비교한 계산결과로서 설계인자가 흡음율에 미치는 영향을 파악할 수 있다.

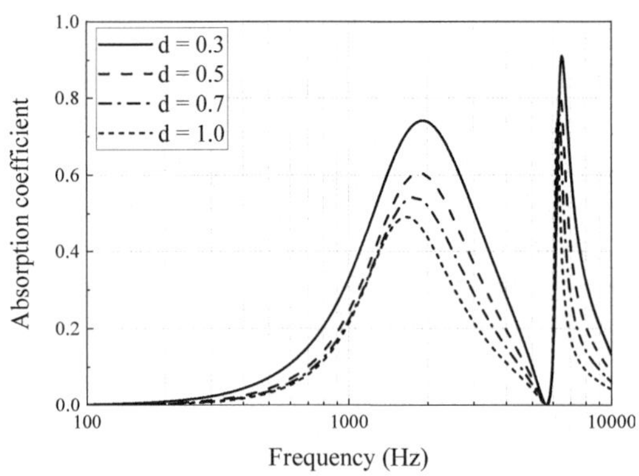

[그림 9.9] 유공직경에 따른 흡음율 ($t: 1mm,\ \sigma: 5\%,\ D: 30mm$)

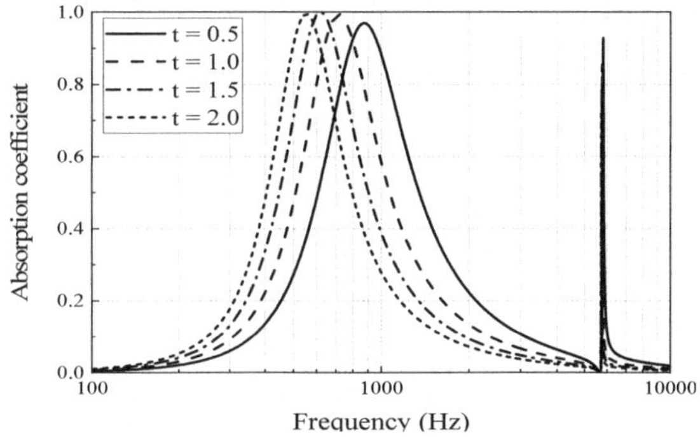

[그림 9.10] 판 두께에 따른 흡음율 $(d: 0.7mm,\ \sigma: 1\%,\ D: 30mm)$

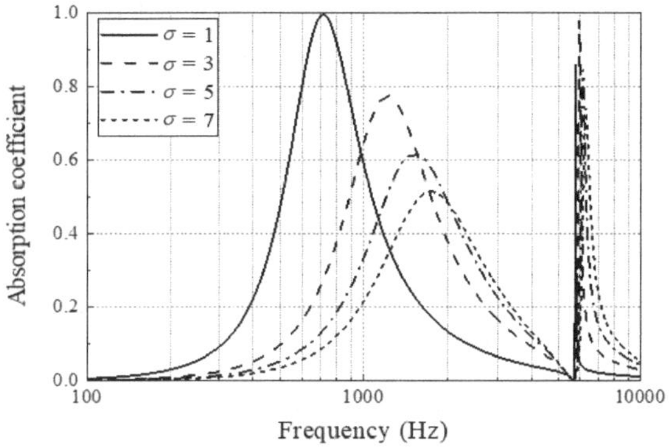

[그림 9.11] 유공율에 따른 흡음율 $(d: 0.7mm,\ t: 1mm,\ D: 30mm)$

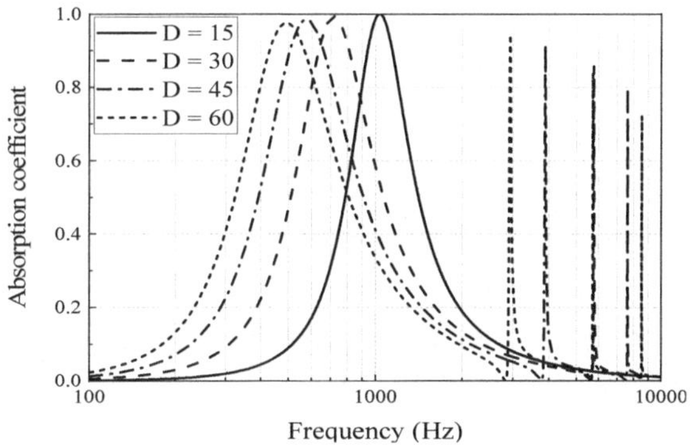

[그림 9.12] 공동깊이에 따른 흡음율 $(d: 0.7mm,\ \sigma: 1\%,\ t: 1mm)$

그림 9.9는 유공직경에 따른 흡음율과 주파수 변화에 대한 결과로서 유공직경이 증가하면 유공내 공기질량의 증가로 인하여 최대 흡음율 주파수가 저주파 영역으로 이동하는 것을 알 수 있으며 흡음율은 급격히 낮아지는 것을 알 수 있다.

그림 9.10은 판의 두께 변화에 대한 결과로서 판의 두께가 증가하면 유공 내 공기질량이 증가하면 최대 흡음율의 주파수가 낮아진다. 그림 9.11은 유공율 변화에 따른 결과로서 유공율이 증가하면 흡음율이 급격히 낮아지고 주파수도 증가한다.

그림 9.12는 공동깊이에 따른 결과로서 공동깊이가 변하면 공동내 공기에 의한 강성이 변하기 때문에 공동깊이가 증가하면 최대 흡음율의 주파수가 낮아진다.

9.1.3 입사각에 대한 흡음율

일반적으로 음이 흡음판에 수직으로 입사하는 경우보다 경사로 입사하는 경우가 많다. 음이 그림 9.13과 같이 공명형 흡음판에 경사각θ으로 입사할 때 흡음율은 입사각에 따라 변화한다.

흡음판에 입사하는 음의 경사각에 대한 음에 대한 파수의 x, y방향 성분은 다음과 같다.

$$k_x = kcos\theta \tag{9.38a}$$

$$k_y = ksin\theta \tag{9.38b}$$

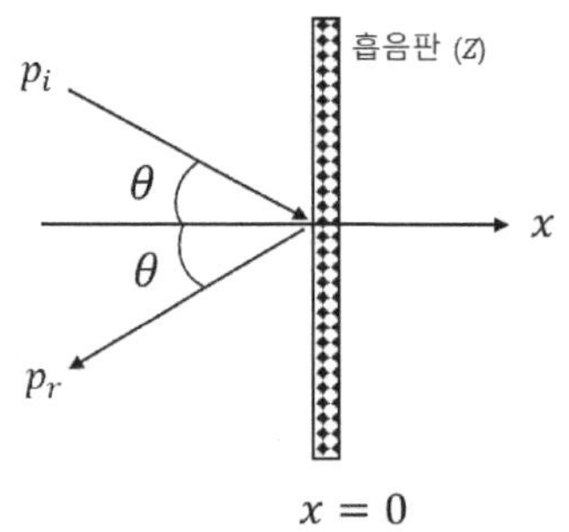

[그림 9.13] 흡음판에 경사로 입사하는 음

식(9.38)에서 파수의 x, y방향 성분을 식(9.26)에 대입하면 흡음판 좌측의 음압과 입자속도는 다음과 같이 표현된다.

$$p = p_i + p_t = \left(Ae^{-jkcos\theta x} + Be^{jkcos\theta x}\right)e^{i\omega t} \tag{9.39a}$$

$$u = \frac{cos\theta}{\rho c}\left(Ae^{-jkcos\theta x} - Be^{jkcos\theta x}\right)e^{i\omega t} \tag{9.39b}$$

공명형 흡음판 위($x=0$)에서 임피던스는 식(9.39)로부터 계산되며 수직입사에 대한 임피던스 식(9.35c)를 대입하면 경사입사 임피던스와의 관계를 구할 수 있다.

$$Z_\theta = \frac{p}{u} = \frac{\rho c(A+B)}{cos\theta(A-B)} = \frac{Z}{cos\theta} \tag{9.40}$$

식(9.40)으로부터 입사각에 대한 반사계수을 계산한 후 식(9.36b)에 대입하여 흡음율을 계산할 수 있다.

$$R_\theta = \frac{B}{A} = \frac{Zcos\theta - \rho c}{Zcos\theta + \rho c} \tag{9.41a}$$

$$\alpha_\theta = 1 - |R|^2 = 1 - \left|\frac{Zcos\theta - \rho c}{Zcos\theta + \rho c}\right|^2 \tag{9.41b}$$

$$\alpha_\theta = \frac{4Re(z)cos\theta}{[1+Re(z)cos\theta]^2 + [Im(z)cos\theta]^2} \tag{9.41c}$$

일반적으로 음은 한 방향으로만 입사하지 않고 다양한 방향으로 입사하는 난 입사음의 경우가 많다. 난 입사음에 대한 흡음율은 각각의 입사각에 대한 흡음율을 평균한 결과와 동일하다.

난입사음에 대한 흡음율은 제6장의 난입사 흡음율을 구하는 식(6.12)에 식(9.41c)을 대입하고 삼각함수를 변환하면 $2sin\theta cos\theta = sin2\theta$ 난입사 흡음율을 계산할 수 있다.

$$\alpha_s = 2\int_0^{\frac{\pi}{2}} \alpha_\theta \, sin\theta cos\theta \, d\theta = \int_0^{\frac{\pi}{2}} \alpha_\theta \, sin2\theta \, d\theta \tag{9.42}$$

흡음판의 유공 내 공기는 유공의 축 방향으로 진행하여 공동 내부에서 국부적으로 작용한다. 그러나 음은 유공을 통과할 때 입사각의 방향으로 진행하여 스넬의 법칙을 따르기 때문에 공명형 흡음판의 임피던스를 계산하는 경우 입사각을 고려해야 한다. 그러나 공명형 흡음판에 경사각을 갖고 음이 입사하여도 공동 내부에 격벽을 설치하면 공동 내에서 음은 거의 수직으로 전파한다.

그림 9.14에서 공동 내부에 격지 유무에 따라 공동 내부에서 음이 수직 또는 경사 입사각을 갖고 전파하기 때문에 공동 내에 격벽이 설치되면 공동의 임피던스는 식(9.43a)를 사

용하고, 격벽이 없는 경우에는 식(9.43b)를 사용하여 공명형 흡음판의 임피던스를 계산한다.

$$Z_D = -j\frac{\rho c}{\cos\theta}\, cot(kD) \tag{9.43a}$$

$$Z_D = -j\frac{\rho c}{cos\theta}\, cot\,(kD \cdot cos\theta) \tag{9.43b}$$

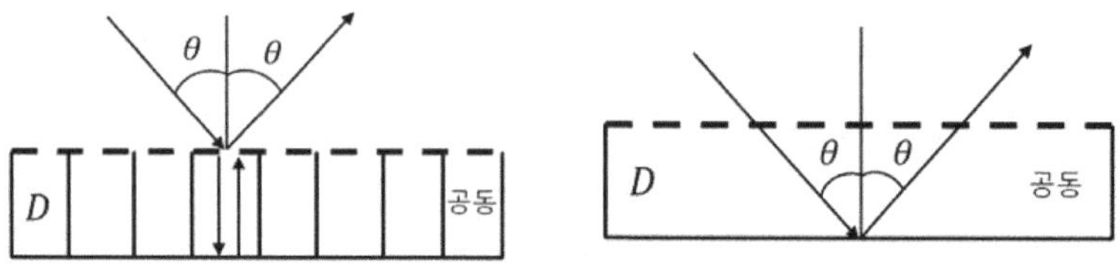

[그림 9.14] 음이 경사로 입사하는 경우 공동 내부에 격자 유무에 따른 음의 전파형태

공동내부에 격벽이 없는 경우 공명형 흡음판에 경사로 입사하는 음에 대한 임피던스는 식(9.44)로부터 계산된다.

$$Z_\theta = \frac{Z}{cos\theta} = \frac{R}{cos\,\theta} + j\left(\frac{M}{cos\,\theta} - \frac{\rho c}{cos\,\theta} cot\left(\frac{\omega D}{c}\, cos\,\theta\right)\right) \tag{9.44}$$

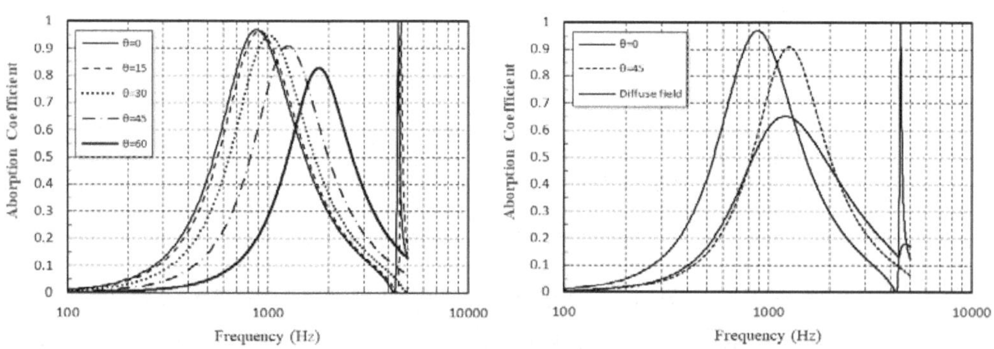

[그림 9.15] 입사각에 따른 공명형 흡음판의 흡음율
$(d: 0.4mm,\ t: 0.4mm,\ \sigma: 1\%,\ D: 40mm)$

그림 9.15는 공동내부에 격벽이 없는 경우에 대한 음의 입사각에 따른 공명형 흡음판의 흡음율을 비교한 결과이다. 공명형 흡음판에 음이 수직(0°)으로 입사할 때 흡음율이 가장 크며 입사각이 증가 할수록 흡읍률은 낮아지고 최대 흡음율의 주파수는 고주파로 이동한다.

공명형 흡음판에 음이 난입사 하는 경우 최대 흡음율의 주파수는 45°입사에 경우와 최대 흡음율의 주파수가 유사하지만 흡음율은 낮아진다.

9.1.4 흡음판의 임피던스 계산방법

공명형 흡음판의 흡음율은 흡음판과 공동의 임피던스를 이용하여 계산된다. 따라서 공명형 흡음판의 임피던스 계산이 매우 중요하다. 공명형 흡음판의 임피던스 계산방법은 음향전기 등가회로법과 전달행렬법으로 구분된다.

두 방법으로 단층구조의 공명형 흡음판의 임피던스를 계산하는 경우에는 계산결과가 동일하지만, 다층구조 공명형 흡음판의 임피던스의 경우에는 계산방법에 따라 결과가 약간 다르게 나타난다.

가. 음향전기 등가회로법

음향전기 등가회로법(Acoustic electro equivalent circuit: AC)은 공명형 흡음판의 임피던스를 계산하기 위한 방법으로 많이 사용된다. 이 방법은 음향요소를 전기요소로 등가시켜서 공명형 흡음판의 구조를 전기회로로 모델화 한다.

그림 9.16은 단층 공명형 흡음판의 음향전기 등가회로이며 흡음판 임피던스와 공동 임피던스가 직렬로 연결되어 있다.

그림 9.17은 다층 공명형 흡음판의 단면도와 음향전기 등가회로이다. 다층 구조의 경우 흡음판의 임피던스는 직렬상태이지만, 공동의 임피던스는 병렬상태가 된다. 따라서 계산방법은 동일한 층의 흡음판 임피던스와 공동 임피던스는 직렬로 연결하고 그 다음 층의 공동 임피던스와 병렬로 연결한다.

[표 9.3] 음향 및 전기 요소

음향	전기
음압(P)	전압(V)
체적속도(U)	전류(I)
체적 변위(V)	전하(Q)
음향 저항(RA)	저항(R)
이너턴스(CA)	인덕턴스(L)
음향 컴플라이언스(CA)	전기용량(C)
음향임피던스(ZA)	임피던스(Z)

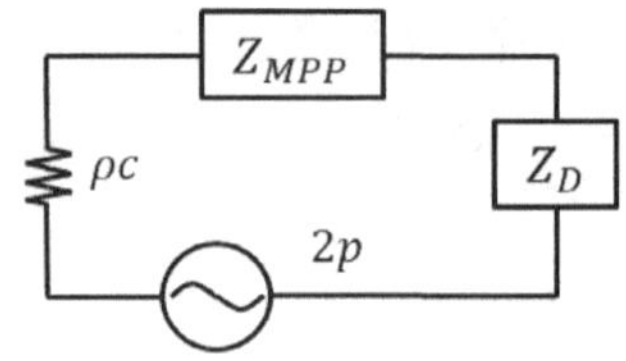

[그림 9.16] 공명형 흡음판의 음향전기 등가회로

다층 구조의 공명형 흡음판에 대한 전체 임피던스 계산방법은 가장 뒤편 공명형 흡음판의 임피던스를 계산한 후 다음 층 공동의 임피던스와 병렬로 계산하고 그 결과와 흡음판의 임피던스를 직렬로 계산한다.

$$Z_{L,1} = Z_{MPP,1} + Z_{D,1} \tag{9.45a}$$

$$Z_{L,2} = Z_{MPP,2} + \left(\frac{1}{Z_{D,2}} + \frac{1}{Z_{L,1}}\right)^{-1} = Z_{MPP,2} + \frac{Z_{D,2}Z_{L,1}}{Z_{D,2} + Z_{L,1}} \tag{9.45b}$$

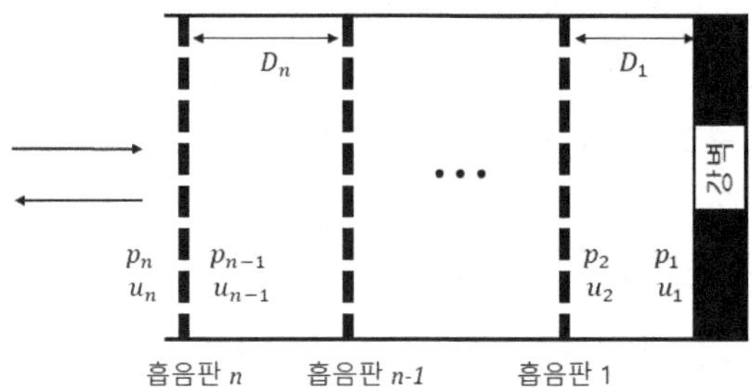

(a) 단면도

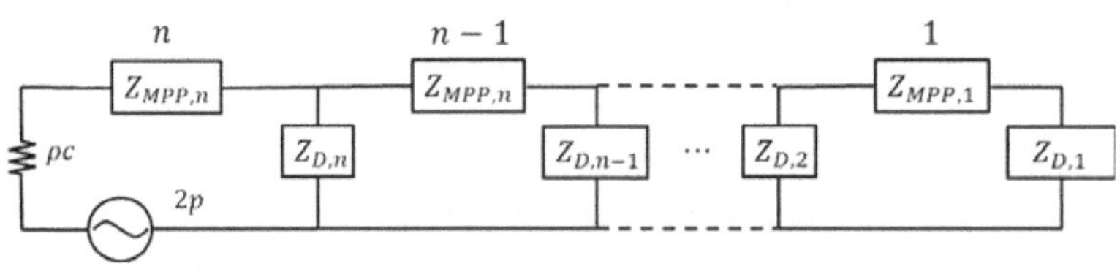

(b) 음향전기 등가회로

[그림 9.17] 다층 구조 공명형 흡음판의 음향전기 등가회로

공명형 흡음판이 n개인 경우에도 위와 동일하게 n층의 공명형 흡음판의 임피던스를 계산한다.

$$Z_{L,n} = Z_{MPP,n} + \left(\frac{1}{Z_{D,n}} + \frac{1}{Z_{L,n-1}}\right)^{-1} = Z_{MPP,n} + \frac{Z_{D,n}Z_{L,n-1}}{Z_{D,n} + Z_{L,n-1}} \tag{9.46}$$

식(9.46)에서 $Z_{L,n}$은 다층 공명형 흡음판의 전체 임피던스이며 이 식을 이용해서 흡음율을 계산할 수 있다.

$$\alpha = \frac{4\rho c\, Re(Z_{L,n})}{[\rho c + Re(Z_{L,n})]^2 + [Im(Z_{L,n})]^2} \tag{9.47}$$

나. 전달행렬법

전달행렬법은 제4장의 전달행렬법(Transfer matrix:TM)과 동일하게 공명형 흡음판의 음압과 입자속도에 대한 (2×2)행렬로 나타내는 방법이다.

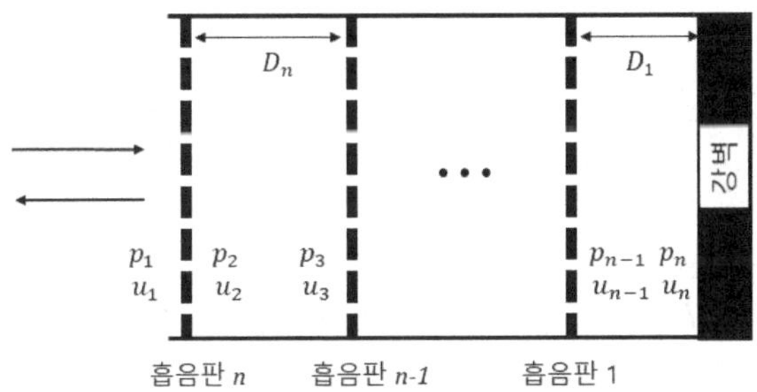

[그림 9.18] 다층 구조 공명형 흡음판의 전달행렬 모델

그림 9.18과 같이 흡음판과 공동이 연속적으로 배열된 경우에는 음압과 입자속도의 연속성으로부터 각 공명형 흡음판과 공동을 직렬로 연결하여 전체 공명형 흡음판 전후의 음압과 입자속도의 행렬식으로 나타낸다.

그림 9.18과 같이 흡음판 전후의 음압과 흡음판 임피던스의 관계 및 흡음판 전후의 입자속도는 동일하므로 흡음판1에 대한 음압과 입자속도의 관계식으로부터 행렬식을 구할 수 있다.

$$p_1 = Z_{MPP}u + p_2,\ u = u_1 = u_2 \tag{9.48a}$$

$$\begin{bmatrix} p_1 \\ u_1 \end{bmatrix} = \begin{bmatrix} 1 & Z_{MPP} \\ 0 & 1 \end{bmatrix} \begin{bmatrix} p_2 \\ u_2 \end{bmatrix} = T_{MPP} \begin{bmatrix} p_2 \\ u_2 \end{bmatrix} \tag{9.48b}$$

위의 식에서 T_{MPP}는 흡음판의 전달행렬이다.

공동에 대한 전달행렬은 식(9.28b)와 동일하다.

$$\begin{bmatrix} p_2 \\ u_2 \end{bmatrix} = \begin{bmatrix} cos(kD) & j\rho c\, sin(kD) \\ j\frac{1}{\rho c} sin(kD) & cos(kD) \end{bmatrix} \begin{bmatrix} p_3 \\ u_3 \end{bmatrix} = T_D \begin{bmatrix} p_3 \\ u_3 \end{bmatrix} \tag{9.49}$$

식(9.49)에서 T_D는 공동의 전달행렬이다. 따라서, 공명형 흡음판의 전체 전달행렬은 흡음판과 공동에 대한 행렬로부터 구해진다.

$$\begin{bmatrix} p_1 \\ u_1 \end{bmatrix} = \begin{bmatrix} 1 & Z_{MPP} \\ 0 & 1 \end{bmatrix} \begin{bmatrix} cos(kD) & j\rho c\, sin(kD) \\ j\frac{1}{\rho c} sin(kD) & cos(kD) \end{bmatrix} \begin{bmatrix} p_3 \\ u_3 \end{bmatrix} = T_{MPP} T_D \begin{bmatrix} p_3 \\ u_3 \end{bmatrix} = T \begin{bmatrix} p_3 \\ u_3 \end{bmatrix} \tag{9.50}$$

식(9.50)에서 공명형 흡음판의 전달행렬은 흡음판과 공동이 직렬로 연결되어 있는 것을 알 수 있다.

공명형 흡음판이 다층으로 구성 되어있을 경우 전체 전달행렬은 각각의 흡음판과 공동의 전달행렬이 연속적인 직렬형태로 구성된다.

$$T = T_{MPP,1} T_{D,1} T_{MPP,2} \cdots T_{MPP,n} T_{D,n} \tag{9.51a}$$

$$\begin{bmatrix} p_1 \\ u_1 \end{bmatrix} = T \begin{bmatrix} p_n \\ u_n \end{bmatrix} = \begin{bmatrix} T_{11} & T_{12} \\ T_{21} & T_{22} \end{bmatrix} \begin{bmatrix} p_n \\ u_n \end{bmatrix} \tag{9.51b}$$

식(9.51)은 공명형 흡음판에 입사하는 음압 및 입자속도와 공동 벽에서 음압 및 입자속도에 대한 전달행렬이다. 이 식으로부터 공동 벽의 경계조건에 따라 공명형 흡음판에 대한 전체 음향임피던스를 계산할 수 있다.

공명형 흡음판의 전체 임피던스는 음압과 입자속도의 비이며, 공동 벽의 경계조건 $u_n \neq 0$, $u_n = 0$에 따라 계산할 수 있다. 공명형 흡음판의 공동 벽에 대한 경계 조건이 강체 조건인 경우 공동 벽에서 입자속도 $u_n = 0$이 되어 공동 벽의 임피던스는 $Z_n = \infty$이 된다.

$$p_1 = T_{11} p_n + T_{12} u_n \quad u_1 = T_{21} p_n + T_{22} u_n \tag{9.52a}$$

$$\frac{p_1}{u_1} = \frac{T_{11} p_n + T_{12} u_n}{T_{21} p_n + T_{22} u_n} = \frac{T_{11} + \frac{T_{12}}{(p_n/u_n)}}{T_{21} + \frac{T_{22}}{(p_n/u_n)}} = \frac{T_{11} + \frac{T_{12}}{Z_n}}{T_{21} + \frac{T_{22}}{Z_n}} \quad \text{for } u_n \neq 0 \tag{9.52b}$$

$$\frac{p_1}{u_1} = \frac{T_{11}}{T_{21}} = Z \quad \text{for} \ \ u_n = 0 \tag{9.52c}$$

식(9.52)로부터 계산한 공명형 흡음판의 음향임피던스로부터 반사계수를 구한 후, 흡음율을 계산할 수 있다.

$$R = \frac{Z - \rho c}{Z + \rho c} = \frac{\dfrac{T_{11}}{T_{21}} - \rho c}{\dfrac{T_{11}}{T_{21}} + \rho c} \tag{9.53a}$$

$$\alpha = 1 - |R|^2 = 1 - \left| \frac{\dfrac{T_{11}}{T_{21}} - \rho c}{\dfrac{T_{11}}{T_{21}} + \rho c} \right|^2 \tag{9.53b}$$

$$\alpha = \frac{4\rho c \, Re(Z)}{[\rho c + Re(Z)]^2 + [Im(Z)]^2} \tag{9.53c}$$

다층구조의 음향임피던스를 계산하는 전달행렬법은 음향전기 등가회로와 다르게 각 층의 공명형 흡음판이 직렬로 연결되어 있다.

다. 다층 구조 공명형 흡음판의 계산결과

단층 공명형 흡음판은 흡음율의 주파수 영역이 좁기 때문에 흡음율의 주파수 영역을 넓히기 위한 방법으로 공명형 흡음판을 다층으로 설계한다.

앞에서 기술한 것과 같이 다층 구조의 공명형 흡음판 설계 시 공명형 흡음판의 임피던스 계산방법은 음향전기 등가회로방법과 전달행렬법이 있다. 이 두 방법을 이용하여 3층구조의 공명형 흡음판의 흡음율 계산결과를 비교 검토한다. 표 9.4는 3층 공명형 흡음판의 설계 제원이며 각층의 유공율 변화에 따른 흡음율을 계산하였다.

[표 9.4] 3층 구조의 공명형 흡음판 제원

	유공직경(mm)	유공율(%)	판 두께(mm)	공동깊이(mm)
흡음판 1	0.7	5	1	30
흡음판 2	0.7	3	1	30
흡음판 3	0.7	1	1	30

그림 9.19는 2층 및 3층구조에 대한 공명형 흡음판의 흡음율을 계산한 결과이다. 각 공명형 흡음판층에 유공율을 변화시키면 각층의 최대 흡음율 변화가 다르기 때문에 전체 공명형 흡음판에 대한 흡음율의 주파수 영역을 넓힐 수가 있다.

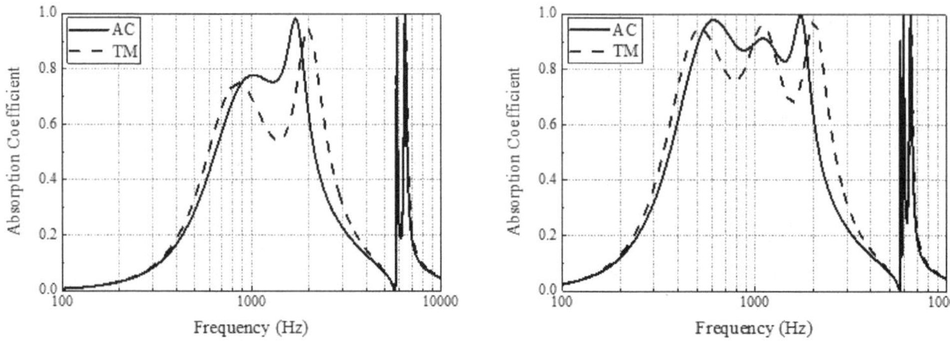

(a) 2층구조 (흡음판1+흡음판2)　　(b) 3층구조 (흡음판1+흡음판2+흡음판3)

[그림 9.19] 다층 구조 공명형 흡음판의 흡음율 계산결과

공명형 흡음판의 층이 증가할수록 흡음율의 최대값의 개수가 증가하며 주파수 영역이 넓어진다. 그러나 두 계산방법에 대한 흡음율의 계산결과에서 차이가 발생한다.

두 계산 방법에 따라 흡음율의 차이가 발생하는 원인은 음향전기 등가회로법은 각 공명형 흡음판의 공동이 병렬로 연결되어 있지만, 전달행렬법은 각 공명형 흡음판과 공동이 직렬로 연결된 상태로 계산하기 때문이다.

다층 구조의 공명형 흡음판을 계산하는 두 방법에서 전달행렬법의 계산결과가 음향전기 등가회로법보다 실험값에 더욱 잘 일치한다.

9.2 압전 분기회로

최근의 많은 연구자들은 구조물의 진동을 저감시키기 위해서 압전재료를 이용한 연구를 많이 수행하였다. 압전재료는 기계에너지를 전기에너지 또는 그 반대로 변환함으로써 구조물의 진동에 의한 전기에너지 수확 혹은 분기회로를 연결하여 진동제어에 이용되고 있다.

압전재료에 분기회로를 연결하여 구조물의 진동을 제어하는 경우 분기회로에 따라 크게 능동 진동제어와 수동 진동제어로 구분된다.

능동 진동제어는 외란 신호를 분석한 후 압전재료를 액추에이터로 사용하여 구조물의 진동을 능동적으로 제어한다. 수동 진동제어는 구조물에 부착된 압전재료가 기계에너지를 전기에너지로 변환시킨 후 저항, 인덕터 및 커패시터 등으로 구성된 분기회로를 이용해서 구조물의 진동을 저감시킨다.

압전 분기회로는 압전재료와 외부의 전기적 요소로 구성된 분기회로가 결합되어 압전재료의 압전효과에 의한 에너지 변환을 통해 구조물의 진동을 저감 시킬 수 있는 전기적인 동흡진기이다.

9.2.1 압전 분기회로의 원리

압전 분기회로는 압전재료의 압전효과를 이용하여 구조물의 진동 및 소음을 저감하는 전기적 동흡진기로서 외부 가진력에 의해서 구조물이 변형(진동)을 하면 구조물에 부착된 압전재료에서 기계에너지가 전기에너지로 변환된 후 분기회로를 통과시키면 열에너지로 소산되면서 구조물의 진동을 저감 시킨다.

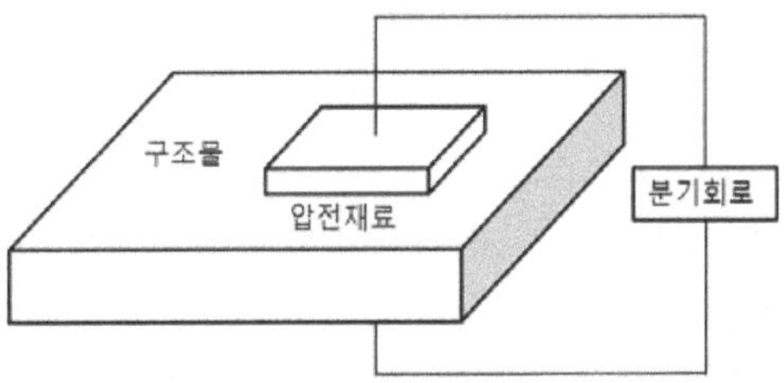

[그림 9.20] 압전 분기회로 구성도

분기회로의 전기요소는 저항, 인덕터 및 캐패시턴스 등으로 이 전기요소를 조합하면 다양한 분기회로를 구성할 수 있으며 분기회로에 따라 다양한 임피던스 특성을 얻을 수 있다.

9.2.2 압전재료

가. 상태방정식

압전재료는 자연상태에서는 다결정 구조물로 구성되어 있어서 압전효과를 갖지 못하다. 그러나 압전재료에 높은 자기장을 가해서 극전화를 시켜주면 압전효과를 가지게 되어 이 극전화에 의해서 압전재료 내 분자 쌍극자의 방향이 형성된다.

압전재료의 전극에 전압을 공급하면 전기장의 극화에 의해서 인장 혹은 수축현상이 발생하며 반대로 인장력 혹은 수축력에 의해서 전압을 발생시킨다.

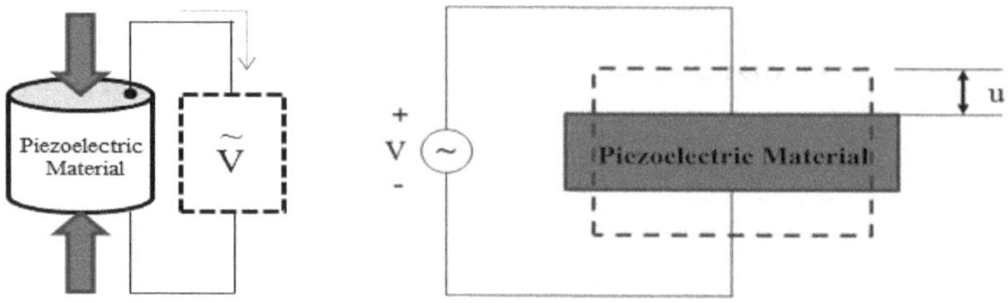

[그림 9.21] 압전재료의 압전효과

초기의 압전재료는 수정결정을 이용하였으나, 이후 로셀염 등 강유전성 물질이 발견되었다. 특히, 티탄산바륨이 발견되면서 많은 세라믹 압전재료들이 활용되기 시작하였다. 이러한 재료를 이용하여 제작된 압전 세라믹계 PZT(Lead Zirconate Titanate)는 압전효과가 크고 기계－전기 결합성이 좋으며 전기적 안정성과 사용온도가 높은 장점 때문에 많은 분야에서 사용되고 있다. 그러나 압전세라믹계 PZT는 취성이 커서 충격에 약한 단점을 갖고 있기 때문에 이러한 단점을 보완하기 위해서 연성이 큰 PVDF(Poly Vinylidene Fluoride) 압전재료가 개발되었다.

PVDF 압전재료는 유연하고 가볍지만 전기적인 안정성이 낮고 사용 가능 온도가 비교적 낮은 특성을 갖고 있다. PVDF는 압전특성은 다소 낮지만 음향특성 및 가공성이 우수하여 각종 키보드나 수중 및 음향부품 등에 주로 응용된다.

압전재료가 힘을 받아 전위차가 생기는 것을 직압전효과(1차 압전효과)이라고 하며 역으로 압전재료가 전기에너지를 받아 압전재료의 물리적 변형이 발생하는 것을 역압전효과(2차 압전효과)라고 한다.

직압전효과를 활용한 압전재료는 제1차 세계대전을 거치면서 초음파 잠수함 탐지기 등의 재료로 쓰이기 시작하였다. 음파탐지기로 사용된 압전재료는 초음파 신호를 발생시키고 수중 물체에 의해 반사되어 되돌아오는 신호를 탐지하는 용도로 활용되었다. 현재에는 전기식 라이터, 진동가속도계, 마이크로폰 등 기계적인 가속도신호나 음성신호를 전기신호로 변환시키는 센서로 사용되고 있다.

역압전효과는 압전재료가 전기신호를 입력받아 기계적인 변형을 발생시키는 원리다. 이러한 원리를 활용하면 압전재료는 액추에이터로 사용할 수 있다. 압전재료는 미세변형에 대한 정밀제어가 가능하기 때문에 스피커, 압전모터, 정밀현미경, 잉크젯 프린터 등에 다양한 분야에서 활용되고 있다.

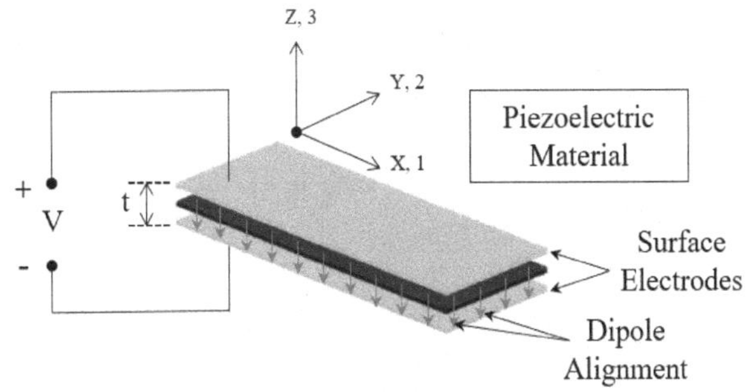

[그림 9.22] 압전재료의 구성도

압전재료의 전기−기계 연성 상태방정식은 압전재료의 기계적 변수인 응력 T 및 변형율 S과 전기적 변수인 전기장 E 및 전기적 변위 D를 관계로 구성된다. 이 변수를 이용하여 압전재료의 압전효과를 나타내는 상태방정식은 전기장과 응력을 독립변수, 전기적 변위와 변형율을 종속변수로서 2개의 전기−기계 상태방정식으로 표현할 수 있으며, 그 외에도 독립변수와 종속변수를 바꾸면 그림 9.23과 같이 8개의 전기−기계 상태방정식으로 표현할 수 있다. 이와 같은 상태방정식을 d형식, e형식, g형식, h형식이라 한다.

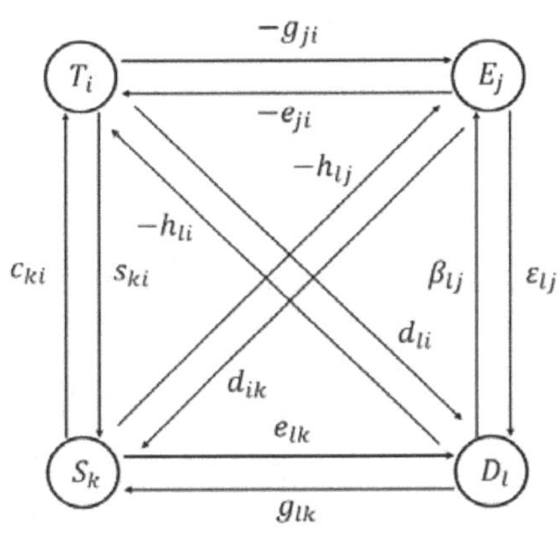

[그림 9.23] 4개의 전기-기계 변수의 선형관계

$$\begin{aligned} D &= \varepsilon^T E + dT \\ S &= dE + s^E T \end{aligned} \quad : d \text{ 형식} \tag{9.54a}$$

$$\begin{aligned} D &= \varepsilon^S E + eS \\ T &= -eE + c^E S \end{aligned} \quad : e \text{ 형식} \tag{9.54b}$$

$$\begin{aligned} S &= s^D T + gD \\ E &= -gT + \beta^T D \end{aligned} \quad : g \text{ 형식} \tag{9.54c}$$

$$\begin{aligned} T &= c^D S - hD \\ E &= -hS - \beta^T D \end{aligned} \quad : h \text{ 형식} \tag{9.54d}$$

압전재료의 전기적 특성으로 D는 전기적 변위, ε은 유전율(permittivity), E는 전기장의 크기를 나타낸다. 기계적 특성은 S는 변형율, T는 응력, s는 탄성유연계수(elastic compliance)이며, d는 압전상수로서 전기-기계의 관계를 나타낸다. 그리고 c는 탄성강성계수(elastic stiffness), β는 역유전율(impermeability)이다.

위첨자 T, E, S, D는 압전재료에 응력, 전기장, 변형, 전기적 변위가 일정한 상태를 나타낸다.

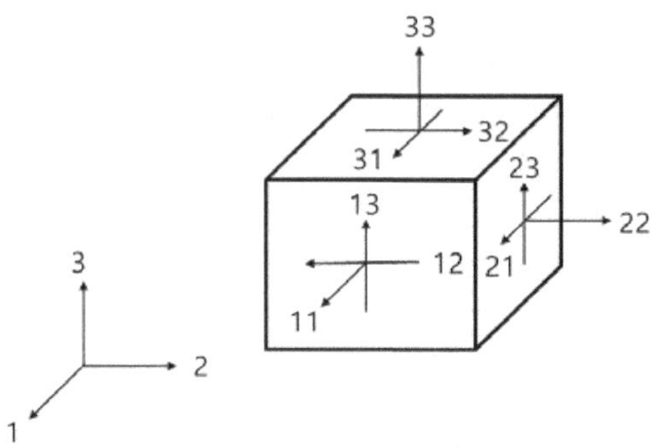

[그림 9.24] 압전재료의 3차원 좌표계

압전재료의 변형율과 응력은 x, y, z축에 대해서 병진 및 회전운동을 하기 때문에 6자유도의 (6×1)행렬이며, 전기장, 전기 변위장은 3자유도의 행렬 (3×1)를 갖는다. 따라서, 탄성유연계수는 (6×6)의 행렬, 압전상수는 (3×6)의 행렬로 표시되고 유전율은 (3×3)의 행렬로 표시된다. 각 방향은 그림 9.24와 같이 x, y, z축 방향에 대해서 1, 2, 3으로 표시하고, 각 면의 방향 i, j $(i = 1,\ 2,\ 3)(j = 1,\ 2,\ 3)$에서 j는 독립변수의 방향, i는 종속변수의 방향을 나타낸다.

식(9.54a)는 전기장과 응력이 독립변수이고, 전기적 변위와 변형율이 종속변수이므로, 압전상수d_{ij}의 경우 j방향의 응력 혹은 전기장에 대해서 i방향으로 전하가 이동하거나, 변형이 발생하는 것을 의미한다. 즉 j방향으로 전기장이 가해지면, 압전재료는 i방향의 변형율이 발생하는 것을 의미한다.

일반적인 압전재료는 두께방향인 z축방향으로 전하가 배열되면, 등방성 재질인 압전재료는 대칭성을 갖게 되어 x축과 y축방향이 동일한 값을 갖게 된다.

$$s_{11} = s_{22} \tag{9.55a}$$

$$s_{13} = s_{31} = s_{23} = s_{32} \tag{9.55b}$$

$$s_{12} = s_{21} \tag{9.55c}$$

$$s_{66} = 2(s_{11} - s_{12}) \tag{9.55d}$$

또한, 압전재료의 x축과 y축의 압전상수가 같고, x축에 대한 전단력 방향(4), y축에 대한 전단력 방향(5)의 압전상수가 동일하기 때문에 다음과 같이 표현된다.

$$d_{31} = d_{32} \tag{9.56a}$$

$$d_{15} = d_{24} \tag{9.56b}$$

x축(1)의 유전율과 y축(2)의 유전율이 같으면 다음과 같이 표현된다.

$$\varepsilon_{11}^{E} = \varepsilon_{22}^{E} \tag{9.57}$$

위의 식들을 정리하면 압전재료의 상태방정식에 대한 행렬은 다음과 같이 표현된다.

$$\begin{bmatrix} S_1 \\ S_2 \\ S_3 \\ S_4 \\ S_5 \\ S_6 \end{bmatrix} = \begin{bmatrix} s_{11}^{E} & s_{12}^{E} & s_{13}^{E} & 0 & 0 & 0 \\ s_{21}^{E} & s_{22}^{E} & s_{23}^{E} & 0 & 0 & 0 \\ s_{21}^{E} & s_{21}^{E} & s_{21}^{E} & 0 & 0 & 0 \\ 0 & 0 & 0 & s_{44}^{E} & 0 & 0 \\ 0 & 0 & 0 & 0 & s_{55}^{E} & 0 \\ 0 & 0 & 0 & 0 & 0 & s_{66}^{E} \end{bmatrix} \begin{bmatrix} T_1 \\ T_2 \\ T_3 \\ T_4 \\ T_5 \\ T_6 \end{bmatrix} + \begin{bmatrix} 0 & 0 & d_{31} \\ 0 & 0 & d_{32} \\ 0 & 0 & d_{31} \\ 0 & d_{24} & 0 \\ d_{15} & 0 & 0 \\ 0 & 0 & 0 \end{bmatrix} \begin{bmatrix} E_1 \\ E_2 \\ E_3 \end{bmatrix} \tag{9.58a}$$

$$\begin{bmatrix} D_1 \\ D_2 \\ D_3 \end{bmatrix} = \begin{bmatrix} 0 & 0 & 0 & 0 & d_{15} & 0 \\ 0 & 0 & 0 & d_{24} & 0 & 0 \\ d_{31} & d_{32} & d_{33} & 0 & 0 & 0 \end{bmatrix} \begin{bmatrix} T_1 \\ T_2 \\ T_3 \\ T_4 \\ T_5 \\ T_6 \end{bmatrix} + \begin{bmatrix} \epsilon_{11} & 0 & 0 \\ 0 & \epsilon_{22} & 0 \\ 0 & 0 & \epsilon_{33} \end{bmatrix} \begin{bmatrix} E_1 \\ E_2 \\ E_3 \end{bmatrix} \tag{9.58b}$$

압전재료의 상태방정식을 식(9.54)와 동일하게 독립변수인 전기장과 응력, 종속변수인 변형율과 전기적 변위에 대해서 압전재료의 상태방정식을 행렬로 표시할 수 있으며 각 항에 대해서 텐서로 표시할 수 있다.

$$\begin{bmatrix} D_l \\ S_k \end{bmatrix} = \begin{bmatrix} \varepsilon_{lj}^T & d_{li} \\ d_{jk} & s_{ki}^E \end{bmatrix} \begin{bmatrix} E_j \\ T_i \end{bmatrix} \tag{9.59a}$$

$$\begin{bmatrix} \boldsymbol{D} \\ \boldsymbol{S} \end{bmatrix} = \begin{bmatrix} \boldsymbol{\varepsilon}^T & \boldsymbol{d} \\ \boldsymbol{d} & \boldsymbol{s}^E \end{bmatrix} \begin{bmatrix} \boldsymbol{E} \\ \boldsymbol{T} \end{bmatrix} \tag{9.59b}$$

나. 전기-기계적 경계조건

그림 9.25와 같이 압전재료에 응력과 함께 변형이 발생하면 압전재료 내부에서는 전하가 이동하며 압전재료 양측에 전류가 흐르다. 또한 압전재료의 역압전효과에 의해서 반대 현상도 발생한다. 따라서 전기적 경계조건에 의해서 압전재료의 기계적 특성이 변하고, 역으로 기계적 경계조건에 따라 전기적 특성이 변한다.

압전재료의 전기－기계적 경계조건에 대한 전기－기계 상태방정식으로부터 전기적, 기계적 특성의 변화를 분석하여 보자.

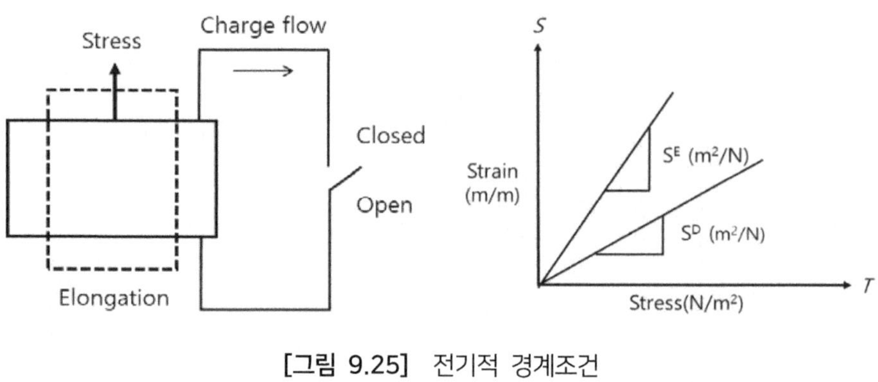

[그림 9.25] 전기적 경계조건

우선, 전기적 경계조건으로 단락회로(short circuit)는 압전재료의 두 면을 연결한 상태로서 전압차가 없기 때문에 전기장은 $E=0$가 되며, 개방회로(open circuit)는 압전재료의 두 면이 연결되지 않은 상태로서 전하의 흐름이 없기 때문에 전기적 변위는 $D=0$이 된다. 따라서 식(9.59)로부터 단락회로와 개방회로의 전기적 경계조건에 대한 기계−전기 상태방정식을 유도할 수 있다.

$$S = sT,\ D = dT\ (E=0) \tag{9.60a}$$

$$\varepsilon E + dT = 0,\ S = dE + sT\ (D=0) \tag{9.60b}$$

식(9.60b)으로부터 압전재료의 변형율과 응력에 대한 관계식을 유도하여 식(9.60a)와 비교하자.

$$S = s^D T \quad : \text{short circuit} \tag{9.61a}$$

$$S = s^E\left(1 - \frac{d^2}{S\varepsilon}\right)T = s^E(1-k^2)T \quad : \text{open circuit} \tag{9.61b}$$

$$s^D = s^E(1-k^2) \tag{9.61c}$$

식(9.61c)에서 $k^2 = \dfrac{d^2}{s \cdot \varepsilon}$는 전기−기계 결합계수(electromechanical coupling coefficient)라고 하며, 압전재료에서 기계적 에너지와 전기적 에너지의 변환을 나타내는 계수이다. 그리고 전기적 경계조건으로부터 응력과 변형량에 대한 기계적 탄성유연계수는 단락회로 상태보다 개방회로 상태에서 크다 ($s^D \langle s^E$).

그림 9.26에서 기계적 경계조건에 대한 기계−전기 상태방정식을 유도하여 전기적 특성의 변화를 파악한다. 기계적 경계조건은 압전재료가 구속이 되지 않은 상태에서 응력은 $T=0$이 되고, 압전재료의 양측이 구속되면 변형량은 $S=0$가 된다. 따라서 식(9.59)로부터 두 조건의 기계적 경계조건에 대한 기계−전기 상태방정식을 유도할 수 있다.

$$D = \varepsilon E,\ S = dE\ (T=0) \tag{9.62a}$$

$$D = \varepsilon E + dT,\ dE + sT = 0\ (S=0) \tag{9.62b}$$

식(9.62b)로부터 압전재료의 전기변위와 전기장에 대한 관계식을 유도하여 식(9.62a)와 비교하자.

$$D = \varepsilon^S E \quad : \text{stress-free} \tag{9.63a}$$

$$D = \varepsilon^T\left(1 - \frac{d^2}{S\epsilon}\right)E = \varepsilon^T(1-k^2)E \quad : \text{strain-free} \tag{9.63b}$$

$$\varepsilon^S = \varepsilon^T(1-k^2) \tag{9.63c}$$

식(9.63c)로부터 기계적 경계조건에 따라 전기장과 전기변위에 대한 유전율은 압전재료가 구속되지 않은 상태보다 구속상태에서 크다($\varepsilon^S \langle \varepsilon^T$).

식(9.59)에서 z축 방향만 고려하면 독립변수와 종속변수의 방향이 동일하기($i = j = 3$) 때문에 다음과 같다.

$$\begin{bmatrix} D \\ S \end{bmatrix} = \begin{bmatrix} \varepsilon^T & d_{33} \\ d_{33} & s^T \end{bmatrix} \begin{bmatrix} E \\ T \end{bmatrix} \tag{9.64}$$

식(9.64)에서 전기적 변위와 변형량은 종속변수이며, 전기장과 응력은 독립변수이다. 그러나 전기적 변위와 응력을 종속변수로 설정하고 식(9.64)를 정리하면 다음과 같다.

$$D = \frac{d_{33}}{s^E}S + \varepsilon^T\left(1 - \frac{d_{33}^2}{s^E\varepsilon^T}\right)E \tag{9.65a}$$

$$T = \frac{1}{s^E}S - \frac{d_{33}}{s^E}E \tag{9.65b}$$

식(9.65)을 행렬로 표시하면 간단히 표현할 수 있다.

$$\begin{bmatrix} D \\ T \end{bmatrix} = \begin{bmatrix} \varepsilon^T(1-k_{33}^2) & e_{33} \\ -e_{33} & c^E \end{bmatrix} \begin{bmatrix} E \\ S \end{bmatrix} \tag{9.66}$$

식(9.66)에서 $c^E = \dfrac{1}{s^E}\,[N/m^2]$는 단락상태의 영률(Young's modulus)이며 $e_{33} = \dfrac{d_{33}}{s^E} =$

$c^E d_{33}$는 단락상태에서 변형량과 전기적 변위의 관계를 나타내는 상수이다. 그리고 또한 식(9.61c)에서 정의한 전기－기계 결합계수는 식(9.65a)로부터 다음과 같다.

$$k_{33}^2 = \frac{d_{33}^2}{s^E \varepsilon^T} \tag{9.67}$$

식(9.67)의 전기－기계결합 계수는 식(9.65a)로 부터 $1 - k_{33}^2 \rangle 0$이 되어야 하기 때문에 항상 $k \langle 1$이며, 대부분의 경우 $k = 0.2 \sim 0.7$의 값이고 k값이 크면 압전재료의 강성은 전기적 경계조건에 따른 변형이 크기 때문에 압전재료의 캐패시턴스도 기계적 경계조건에 따라 변화가 크다. 따라서 전기－기계에너지의 변화효율이 크다는 것을 의미한다.

다. 전기-기계 결합계수

전기－기계 결합계수는 압전재료 내에서 기계적 에너지와 전기적 에너지의 변환을 나타내는 지표로서 입력에너지에 대한 변환에너지의 비로 정의된다.

그림 9.26과 같이 압전재료의 응력과 변형량의 관계를 생각하자. 구조물에 부착된 압전재료 양측의 표면을 연결한 단락상태에서 외력에 의한 응력이 발생하면 변형량이 증가하여 구조물에 저장되는 에너지는 경로 1 → 2가 되며 다음과 같다.

$$W_1 = \frac{1}{2} ST = \frac{1}{2} s^E T^2 \tag{9.68}$$

그림 9.26의 2의 상태에서 압전재료의 양측 표면의 연결을 개방하고 응력을 제거하면 경로 2 → 3이 되며, 압전재료는 최초의 상태로 변형하지 못하고 식(9.68)의 변형에너지와 차이가 발생하고 변형에너지의 일부는 압전재료 내에서 전기에너지 형태로 변형된다.

$$W_2 = \frac{1}{2} s^D T^2 \tag{9.69}$$

위와 같이 단락상태에서 구조물에 응력이 작용한 후 개방상태에서 응력을 제거하면 식(9.69)와 같이 기계 탄성유연계수가 변해서($s^E \to s^D$) 압전재료의 변형에너지의 차가 발생한다.

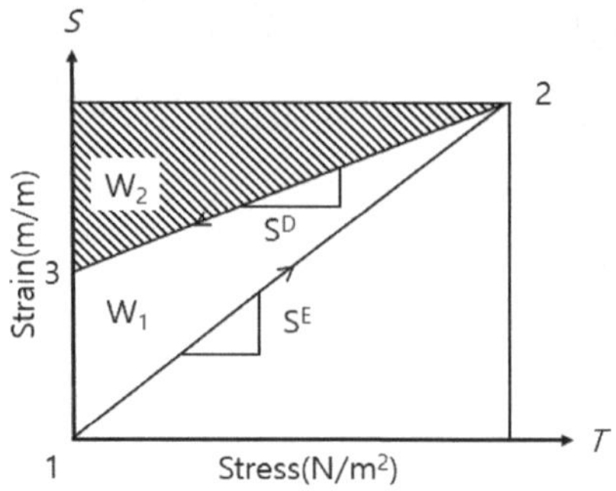

[그림 9.26] 응력과 변형량의 관계

식(9.68)과 식(9.69)의 변형에너지 차이에 대한 비를 구하면 전기-기계 결합계수가 된다.

$$\frac{W_1 - W_2}{W_1} = \frac{\frac{1}{2}s^E T^2 - \frac{1}{2}s^D T^2}{\frac{1}{2}s^E T^2} = \frac{s^E - s^D}{s^E} = \frac{s^E - s^E(1-k^2)}{s^E} = k^2 \tag{9.70}$$

식(9.70)과 같은 방법으로 전기-기계 결합계수를 측정하는 것은 매우 어렵기 때문에 현실적 측정방법은 개방상태와 단락상태에 대한 구조물의 공진주파수 ω_0, ω_s을 이용하여 공진주파수의 차로부터 구할 수 있다.

$$k^2 = \frac{\omega_0^2 - \omega_s^2}{\omega_o^2} \tag{9.71}$$

라. 압전재료의 운동방정식

그림 9.27과 같이 압전재료에 수평방향의 힘이 작용하고 수직방향으로 전하가 이동하는 경우 $i = 3$, $j = 1$에 대한 상태방정식을 생각하자.

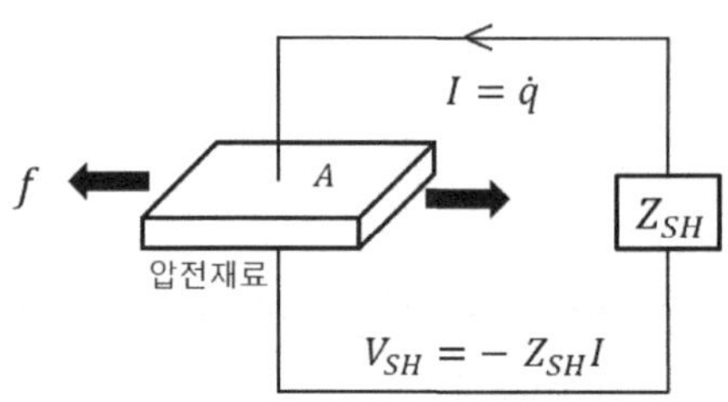

[그림 9.27] 압전재료와 분기회로

압전재료의 두께 및 면적이 t, A, 전하가 $q = AD$, 캐패시턴스가 $C_p = \dfrac{\varepsilon A}{t}$, 변형량이 $x = St$, 압전재료에 작용하는 힘이 $f = AT$, 전기장이 $E = V/t$이면 식(9.64)의 전기-기계 상태방정식을 전하와 변형량을 종속변수, 전압과 힘을 독립변수 설정할 수 있다. 또한 전하와 힘을 종속변수, 전압과 변형량을 독립변수로 나타낼 수도 있다.

$$\begin{bmatrix} q \\ x \end{bmatrix} = \begin{bmatrix} C_p & d_{31} \\ d_{31} & 1/K_p \end{bmatrix} \begin{bmatrix} V \\ f \end{bmatrix} \tag{9.72a}$$

$$\begin{bmatrix} q \\ f \end{bmatrix} = \begin{bmatrix} C_p(1-k_{31}^2) & d_{31}K_p \\ -d_{31}K_p & K_p \end{bmatrix} \begin{bmatrix} V \\ x \end{bmatrix} \tag{9.72b}$$

구조물이 구속된 상태에 대한 압전재료의 캐패시던스 $C_p^T - \varepsilon^T A/l$의 개방회로 상태의 압전재료의 강성 $K_p^E = A/s^E t$으로부터 전기-기계 결합 계수는 다음과 같다.

$$k_{31}^2 = \frac{d_{31}^2}{s^E \varepsilon^T} \tag{9.73}$$

식(9.72)에서 전압과 힘을 종속변수로 하면 다음과 같다.

$$\begin{bmatrix} V \\ f \end{bmatrix} = \frac{K_p^E}{C_p^T(1-k_{31}^2)} \begin{bmatrix} \dfrac{1}{K_p^E} & -d_{31} \\ -d_{31} & C_p^T \end{bmatrix} \begin{bmatrix} q \\ x \end{bmatrix} \tag{9.74}$$

식(9.74)에서 단락회로에 대한 강성은 $K_p^D = K_p^E/(1-k_{31}^2)$이 되며, 압전재료가 구속되지 않은 상태에 대한 캐패시턴스는 $C_p^s = C_p^T(1-k_{31}^2)$가 된다.

그림 9.28과 같은 구조물 M에 n층의 압전재료가 병렬로 연결된 경우 총 전하량는 $q = nAD$, 캐패시턴스는 $C_p^T = \varepsilon^T A n^2/l$ 전기장은 $E = V/t = nV/l$이 된다.

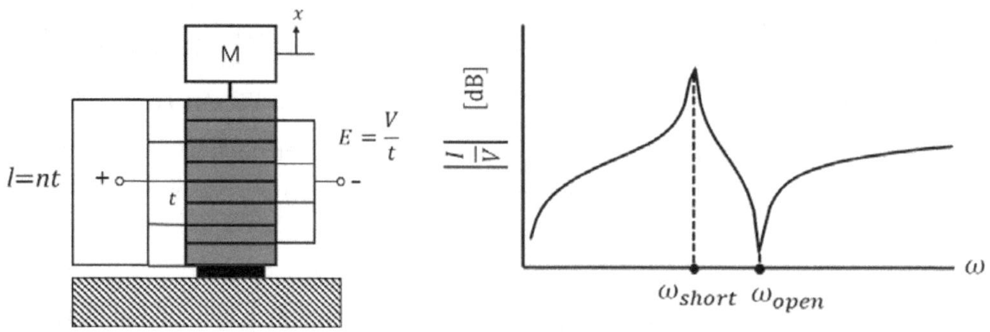

[그림 9.28] 다층 압전재료가 부착된 구조물

힘의 방향과 전하의 이동방향이 동일하므로 압전상수는 d_{33}이 되며, 식(9.72a)과 같이 전하와 변위에 대한 전기－기계 상태방정식은 다음과 같다.

$$\begin{bmatrix} q \\ x \end{bmatrix} = \begin{bmatrix} C_p^T & nd_{33} \\ nd_{33} & 1/K_p^E \end{bmatrix} \begin{bmatrix} V \\ f \end{bmatrix} \tag{9.75}$$

그림 9.29에서 구조물의 진동에 의해서 압전재료에서 힘이 발생하는 경우 구조물에 대한 운동방정식은 식(9.75)에서 압전재료에 의한 힘을 계산해서 대입하면 구할 수 있다.

$$f = K_p^E x(t) - nK_p^E d_{33} V \tag{9.76a}$$

$$M\ddot{x}(t) + K_p^E x(t) = nK_p^E d_{33} V \tag{9.76b}$$

또한 식(9.75)으로부터 압전재료의 전기 상태방정식으로부터 전류에 대한 방정식과 식(9.76b)를 라플라스 변환하면 다음과 같다.

$$\left(Ms^2 + K_p^E\right)x = nK_p^E d_{33} V \tag{9.77a}$$

$$I = s\left[\left(C_p^T - (nd_{33})^2 K_p^E\right)V + nd_{33}K_p^E x\right] = s\left[C_p^T\left(1-k_{33}^2\right)V + nd_{33}K_p^E x\right] \tag{9.77b}$$

식(9.77)에서 기계적 변위 x를 소거하면 전압과 전류에 대한 어드미턴스(admittance)를 구할 수 있다.

$$\frac{I}{V} = s\,C_p^T\left(1-k_{33}^2\right)\left[\frac{Ms^2 + \dfrac{K_p^E}{\left(1-k_{33}^2\right)}}{Ms^2 + K_p^E}\right] \tag{9.78}$$

식(9.78)에서 개방회로일 경우($I=0$) 어드미턴스는 0이 되며, 전류의 흐름이 없기 때문에 이 경우의 주파수를 개방회로의 고유진동수가 된다.

$$\omega_o = \sqrt{\frac{K_p^E}{\left(1-k_{33}^2\right)M}} \tag{9.79}$$

또한 단락회로의 경우 ($V=0$) 어드미턴스의 극이 형성된다. 이 경우는 단락상태의 고유진동수가 된다.

$$\omega_s = \sqrt{\frac{K_p^E}{M}} \tag{9.80}$$

개방회로와 단락회로의 고유진동수에서 그림 9.29와 같이 전기 어드미턴스의 최소값과 최대값에 해당한다.

$$k_{33}^2 = \frac{\omega_o^2 - \omega_s^2}{\omega_o^2} \tag{9.81}$$

따라서 전기−기계 결합계수는 압전재료에 대한 전기 어드미턴스의 최대값과 최소값을 측정하여 계산할 수 있다.

9.2.3 분기회로

가. 분기회로의 종류

압전재료에 연결되는 분기회로는 작동방법 및 전기요소에 따라 다양한 회로로 구성되며 그림 9.29와 같이 수동형과 능동형 분기회로 및 선형과 비선형 분기회로로 구분된다.

수동형과 능동형 분기회로는 압전재료에 연결된 분기회로를 통해서 압전 분기회로를 직접 제어의 유무로 분류된다. 그리고 분기회로의 전압과 전류의 중첩성의 원리가 성립되는 경우에는 선형이며 성립하지 않는 경우에는 비선형이라고 한다.

수동형 분기회로는 저항 혹은 저항과 인덕터로 구성된 회로를 압전재료에 연결하여 구조물의 진동을 저감하는 방식으로 저항 분기회로와 공진형 분기회로가 있다. 공진형 분기회로는 구조물의 공진모드를 저감 시키기 위한 저항과 인덕터로 구성된 분기회로이다.

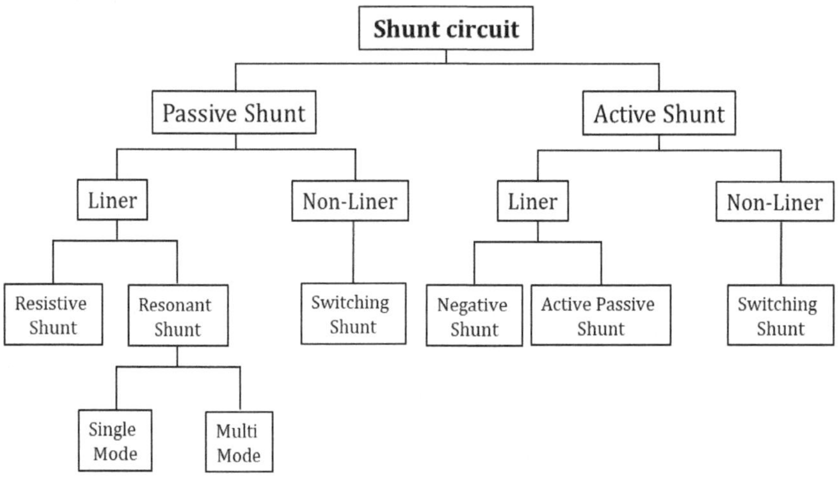

[그림 9.29] 분기회로의 분류

능동형 분기회로는 저항과 인덕터로 구성된 회로에 제어기를 연결하거나, 음의 인덕턴스를 구현하기 위한 회로를 연결하는 방식이다. 그러나 분기회로를 포함한 전체회로가 복잡해지고 전체 시스템의 불안정성이 발생하여 진동제어가 쉽지 않다.

나. 수동형 선형 분기회로의 특성

(a) 저항 분기회로

압전재료의 전극사이에 저항을 연결하여 구조물의 감쇠효과를 증가시키는 방법을 저항 분기회로(resistive shunt)라고 한다. 압전재료에 저항 분기회로를 연결하면 저항에 의해 전기회로 내에서 에너지 소산이 발생하며 압전재료의 감쇠와 함께 전체 압전 분기회로의 감쇠계수가 증가된다.

압전재료가 점탄성 재료에 비해서 감쇠효과가 큰 주된 이유는 압전재료는 온도에 대한 영향이 비교적 작으며 진동을 저감 시키는 점탄성 재료에 비해 높은 강성을 갖기 때문에 압전재료의 변형에 의해서 저장되는 에너지가 크다. 따라서 압전재료에서 손실될 수 있는 에너지가 점탄성 재료보다 크기 때문에 분기회로를 연결하면 많은 에너지가 감소한다.

압전재료의 강성은 압전재료의 전극 사이의 전기적 경계조건(단락 혹은 개방)에 따라 변하며 전극 사이에 저항 분기회로를 연결하면 특정 주파수에서 최대 손실계수를 얻을 수 있다.

(b) 공진 분기회로

구조물의 기계적 진동에 의해서 압전재료의 변형이 발생하면 전하가 축척 되고 압전재료의 양단에 연결된 분기회로 내에서 전기에너지가 열에너지의 형태로 방출되면서 진동에너지가 저감된다.

저항 분기회로는 회로가 매우 간단하여 제작 및 설치가 용이하지만, 압전재료의 캐패시턴스에 의한 반발적 작용 때문에 저항 분기회로의 임피던스가 최대값을 가지지 못하여 효율적으로 에너지가 소산되시 못한다. 따라서 이 반발적 요소를 상쇄시키기 위해 인덕터를 연결하여 인덕턴스와 캐패시턴스에 의한 전기적 공진이 발생하도록 구성되는 회로를 공진 분기회로라고 한다.

압전재료에 연결된 공진 분기회로의 임피던스와 공진주파수는 다음과 같다.

$$Z_{SH} = R + j\left(L\omega - \frac{1}{C_p\omega}\right) \tag{9.82a}$$

$$\omega_e = \frac{1}{\sqrt{LC_p}} \tag{9.82b}$$

식(9.82)로부터 전기적 공진주파수에서는 분기회로의 임피던스 허수부가 없어지기 때문에 회로내의 전압과 전류 사이의 위상차가 없고 분기회로의 임피던스는 실수부만 존재하여 감쇠가 증가하게 된다. 따라서 구조물의 공진주파수와 식(9.82b)의 압전 분기회로에 대한 공진주파수를 일치시켜 공진을 발생시키면 압전재료 내에서 많은 전하가 이동하여 저항에서 전기에너지로 소산된다. 손실되는 에너지의 양은 저항에 의해서 결정되므로 최적의 저항을 선택하면 최대의 손실에너지를 얻을 수 있다. 따라서 분기회로 내의 공진주파수를 결정하는 인덕턴스와 저항의 최적화가 매우 중요하다.

공진 분기회로는 진동 지감효과가 우수하지만, 구조물과 분기회로의 공진주파수가 일치하도록 전기회로의 튜닝이 어렵다. 그러나 만약 분기회로의 인덕턴스와 저항 값이 최적화된다면 매우 높은 감소 효과를 얻을 수 있는 장점이 있다.

9.2.4 압전 분기회로

실제 구조물의 진동을 저감 시키기 위해 분기회로가 연결된 압전재료가 구조물에 부착된 경우에 대한 전기–기계 상태방정식과 분기회로의 최적값을 구하여 보자.

[표 9.5] 기계-전기 등가 시스템

Mechanical System	Electrical System
$m\dot{v}+cv+k\int vdt=F(t)$	$L\dot{I}+RI+\frac{1}{C}\int Idt=E(t)$
m (Mass)	L (Inductance)
c (Damping)	R (Resistance)
k (Spring)	C (Capacitance)

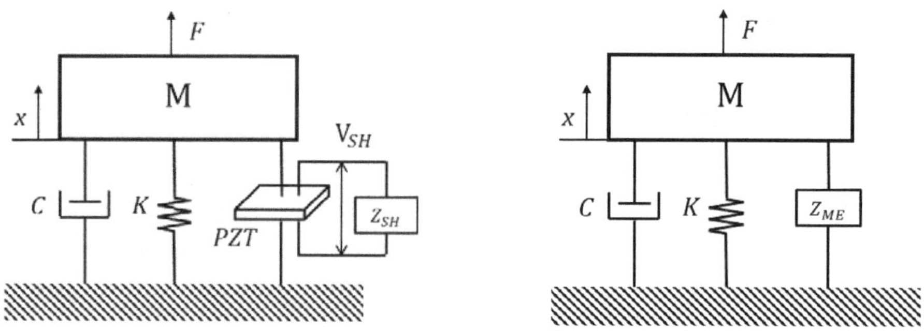

[그림 9.30] 압전 분기회로가 결합된 1차 진동계와 등가계

전기–기계 상태방정식으로부터 운동방정식을 세우기 위해 기계–전기의 등가적인 시스템은 표 9.5와 같다. 압전재료의 커패시턴스는 구조물의 스프링, 분기회로의 인덕턴스는 구조물의 질량, 저항은 구조물의 감쇠기의 역할을 한다. 따라서, 공진 분기회로를 이용한 진동저감방법은 기계적 동흡진기와 유사한 방식으로 작동하게 된다.

그림 9.30과 같이 구조물에 부착된 압전 분기회로에 대한 전기–기계 상태방정식은 식 (9.63)과 같다.

$$\begin{bmatrix} D \\ S \end{bmatrix}=\begin{bmatrix} \varepsilon^T & d \\ d & s^E \end{bmatrix}\begin{bmatrix} E \\ T \end{bmatrix} \tag{9.83}$$

식(9.83)에서 $D=\frac{q}{A}$는 전기적 변위, $S=\frac{x}{l}$는 압전재료의 변형율, $E=\frac{V}{l}$는 전기장, $T=\frac{F_p}{A}$는 응력을 나타낸다. 위의 관계와 전류와 전하의 관계를 이용하여 식(9.83)를 전하와 힘에 대한 종속변수로 표현할 수 있다.

$$q=C_pV_{SH}+\beta x \tag{9.84a}$$

$$F_p=-\beta V_{SH}+K_px \tag{9.84b}$$

식(9.84)에서 압전재료의 캐패시턴스는 $C_p=\frac{A}{l}(\varepsilon^T-d^2/s^E)$, 압전재료의 기계적 강성은 $K_p^E=\frac{A}{ls^E}$이고, $\beta=\frac{Ad}{ls^E}=K_p^Ed$ 는 전기-기계적 결합항을 나타낸다.

그림 9.30과 같이 압전 분기회로가 부착된 1차 진동계에 대한 운동방정식은 구조물의 질량, 감쇠 및 강성 그리고 외력과 압전재료에서 발생하는 힘으로 나타난다.

$$M\ddot{x}(t)+C\dot{x}(t)+K_Sx(t)=F(t)-F_p(t) \tag{9.85a}$$

$$M\ddot{x}(t)+C\dot{x}(t)+Z_{ME}\dot{x}(t)+K_Sx(t)=F(t) \tag{9.85b}$$

식(9.84b)을 (9.85a)에 대입하면 구조물의 운동방정식과 분기회로의 상태방정식을 구할 수 있다.

$$M\ddot{x}(t)+C\dot{x}(t)+Kx(t)-\beta V_{SH}(t)=F(t) \tag{9.86a}$$

$$i(t)=C_p\dot{V}_{SH}(t)+\beta\dot{x}(t) \tag{9.86b}$$

식(9.86a)에서 강성항은 구조물의 강성과 압전재료의 강성의 합 $K=K_s+K_p^E$이다.

식(9.86)을 라플라스 변환으로 표현하자.

$$(s^2M+sC+K)X(s)-\beta V_{SH}(s)=F(s) \tag{9.87a}$$

$$I(s) = s\,C_p\,V_{SH}(s) + \beta s\,X(s) \tag{9.87b}$$

그림 9.31과 같이 분기회로가 연결된 압전재료에 대한 전압 관계식에 식(9.87b)을 대입하면 분기회로의 전압과 변위에 대한 관계식으로 정리할 수 있다.

$$V_{SH}(s) = -Z_{SH}(s)\;I(s) = -Z_{SH}(s)s\left[C_p\,V_{SH}(s) + \beta X(s)\right] \tag{9.88}$$

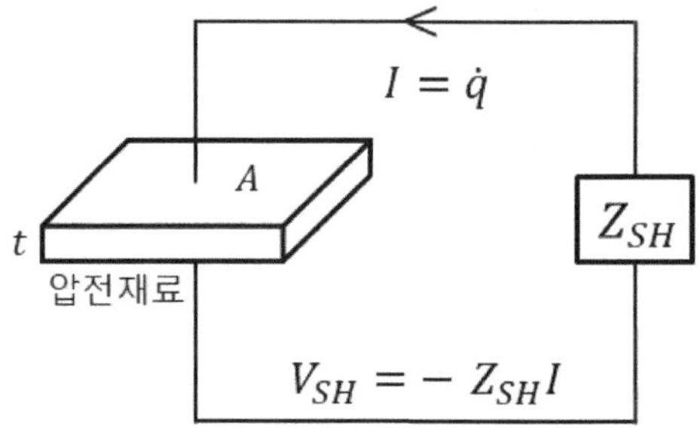

[그림 9.31] 분기회로가 연결된 압전재료

압전 분기회로에서 압전재료와 분기회로의 임피던스는 병렬로 연결된 상태이므로 전체 전기 임피던스를 계산할 수 있다.

$$\frac{1}{Z_{EL}} = \frac{1}{Z_{PZT}} + \frac{1}{Z_{SH}} = s\,C_p^T + \frac{1}{Z_{SH}} = \frac{1 + Z_{SH}s\,C_p^T}{Z_{SH}} \tag{9.89a}$$

$$Z_{EL} = \frac{Z_{SH}}{1 + Z_{SH}s\,C_p^T} \tag{9.88b}$$

전기임피던스 Z_{EL}를 압전재료 임피던스의 비에 대한 무차원 전기 임피던스 $\overline{Z}_{EL}$로 정의하고 식(9.88)을 분기회로의 임피던스로 표현하면 다음과 같다.

$$\overline{Z}_{EL} = \frac{Z_{EL}}{Z_{PZT}} = \frac{Z_{SH}s\,C_p^T}{1 + Z_{SH}s\,C_p^T} \tag{9.90a}$$

$$V_{SH}(s) = -\left(\frac{Z_{SH}(s)s}{1+Z_{SH}(s)s\,C_p^T}\right)\beta X(s) = -\overline{Z}_{EL}\beta X(s) \tag{9.90b}$$

식(9.90)을 식(9.86a)에 대입하고 강성으로 나누면, 구조물의 강성과 외력에 의한 정적 변위 $X_{st} = \dfrac{F(s)}{K}$를 정의할 수 있기 때문에 동적변위와 정적변위의 비에 대한 전달함수를 계산할 수 있다.

$$\left[s^2\frac{M}{K} + s\frac{C}{K} + 1 + \frac{\beta^2}{K}\left(\frac{Z_{SH}(s)s}{1+Z_{SH}(s)s\,C_p^T}\right)\right]X(s) = \frac{F(s)}{K} \tag{9.91a}$$

$$\left[s^2\frac{M}{K} + s\frac{C}{K} + 1 + \frac{\beta^2}{C_p^T K}\left(\frac{Z_{SH}s\,C_p^T}{1+Z_{SH}s\,C_p^T}\right)\right]X(s) = X_{st} \tag{9.91b}$$

$$\frac{X}{X_{st}} = \left[s^2\frac{M}{K} + s\frac{C}{K} + 1 + \frac{\beta^2}{C_p^T K}\overline{Z}_{EL}\right]^{-1} = \left[s^2\frac{M}{K} + s\frac{C}{K} + 1 + K_{ij}^2\overline{Z}_{EL}\right]^{-1} \tag{9.91c}$$

식(9.91)에서 $\dfrac{\beta^2}{C_p^T K}$는 전기−기계 결합계수와 동일한 역할을 하며, 구조물에 연결된 전기적 임피던스는 분기회로의 임피던스와 압전재료의 캐패시턴스로 정의된다. 식(9.91c)에서 $K_{ij}^2 = \dfrac{\beta^2}{C_p^T K}$ 은 일반화된 전기−기계 결합계수로서 전기적 임피던스와 기계적 임피던스의 관계를 연결하는 항이다.

$$\overline{Z}_{ME} = \frac{\beta^2}{C_p^T K}\overline{Z}_{EL} \tag{9.92a}$$

$$K_{ij}^2 = \frac{\beta^2}{C_p^T K} = \frac{\left(K_p^E\right)^2 d_{ij}^2}{C_p^T K} = k_{ij}^2\left(\frac{K_p^E}{K_s + K_p^E}\right) \tag{9.92b}$$

식(9.85)에서 단락회로($V_{SH}(t) = 0$)에 대한 고유진동수는 다음과 같다.

$$M\ddot{x}(t)+C\dot{x}(t)+Kx(t)=F(t) \tag{9.93a}$$

$$\omega_s=\sqrt{\frac{K}{M}} \tag{9.93b}$$

식(9.86)에서 개방회로($i=0$)에 대한 고유진동수는 다음과 같다.

$$\left[s^2M+sC+K+\frac{\beta^2}{C_p^T}\right]X(s)=F(s) \tag{9.94a}$$

$$\omega_o=\sqrt{\frac{K}{M}+\frac{\beta^2}{MC_p^T}} \tag{9.94b}$$

위의 식(9.93b)과 식(9.94b)로부터 일반화된 전기－기계 결합계수를 구할 수 있다.

$$K_{ij}^2=\frac{\beta^2}{C_p^TK}=\frac{\left(K_p^Ed\right)^2}{C_p^TK}=\frac{\omega_o^2-\omega_s^2}{\omega_s^2} \tag{9.95}$$

식(9.91)에서 $s=j\omega$로 대치하여 주파수에 대해서 표현하자.

$$\left(-\frac{M}{K}\omega^2+j\frac{C}{K}\omega+1+K_{ij}^2\frac{jZ_{SH}\omega C_p^T}{1+jZ_{SH}\omega C_p^T}\right)x(\omega)=x_{st}(\omega) \tag{9.96}$$

식(9.96)에서 $\omega_n^E=\sqrt{\frac{K}{M}}$, $\Omega=\frac{\omega}{\omega_n^E}$, $\overline{Z}=\frac{Z_{SH}}{Z^D}=\omega Z_{SH}C_p^T$, $\frac{C}{K}\omega=2\zeta\Omega$, $\zeta=\frac{C}{2\sqrt{KM}}$으로 치환하여 간단히 한다. Ω는 단락상태의 고유진동수와 진동수에 대한 비로 무차원 진동수이다.

$$\left(-\Omega^2+j2\zeta\Omega+1+K_{ij}^2\frac{\overline{Z}}{1+\overline{Z}}\right)x=x_{st} \tag{9.97a}$$

$$\frac{w}{w_{st}}=\frac{1+\overline{Z}}{(1+\overline{Z})(-\Omega^2+j2\zeta\Omega+1)+K_{ij}^2\overline{Z}} \tag{9.97b}$$

가. 저항 분기회로

분기회로가 저항으로 구성된 경우 압전재료에 대한 개방회로의 전기적 임피던스 $Z_{PZT}^{D}=\left(j\omega C_p^s\right)^{-1}$를 이용하여 무차원 전기임피던스를 계산한 후, $r=RC_p^s\omega^E$로 치환하면 간단히 표현할 수 있다.

$$Z_{SH}^{R}=R \tag{9.98a}$$

$$\overline{Z}=\frac{Z_{SH}^{R}}{Z_{PZT}^{D}}=j\omega RC_p^s=j\omega_n^E RC_p^s\Omega=jr\Omega \tag{9.98b}$$

식(9.98)의 무차원 임피던스를 식(9.97)에 대입하여 전달함수를 계산할 수 있다.

$$\frac{w}{w_{st}}=\frac{1+j\xi\Omega}{(1+j\xi\Omega)(-\Omega^2+j2\zeta\Omega+1)+K_{ij}^2 jr\Omega} \tag{9.99}$$

나. 공진 분기회로

(a) 직렬 공진 분기회로

저항과 인덕터가 직렬로 연결된 분기회로에 대한 전기적 공진주파수와 단락상태의 공진주파수의 비 $\delta=\frac{\omega_e}{\omega_n^E}$, $\omega_e=\sqrt{\frac{1}{LC_p^s}}$, $L=\frac{1}{\delta^2 LC_p^s}$를 정의하고 분기회로의 무차원 임피던스를 계산하면 $\frac{w}{w_{st}}$의 전달함수를 계산할 수 있다.

$$Z_{SH}^{ser}=Ls+R \tag{9.100a}$$

$$\overline{Z}=\frac{Z_{SH}^{ser}}{Z^D}=(j\omega L+R)j\omega C_p^s=-\Omega^2 jLC_p^s\left(\omega_n^E\right)^2+jRC_p^s\omega_n^E\Omega=\frac{(-\Omega^2+j\Omega r\delta^2)}{\delta^2} \tag{9.100b}$$

$$\frac{w}{w_{st}}=\frac{\delta^2-\Omega^2+j\Omega r\delta^2}{(\delta^2-\Omega^2+j\Omega r\delta^2)(-\Omega^2+j2\zeta\Omega+1)+K_{ij}^2\left(-\Omega^2+j\Omega r\delta^2\right)} \tag{9.100c}$$

(b) 병렬 공진 분기회로

저항과 인덕터가 병렬로 연결된 분기회로는 직렬 분기회로와 동일하게 분기회로의 무차원 임피던스와 전달함수를 계산할 수 있다.

$$Z_{SH}^{pa} = \frac{LsR}{Ls+R} \tag{9.101a}$$

$$\overline{Z} = \frac{Z_{SH}^{pa}}{Z^D} = \left(\frac{j\omega LR}{j\omega L+R}\right) j\omega C_p^s = \frac{-\omega_n^E \Omega^2 rL}{j\omega L+R} = \frac{-r\Omega^2}{j\Omega + R/L\omega_n^E} = \frac{-r\Omega^2}{j\Omega + r\delta^2} \tag{9.101b}$$

$$\frac{w}{w_{st}} = \frac{r\delta^2 + j\Omega - r\Omega^2}{(r\delta^2 + j\Omega - r\Omega^2)(-\Omega^2 + j2\zeta\Omega + 1) + K_{ij}^2(-r\Omega^2)} \tag{9.101c}$$

9.2.5 분기회로의 최적화

구조물에 부착된 압전 분기회로가 구조물의 진동을 최대로 감쇠 시키기 위해서는 분기회로의 저항과 인덕턴스에 대한 최적 값을 결정해야 한다.

가. 저항 분기회로

저항 분기회로의 최대 감쇠효과를 얻기 위해서는 저항 값을 최적화해야 한다. 저항 분기회로를 그림 9.30과 같이 등가적인 기계임피던스로 생각하자.

일반적으로 구조물의 기계임피던스는 강성과 내부손실계수를 포함한 복소수 형태이며 압전 분기회로의 무차원 기계임피던스는 저항의 무차원 상수와 전기−기계 결합계수로 표현된다.

$$\overline{Z}_{ME}(\omega) = Re(\overline{Z}_{ME}) + Im(\overline{Z}_{ME}) = E(1+j\eta) \tag{9.102a}$$

$$\overline{Z}_{ME}(\omega) = \frac{1-k_{ij}^2 + jr}{1+jr} \tag{9.102b}$$

식의 (9.102a)으로부터 강성 E 과 손실계수 η 는 다음과 같이 표현된다.

$$E = Re(\overline{Z}_{ME}),\ \eta = \frac{Im(\overline{Z}_{ME})}{Re(\overline{Z}_{ME})} \tag{9.103a}$$

$$\eta(\omega) = \frac{rk_{ij}^2}{(1-k_{ij}^2)+r^2} \tag{9.103b}$$

$$E(\omega) = 1 - \frac{k_{ij}^2}{1+r^2} \tag{9.103c}$$

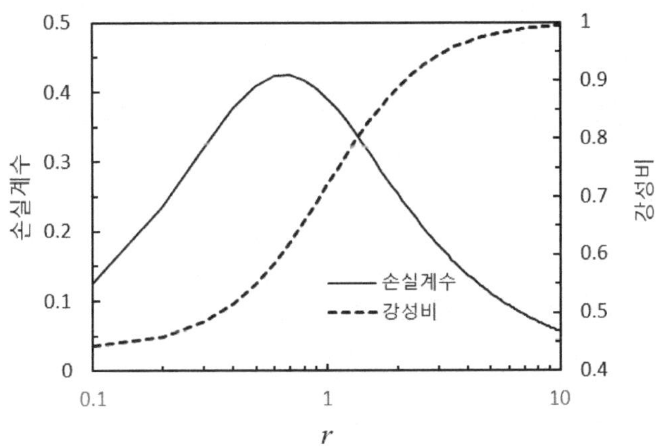

[그림 9.32] 저항 분기회로의 손실계수 및 강성비 $(k_{33} = 0.75)$

식(9.103a)에서 손실계수가 r에 대한 최대값이 되는 조건은 $\frac{d\eta}{dr} = \frac{k_{ij}^2}{1-k_{ij}^2+r^2} - 2r^2\frac{k_{ij}^2}{(1-k_{ij}^2+r^2)^2} = 0$이 되며, 이 값으로부터 최적의 저항 값을 산출할 수 있다.

$$r = RC_p^s\omega^E = \sqrt{1-k_{ij}^2} \tag{9.104a}$$

$$R_{opt}^{res} = \frac{\sqrt{1-k_{ij}^2}}{C_p^s\omega^E} \tag{9.105b}$$

그림 9.32는 전기－기계 결합계수가 $k_{33} = 0.75$에 대한 손실계수와 강성비의 계산결과이다. $r\langle 1$이하에서 강성은 낮고, 약 $r = 0.7$에서 최대 손실계수를 얻을 수 있다.

나. 공진 분기회로

공진 분기회로가 부착된 구조물의 진동감쇠 최적화를 구하기 위해서는 인덕턴스와 저항의 최적 튜닝이 매우 중요하다. 공진 분기회로에 대한 인덕턴스와 저항의 최적화 기법은 전달함수를 이용한 정점이론, 근궤적 기법 및 최대 손실에너지 기법 등이 있다. 그러나 대부분 정점이론을 많이 사용하기 때문에 정점이론을 간단히 설명하고 이를 이용한 공진 분기회로의 최적화에 대해서 기술한다.

정점이론은 동흡진기의 최적설계를 위해서 1930년대 Den Hartog에 의하여 널리 알려졌지만 동흡진기 이외의 제진장치 최적설계에도 널리 사용되고 있다. 정점이론이란 감쇠를 포함한 진동계의 주파수 응답곡선에서 감쇠 변화에 의존하지 않고 정해지는 고정점을 이용하여 동흡진기를 설계하는 방법이다.

정점이론에 대해서 간단히 설명하면 감쇠를 포함한 진동계의 주파수 전달함수를 최적하기 위한 값 α에 대해서 다음과 같이 표현한다.

$$G(\omega)=\frac{N_R(\omega)+\alpha N_I(\omega)}{D_R(\omega)+\alpha D_I(\omega)} \tag{9.105}$$

식(9.105)에서 N_R, D_R은 α를 포함하지 않는 분자, 분모의 계수항, N_I, D_I은 α를 포함하는 항의 계수항이다.

다음은 α값에 대해서 다음과 같이 분류한다.

$$\alpha = 0 : G(\omega)|_{\alpha=0} = \frac{N_R(\omega)}{D_R(\omega)} \tag{9.106a}$$

$$\alpha = \infty : G(\omega)|_{\alpha=\infty} = \frac{N_I(\omega)}{D_I(\omega)} \tag{9.106b}$$

$$\alpha = free : G(\omega)|_{\alpha\to free} = \left(\frac{N_I(\omega)}{D_I(\omega)}\right)\left(\frac{\dfrac{N_R(\omega)}{N_I(\omega)}+\alpha}{\dfrac{D_R(\omega))}{D_I(\omega)}+\alpha}\right) = \frac{N_I(\omega)}{D_I(\omega)} \tag{9.106c}$$

위의 식(9.106)은 아래의 조건을 만족해야 한다.

$$\frac{N_R(\omega)}{N_I(\omega)} = \frac{D_R(\omega)}{D_I(\omega)},\ \frac{N_R(\omega)}{D_R(\omega)} = \frac{N_I(\omega)}{D_I(\omega)} \tag{9.107}$$

따라서, 위의 수식으로부터 α와 독립한 주파수 전달함수는 다음과 같이 정해진다.

$$G(\omega)\mid_{\alpha=0} = G(\omega)\mid_{\alpha=\infty} \tag{9.108}$$

$\alpha=0, \alpha=\infty$가 되는 주파수 전달함수의 교점은 α에 의존하지 않고 정해지기 때문에 이러한 교점을 정점이라고 부른다.

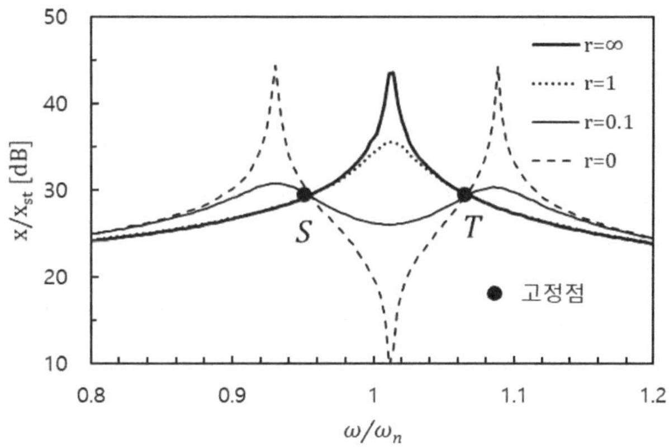

[그림 9.33] 전달함수에서 2개의 고정점

전달함수의 최적감쇠를 위한 α값은 다음과 같이 두 단계를 통해서 결정된다. 첫번째는 전달함수의 교점은 2개가 존재하기 때문에 두 교점의 진폭이 같게 하는 것을 최적동정이라고 한다. 두번째는 이 두 정점에서 주파수 응답곡선의 진폭을 최대값이 되도록 α를 정하는 것을 최적감쇠라고 한다.

이와 같은 전달함수의 정점이론을 이용하여 공진 분기회로에 대한 인덕턴스와 저항의 최적 값을 계산하여 보자.

직렬 공진 분기회로의 전달함수에 대해서 우선 첫번째로 최적 값을 얻기 위해서 $r=0$인 경우와 $r=\infty$인 경우에 대한 식(9.100c)의 전달함수의 진폭을 구한다.

$$\left|\frac{w}{w_{st}}\right|_{r=0} = \left|\frac{\delta^2-\Omega^2}{(1-\Omega^2)(\delta^2-\Omega^2)-K_{ij}^2\,\Omega^2}\right| \tag{9.109a}$$

$$\left|\frac{w}{w_{st}}\right|_{r=\infty}=\left|\frac{1}{\left(1+K_{ij}^2\right)-\Omega^2}\right| \tag{9.109b}$$

식(9.109)의 두 전달함수는 진폭이 동일한 두 교점 S와 T을 갖는다. 두 교점에서 두 전달함수는 동일하므로 다음과 같은 방정식을 구할 수 있으며 Ω^2의 해는 Ω_S^2와 Ω_T^2가 된다.

$$\Omega^4-\Omega^2\left[\left(1+K_{ij}^2\right)+\delta^2\right]+\left[\frac{\delta^2}{2}\left(2+K_{ij}^2\right)\right]=0 \tag{9.110a}$$

$$\left(\Omega^2-\Omega_S^2\right)\left(\Omega^2-\Omega_T^2\right)=\Omega^4-\left(\Omega_S^2+\Omega_T^2\right)\Omega^2+\Omega_S^2\Omega_T^2=0 \tag{9.110b}$$

식(9.110b)로부터 두 교점 S와 T에 대한 무차원 주파수의 합을 구할 수 있다.

$$\Omega_S^2+\Omega_T^2=\left(1+K_{ij}^2\right)+\delta^2 \tag{9.111}$$

또한 $r=\infty$에서 두 교점의 무차원 주파수 Ω_S, Ω_T에서 전달함수의 진폭이 동일하면 식(9.109b)로부터 식(9.111)과 유사한 무차원 주파수의 합을 구할 수 있다.

$$\frac{1}{\left(1+K_{ij}^2\right)-\Omega_S^2}=-\frac{1}{\left(1+K_{ij}^2\right)-\Omega_T^2} \tag{9.112a}$$

$$\Omega_S^2+\Omega_T^2=2\left(1+K_{ij}^2\right) \tag{9.112b}$$

식(9.111)과 식(9.112b)으로부터 최적의 분기회로와 구조물의 공진주파수의 비 δ를 구할 수 있다.

$$\delta_{opt}^{ser}=\sqrt{\left(1+K_{ij}^2\right)} \tag{9.113}$$

식(9.113)에서 전기적 공진주파수와 단락상태의 구조물의 공진주파수 비에 대한 최적 값 δ_{opt}^{ser}은 분기회로의 저항 값과 무관하다. 따라서 저항에 대한 r의 최적 값이 필요하다.

진동계에 대한 전달함수의 진폭 $|w/w_{st}|$은 두 정점 주파수 $\Omega_{S,}$ Ω_T에서 항상 정점 S와 T을 통과한다. 따라서 전기적인 감쇠계수 r가 변해도 두 정점 S와 T에서 진폭의 크기는 동일하다.

식(9.110a)로 부터 두 정점에 대한 주파수를 구할 수 있다.

$$\Omega_{S,T}^2 = \left(1+K_{ij}^2\right) \pm \sqrt{\frac{K_{ij}^2\left(1+K_{ij}^2\right)}{2}} \tag{9.114}$$

식(9.114)을 식(9.109b)의 $r=\infty$에 대한 전달함수의 진폭에 대입하면 다음과 같이 진폭을 구할 수 있다.

$$\left|\frac{w}{w_{st}}\right|_{S,T} = \left|\sqrt{\frac{2}{K_{ij}^2\left(1+K_{ij}^2\right)}}\right| \tag{9.115}$$

식(9.114)에서 K_{ij}^2값은 매우 작기 때문에 근사적인 두 정점 S와 T의 주파수를 구할 수 있다. 이 근사값은 저항의 최적 값에 영향을 미치지만 오차는 매우 작다.

$$\Omega_{S,T}^2 = \left(1+K_{ij}^2\right) = \left(\delta_{opt}^{ser}\right)^2 \tag{9.116}$$

식(9.116)을 식(9.101c)에 대입하면 식(9.117)을 얻을 수 있다.

$$\frac{w}{w_{st}} = \frac{\sqrt{1+K_{ij}^2 r}}{-K_{ij}^2} i \tag{9.117}$$

식(9.117)과 식(9.115)로부터 최적의 전기적인 감쇠계수 r값을 구할 수 있다.

$$r_{opt}^{ser} \cong \sqrt{2}\frac{K_{ij}}{\left(1+K_{ij}^2\right)} \tag{9.118}$$

따라서 식(9.113)과 식(9.118)로부터 최적의 인덕턴스와 저항 값을 계산할 수 있다.

$$L_{opt}^{ser} = \frac{1}{C_p^s \omega_e^2} = \frac{1}{C_p^s \omega_n^2 \left(\delta_{opt}^{ser}\right)^2} = \frac{1}{C_p^s \omega_n^2 \left(1 + K_{ij}^2\right)} \tag{9.119a}$$

$$R_{opt}^{ser} = \frac{r_{opt}^{ser}}{C_p^s \omega_n} = \frac{\sqrt{2}\, K_{ij}}{C_p^s \omega_n \left(1 + K_{ij}^2\right)} \tag{9.119b}$$

병렬 공진 분기회로에 대해서도 위와 동일하게 인덕턴스와 저항의 최적 값을 구할 수 있다.

$$\delta_{opt}^{par} = \sqrt{1 + \frac{K_{ij}^2}{2}} \tag{9.120a}$$

$$r_{opt}^{par} \cong \frac{1}{\sqrt{2}\, K_{ij}} \tag{9.120b}$$

$$L_{opt}^{par} = \frac{1}{C_p^s \omega_n^2 \left(\delta^{opt}\right)^2} = \frac{1}{C_p^s \omega_n^2 \left(1 - \dfrac{K_{ij}^2}{2}\right)} \tag{9.120c}$$

$$R_{opt}^{par} = \frac{r^{opt}}{C_p^s \omega_n} = \frac{1}{C_p^s \omega_n \sqrt{2}\, K_{ij}} \tag{9.120d}$$

그림 9.34와 그림 9.35은 저항 분기회로와 공진 분기회로의 저항과 인덕턴스의 최적 값에 대한 계산결과이다.

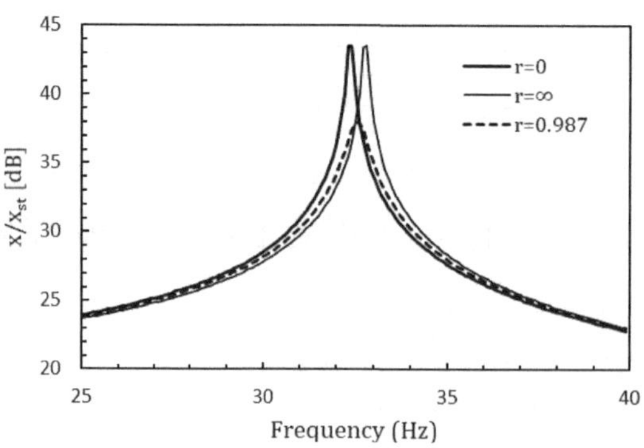

[그림 9.34] 최적 값($r = 0.987$)에 대한 저항 분기회로의 전달함수

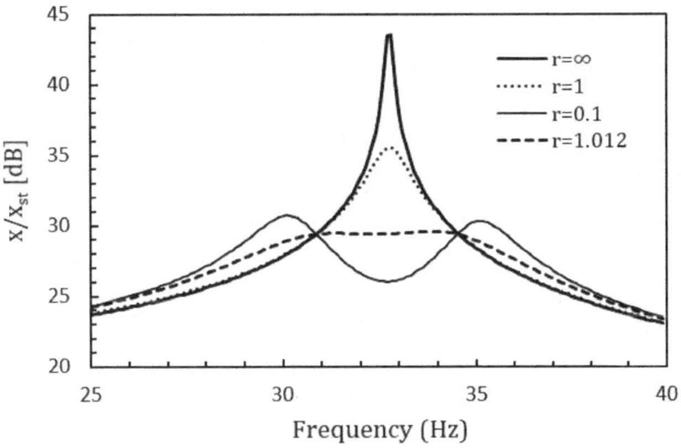

직렬회로 ($\delta = 0.221$, $r = 1.012$)

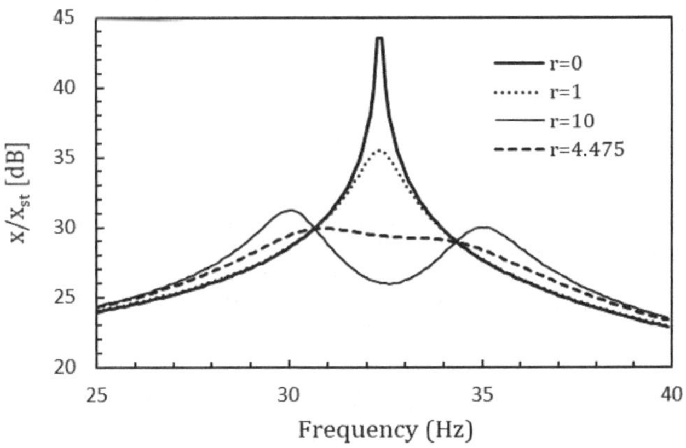

(b) 병렬회로 ($\delta = 1.006$, $r = 4.475$)

[그림 9.35] 최적 값에 대한 공진형 분기회로의 전달함수

저항 분기회로의 전달함수는 저항이 0일 때 단락회로 공진주파수에서 최대값이 되며, 저항이 ∞ 일 때 개방회로 공진주파수에서 최대값이 된다. 최적저항값($r = 0.987$)일 경우 전달함수는 단락회로와 개방회로 공진주파수 사이에서 최대값이 존재한다. 따라서 저항이 증가할수록 전달함수의 최대값은 단락회로 공진주파수에서 개방회로 공진주파수로 이동한다.

공진형 분기회로의 직렬회로는 개방회로의 공진주파수에서 최대값이 되며 이 공진주파수에서 최적값에 대한 감쇠가 발생한다. 또한, 병렬회로에서는 단락회로의 공진주파수에서 최대값이 되며 이 공진수파수에서 최적값의 감쇠가 발생한다.

위의 이론으로부터 다자유도 구조물에 압전 분기회로가 연결된 경우에는 전기-기계 결합 상태방정식이 행렬로 표현된다.

$$\begin{bmatrix} \boldsymbol{M} & 0 \\ 0 & 0 \end{bmatrix}\begin{bmatrix} \ddot{\omega} \\ \ddot{\boldsymbol{V}} \end{bmatrix}+\begin{bmatrix} \boldsymbol{C} & 0 \\ 0 & 0 \end{bmatrix}\begin{bmatrix} \dot{\omega} \\ \dot{\boldsymbol{V}} \end{bmatrix}+\begin{bmatrix} \boldsymbol{K} & \boldsymbol{\theta} \\ \boldsymbol{\theta}^t & -\boldsymbol{C}_p \end{bmatrix}\begin{bmatrix} \omega \\ \boldsymbol{V} \end{bmatrix}=\begin{bmatrix} \boldsymbol{F} \\ \boldsymbol{q} \end{bmatrix} \tag{9.121}$$

$$\boldsymbol{M}\ddot{\omega}+\boldsymbol{C}\dot{\omega}+\boldsymbol{K}\omega=\boldsymbol{F}+\boldsymbol{\theta}\,\boldsymbol{V}_{SH} \tag{9.122a}$$

$$\boldsymbol{q}=\boldsymbol{\theta}^t\omega-\boldsymbol{C}_p\boldsymbol{V}_{SH} \tag{9.122b}$$

식(9.122)에서 $\boldsymbol{M}, \boldsymbol{C}, \boldsymbol{K}$는 압전재료가 부착된 구조물의 질량, 감쇠 및 강성 행렬이며, 강성행렬은 구조물의 강성과 압전재료의 강성의 합 $\boldsymbol{K}=\boldsymbol{K}_s+\boldsymbol{K}_p^E$이다. $\boldsymbol{q}, \boldsymbol{\theta}, \boldsymbol{C}_p$는 압전재료의 전하, 전기-기계 결합 및 정전용량의 행렬이다.

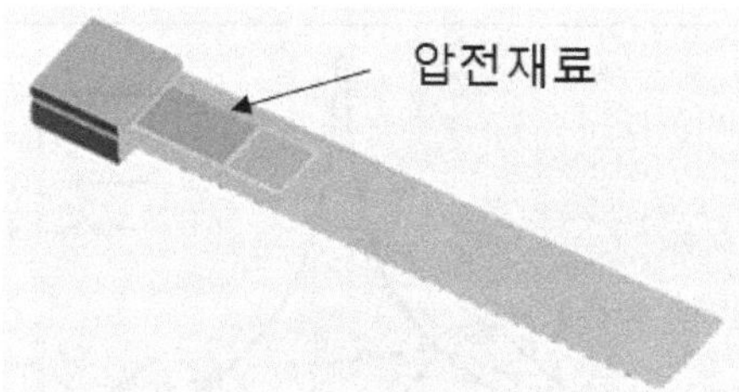

[그림 9.36] 수치해석 모델

위의 식을 이용하여 다자유도 구조물에 대한 압전 분기회로의 저감효과를 계산할 수 있지만, 구조물이 복잡하면 계산이 불가능하기 때문에 일반적으로 복잡한 구조물은 상용 소프트웨어(ANASYS mechanical)를 이용한 수치해석을 통해서 구조물의 진동모드 및 압전효과을 해석한다.

압전 분기회로에 의한 소음진동 저감효과는 그림 9.36와 같이 외팔보($300\times50\times1mm$) 고정단 부근에 압전재료($50\times30\times0.5mm$)를 부착한 모델를 이용하여 해석하였다. 가진점은 외팔보가 구속되어 있는 지점으로 설정하고 외팔보의 자유단 지점의 속도를 구한 후 전달함수를 계산하였다. 표 9.6은 압전재료의 물성치를 나타낸다.

[표 9.6] 압전재료의 물성치

Properties	Material	Unit
Density	7.8	$10^3\frac{kg}{m^3}$
Poisson Ratio	0.34	-
Curie Temperature	348	℃
Relative Dielectric Constant	2648	-

압전재료의 분기회로는 인덕터와 저항이 직렬로 연결된 상태이므로 최적의 인덕턴스와 저항의 값은 식(9.119)으로부터 계산할 수 있으며 인덕턴스의 최적 값은 36.2(mH)이고 저항의 최적 값은 10(Ω)이 된다.

그림 9.37로부터 외팔보의 고유진동수1934Hz에서 약10dB이상의 진동이 저감되는 것을 확인 할 수 있다.

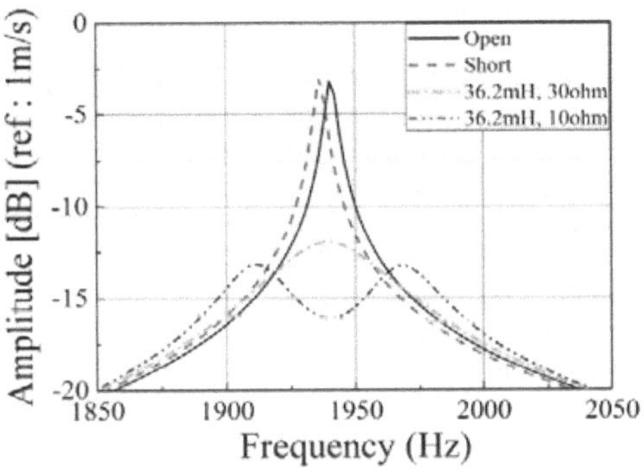

[그림 9.37] 보의 진동에 대한 수치해석 결과(1934Hz)

다. 가변 인덕터

일반적인 공진 분기회로는 저항, 인덕터로 구성되어 있다. 이 회로의 저항은 전기적인 에너지를 소비하기 때문에 부하저항이라고도 한다. 저항의 범위는 일반적으로 0에서 14,000Ω 정도이며 판(plate)의 공진점에서 대략 0.002W정도의 에너지를 소비한다. 압전재료에 부착된 분기 회로의 전기적 공진은 분기회로의 인덕턴스L와 압전재료의 캐패시턴스C_p값으로 결정된다.

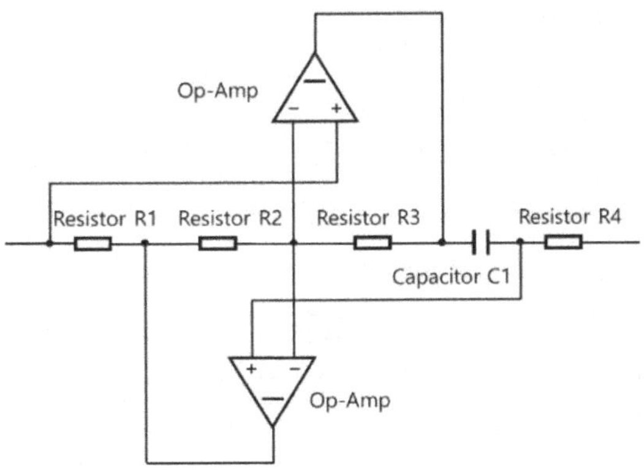

[그림 9.38] 가변 인덕턴스의 연산 증폭기 회로

식(9.82b)로부터 전기적 공진주파수가 낮아질수록 분기회로의 인덕턴스 혹은 압전재료의 캐패시턴스 값이 증가해야 한다. 그러나 압전재료의 캐패시턴스 값은 일정하기 때문에 저주파 영역에서는 분기회로의 인덕턴스 값이 매우 크게 증가(수Henry～수백Henry)해서 일반적인 인덕터를 사용하기가 매우 어렵다.

압전 분기회의 캐패시턴스 값은 분기회로에 캐패시터를 압전재료와 연결하여 전체 캐패시턴스를 증가시킬 수 있다. 그러나 저주파수 영역까지 캐패시턴스 값을 증가시킬 수 없기 때문에 이러한 문제를 해결하기 위해서 가변 인덕터(synthetic inductor)를 사용한다. 가변 인덕터는 그림 9.38과 같이 2개의 연산 증폭기(Op－Amp)에 4개의 저항 R_1, R_2, R_3, R_4과 한 개의 캐패시터 C_1를 연결하여 등가 인덕턴스 L_s를 구현할 수 있다.

등가 인덕턴스 L_s는 식(9.123)에 의해서 결정되며, 저항 R_2가 저항변수로서 이 저항을 조절하여 등가 인덕턴스 L_s의 값을 변화시킬 수 있다.

$$L_s = R^* C_1 = \frac{R_1 \ R_3 \ R_4 \ C_1}{R_2} \tag{9.123}$$

9.2.6 철도차륜의 진동 및 소음 저감

철도차량이 급격한 곡선부를 통과하는 경우 차륜과 레일사이의 스틱 슬립(stick－slip)에 의해서 차륜의 비선형 자려진동이 발생하여 차륜의 공진주파수에서 높은 순음성분의 소음이 발생하게 된다. 따라서 차륜의 공진주파수에서 발생되는 진동저감에 의한 방사소음을 저감시키기 위해 차륜에 압전 분기회로를 부착하여 진동과 소음의 저감을 파악하였다.

일반적으로 압전 분기회로는 작은 구조물에 적용된 사례는 많이 보고 되었으나, 실제 차륜과 같이 대형 구조물에 적용된 사례는 극히 드물다.

우선, 압전 분기회로에 의해서 차륜의 진동 및 소음이 저감되는 것을 확인 하기 위해서 ANASYS mechanical S/W를 이용하여 수치해석을 하였다. 그림 9.39은 차륜의 5차 모드(4276Hz)와 4개의 압전 분기회로가 부착된 모델이다.

차륜에 4개의 압전재료($50 \times 30 \times 0.5mm$)을 부착하고 각각의 압전재료에는 인덕터와 저항을 직렬로 연결하였다. 최적의 인덕턴스와 저항 값은 식(9.119)으로부터 압전재료의 캐패시턴스의 값71.72(nF)과 공진주파수(4276Hz)를 이용해서 계산하면, 최적의 인덕턴스와 저항 값은 19.32(mH)과 6.55(Ω)가 된다.

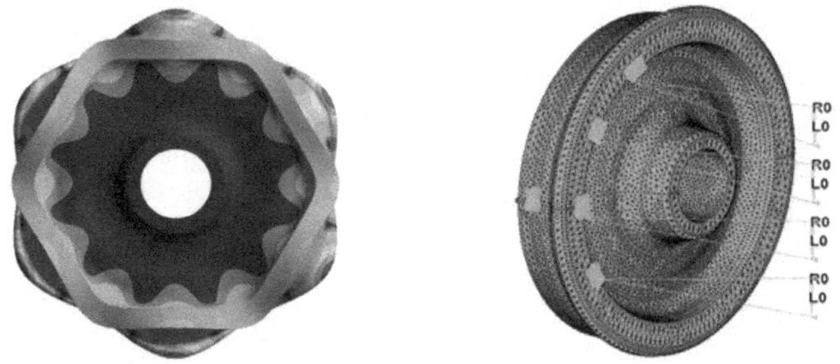

(a) 5차 모우드(4276Hz) (b) 해석모델

[그림 9.39] 차륜의 수치해석 모델 및 5차 모우드 (4276Hz)

실제 차륜의 진동과 소음을 저감시키기 위해서 그림 9.39의 수치해석 모델과 동일한 위치에 압전 분기회로를 부착하여 실험을 수행하였다. 차륜의 가진은 압전 분기회로의 반대편에 압전재료를 부착하여 차륜의 공진주파수에 해당하는 정현파로 가진하였다. 인덕턴스는 그림 9.38의 회로를 이용하여 그림 9.41과 같은 가변 인덕터를 제작하였다. 그러나 가변 인덕터 내부의 저항으로 인해서 이론상 최적의 값을 적용하지 못하고 실제 인덕턴스와 저항 값은 18.6(mH)과 38(Ω)를 사용하였다.

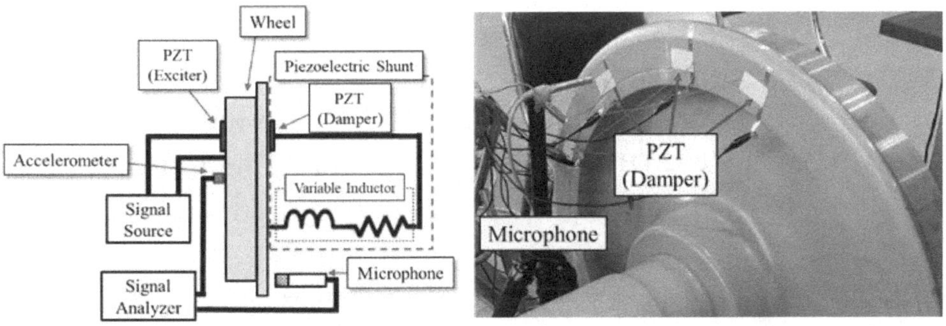

[그림 9.40] 압전 분기회로가 연결된 차륜의 실험장치

[그림 9.41] 가변 인덕터

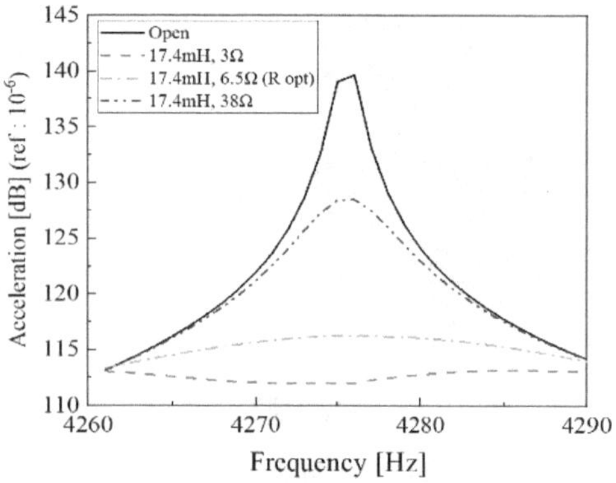

(a) 수치해석(4276Hz)

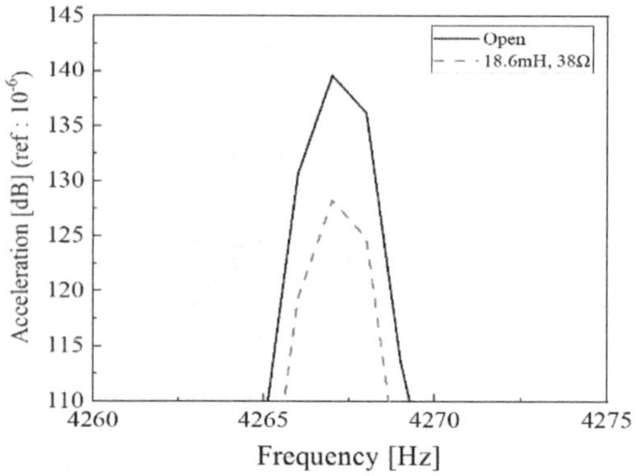

(b) 실험(4267Hz)

[그림 9.42] 차륜의 진동 저감결과

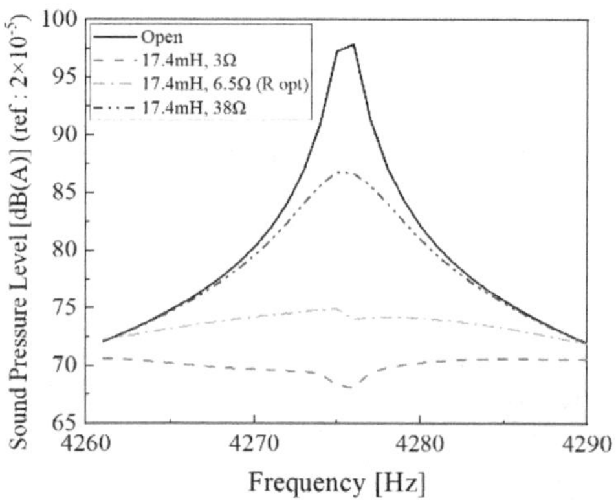

(a) 수치해석(4276Hz)

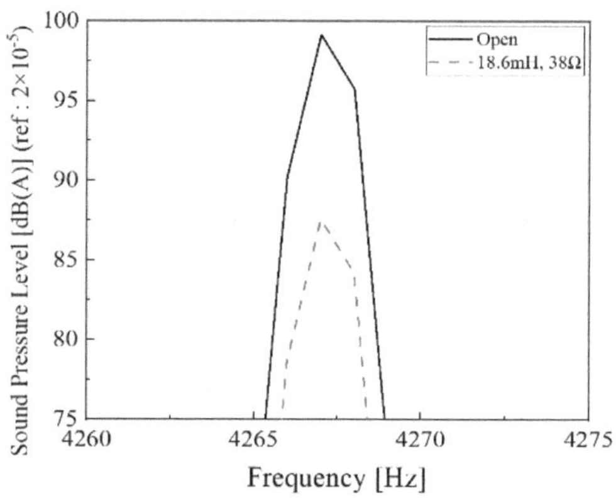

(b) 실험(4267Hz)

[그림 9.43] 차륜의 방사소음 저감결과

그림 9.42와 그림 9.43은 차륜에 4개의 직렬 공진 분기회로를 연결한 경우의 진동 및 소음저감결과를 보여주고 있다. 실제 차륜에 대해서도 진동 및 소음이 약10dB이상 저감되는 결과를 나타내고 있다.

참고 문헌

1) Structure－Borne Sound (Structural Vibrations and Sound Radiation at Audio Frequencies), L. Cremer, M. Hekel, Springer－Verlag.

2) Foundations of Engineering Acoustics, Frank Fahy, Academic Press.

3) Sound and Structural Vibration (Radiation, Transmission and Response), Frank Fahy, Academic Press.

4) Theory and Application of Statistical Energy Analysis, Richard H. Lyon, Richard G. DeJong, Butterworth－Heinemanm.

5) Sound and Structural Vibration, Preston W. Smith Jr., and Richard H. Lyon, National Aeronautics and Space Administration

6) Fundamentals of Acoustics, Lawrence E. Kinsler, Austin R. Frey, Alan B. Coppens, James V. Sanders, John Wiely & Sons.

7) Industrial Noise and Vibration Control, J. D. Irwin, E. R. Graf, Prentice Hall.

8) Acoustics of Ducts and Mufflers, M. L. Munjal, Wiely.

9) Theory of Vibrating Systems and Sound, Irving B. Crandall, D. Van Nostrand Company.

10) Theoretical Acoustics, Philip M. Morse, Mcgraw－Hill Book Company.

11) Engineering analysis of Smart Material Systems, Donald. Leo, John Wiley & Sons, INC.

12) Mechatronics "Dynamics of Electromechanical and Piezoelectric Systems, A.Preumont, Springer.

13) 동흡진기와 응용, 背戸 一登, 코로나사

14) 신건축학 대계 제5장 음 · 진동, 濡 秀樹.

15) 기계음향공학, 大野 進一, 山崎 撤, 森北출판사.

16) 기계음향학, 安田 仁彦, 코로나사.

17) 기계음향공학, 鈴木 昭次, 西村 正治, 雄本 信哉, 御法川 學, 코로나사.

18) 현장실무를 위한 소음공학, 이동훈, 김재철, 이태호, 공감북스.

소음공학 개론

1판1쇄 2022년 6월 2일

저자 김재철
발행인 이경화

발행처 디자인21
주소 04560 서울특별시 중구 퇴계로 293-1 3층
전화 02-2269-6561(대)
팩스 02-2269-6568
e-mail 21publish@naver.com

등록번호 제1-1128호
등록일자 1991.2.12

ISBN 978-89-6131-089-5 93550

정가 30,000원

* 본 도서의 내용을 무단으로 복제시 저작권법에 의해 처벌을 받을 수 있습니다.
* 잘못 만들어진 책은 교환하여 드립니다.

http://21publish.co.kr/
https://blog.naver.com/publish21